Forschen – Patentieren – Lizenzieren

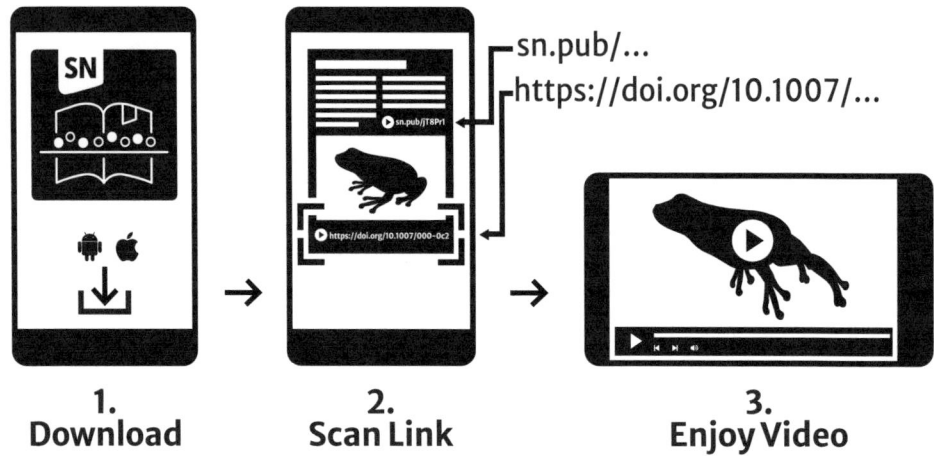

Kirstin Schilling

Forschen – Patentieren – Lizenzieren

Aus der Wissenschaft über Patentschutz bis zur Spin-off-Gründung

2. Aufl. 2022

Kirstin Schilling
Patent-/Projektmanagement
INNOVECTIS GmbH
Frankfurt am Main, Deutschland

Die Online-Version des Buches enthält digitales Zusatzmaterial, das durch ein Play-Symbol gekennzeichnet ist. Die Dateien können von Lesern des gedruckten Buches mittels der kostenlosen Springer Nature „More Media" App angesehen werden. Die App ist in den relevanten App-Stores erhältlich und ermöglicht es, das entsprechend gekennzeichnete Zusatzmaterial mit einem mobilen Endgerät zu öffnen.

ISBN 978-3-662-64399-0   ISBN 978-3-662-64400-3   (eBook)
https://doi.org/10.1007/978-3-662-64400-3

Die Deutsche Nationalbibliothek verzeichnet diese Publikation in der Deutschen National bibliografie; detaillierte bibliografische Daten sind im Internet über http://dnb.d-nb.de abrufbar.

© Springer-Verlag GmbH Deutschland, ein Teil von Springer Nature 2014, 2022
Das Werk einschließlich aller seiner Teile ist urheberrechtlich geschützt. Jede Verwertung, die nicht ausdrücklich vom Urheberrechtsgesetz zugelassen ist, bedarf der vorherigen Zustimmung des Verlags. Das gilt insbesondere für Vervielfältigungen, Bearbeitungen, Übersetzungen, Mikroverfilmungen und die Einspeicherung und Verarbeitung in elektronischen Systemen.
Die Wiedergabe von allgemein beschreibenden Bezeichnungen, Marken, Unternehmensnamen etc. in diesem Werk bedeutet nicht, dass diese frei durch jedermann benutzt werden dürfen. Die Berechtigung zur Benutzung unterliegt, auch ohne gesonderten Hinweis hierzu, den Regeln des Markenrechts. Die Rechte des jeweiligen Zeicheninhabers sind zu beachten.
Der Verlag, die Autoren und die Herausgeber gehen davon aus, dass die Angaben und Informationen in diesem Werk zum Zeitpunkt der Veröffentlichung vollständig und korrekt sind. Weder der Verlag noch die Autoren oder die Herausgeber übernehmen, ausdrücklich oder implizit, Gewähr für den Inhalt des Werkes, etwaige Fehler oder Äußerungen. Der Verlag bleibt im Hinblick auf geografische Zuordnungen und Gebietsbezeichnungen in veröffentlichten Karten und Institutionsadressen neutral.

Planung/Lektorat: Sarah Koch

Springer Spektrum ist ein Imprint der eingetragenen Gesellschaft Springer-Verlag GmbH, DE und ist ein Teil von Springer Nature.
Die Anschrift der Gesellschaft ist: Heidelberger Platz 3, 14197 Berlin, Germany

Für meine Mutter

Vorwort zur 2. Auflage

Liebe Leser*innen,

im Juli 2021 hält die Corona-Pandemie seit nunmehr eineinhalb Jahren die Welt in Beschlag. Während in vielen Bereichen Lockdown-Beschränkungen einsetzten, zeigte sich in Zeiten einer globalen Notlage eindrucksvoll, wie Menschen mit Erfinder- und Unternehmergeist technische Lösungen für existenzielle Probleme finden können. Wie ermutigend!

Nachdem mRNA-Vakzine das Rennen als erste zugelassene Impfstoffe zur Prävention der SARS-CoV-2-Infektion gewonnen haben, hoffen wir, dass mithilfe der mRNA-Technologie und den vergleichsweise günstig herstellbaren Oligonukleotid-Wirkstoffen zukünftig ebensolche Erfolge bei der Behandlung von Krebs- und Autoimmunerkrankungen möglich sind. Trotz der in Pandemiezeiten berechtigten, kritischen Fragen zur Sinnhaftigkeit von Patenten, zeigte sich, dass a) der Schutz von geistigem Eigentum eine notwendige Voraussetzung für die Entwicklung und Realisierung von Hightech-Lösungen ist, und b) gerade auch Universitäten (in Deutschland) Brutstätten für neue, innovative Technologien sind. Mit BioNTech und Curevac haben zwei der führenden Entwickler von mRNA-Wirkstoffen ihre Wurzeln im universitären Umfeld, nämlich aus den Universitäten Mainz respektive Tübingen, welche praktisch mustergültig das Prinzip „Forschen – Patentieren – Lizenzieren" umgesetzt haben.

Diese 2. Buchauflage enthält zahlreiche Überarbeitungen, Korrekturen und Aktualisierungen der 1. Auflage. Vor allem aber sind weitere Best-Practice-Bespiele aufgenommen und mehrere, als Video verlinkte Interviews mit Experten, unter anderem zu den Themen Bewertung und Finanzierung der Weiterentwicklung von Erfindungen, aufgenommen. Diese mögen Ihnen einen persönlichen Eindruck geben und Fragen zu diesen sehr grundsätzlichen Bereichen beantworten. Ganz besonders freue ich mich, dass Tilmann Lahann von der Kanzlei Müller, Altmeyer & Partner diesen Ratgeber mit seinen Beiträgen zu dem wichtigen, übergreifenden Thema Software-Schutz und -Verwertung bereichert hat. Denn in den medizinischen wie in allen naturwissenschaftlichen Bereichen liegt der Schlüssel bei der Entwicklung zahlreicher neuer Technologien im Umgang mit riesigen Datenmengen. Hier Lösungen zu entwickeln und diese als neue Produkte zur Anwendung zu bringen, scheint ausschlaggebend zu sein, um den großen Herausforderungen der Zukunft für den Gesundheits-, Umwelt- und Klimaschutz zu begegnen.

Ich bin sicher, dass auch zukünftig Forschungsergebnisse aus den Universitäten wichtige Impulse setzen können, wenn sie – wie in diesem Buch beschrieben – patentgeschützt und in Produkte übersetzt werden.

Kirstin Schilling
Darmstadt
Juli 2021

Vorwort zur 1. Auflage

> *Eine kleine Erfindung alle 10 Tage und eine große alle 6 Monate*
> Thomas Alva Edison (1847–1931), Erfinder der Glühbirne

Liebe Leserin, lieber Leser,
aus neuen Ideen und interessanten Forschungsergebnissen entstehen die Technologien der Zukunft. Vielleicht haben Sie schon einmal darüber nachgedacht, wie Sie Ihre wissenschaftlichen Erkenntnisse praktisch anwenden könnten, ob man daraus ein verkaufbares Produkt generieren oder darauf aufbauend eine Firma gründen könnte. In diesem Fall ist der Schutz durch ein Patent eine wichtige Maßnahme. Häufig bildet Patentschutz eine notwendige Voraussetzung, um die Weiterentwicklung einer vielversprechenden Erfindung bis zur Marktreife voranzutreiben. Für Hochschulen und ihre Erfinder sind Patente ein wirksames Werkzeug, um am späteren kommerziellen Erfolg teilzuhaben. Folglich findet sich inzwischen an fast allen Universitäten und Hochschulen eine gut funktionierende Infrastruktur zum professionellen Umgang mit Patenten und anderem geistigen Eigentum.

Dieses Buch versteht sich als Ratgeber für Fragen, die für Hochschulwissenschaftler im Zusammenhang mit der schutzrechtlichen Sicherung ihrer Erfindungen und deren wirtschaftlicher Verwertung wichtig sind. Dabei liegt der Schwerpunkt auf Erfindungen im Bereich Life Sciences. Die meisten Regelungen sind aber auch für andere Technikbereiche anwendbar.

Zu Beginn steht eine kurze Einführung in die „Welt der Patente", und Sie können sich einen Überblick über den grundsätzlichen Ablauf eines Technologietransfervorgangs verschaffen, also des Prozesses vom Entstehen einer Erfindung über deren Patentierung bis zur Vermarktung.

Teil I beschäftigt sich damit, was eine Erfindung ist und was beachtet werden muss, wenn Ergebnisse von Wissenschaftlern aus Hochschulen patentiert werden sollen (Stichwort: patentieren und publizieren). Besonders wichtig sind die gesetzlichen Bestimmungen zur persönlichen Rechtesituation von Hochschulerfindern und ihr Verhältnis zur Hochschule sowie die Regelungen rund um Erfindungen und Patente, die in wissenschaftlichen Kooperationen mit Unternehmen entstehen.

Ausführlicher um Patente und darum, wie man sie bekommt, geht es in Teil II. Vielen Naturwissenschaftlern und Medizinern erscheint es anfangs etwas mühsam, sich in die juristische Beschreibung der naturwissenschaftlichen Erfindungen einzuarbeiten. Die verschiedenen Kapitel behandeln unter anderem die Fragen: Was ist ein Patent, und wie laufen Patentverfahren ab? Wie wird eine Patentrecherche durchgeführt? Welche Anforderungen müssen erfüllt werden, damit ein Patent erteilt wird? Viele Beispiele adressieren die Patentierung von Erfindungen aus den Life Sciences, denn hier gilt es, besondere Regelungen und Einschränkungen bzw. Patentierungsverbote zu berücksichtigen.

Teil III widmet sich der kommerziellen Verwertung von Hochschulerfindungen. Hier finden Sie wichtige Grundbegriffe und eine Beschreibung typischer Strategien bei der Lizenzierung und dem Verkauf von Schutzrechten durch Hochschulen, angefangen bei der Suche nach Verwertungspartnern bis zur Ausgestaltung von Lizenzverträgen. Außerdem werden Möglichkeiten zur Finanzierung der Weiterentwicklung neuer Technologien aufgezeigt. Das abschließende Kapitel gibt eine Einführung zum

Thema Unternehmensgründungen aus der Hochschule (Spin-off) mit Tipps für Gründer und einigen Beispielen erfolgreicher Spin-offs zum Nachahmen.

Als Erfinder werden Sie schnell feststellen, dass auch an Ihrer Universität oder Hochschule viele Angebote zur Verfügung stehen, um die Patentierung und die Verwertung Ihrer Forschungsergebnisse zu fördern und zu unterstützen. Ich hoffe, dieses Buch kann Ihnen als Begleiter und Informationsquelle gute Dienste leisten.

Nur Mut und viel Erfolg!

Kirstin Schilling
Darmstadt im Februar 2014

Danksagung

Mein herzlicher Dank geht an alle Freunde, Kollegen und Verwandten, die mit Anregungen und Verbesserungsvorschlägen zum Entstehen dieses Buchs beigetragen haben. Vor allem bedanke ich mich bei allen Koautorinnen und Koautoren für die wichtigen, auch für mich sehr informativen Beiträge zu diesem Buch. Vielen Dank für die tolle Zusammenarbeit!

Für die fachliche Unterstützung danke ich ganz besonders Dipl.-Ing. Susanne Möller, European Patent Attorney, Anwaltskanzlei „Isenbruck Bösl Hörschler LLP", Mannheim und Dr. Otmar Schöller, Geschäftsführer der Innovectis GmbH.

Jutta Leroudier und Gerd Zimmermann, meinem Vater, danke ich für das kritische Lesen und die hilfreichen Tipps. Anja Groth und Kaja Rosenbaum von Springer Spektrum danke ich für die exzellente Organisation und die unkomplizierte Zusammenarbeit, und Regine Zimmerschied danke ich sehr für die sorgfältige Korrektur des Manuskripts.

Nicht zuletzt gilt meiner Familie, vor allem meinem Ehemann Ingo Schilling und meinen Kindern Justus und Isalie, ein herzlicher Dank für die Geduld und ihr Verständnis dafür, dass die gemeinsame Freizeit im vergangenen Jahr etwas zu kurz gekommen ist.

- **Hinweis**

Die in diesem Buch enthaltenen Angaben wurden durch die Autor*innen sorgfältig recherchiert und geprüft. Für Richtigkeit, Vollständigkeit und Aktualität kann jedoch keine Gewähr übernommen werden. Anregungen und Hinweise nehmen die Autor*innen gerne entgegen.

- **Gastbeiträge und Videos**

„Arbeitnehmererfindungen an österreichischen Universitäten" von Dr. Eva Bartlmä und Dr. Tanja Sovic-Gasser, Research and Transfer Support der TU Wien, S. 85 ff.

„Hochschulerfindungen in der Schweiz" und „Best Practice: Gründungsförderung an der ETH Zürich" von Dr. Silvio Bonaccio, Head of ETHtransfer, Eidgenössische Technische Hochschule Zürich, S. 92 ff. und S. 377 ff.

„Hochschulerfindungen und das US-Patentrecht" von Dr. Jan B. Krauss, Patentanwalt und Europäischer Patentanwalt, Anwaltskanzlei Boehmert & Boehmert, München, S. 264 ff.

„Bewertung von Technologie-Angeboten aus Sicht eines Biotechnologieunternehmens" von Dr. Jürgen M. Schneider, Patentanwalt u. Europäischer Patentanwalt, Canadian & U.S. Patent Agent, Vice President Global IP & Litigation, Qiagen, S. 301 ff.

„Butalco als Spin-off der Goethe-Universität Frankfurt" von Prof. Dr. Eckard Boles (Universität Frankfurt), Gunther Festel (Founding Angel, Festel Capital) und Martin Würmseher (Mitarbeiter bei Festel Capital), S. 364 ff.

„Rechteinhaberschaft an Software", „Software als Schutzgut" und „Verwertungsformen für Software" von Tilmann Lahann, Rechtsanwalt, Kanzlei Müller, Altmeyer & Partner, Saarbrücken, S. 61 f., S. 196 ff. und S. 343 ff.

„Der Finanzierungsweg von der Invention zur Innovation" und Interview „Finanzierungsmöglichkeiten zum Weiterentwickeln von Erfindungen" von und mit Dr. Martin Raditsch, Geschäftsführer Innovectis GmbH, Frankfurt am Main, Deutschland, S. 388 ff.

„Gründungszentrum – Treffpunkt für Unternehmungswillige" und Interview „Goethe-Unibator – Unterstützung für angehende Gründer*innen" von und mit Andrés Felipe Macias, Leiter des Goethe-Unibators, des Gründungszentrums der Goethe-Universität Frankfurt am Main, Deutschland, S. 358 ff.

Interview „Wie bewertet man Erfindungen?" mit Dr. Bertram Cezanne, Vorsitzender des Bewertergremiums für Erfindungen der Goethe-Universität Frankfurt am Main, und Abteilungsleiter Prozessentwicklung bei dem Chemie- und Pharmaunternehmen Merck, Darmstadt, S. 37

Interview „Patentierte Zellen – vom Labor in die Klinik" mit Prof. Dr. Peter Bader, stellv. Direktor der Klinik für Kinder- und Jugendmedizin und Leiter des Schwerpunkts Stammzelltransplantation, Immunologie und Intensivmedizin am Universitätsklinikum Frankfurt am Main, Deutschland, S. 226

Inhaltsverzeichnis

1	**Einführung**	1
1.1	Mehrwert aus Forschung	2
1.2	Kleine Einführung zu Patenten	4
1.3	Technologietransfer im Überblick	7
1.3.1	Der Technologietransferprozess	7
1.3.2	Wie lange dauert's?	11
1.3.3	Aufgaben der Erfinder*innen	12

I Erfinden

2	**Die Erfindung**	17
2.1	Was ist eine Erfindung?	18
2.2	Beispiele für Erfindungen im Bereich Life Science	19
2.3	Entstehung von Erfindungen an Hochschulen	23
2.3.1	Woran erkennt man eine Erfindung?	23
2.3.2	Wann ist eine Erfindung fertig?	24
2.4	Patentieren und publizieren	26
2.4.1	Erst Patent anmelden, dann publizieren	26
2.4.2	Was tun, wenn schon veröffentlicht wurde?	33
2.5	Bewertung von Hochschulerfindungen	34
2.5.1	Beratung und Unterstützung für Hochschulerfinder*innen	34
2.5.2	Entscheidung über die Patentanmeldung einer Erfindung	36
3	**Die Rechte an der Erfindung**	41
3.1	Wem gehört eine Erfindung?	43
3.1.1	Erfinder und Rechteinhaber	43
3.1.2	Der Status des Erfinders	44
3.1.3	Der Status des Rechteinhabers	48
3.2	Arbeitnehmererfindungen in Deutschland	50
3.2.1	Übersicht	50
3.2.2	Wer muss seine Erfindungen melden?	52
3.2.3	Welche Arbeitsergebnisse stehen dem Arbeitgeber zu?	59
3.2.4	Welche Erfindung ist eine Diensterfindung?	62
3.2.5	Die Erfindungsmeldung	64
3.2.6	Rechte und Pflichten nach Erfindungsmeldung	70
3.2.7	Besondere Bestimmungen für Hochschulerfinder*innen	75
3.2.8	Erfindervergütung	78
3.2.9	Arbeitnehmererfindungen außerhalb Deutschlands	82
3.2.10	Informationen zum deutschen Arbeitnehmererfindungenrecht	84
3.3	Erfindungen an österreichischen Universitäten	85
3.3.1	Die Rechte an Arbeitnehmererfindungen	85
3.3.2	Der Verwertungsprozess universitärer Erfindungen am Beispiel TU Wien	89
3.3.3	Unterstützung für junge Entrepreneure	90

3.4	**Erfindungen an Schweizer Universitäten**	92
3.4.1	Gesetzliche Grundlagen	92
3.4.2	Verwertungsunterstützung	95
3.4.3	Nationale Zusammenarbeit – swiTT	98
3.4.4	Referenzen und weiterführende Informationen	98
3.5	**Freie Erfindungen**	99
3.5.1	Welche Erfindungen sind frei?	99
3.5.2	Freier Erfinder – was nun?	102
3.5.3	Unterstützung und Beratung für freie Erfinder*innen	107
4	**Erfindungen und IP-Rechte in F&E-Kooperationen**	**109**
4.1	**Kooperationen zwischen Hochschulen und Unternehmen**	110
4.1.1	Warum kooperieren Hochschulen und Unternehmen?	110
4.1.2	Arten von Kooperationen	111
4.2	**Exkurs: Auftrags- und Kooperationsforschung gemäß EU-Beihilferahmen**	113
4.3	**Der Kooperationsvertrag**	117
4.3.1	Bausteine eines Kooperationsvertrags	117
4.3.2	IP-Regelungen bei Kooperationsforschung	119
4.3.3	IP-Regelungen bei Auftragsforschung	121
4.3.4	Die Unterschrift des Hochschullehrers	123
4.3.5	Mustertexte und Vertragsbausteine für Kooperationsverträge	124

II Patentieren

5	**Das Patent**	**129**
5.1	**Patentkategorien**	130
5.2	**Wirkung von Patenten**	133
5.3	**Der Nutzen von Patenten**	138
5.4	**Wie sieht ein Patent aus?**	141
5.4.1	Verschiedene Arten von Patentdokumenten	141
5.4.2	Aufbau einer Patentschrift	145
5.4.3	Beschreibung	147
5.4.4	Beispiele und Zeichnungen	148
5.4.5	Patentansprüche	149
5.4.6	Der*die Patentanwalt*in – Aufgaben und Ausbildung	158
5.5	**Literatur zum Thema Patentrecht**	161
6	**Neuheits- und Patentrecherche**	**163**
6.1	**Ziele der Recherche**	164
6.2	**Die Recherche in 7 Schritten**	165
6.3	**Die Patentklassifikation**	169
6.4	**Wie recherchiert man in Patentdatenbanken?**	171
6.5	**Wichtige Patentdatenbanken im Kurzprofil**	176
6.6	**Akteneinsicht und Rechtsstandabfragen**	178

Inhaltsverzeichnis

7	**Was ist patentierbar?**	181
7.1	**Voraussetzungen für die Patenterteilung**	182
7.1.1	Übersicht	182
7.1.2	Technizität	182
7.1.3	Neuheit	183
7.1.4	Erfinderische Tätigkeit	185
7.1.5	Gewerbliche Anwendbarkeit	186
7.1.6	Offenbarung der Erfindung	188
7.2	**Ausnahmen von der Patentierbarkeit**	190
7.2.1	Patentverbote im Überblick	190
7.2.2	Erfindung versus Entdeckung	191
7.2.3	Fehlende Technizität	192
7.3	**Software als Schutzgut**	196
7.3.1	Übersicht	196
7.3.2	Allgemeine Definition und Bestimmung	196
7.3.3	Know-How- und Geschäftsgeheimnisschutz	197
7.3.4	Urheberrechtlicher Schutz	198
7.3.5	Patentschutz für Software	198
7.4	**Patente in den Lebenswissenschaften**	201
7.4.1	Übersicht	201
7.4.2	Medizinische Verfahren	202
7.4.3	Medizinprodukte	208
7.4.4	Patente für Arzneimittel	210
7.4.5	Patente für Gen- und Proteinsequenzen, Antikörper	215
7.4.6	Patente auf Lebewesen	219
7.4.7	Patente für Stammzellen	225
8	**Der Weg zum Patent**	233
8.1	**Patenterteilungsverfahren**	235
8.1.1	Die Anmeldung	235
8.1.2	Das Prüfverfahren	238
8.1.3	Tipps für die Beantwortung von Prüfbescheiden	243
8.2	**Patente und Kosten**	245
8.2.1	Besondere Situation an Hochschulen	245
8.2.2	Deutsches Patent	246
8.2.3	Europäisches Patent	247
8.2.4	PCT-Patentanmeldung	250
8.2.5	Typischer Ablauf von Patentverfahren	253
8.3	**Streit ums Patent**	255
8.3.1	Einspruch und Beschwerde	255
8.3.2	Nichtigkeits- und Verletzungsverfahren	258
8.3.3	Ideenklau durch Dritte	261
8.4	**Hochschulerfindungen und das US-Patentrecht**	264
8.4.1	Einleitung	264
8.4.2	Das US-Patentgesetz	264
8.4.3	Die grundsätzliche Rolle von Hochschulen bei US-Patentanmeldungen	266
8.4.4	Wer ist Erfinder in den USA?	267

8.4.5	Anmeldestrategien in den USA	268
8.4.6	Neuheitsschonfrist und Stand der Technik unter dem AIA	269
8.4.7	Besonderheiten des US-Anmelde- und Prüfungsverfahrens	270
8.4.8	Patent Marking	271
8.4.9	Probleme bei der allgemeinen Patentfähigkeit von Life-Science-Patenten – § 101 „Prometheus" und „Myriad"	271
8.4.10	Angriffe auf die Anmeldung/das Patent	272
8.4.11	Durchsetzung von Patenten in den USA	273
9	**Weitere Arten geistigen Eigentums**	**275**
9.1	Übersicht	276
9.2	**Gebrauchsmuster – das kleine Patent**	276
9.3	**Designschutz**	280
9.4	**Marke**	283
9.5	**Urheberrecht**	286

III Verwerten

10	**Patent – was nun?**	**293**
10.1	**Möglichkeiten der Patentverwertung**	294
10.2	**Suche nach einem Verwertungspartner**	299
10.2.1	Strategische Vorgehensweise	299
10.2.2	Das Technologieangebot	300
10.2.3	Bewertung von Technologie-Angeboten aus Sicht eines Biotechnologieunternehmens am Beispiel Qiagen	301
10.2.4	Wie und wo finden sich Lizenznehmer?	304
10.3	**Weiterentwicklung der Technologie**	306
11	**Lizenzieren oder Verkaufen**	**319**
11.1	Übersicht	320
11.2	**Geheimhaltungsvereinbarung**	321
11.3	**Materialaustauschvereinbarung (MTA)**	325
11.4	**Der Lizenzvertrag**	328
11.4.1	Arten von Lizenzen	328
11.4.2	Rechtliche Bestimmungen	329
11.4.3	Finanzielle Konditionen	333
11.4.4	Termsheet	339
11.4.5	Optionsvertrag	341
11.4.6	Lizenz ohne Patent	341
11.4.7	Literatur zum Thema Patentlizenzverträge	343
11.5	**Verwertungsformen für Software**	343
11.5.1	Einleitung	343
11.5.2	„Übertragung" von Know-How und Geschäftsgeheimnissen	344
11.5.3	Open Source Licensing	345
11.5.4	Digitale Geschäftsmodelle	346
11.5.5	Bewertung von Software bei Beteiligungen von Investoren	347

11.5.6	Faktoren bei Lizenzverhandlungen über Software	348
11.6	**Bewertung einer Technologie**	350
11.6.1	Faktoren für die Bewertung	350
11.6.2	Quantitative Bewertung	353
12	**Gründung eines Spin-offs**	**355**
12.1	**Wichtige Aspekte bei der Gründung von Spin-offs**	356
12.1.1	Entscheidung für die Gründung eines Spin-offs	356
12.1.2	Das Potenzial der Technologie	362
12.1.3	Das Managementteam	363
12.1.4	Lizenz von der Hochschule	363
12.2	**Butalco als Spin-off der Goethe-Universität Frankfurt**	364
12.2.1	Bedeutung von akademischen Spin-offs	364
12.2.2	Realisierung von Gründungsideen	365
12.2.3	Wichtige Schritte beim Geschäftsaufbau	367
12.2.4	Erfahrungen und Empfehlungen	368
12.3	**Förderung und Finanzierung von akademischen Spin-offs**	369
12.3.1	Unternehmensphasen und ihre Finanzierung	369
12.3.2	Öffentliche Förderung in der Gründungsphase	371
12.3.3	Businessplan- und Gründerwettbewerbe	373
12.3.4	Frühphasenförderung („Seed-Kapital")	374
12.3.5	Best Practice: Gründungsförderung an der ETH Zürich	377
12.4	**Weitere Informationen zum Thema Firmengründung**	380

Serviceteil

Stichwortverzeichnis 385

Einführung

Inhaltsverzeichnis

1.1 Mehrwert aus Forschung – 2

1.2 Kleine Einführung zu Patenten – 4

1.3 Technologietransfer im Überblick – 7
1.3.1 Der Technologietransferprozess – 7
1.3.2 Wie lange dauert's? – 11
1.3.3 Aufgaben der Erfinder*innen – 12

> **Fantasie ist das Leben der Erfolgreichen.**
> Unbekannt

1.1 Mehrwert aus Forschung

Jeder kennt herausragende Erfindungen wie die der Dampfmaschine, des Computers oder des Buchdrucks oder die Verwendung von Penicillin als Antibiotikum.

Aber das ist nur die Spitze des Eisbergs. Damals wie heute erforschen, erfinden und entwickeln schlaue Köpfe tagtäglich Neues und manchmal auch Nützliches. Die meisten Wissenschaftler*innen an Universitäten und Hochschulen sehen sich selbst nicht als Erfinder*innen im klassischen Sinn. Tatsächlich sind Erfinder vom Schlage eines Daniel Düsentrieb selten. Der Großteil aller zum Patent angemeldeten Erfindungen entsteht in Teamarbeit, meist in Forschungs- und Entwicklungslabors von privaten Unternehmen, aber auch an Hochschulen und anderen staatlich geförderten Forschungseinrichtungen. Angefangen bei neuen Impfstoffen zur Krebsbekämpfung über biotechnologische Verfahren zur Energiespeicherung bis zu KI („künstliche Intelligenz")-basierten Diagnoseverfahren finden sich in Patentdatenbanken – meist wenig beachtet von akademischen Forscher*innen – die konkreten Beschreibungen ehemals oder zukünftig vielversprechender Technologien.

Patente zum Schutz von Forschungsergebnissen

Gerade grundlegende Neuentwicklungen stammen häufig aus staatlichen Forschungsstätten, denn die dort beschäftigten Wissenschaftler*innen besitzen das Privileg, dass sie erkenntnisorientiert und zweckfrei forschen dürfen. Dies führt mitunter zu Erkenntnissen, die ganze Forschungsrichtungen neu begründen können und gleichzeitig über ein großes wirtschaftliches Verwertungspotenzial verfügen. Bekannte Beispiele sind die RNA-Interferenz-Technik, bei der mit kleinen RNA-Molekülen gezielt Gene stillgelegt werden können, oder die Nobelpreis-gekrönte Geneditierungsmethode CRISPR/Cas (*Clustered Regularly Interspaced Short Palindromic Repeats*), die zum gezielten Schneiden von DNA eingesetzt wird.

Patente als Voraussetzung für Weiterentwicklung

In fast allen Industrieländern ist es daher heute selbstverständlich und gesetzlich verankert, dass Hochschulen die Erfindungen ihrer Wissenschaftler*innen durch Patente schützen können, wenn sie diese für kommerziell verwertbar halten. Die Schutzrechte sollen möglichst an Firmen auslizenziert werden, sodass neueste Forschungsergebnisse in Produkte umgewandelt und vermarktet werden können und somit zum technologischen Fortschritt beitragen. Der Patentschutz bildet hierfür eine notwendige Voraussetzung.

Patente zur Gründung von Spin-offs

Um aus einem Laborbefund ein wirtschaftlich verwertbares Produkt zu entwickeln, sind in der Regel beträchtliche

Investitionen erforderlich. Die klinische Testung eines neuen Wirkstoffs, der als Medikament zugelassen werden soll, kostet typischerweise eine dreistellige Millionensumme. Hier und auch bei anderen Hightech-Produkten lohnt es sich erst durch den Patentschutz für ein Unternehmen, derart hohe Entwicklungskosten und -risiken einzugehen. Denn ein Patent verleiht seinem Inhaber oder dem Lizenznehmer für eine begrenzte Zeit das Recht zur alleinigen (exklusiven) wirtschaftlichen Vermarktung, so dass die Entwicklungskosten refinanziert werden können.

Besonders wertvoll sind Patente als Basis für Gründungen von Hochtechnologiefirmen. Nicht selten entwickeln Hochschulwissenschaftler*innen neue Technologien, die sie für so vielversprechend halten, dass sie die Vermarktung in die eigene Hand nehmen möchten und ein Unternehmen (Spin-off) gründen. Bei frühen Technologien bietet ein Spin-off in manchen Fällen die beste (und einzige) Möglichkeit zur Weiterentwicklung. Auch hierbei übernimmt zunächst die betreffende Hochschule die Patentierung und das Spin-off lizenziert oder kauft die Schutzrechte von der Hochschule. Der Patentschutz gewährt dem neu gegründeten Unternehmen einen Wettbewerbsvorteil, um gegen etablierte Wettbewerber zu bestehen. Außerdem sind Schutzrechte gefragt, wenn Beteiligungs- beziehungsweise Risikokapital eingeworben werden soll.

Patente für Teilhabe am wirtschaftlichen Erfolg

Nicht zuletzt können Wissenschaftler*innen durch die Patentierung ihrer Forschungsergebnisse am wirtschaftlichen Erfolg der von ihnen entwickelten Technologie partizipieren. Gemäß den gesetzlichen Bestimmungen und Richtlinien der Hochschulen steht erfinderisch tätigen Wissenschaftler*innen in den meisten Ländern ein Anteil an den Lizenz- oder Verkaufseinnahmen aus der Vermarktung zu. Diese Vergütung geht direkt an die Erfinder*innen, um die erbrachte Leistung zu belohnen und zum Weitermachen zu motivieren. Im optimalen Fall fließt ein Teil der Lizenzeinnahmen der Hochschule zurück in das Institut der Erfindergruppe, um neue Ideen und Forschungsprojekte voranzubringen.

Erst patentieren, dann publizieren!

Die Vorbehalte mancher Wissenschaftler*innen, dass sie durch die Patentierung ihrer Ergebnisse in ihrer Publikationsfreiheit beschränkt werden, sind in der Regel unbegründet. Um publizieren und patentieren zu können, muss jedoch die Reihenfolge beachtet werden. Sobald eine Erfindung veröffentlicht wurde, gilt diese nicht mehr als neu und kann nicht mehr oder nur sehr eingeschränkt patentiert werden, selbst wenn die Publikation durch den oder die Erfinder*in erfolgt ist. Daher gilt: zuerst ein Patent anmelden, dann publizieren.

Entscheidend ist, dass die Forschenden die praktische Anwendbarkeit ihrer Resultate im Auge behalten. Besitzen

Forschungsergebnisse ein wirtschaftliches Potenzial, bietet sich möglicherweise die Chance, die Entwicklung neuer Produkte und Innovationen anzustoßen. Über den Erkenntnisgewinn hinaus kann ein Mehrwert für die Hochschule, die Wissenschaftler*innen und ihre Forschung generiert werden.

1.2 Kleine Einführung zu Patenten

Geistiges Eigentum und gewerbliche Schutzrechte

Geistiges Eigentum (*intellectual property*, kurz IP) gilt als immaterielles Recht und unterscheidet sich insofern von materiellen Gütern, wie einem Stück Land, einem Haus oder einem Smartphone. Unter den Begriff des geistigen Eigentums fallen einerseits die Urheberrechte, die beispielsweise den Schöpfer*innen künstlerischer Werke zufallen. Andererseits gibt es die sogenannten gewerblichen Schutzrechte: Patente, Gebrauchsmuster, Designs (früher: Geschmacksmuster) und Marken.

Alle diese IP-Rechte erlauben den Inhaber*innen, wirtschaftlichen Nutzen aus ihren Schöpfungen oder Erfindungen zu ziehen und eine unerwünschte Nachahmung zu verbieten.

Patent als Belohnung

In diesem Buch geht es in erster Linie um technische Neuerungen, die durch Patente geschützt werden können. Bezüglich der anderen Möglichkeiten zum Schutz geistigen Eigentums finden sich kurze Erläuterungen und – wo angebracht – Hinweise zur Verwendung und zur gegenseitigen Abgrenzung.

Bedingungen für ein Patent: mehr als „nur" neu

Der Grundgedanke bei der Gewährung eines Patents besteht darin, die Erfinder*innen für ihre Ideen zu belohnen. Denjenigen, denen das Recht an der Erfindung gehört, sollen ein Monopol zur kommerziellen Nutzung erhalten. Im Gegenzug wird die Erfindung veröffentlicht, also für die Öffentlichkeit nachvollziehbar gemacht. Das Wort „Patent" leitet sich nämlich von dem lateinischen Wort *patere* ab, was so viel bedeutet wie „offen liegen". Die mit der Monopol-Gewährung einhergehende Pflicht zur Veröffentlichung soll verhindern, dass Erfinder*innen aus Angst vor Ideenklau ihre Neuentwicklungen geheim halten und so den technischen Fortschritt bremsen. Auch heute geht man davon aus, dass es einen Vorteil für die Gesellschaft bringt, wenn Menschen und Unternehmen zu Erfindungen angespornt werden. Die Publikation der Patentschriften bereichert demnach das allgemeine technische Wissen und ermöglicht, dass andere auf Basis dieser Erkenntnisse weiterforschen können.

Ein Patent wird erteilt, wenn die Erfindung neu ist. Als Messlatte gilt das gesamte, öffentlich verfügbare Wissen: der sogenannte Stand der Technik (*state of the art*). Darüber hinaus ist eine gewisse erfinderische Tätigkeit gefordert, um zu verhindern, dass einfach ableitbare Dinge oder Triviales geschützt werden können. Nur besondere Leistungen sollen mit einem Patent belohnt werden. Vereinfacht gesagt, reicht es nicht aus, bei einem Gerät einen Nagel gegen einen Klettverschluss mit gleicher Funktion auszutauschen, um Patentschutz gewährt zu bekommen. In Europa ist eine weitere, wichtige Voraussetzung für die Erteilung eines Patents, dass mit der Erfindung eine technische Wirkung erzielt werden kann. Aus diesem Grund gestaltet sich beispielsweise die Patentierung von Software in Europa deutlich schwieriger als in den USA. Zudem gibt es eine Reihe von Erfindungen, die aus ethischen Gründen nicht durch ein Patent geschützt werden sollen. Für Verfahren zum Klonen von Menschen kann zum Beispiel kein Patent erteilt werden.

Letztendlich stellt ein Patent ein starkes und wertvolles Werkzeug zum Schutz von technischen Neuentwicklungen dar. Daher wird sehr genau geprüft, wofür und unter welchen Bedingungen ein solches Schutzrecht erteilt wird.

Patentgesetz gibt die Regeln vor.

Die meisten Länder haben für den Umgang mit Patenten ein eigenes Gesetz geschaffen. In Deutschland trat das erste Patentgesetz (PatG) 1877 in Kraft; in Österreich gilt das Patentgesetz seit 1970 und in der Schweiz das „Bundesgesetz über die Erfindungspatente" seit dem 25.06.1954. Die Patentgesetze regeln, wofür ein Patent erhalten werden kann und welche Anforderungen (Neuheit, Erfindungshöhe etc.) für die Patenterteilung erfüllt werden müssen. Außerdem ist in den Patentgesetzen festgelegt, welche Rechte einem Patentinhaber gewährt werden und in welcher Weise mit Streitigkeiten, zum Beispiel bei einer Patentverletzung, umzugehen ist.

Patentamt erteilt Patente.

Für die Erteilung von Patenten sind die Patentämter zuständig: zum Beispiel das Deutsche Patent- und Markenamt (DPMA) in München, das Österreichische Patentamt in Wien und das Eidgenössische Institut für Geistiges Eigentum (IGE) in Bern, das für die Schweiz und Liechtenstein als Patentamt fungiert. Jede Patentanmeldung wird einem Prüfverfahren unterzogen. Im Ergebnis gewährt das Amt ein Patent in vollem Umfang oder – was häufiger vorkommt – mit Einschränkungen oder der Patentantrag wird zurückgewiesen. Im Fall der Patenterteilung besteht noch für einige Monate nach dessen Bekanntgabe die Möglichkeit für Wettbewerber oder andere, einen Einspruch gegen dieses Patent einzulegen. Erst nach Ablauf der Einspruchsfrist oder einem „bestandenen" Einspruchsverfahren gilt das Patent als rechtskräftig erteilt.

Ein Patent besteht immer nur für einen bestimmten Zeitraum, in der Regel 20 Jahre ab dem Anmeldetag. Es gilt nur für das Land, in dem es verliehen wird. Das heißt, ein Patent muss in jedem einzelnen Staat, in dem es gültig sein soll, erteilt werden. Allein aus dieser Tatsache heraus wird verständlich,

Ein Patent für Europa

Kein Patent für die Welt

Streit um Verletzung oder Nichtigkeit

warum ein „weltweites" Patent mit immens hohen Kosten verbunden ist.

In Europa wird schon seit vielen Jahren versucht, die Patentverfahren zu vereinfachen und die Kosten zu verringern. Bereits im Jahr 1973 vereinbarten 16 europäische Länder mit dem Europäischen Patentübereinkommen (EPÜ ; englisch: European Patent Convention, EPC) ein einheitliches Patenterteilungsverfahren. Inzwischen gehören dem EPÜ 38 Mitgliedsländer an, darunter alle EU-Länder und die Schweiz. Für die Vertragsstaaten des EPÜ besteht die Möglichkeit, in einem zentralen Prüfungsverfahren ein europäisches Patent erteilt zu bekommen. Hierfür genügt eine einzige Patentanmeldung beim Europäischen Patentamt (EPA), dessen Hauptsitz sich in München befindet.

Ein Nachteil des europäischen Patents liegt noch immer darin, dass es nach der Erteilung in jedem Mitgliedsland validiert werden muss. Das bedeutet, ein Patentinhaber muss auswählen, in welchem EPÜ-Mitgliedsstaat das Patent gültig sein soll. Für jedes gewählte Land müssen Jahresgebühren gezahlt werden, und in vielen Fällen sind Übersetzungen der Patentschrift oder der Patentansprüche erforderlich. Nach langem Ringen haben sich nun 25 verstärkt zusammenarbeitende EU-Länder geeinigt, dass Patentinhaber*innen demnächst ein sogenanntes Einheitspatent bekommen können, das unmittelbar für diese Mitgliedsstaaten gilt.

Ein internationales Patent analog zum europäischen Patent gibt es nicht. Allerdings besteht die Möglichkeit, auf Basis einer einzigen Patentanmeldung in fast allen wichtigen Ländern weltweit Patentverfahren durchzuführen. Diese internationale Anmeldung heißt PCT-Patentanmeldung (PCT = Patent Cooperation Treaty, deutsch: „Vertrag über die internationale Zusammenarbeit auf dem Gebiet des Patentwesens"). Nach dem Einreichen einer PCT-Patentanmeldung erhält der*die Anmeldende einen Recherchenbericht sowie eine Stellungnahme zur Patentierbarkeit, sodass der Erfolg der Patentanmeldung abgeschätzt werden kann. Spätestens 30 (in Europa 31) Monate nach der ersten Patentanmeldung muss sich der*die Anmeldende endgültig entscheiden, in welchen Ländern Patentverfahren durchführt werden sollen. In jedem der ausgewählten Länder oder Regionen ist es notwendig, ein entsprechendes Erteilungsverfahren zu führen.

Selbst nachdem ein Patent rechtskräftig vom Patentamt erteilt wurde, kann es von anderer Seite wieder zu Fall gebracht werden. Denn es besteht die Möglichkeit, dass zum Beispiel ein Konkurrent eine Nichtigkeitsklage einreicht und somit die Rechtmäßigkeit des Patents infrage stellt. Sehr häufig verläuft ein solches Nichtigkeitsverfahren im Zusammenhang mit einem Patentverletzungsverfahren, mit dem ein Patentinhaber gegen einen vermeintlichen Patentverletzer vorgeht. Insbesondere in den USA können solche Verletzungsprozesse mit Kosten in Millionenhöhe einhergehen.

1.3 Technologietransfer im Überblick

1.3.1 Der Technologietransferprozess

Bei Wissenschaftler*innen an Universitäten und Hochschulen liegt der Fokus ihrer Forschung darauf, neue Erkenntnisse zu gewinnen und diese zu publizieren. Aber was ist zu tun, wenn sich aus wissenschaftlichen Ergebnissen ein wirtschaftliches Anwendungspotenzial ergibt? Typischerweise finden Wissenschaftler*innen an ihrer Hochschule eine Anlaufstation, die für Beratung und Unterstützung bei der Patentierung und Vermarktung von Forschungsergebnissen zuständig ist – eine sogenannte Wissens- oder Technologietransferstelle und/oder eine Patentverwertungsagentur (siehe auch ▶ Abschn. 2.5). Die Mitarbeiter*innen des Wissens- und Technologietransfers planen gemeinsam mit den Erfinder*innen den Ablauf und koordinieren (◘ Abb. 1.1)

— die hochschulinternen und rechtlichen Formalitäten, unter anderem die Klärung der Rechtesituation der Erfinder*innen,
— die Bewertung der Erfindung und die schutzrechtliche Sicherung, meist in Zusammenarbeit mit einer externen Patentanwaltskanzlei sowie

Schnittstelle Wissens- und Technologietransfer

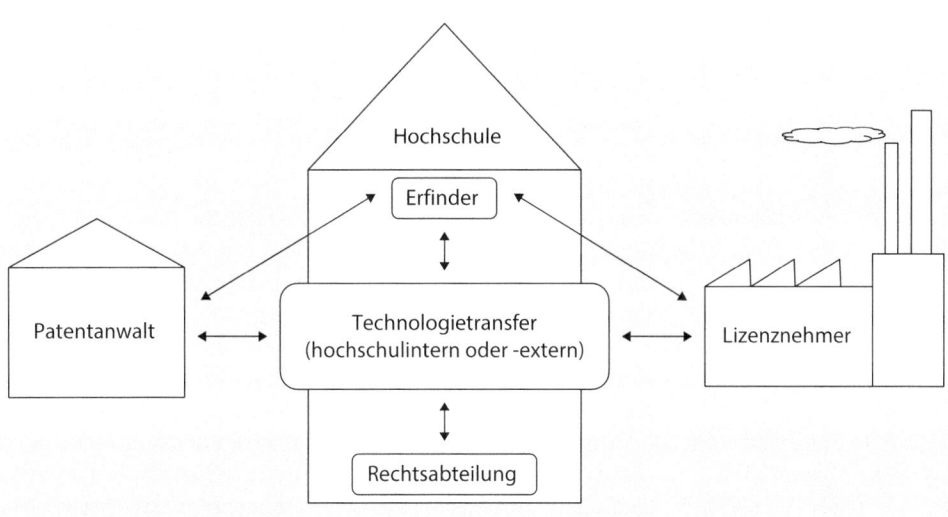

◘ Abb. 1.1   Interaktionen beim Technologietransfer

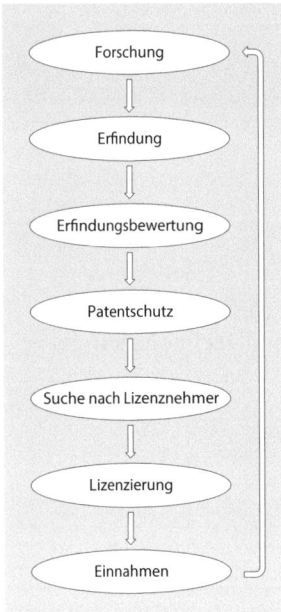

Abb. 1.2 Technologietransfer – am besten als Kreislauf

Erfindung gemacht?
Erfindung melden

Ist die Erfindung patentierbar?

Ist die Erfindung vermarktbar?

— die Verwertungsaktivitäten einschließlich der Verhandlung der Lizenzverträge mit einem Unternehmen, das die Technologie vermarkten möchte.

Zur Einführung und um einen Überblick zu geben, wird in diesem Kapitel der generelle Weg von der Erfindung bis zu dessen Verwertung kurz beschrieben (◘ Abb. 1.2). In den folgenden Kapiteln werden die einzelnen Phasen aufgegriffen und ausführlicher erläutert.

- **Forschung**

Grundlagen- oder angewandte Forschung führen häufig zu neuen Entdeckungen und Erfindungen. Eine Erfindung ist beispielsweise eine neue chemische Verbindung, ein neues Gerät, ein neues Verfahren oder auch eine neue Verwendung, etwa eine neue Indikation für eine bekannte chemische Verbindung.

- **Erfindungsmeldung**

Haben Forschende an einer Hochschule eine Erfindung gemacht (oder glauben sie, eine Erfindung gemacht zu haben), so ist der erste Schritt das Einreichen einer Erfindungsmeldung. Bei der zuständigen Technologietransferstelle der Hochschule bekommt man ein vorgefertigtes Formular zum Ausfüllen. Darin sollen die Erfindung beschrieben und ihre Vorteile im Vergleich zu bestehenden Technologien dargestellt werden. Außerdem sind alle Erfinder*innen zu nennen, denn in der Regel haben zwei oder mehr Wissenschaftler*innen zu einer Erfindung beigetragen.

Soll die Erfindung patentiert werden, darf sie solange nicht veröffentlicht werden, bis eine Patentanmeldung beim Patentamt eingereicht wurde. Mit einer vorherigen Veröffentlichung als Artikel, Poster oder Vortrag (auch durch die Erfinder*innen selbst) wäre die Erfindung nämlich nicht mehr neu und die Erteilung eines Patents kaum noch möglich.

- **Erfindungsbewertung**

In der Regel prüft die Technologietransferstelle oder -firma die Erfindungsmeldung im Hinblick auf Patentierbarkeit und das Verwertungspotenzial. Um einschätzen zu können, ob ein Patent auf die Erfindung erteilt werden kann, wird üblicherweise eine Patent- und Neuheitsrecherche durchgeführt. Daraus ergibt sich eine vorläufige Einschätzung, ob für die Erfindung ein Patent erteilt werden kann.

Eine Patentanmeldung lohnt jedoch nur dann, wenn die geschützte Erfindung auch vermarktet werden kann. Daher versucht man im Vorfeld, das Verwertungspotenzial der Erfindung zu analysieren, zum Beispiel anhand von Marktanalysen und Vergleichen zu Konkurrenztechnologien. Eine wichtige Rolle spielt, welche Möglichkeiten zur Verwertung gesehen werden: ob beispielsweise eine Exklusivlizenz oder mehrere Einfachlizenzen (bei Plattformtechnologien) vergeben werden können oder ob die Erfinder*innen eine Firmengründung planen. Wichtig sind zudem der Entwicklungsstand und gegebenenfalls die Planung zur Weiterentwicklung der Technologie sowie der Projektfinanzierung.

Bei einem positiven Ergebnis der Erfindungsbewertung, übernimmt die Hochschule die Rechte an der Erfindung. Damit ist sie berechtigt, die Patentierung der Erfindung durchzuführen.

- **Patentschutz**

Die Patentierung der Erfindung wird typischerweise von der Technologietransferstelle oder -firma begleitet und im Namen der Hochschule durchgeführt. Im ersten Schritt reicht man eine sogenannte prioritätsbegründende Patentanmeldung ein, zum Beispiel für Europa. Nach einigen Monaten erhält man den ersten Prüfbescheid des Patentamts. Später beginnt ein schriftlicher Schlagabtausch zwischen Amt und Anmelder*in, in dem ausgehandelt wird, ob beziehungsweise für welchen Schutzbereich ein Patent gewährt wird.

Patent anmelden

Nach der ersten Patentanmeldung bleibt dem*der Anmelder*in genau ein Jahr Zeit, um Patentanmeldungen in weiteren Ländern, etwa in den USA oder China, nachzureichen. Für diese Nachanmeldungen gilt ebenfalls das Datum der ersten (Prioritäts-)Anmeldung. Somit kann aufbauend auf der ersten Patentanmeldung theoretisch weltweiter Schutz für eine Erfindung erlangt werden. In jedem einzelnen Land, in dem die Erfindung geschützt sein soll, muss ein Patent erteilt werden!

- **Marketing**

Gemeinsames Ziel der Hochschule und der Erfinder*innen ist es, die neue Technologie bestmöglich zu vermarkten. Zu diesem Zweck werden – abgestimmt zwischen Technologietransfer und Erfinder*innen – Firmen identifiziert und angesprochen, die an einer Lizenzierung oder einem Kauf der Patentrechte an der Erfindung interessiert sein könnten. Besonders wertvoll sind dabei Kontakte der Erfinder*innen zu Firmen oder Forschungsabteilungen von Unternehmen.

Gibt es mehrere Interessenten, können mehrere nichtexklusive Lizenzen oder Exklusivlizenzen für verschiedene Anwendungsgebiete vergeben werden. Typisch ist jedoch eher, dass sich nur ein, eventuell auch gar kein interessiertes Unternehmen findet.

- **Lizenzierung**

einer Lizenz oder den Verkauf der Rechte an einer Erfindung beziehungsweise einer neuen Technologie. Der Lizenz- oder

Lizenzvertrag schließen

Kaufvertrag wird zwischen dem Unternehmen und der Hochschule als Rechteinhaberin geschlossen. In diesem Vertrag werden die Bedingungen für die Nutzung der Technologie durch den Lizenznehmer sowie die Vergütung für die Rechtevergabe, zum Beispiel in Form von Meilensteinzahlungen und/oder Umsatzbeteiligungen, festgelegt.

Auch im Fall einer Firmengründung durch die Erfinder*innen muss das junge Unternehmen (Spin-off) einen Lizenz- oder Kaufvertrag mit der Hochschule schließen, um die Nutzungsrechte an der Erfindung zu erlangen.

Eine weitere Möglichkeit ist der Abschluss eines Optionslizenzvertrags. Dieser erlaubt einem Unternehmen, die Technologie für eine bestimmte Zeit zu testen. Nach Ablauf der sogenannten Optionsfrist kann das Unternehmen entscheiden, ob es einen Lizenzvertrag schließen möchte.

▪ Lizenzeinnahmen

Lizenznehmer suchen Lizenzeinnahmen für Erfinder*innen und ihre Forschung

Gelingt es, die Erfindung durch Lizenzierung oder Verkauf der Schutzrechte zu verwerten, können sich die Erfinder*innen über eine anteilige Erfindervergütung freuen. Die Verteilung der Einnahmen aus Lizenz- und Kaufverträgen hängt von den gesetzlichen Rahmenbedingungen sowie den Richtlinien der Hochschule ab. So ist in Deutschland durch das Gesetz über Arbeitnehmererfindungen festgelegt, dass Hochschulerfinder*innen von den Einnahmen aus der Verwertung der Erfindung 30 % erhalten. Die übrigen 70 % werden gemäß den geltenden Richtlinien der Hochschule aufgeteilt, zum Beispiel ein Teil für den Zentralbereich der Hochschule, ein Teil für das Institut und eventuell für den Fachbereich der Erfinder*innen. Einnahmen können Meilensteinzahlungen, zum Beispiel bei Erteilung eines Patents, oder Umsatzbeteiligungen beim Verkauf des lizenzierten Produkts sein.

Bis es so weit ist, dass Einnahmen aus der Verwertung fließen, kann es allerdings eine Weile dauern. Die an Hochschulen entwickelten Technologien befinden sich fast immer in einem frühen Entwicklungsstadium. Deshalb ist es in der Regel notwendig, dass der Lizenznehmer erhebliche Investitionen zur Weiterentwicklung tätigt, um zum Beispiel klinische Studien, Zulassungsverfahren oder ein Upscaling von Produktionsprozessen durchzuführen. Darüber hinaus sind eventuell weitere Aktivitäten hinsichtlich der Produktionsoptimierung, des Marketings oder des Verkaufs erforderlich. Bis Einnahmen aus dem Verkauf eines Produkts oder einer Dienstleistung erzielt werden können, müssen daher in der Regel mehrere Jahre eingeplant werden.

Technologietransfer als Zyklus

Idealerweise entwickelt sich ein Kreislauf, bei dem ein Teil der Einnahmen, die aus Lizenzierung oder dem Verkauf von Schutzrechten resultieren, von der Hochschule in Forschung und die Weiterentwicklung neuer Technologien reinvestiert wird.

1.3.2 Wie lange dauert's?

Viele Erfinder*innen interessiert, ob sie durch Patentierung und Verwertung ihrer Forschungsergebnisse in ihrer wissenschaftlichen Tätigkeit eingeschränkt sind und wie lange es dauert, bis Lizenzeinnahmen erzielt werden können. Hierzu lässt sich im Einzelfall zwar keine Vorhersage machen, jedoch gibt es einige Erfahrungswerte.

— Von der Erfindungsmeldung bis zur Patentanmeldung: einige Wochen bis Monate

Mehrere Wochen bis zur Patentanmeldung

Ab der Erfindungsmeldung muss mit einigen Tagen bis wenigen Wochen gerechnet werden, bis entschieden wird, ob die Erfindung patentiert werden soll. Die Ausarbeitung einer Patentanmeldung dauert in der Regel ebenfalls einige Wochen. Besteht aufgrund einer anstehenden Publikation großer Zeitdruck, kann eine Patentanmeldung auch recht kurzfristig ausgearbeitet und eingereicht werden. Dabei besteht allerdings ein höheres Risiko, dass die Anmeldung fehlerhaft und/oder unvollständig ist. Typischerweise sollte vom Zeitpunkt der Erfindungsmeldung bis zur Einreichung der ersten Patentanmeldung mit etwa zwei bis vier Monaten gerechnet werden.

— Von der Erfindungsmeldung bis zur Patenterteilung: einige Jahre

Mit der ersten Patentanmeldung beginnt das Verfahren, in dem über die Erteilung eines Patents entschieden wird. In Deutschland dauert es durchschnittlich drei bis fünf Jahre, bis ein Patent erteilt wird. Hinzu kommen Patentverfahren in anderen Ländern.

Mehrere Monate oder Jahre bis zur Lizenzierung

— Von der Erfindungsmeldung bis zur Lizenzierung: mehrere Monate bis Jahre

Parallel zu den Patentverfahren beginnen die Aktivitäten zur Verwertung der Erfindung. Der Erfolg bei der Suche nach einem Verwertungspartner ist abhängig von vielen Faktoren. Gibt es einen Interessenten für die Lizenzierung einer Erfindung, dauert es in der Regel mehrere Monate, bis die Konditionen des Lizenzvertrags verhandelt wurden.

— Von der Erfindungsmeldung bis zur Vermarktung: mehrere Jahre

Bis zur Markteinführung eines Produkts vergehen in der Regel fünf bis zehn Jahre. Die Dauer ist unter anderem abhängig vom Entwicklungsstadium und von der Art der Technologie. Während ein neues Forschungstool einen vergleichsweise geringen Entwicklungs- und Validierungsaufwand erfordert, benötigen klinische Studien für die Zulassung eines neuen Medikaments viele Jahre.

1.3.3 Aufgaben der Erfinder*innen

Selbstverständlich spielen die Erfinder*innen im gesamten Verlauf von Patentierung und Verwertung ihrer Erfindung eine zentrale Rolle. Alle Beteiligten, Technologietransferleute und Jurist*innen der Hochschule sowie die Patentanwält*innen, arbeiten gemeinsam mit den Erfinder*innen daran, die neu entwickelte Technologie zu schützen, voranzubringen und die bestmögliche Vermarktung zu erreichen. Meist stehen nur ein oder zwei (Haupt-)Erfinder*innen in regelmäßigem Austausch mit der Hochschule beziehungsweise den zuständigen Mitarbeiter*innen des Wissens- und Technologietransfers.

Abgabe der Erfindungsmeldung

Die erste Pflicht der Erfinder*innen (die übrigens gesetzlich festgeschrieben ist) besteht darin, dem Arbeitgeber die Erfindung zu melden. Entsprechende Vorlagen für Erfindungsmeldungen können in der Regel über die Internetseite der zuständigen Wissens- und Technologietransferstelle heruntergeladen werden.

Keine Publikation bis zur Patentanmeldung

Um die Erfindung durch ein Patent umfassend schützen zu können, darf sie vor Patentanmeldung nicht veröffentlicht werden. Als Veröffentlichung zählen unter anderem wissenschaftliche Artikel, Poster und Vorträge auf Tagungen oder die Präsentation auf der Internetseite des Instituts. Wenn eine Veröffentlichung geplant ist – und das ist bei Erfindungen an Hochschulen fast immer der Fall –, sollten die Erfinder*innen dies möglichst frühzeitig mit den zuständigen Mitarbeiter*innen des Technologietransfers besprechen.

Nach Erhalt der Erfindungsmeldung prüft die Hochschule beziehungsweise die zuständige Technologietransferstelle, ob die Erfindung patentiert werden kann und wie die Chancen für eine Lizenzierung oder eine anderweitige Verwertung stehen. Bei einem positiven Ergebnis wird in Zusammenarbeit mit einer Patentanwaltskanzlei eine Patentanmeldung ausgearbeitet und beim Patentamt eingereicht. Den Erfinder*innen kommt hierbei eine bedeutende Rolle zu, denn sie kennen die technischen Details und die Anwendbarkeit der Erfindung am besten. Die Erfinder*innen werden daher notwendigerweise bei der Ausarbeitung der Patentanmeldeschrift eingebunden. Sie liefern das „Ausgangsmaterial" für die Beschreibung der Erfindung, welches vom Umfang und Inhalt in etwa einer wissenschaftlichen Publikation entspricht. Der

Patentanwalt oder die Patentanwältin übernimmt diese Daten und Informationen in die Patentanmeldung und formuliert die Patentansprüche. Vor der Einreichung der Patenanmeldung beim Patentamt sollten die Erfinder*innen den Anmeldeentwurf sehr genau und kritisch prüfen, auch wenn das Lesen der Patentanmeldung durch die hoch formalisierte Schreibweise etwas ungewohnt und mühsam sein mag. Der Aufbau und viele der Formulierungen in einer Patentanmeldung sind standardisiert oder haben für die Auslegung des späteren Patents eine große Bedeutung. Vor allem in den Patentansprüchen spielen die Wortwahl, die Definition der Parameter sowie die Unterscheidung von notwendigen und optionalen (bevorzugten) Merkmalen für den späteren Schutzbereich eine wichtige Rolle.

Die Erfinder*innen sollten den Text sehr genau auf Richtigkeit prüfen und sich Gedanken darüber machen, wie breit der Schutzumfang des Patents sein kann und soll. Im Gegensatz zu einer wissenschaftlichen Publikation ist es nämlich bei einer Patentanmeldung viel schwieriger, zu einem späteren Zeitpunkt neue Aspekte der Erfindung aufzunehmen. Mit einem Patent kann nur geschützt werden, was zum Zeitpunkt der Einreichung der Patentanmeldung im Anmeldetext beschrieben war. — *Patenanmeldung prüfen*

Auch im weiteren Verlauf der Patentverfahren ist die Mitarbeit der Erfinder*innen erforderlich. Dies betrifft vor allem die Beantwortung der Prüfbescheide vom Patentamt. In einem Prüfbescheid teilt ein Prüfer oder eine Prüferin des Patentamts mit, ob und in welchem Umfang nach seiner Ansicht ein Patent erteilt werden kann. Der*die Patentanmelder*in, hier also die Hochschule, hat die Möglichkeit, den Prüfbescheid zu erwidern und den*die Prüfer*in mit Argumenten von der Neuheit und Erfindungshöhe der Erfindung zu überzeugen. Hierfür sind die fachliche Kompetenz und Überzeugungskraft der Erfinder*innen von großem Nutzen. — *Patentprüfer*in überzeugen*

Bei der Verwertung der Erfindung kommt den Erfinder*innen ebenfalls eine zentrale Rolle zu. Bereits in der Erfindungsmeldung können sie Firmen angeben, von denen sie glauben oder wissen, dass diese ein Interesse an der Lizenzierung der Technologie haben. Diese Kontakte sind besonders wertvoll, denn erfahrungsgemäß wird ein großer Teil der Erfindungen an Unternehmen auslizenziert, die die Erfinder*innen kennen. — *Kontaktvermittlung zu Interessenten*

Das Fachwissen der Erfinder*innen ist darüber hinaus für das Vorbereiten von Marketingunterlagen zu der Erfindung relevant. Wenn keine konkreten Verwertungspartner bekannt sind, wird ein Technologieangebot erstellt, in dem auf kurze und prägnante Weise die Erfindung und ihre Vorteile beschrieben werden. Das Technologieangebot kann an poten- — *Erfindung präsentieren* zielle Interessenten verschickt oder in Erfindungsdatenbanken eingestellt werden. Hat eine Firma Interesse an der Erfindung, ergeben sich meist Fragen zu fachlichen Details und aktuellen Daten, die am besten von den Erfinder*innen beantwortet werden können. Möglicherweise wird ein gemeinsames Kooperationsprojekt gestartet, um die Technologie weiterzuentwickeln oder zu optimieren.

Kontakt halten

Über die gesamte Prozesskette ist ein wechselseitiger Austausch zwischen den Erfinder*innen und den Mitarbeiter*innen des Wissens- und Technologietransfers notwendig. Die Erfinder*innen werden über den aktuellen Stand der Patentierungsverfahren und der Verwertung informiert. Im Gegenzug berichten die Erfinder*innen über wichtige Weiterentwicklungen, anstehende Publikationen oder ihre Interaktionen mit Firmen. Letztendlich haben die Hochschule und die Erfinder*innen ein gemeinsames Interesse an einer erfolgreichen Verwertung der Erfindung. Wenn Erfinder*innen die Hochschule verlassen, sollten sie nicht versäumen, ihre neuen Kontaktdaten anzugeben – nicht zuletzt, um erreichbar zu sein, falls es zur Auszahlung einer Erfindervergütung kommt.

Erfinden

Inhaltsverzeichnis

Kapitel 2   Die Erfindung – 17

Kapitel 3   Die Rechte an der Erfindung – 41

Kapitel 4   Erfindungen und IP-Rechte
              in F&E-Kooperationen – 109

Die Erfindung

Inhaltsverzeichnis

2.1   **Was ist eine Erfindung? – 18**

2.2   **Beispiele für Erfindungen im Bereich Life Science – 19**

2.3   **Entstehung von Erfindungen an Hochschulen – 23**
2.3.1   Woran erkennt man eine Erfindung? – 23
2.3.2   Wann ist eine Erfindung fertig? – 24

2.4   **Patentieren und publizieren – 26**
2.4.1   Erst Patent anmelden, dann publizieren – 26
2.4.2   Was tun, wenn schon veröffentlicht wurde? – 33

2.5   **Bewertung von Hochschulerfindungen – 34**
2.5.1   Beratung und Unterstützung für Hochschulerfinder*innen – 34
2.5.2   Entscheidung über die Patentanmeldung einer Erfindung – 36

Ergänzende Information Die elektronische Version dieses Kapitels enthält Zusatzmaterial, auf das über folgenden Link zugegriffen werden kann https://doi.org/10.1007/978-3-662-64400-3_2. Die Videos lassen sich durch Anklicken des DOI Links in der Legende einer entsprechenden Abbildung abspielen, oder indem Sie diesen Link mit der SN More Media App scannen.

© Springer-Verlag GmbH Deutschland, ein Teil von Springer Nature 2022
K. Schilling, *Forschen – Patentieren – Lizenzieren*, https://doi.org/10.1007/978-3-662-64400-3_2

> Zum Entdecken gehört Glück, zum Erfinden Geist, und beide können beides nicht entbehren.

Johann Wolfgang von Goethe (1749–1832), deutscher Dichter der Klassik, Naturwissenschaftler und Staatsmann

2.1 Was ist eine Erfindung?

Erfindung = praktische Anwendung einer Entdeckung

Der Startpunkt für eine Erfindung ist häufig eine Entdeckung. Ein Entdecker erkennt und beschreibt erstmals etwas bereits Bestehendes, zum Beispiel ein Naturphänomen wie Röntgenstrahlung. Dem Erfinder gelingt es darüber hinaus, diese neuen Erkenntnisse auf nützliche Art anzuwenden und etwas Neues zu schaffen. Zum Beispiel besteht eine wichtige Anwendung der Röntgenstrahlung darin, Körper zu durchleuchten, um Unregelmäßigkeiten festzustellen. Neue Geräte zur Röntgendiagnostik oder auch zur Erzeugung von Röntgenstrahlen wären daher Erfindungen, mit denen Röntgenstrahlen wirtschaftlich genutzt werden können. Das Gleiche gilt im Fall der Entdeckung eines neuen molekularen Signalwegs. Stellt sich heraus, dass der neue Mechanismus bei einer Erkrankung eine Rolle spielt, können möglicherweise Regulatoren (Medikamente) entwickelt werden, die bei der Behandlung der Krankheit nützlich sind. Erst die Ausnutzung der neuen Erkenntnisse führt also zu einer Erfindung. Das Ziel besteht darin, eine Erfindung in neue Produkte, Dienstleistungen oder Verfahren umzusetzen. Können diese erfolgreich vermarktet werden, spricht man von Innovationen.

Schon in früheren Zeiten lagen wichtige Erfindungen sozusagen „in der Luft". Entwicklungen, wie die des Telefons, fanden an mehreren Orten gleichzeitig statt. Auch heute liefern sich Forschergruppen in einem bestimmten Fachgebiet mitunter ein Wettrennen, um drängende Fragen zu klären oder ein bestimmtes Problem zu lösen. Viele Erfindungen scheinen eher dem Zufall geschuldet zu sein. Ist ein Wissenschaftler – als Experte auf seinem Fachgebiet – überrascht und begeistert von einem Ergebnis und seiner praktischen Relevanz, dann handelt es sich sehr wahrscheinlich um eine Erfindung.

Patent für Erfindungen auf allen Gebieten der Technik

Dem*r ersten Entdecker*in gebührt der wissenschaftliche Ruhm. Der*die erste Erfinder*in kann zusätzlich ein Patent erhalten, mit dem er*sie über ein räumlich und zeitlich begrenztes Monopolrecht zur wirtschaftlichen Nutzung verfügt. Im Vergleich zu anderen immateriellen Rechten, wie dem Urheberrecht, bietet das Patent eine sehr starke Rechtsposition zum Schutz gegen Nachahmer (▶ Kap. 5).

„Lehre zum technischen Handeln"

Generell werden Patente für Erfindungen auf allen Gebieten der Technik erteilt. Was genau darunter zu verstehen ist, wird im Patentrecht aber nicht definiert. Es handelt sich um einen „unbestimmten Rechtsbegriff", der von der Rechtsprechung der Gerichte ausgelegt wird. Damit ist gewährleistet, dass der Begriff der Erfindung jeweils dem neuesten Stand der Erkenntnisse in der Wissenschaft angepasst werden kann.

Laut gängiger deutscher Rechtsprechung wird eine Erfindung als „Lehre zum technischen Handeln" angesehen. Wichtig ist also, dass die Erfindung einen „technischen Charakter" besitzt und eine Handlungsvorschrift beinhaltet. Technizität zeigt sich darin, dass bei einer Erfindung Naturkräfte genutzt und beherrscht werden. Zum Beispiel gilt als technisch, wenn eine neu gefundene chemische Substanz einen molekularen Signalweg inhibiert oder wenn mit einem Biomarker das Vorliegen einer Krankheit angezeigt wird. Technizität ist eine Grundvoraussetzung dafür, dass überhaupt ein Patent in Europa erteilt werden kann (▶ Abschn. 7.1.2).

Besser verständlich wird der Begriff „Technizität", wenn man betrachtet, was nicht als technisch angesehen wird. Künstlerische Schöpfungen, wie Gemälde oder Skulpturen, sprechen die Sinne an und wirken eher subjektiv. Solche Dinge ohne technische Wirkung sind vom Patentschutz ausgeschlossen, aber möglicherweise können sie durch andere Schutzrechtsformen gesichert werden (▶ Kap. 9). Möbel oder besondere Formen von Industrieprodukten sind beispielsweise als Design (früher: Geschmacksmuster) schützbar. Werke, wie Bücher oder Musikstücke, richten sich an den menschlichen Verstand oder sind abstrakt. Sie unterliegen in der Regel dem Urheberrecht (Copyright). Eine Besonderheit bilden Computerprogramme (Software). Der Programmcode ist durch das Urheberrecht geschützt. Wird durch die Software eine Wirkung in der „realen Welt" verursacht oder gesteuert, ist auch ein Patent möglich ▶ Abschn. 7.3.

2.2 Beispiele für Erfindungen im Bereich Life Science

Da sich Forschende an Hochschulen naturgemäß auf technologischem Neuland bewegen, stoßen sie manchmal auf Probleme, die sich bisher nicht gestellt haben. Können diese Probleme mit technischen Mitteln oder Verfahren gelöst werden, handelt es sich mit hoher Wahrscheinlichkeit um Erfindungen, die möglicherweise patentiert werden können. Häufig sind es aber auch die Ergebnisse zielgerichteter Forschung, zum Beispiel nach einem Krankheitsmechanismus, die zur Entdeckung neuer Targets, Biomarker und Wirkstoffen führen.

Erfindungen sind Dinge oder Tätigkeiten.

Erfindungen können entweder neue Gegenstände (Stoffe, Stoffgemische, Geräte, Geräteteile) sein, neue Verfahren (zum Beispiel zur Herstellung) oder neue Verwendungen von bekannten Gegenständen oder Verfahren (◘ Abb. 2.1).

Die nachfolgende Auflistung gibt einen Einblick in die Vielfalt patentierbarer Erfindungen aus der Forschung im Bereich Life Science und Medizin. (Bei einigen mit * gekennzeichneten Erfindungsarten müssen eventuell Einschränkungen durch Patentierungsverbote beachtet werden (▶ Abschn. 7.2).)

- **Agrarwirtschaft**
  - Wirkstoffe (Herbizide, Fungizide etc.) (◘ Abb. 2.2)
  - pflanzliche Naturstoffe als Nahrungsmittel
  - transgene Pflanzen (mit optimierten Inhaltsstoffen, verbessertem Wachstums- oder Resistenzverhalten etc.)
  - Verfahren zur Herstellung transgener Pflanzen

- **(Bio)Analytik**
  - Geräte und Verfahren zur Analyse von Geweben, Blut und anderen Körperflüssigkeiten
  - Mikroskope und mikroskopische Verfahren
  - spektroskopische Verfahren

- **Biotechnologie**
  - genmodifizierte Mikroorganismen (Bakterien, Hefen, Algen) zur Produktion von Biomolekülen (Enzymen, Zucker, Lipiden)

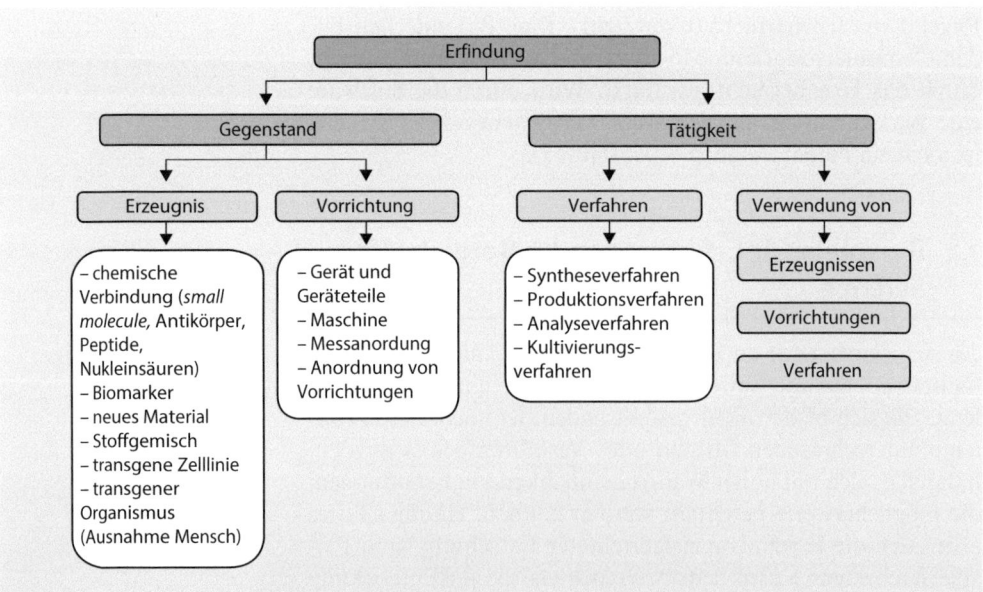

◘ **Abb. 2.1** Arten von patentierbaren Erfindungen

Abb. 2.2 Patentierbare Erfindungen: Neue chemische Verbindungen und Gemische. (Franz Pfluegl/▶ fotolia.com)

- Bioreaktoren
- Kultivierungsmedien
- Kultivierungsverfahren
- Prozessoptimierung von Fermentationsverfahren

- **Diagnostik (Abb. 2.3)**
- Biomarker und Sensoren
- Kontrastmittel (Farbstoffe, Nanopartikel, Radioisotope)
- Assays (Immunoassays, ELISA, SNP)
- Biochips
- Verfahren zur Stratifizierung von Patienten („Companion Diagnostic")
- Imaging-Geräte und -Verfahren* (MRI, Ultraschall)
- Nicht-invasive Visualisierungsverfahren
- Screeningverfahren

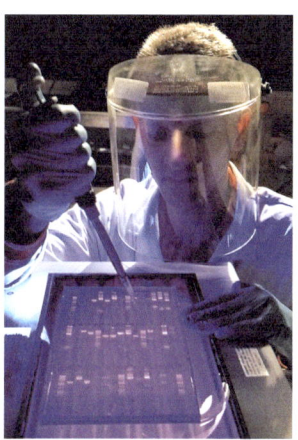

Abb. 2.3 Patentierbare Verfahren: Analyse und Ex-vivo-Diagnostik. (KaYann/▶ Fotolia.com)

- **Healthcare**
- kosmetische Wirkstoffe und Verfahren*
- „Functional Food" (Vitamine, Mineralien, ungesättigte Fettsäuren) und Herstellungsverfahren

- **Medizintechnik (Abb. 2.4)**
- biologische Ersatzmaterialien, künstliche Gewebe oder Knochenersatzmaterial
- biologisch abbaubare Hilfsmaterialien, z. B. zum Knochenverbund oder zur Verbesserung der Wundheilung
- wirkstofffreisetzende Systeme, z. B. Nanoformulierungen oder elektrogesponnene Fasern
- Geräte zur Wirkstoffapplikation
- Katheter und Stents

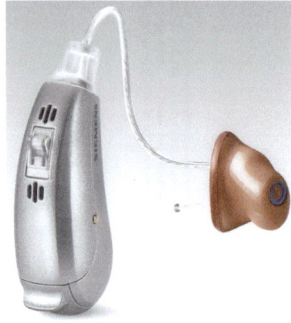

Abb. 2.4 Medizintechnische Geräte, wie Hörgeräte, Implantate und Katheter, sind patentierbar. (Siemens)

— Implantate
— chirurgische Werkzeuge

- **Therapie von Erkrankungen**
— Targets (zum Screening von Wirkstoffen) zur Behandlung von Erkrankungen
— natürliche oder modifizierte Moleküle, Gensequenzen (siRNA, microRNAs), Aminosäuresequenzen (Peptide, Enzyme), Antikörper, Hormone, Naturextrakte als Wirkstoffe zur Behandlung von Erkrankungen
— gentherapeutische Verfahren*, Vektoren etc.
— therapeutische Antikörper, z. B. Konstrukte, Vektoren, Bibliotheken etc.
— natürliche oder modifizierte Zellpräparate, z. B. Stamm- oder Vorläuferzellpräparationen
— Mischungen und Zusatzstoffe zur Stabilisierung von Wirkstoffen
— Trägersysteme für Wirkstoffe, z. B. Nanopartikel
— Analgetika
— Impfstoffe (Antigene, Adjuvanzien, Trägermoleküle, etc.)

- **Umweltanalytik**
— Sensoren für Spurenelemente, Gift- oder Nutzstoffe (chemisch oder optisch)
— analytische Verfahren
— Materialien und Verfahren zur Entsorgung von Abfällen und Giftstoffen

- **Werkzeuge für die Forschung**
— Reagenzien, Enzyme, Antikörper, Vektoren etc.
— Marker und Sensoren (Farbstoffe, Fluoreszenzfarbstoffe, Radikalträger, Radioisotope)
— Zellkultur-, Gewebe- oder Tiermodelle
— Verfahren zur Probenvorbereitung (An- und Abreicherung)
— Präparationsverfahren (Aufreinigung)
— Kultivierungsverfahren
— Reagenzien und Verfahren zur Verbesserung von RNAi- oder CRISPR/Cas-Techniken
— Gen-Knockdown/out/in-Verfahren
— Syntheseverfahren (Proteine, DNA/RNA)
— Mess- und Analysemethoden

Konkrete und aktuelle Beispiele für Erfindungen aus deutschen Hochschulen und Forschungsinstitutionen finden sich im Invention Store der Transferallianz (▶ https://www.transferallianz.de/angebote/invention-store/) sowie bei den Patentverwertungsagenturen und Technologietransferstellen der Hochschulen (▶ Abschn. 2.5).

2.3 Entstehung von Erfindungen an Hochschulen

2.3.1 Woran erkennt man eine Erfindung?

Häufig ergibt sich eine Erfindung aus der Anwendung spannender oder überraschender Forschungsergebnisse. Die Erfindung geht über die reine Erkenntnis hinaus und liefert eine nützliche Verwendung des neu erlangten Wissens. Manchmal handelt es sich dabei um das Ergebnis gezielter Forschung, manchmal um einen Nebenbefund.

Wichtiges Kriterium: kommerzielle Anwendbarkeit

Besonders interessant ist eine *neue Sache* dann, wenn ein lange bestehendes Bedürfnis (in der Pharmaforschung als *unmet medical need* bezeichnet) befriedigt werden kann. Generell sollten sich Forschende folgende Fragen stellen: Kann mit der Erfindung ein bestehendes Problem gelöst werden, und/oder besitzt die Erfindung einen kommerziellen Wert? Ist die Antwort ja, sollte der Schutz durch ein Patent erwägt werden.

Im Zweifel: Erfindung melden

Glaubt ein*e Hochschulwissenschaftler*in, dass er*sie eine Erfindung gemacht hat, sollte er*sie sich umgehend an die Technologietransferstelle der Hochschule wenden. Gemäß dem Gesetz über Arbeitnehmererfindungen sind Wissenschaftler*innen, die Arbeitnehmer*innen einer Hochschule sind, sogar verpflichtet, der Hochschule die Erfindung mitzuteilen, bevor sie publiziert wird (▶ Abschn. 3.2). Dabei ist es ausreichend, dass die Möglichkeit besteht, ein Patent erteilt zu bekommen. Die Erfinder*innen müssen nicht selbst mit einer Patent- oder Neuheitsrecherche prüfen oder bewerten, ob die Erfindung patentierbar. Im Zweifelsfall empfiehlt sich, Beratung zu suchen und eher eine Erfindung mehr anzumelden, als die Chance auf ein Patent verstreichen zu lassen.

*Miterfinder*innen informieren*

Häufig sind nicht ein*e, sondern mehrere Wissenschaftler*innen an einer Erfindung beteiligt. In diesem Fall sollten alle Miterfinder*innen und andere „Mitwisser*innen" frühzeitig darüber informiert werden, dass möglicherweise eine Patentanmeldung eingereicht werden soll. So kann verhindert werden, dass eine Erfindung aus Unwissenheit vorzeitig publiziert wird. Es ist schon vorgekommen, dass während des Urlaubs eines Erfinders einer seiner *bench*-Kollegen einige Ergebnisse des Erfinders als „Kontrollen" in einen Abstract für eine Konferenz aufgenommen hatte. Durch die Publikation dieses Abstracts waren wichtige Teile der Erfindung öffentlich geworden. Die geplante Patentanmeldung wurde nicht eingereicht, da es für eine Patenterteilung erforderlich ist, dass die Erfindung absolut neu ist.

Eigene Vorpublikation ist neuheitsschädlich!

Auch eine Publikation der Erfindung durch die Erfinder*innen selbst ist „neuheitsschädlich" und verhindert die Erteilung eines Patents, zumindest in Europa (▶ Abschn. 2.4).

Wer erkennt die Erfindung?
Interessanterweise kommt es nicht selten vor, dass Hochschulforscher*innen erst von Kolleg*innen oder befreundeten Wissenschaftler*innen auf die kommerzielle Anwendbarkeit ihrer Forschungsergebnisse aufmerksam gemacht werden. Vor allem Wissenschaftler*innen aus den USA oder solche, die dort einige Zeit geforscht haben, richten ihr Augenmerk stets auch auf die wirtschaftliche Anwendbarkeit ihrer Forschungsergebnisse. Zunehmend verliert aber auch bei hiesigen Forschenden der Gedanke an eine kommerzielle Nutzung ihrer Forschungsergebnisse den Verdacht des „Anrüchigen".

Hin und wieder werden Wissenschaftler*innen auch durch die Herausgeber von wissenschaftlichen Zeitschriften auf das Verwertungspotenzial ihrer Ergebnisse aufmerksam gemacht. Beispielsweise werden Publikationen der Zeitschrift *Nature* vor ihrem Erscheinen von dem Portal Science-Business eXchange (SciBX) auf ihr kommerzielles Potenzial hin analysiert. Wird ein Artikel als besonderes Highlight für translationale Forschung identifiziert, wendet sich wenige Tage vor der Online-Publikation ein*e SciBX-Mitarbeiter*in an die Autor*innen und fragt unter anderem nach dem Patentstatus und der Möglichkeit für Dritte, diese Technologie zu lizenzieren. Eine Patentanmeldung ist zu diesem Zeitpunkt noch möglich, allerdings muss sie innerhalb der verbleibenden Zeit bis zur Publikation des Artikels beim Patentamt eingereicht werden.

2.3.2 Wann ist eine Erfindung fertig?

Idee oder Erfindung?

Viele Wissenschaftler*innen sind unsicher, wann der richtige Zeitpunkt für eine Erfindungsmeldung gekommen ist. Hierfür gibt es keine eindeutige Maßgabe, außer dass sich Erfinder*innen lieber zu früh als zu spät an ihre zuständige Technologietransferstelle wenden sollten.

Am Anfang eines Forschungsprojekts steht in der Regel eine bestimmte Aufgaben- oder Problemstellung (◘ Abb. 2.5). Möglicherweise haben die Wissenschaftler*innen bereits eine Idee zur Lösung, die nun umgesetzt werden soll, indem zum Beispiel ein neuer Geräteprototyp aufgebaut oder ein neues Verfahren getestet wird. Oder es handelt sich um die Aufklärung bislang unbekannter biologischer Signalwege, die Suche nach einem Biomarker oder einem geeigneten Target zur Behandlung einer Erkrankung.

Wie wird die Erfindung realisiert?

Gibt es für die Idee oder das neue Konzept noch keinen konkreten Plan zur Umsetzung beziehungsweise noch keine

2.3 · Entstehung von Erfindungen an Hochschulen

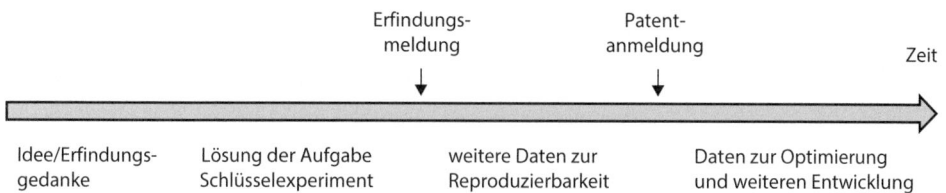

Abb. 2.5 Entstehung einer Erfindung

ausreichenden Belege, handelt es sich nicht um eine Erfindung. Erst wenn ein Weg zur Lösung des Problems erkannt und gegebenenfalls realisiert wurde, gilt die Erfindung als fertig, und es sollte – wenn Mitarbeiter*innen der Hochschule an der Erfindung beteiligt waren – eine Erfindungsmeldung bei der Hochschule abgegeben werden (▶ Abschn. 3.2.5).

Bei der *Erfindung* eines neuen Stoffs reicht es aus, wenn dessen Struktur oder Eigenschaften beschrieben und ein Verwendungszweck benannt werden können. Im Fall eines neuen technischen Geräts muss dieses anhand seiner Merkmale so genau definiert werden, dass es von einem Fachmann nachgebaut werden kann. Bei biotechnologischen Erfindungen, beispielsweise bei einem neuen Biomarker oder einem molekularbiologischen Target, sind in der Regel experimentelle Nachweise der Funktionsweise erforderlich. Mitunter genügt bereits ein Schlüsselexperiment. Ob Experimente in vitro, in Zellkultur, im Tierexperiment oder aus klinischer Validierung benötigt werden, hängt sehr vom Einzelfall ab und muss mit den betreffenden Akteuren abgestimmt werden.

Als guter Zeitpunkt für eine Erfindungsmeldung gilt gemeinhin, wenn aussagekräftige Ergebnisse vorhanden sind, sodass erstmals an die Präsentation der Ergebnisse vor anderen Wissenschaftler*innen oder an eine wissenschaftliche Publikation gedacht wird. Im Idealfall erfolgt die Überprüfung der Patentierbarkeit der Erfindung parallel zu weiteren unterstützenden Experimenten. Der Austausch mit nicht beteiligten, externen Forscher*innen oder Gutachter*innen sollte vor einer Patentanmeldung möglichst vermieden werden (▶ Abschn. 2.4).

Für eine Patentmeldung sollten wie auch bei der Einreichung eines wissenschaftlichen Artikels genügend Belege für das Funktionieren der Erfindung vorliegen. Grundsätzlich ist es für die Patenterteilung nicht unbedingt erforderlich, dass eine wissenschaftliche Erklärung über die ursächlichen Zusammenhänge und die Funktionsweise seiner Erfindung abgegeben wird. Vielmehr muss die Erfindung als Rezept formuliert werden, mit dem ein „Durchschnittsfachmann" die

Funktioniert die Erfindung?

Erfindung umsetzen kann. Somit reicht es zum Beispiel für die Patentierung eines neuen medizintechnischen Geräts aus, die technischen Merkmale nachvollziehbar zu beschreiben.

Auch beim Schutz eines neuen Biomarkers zur Vorhersage oder zur Diagnose einer Erkrankung ist es nicht notwendig zu erklären, welche Mechanismen zur Freisetzung oder Verminderung des Biomarkers führen. Wichtig ist jedoch beispielsweise, dass der Konzentrationsbereich, innerhalb dessen eine Aussage mithilfe des Biomarkers getroffen werden kann, anhand entsprechender Studien geklärt wird. Analog gilt für neue Therapeutika, dass zwar nicht der gesamte physiologische Signalweg, wohl aber ein biochemischer Effekt nachgewiesen sein sollte. Für alle biotechnologischen Erfindungen gilt: Je besser und valider die Datenlage ist, desto besser kann der mögliche Schutzbereich eines Patents definiert werden. Falls sich im weiteren Verlauf der Entwicklung herausstellt, dass die Erfindung nicht wie ursprünglich gedacht funktioniert, kann dies in einer Patentanmeldung möglicherweise nicht mehr korrigiert werden.

2.4 Patentieren und publizieren

2.4.1 Erst Patent anmelden, dann publizieren

Veröffentlichung durch Erfinder*innen zerstört Neuheit.

In der Regel wollen Wissenschaftler*innen ihre Forschungsergebnisse schnellstmöglich publizieren. Frei nach dem Motto *publish or perish* dienen Veröffentlichungen in wissenschaftlichen Zeitschriften oder Vorträge auf Konferenzen dem Nachweis erfolgreicher wissenschaftlicher Tätigkeit. Wenn die Forschungsergebnisse neben ihrem wissenschaftlichen Wert auch ein wirtschaftliches Anwendungspotenzial besitzen, sollte allerdings vor jeglicher Veröffentlichung geklärt werden, ob eine Patentierung sinnvoll ist. Beides, patentieren und publizieren, ist möglich – allerdings muss die Reihenfolge beachtet werden!

Die Veröffentlichung der Ergebnisse beziehungsweise der Erfindung würde die Neuheit und damit die Patentierbarkeit beeinträchtigen (▶ Abschn. 7.1.3). Auch eine Publikation durch den*die Erfinder*in selbst gilt nämlich als neuheitsschädlich für eine eigene spätere Patentanmeldung. Das heißt, wenn ein Wissenschaftler seine Erkenntnisse bereits in irgendeiner Form veröffentlicht hat, wird dies genauso als Stand der Technik angesehen wie jede andere Publikation von Dritten.

> Alles, was *am Tag der Einreichung der Patentanmeldung beim Patentamt oder später* veröffentlicht wird, ist für die Neuheitsprüfung im Patentverfahren nicht mehr relevant. Wich-

tig ist, dass die Patentanmeldung beim Patentamt eingegangen ist; die Erteilung des Patents muss nicht abgewartet werden. Typischerweise kann vom Zeitpunkt der Erfindungsmeldung bis zum Einreichen einer Patentanmeldung mit einer Dauer von einigen Wochen bis wenigen Monaten gerechnet werden, sodass die Verzögerung der Publikation in der Regel zumutbar ist.

Nach einer Veröffentlichung gelten die Erfindung oder wesentliche Teile davon nicht mehr als neu, und ein Patent kann – wenn überhaupt – nur noch auf unveröffentlichte Teilaspekte erteilt werden. Im *Patentdeutsch* spricht man davon, dass eine Erfindung neuheitsschädlich vorweggenommen wurde. Unter welchen Umständen eine Erfindung als veröffentlicht gilt und wann nicht, ist in ◘ Tab. 2.1 zusammengestellt.

Erfindung bis zur Patentanmeldung geheim halten

Wurden Forschungsergebnisse einmal veröffentlicht, sind sie nicht mehr neu, egal ob die Publikation
- mündlich oder schriftlich
- in Papierform oder elektronisch
- gegenüber einer einzigen oder vielen Personen (die nicht unter Geheimhaltung standen) erfolgte.

Wie in einem Streitfall beim Europäischen Patentamt entschieden wurde (T 1081/01), reicht die theoretische Möglichkeit aus, dass die Öffentlichkeit Zugang hatte. Wenn – wie in diesem Fall – eine Doktorarbeit in einer Hochschulbibliothek ausliegt, spielt es keine Rolle, ob tatsächlich jemand von dieser Möglichkeit Gebrauch machte und die Doktorarbeit in der Hochschulbibliothek gelesen wurde. Auch wenn eine Veröffentlichung später zurückgezogen wird oder ein Beitrag auf einer Homepage wieder gelöscht wurde, so ändert sich nichts daran, dass die Erfindung nicht mehr neu ist. Was einmal Stand der Technik war, bleibt es auch.

Mündliche oder schriftliche Veröffentlichung zerstört Neuheit.

■ **Revision von wissenschaftlichen Veröffentlichungen**
Mit dem Tag ihrer Veröffentlichung werden Artikel in einem wissenschaftlichen Journal, Poster oder Vorträge bei einer wissenschaftlichen Tagung zum Stand der Technik. Üblicherweise reichen Wissenschaftler ein Manuskript bei einer wissenschaftlichen Zeitschrift oder einem Verlag ein. Der anschließende Peer-Review erfolgt formal unter dem Siegel der Vertraulichkeit. Im *Guide to Publication Policies of the Nature Journals* in der Fassung vom 13.02.2012 heißt es beispielsweise: „A confidential process Nature journal editors treat the submitted manuscript and all communication with authors and referees as confidential." Während des Begutachtungsprozesses ist es daher noch möglich, eine Patentanmeldung einzureichen.

Vorsicht bei Peer-Review und Begutachtung!
Ideenklau durch Gutachter*innen?

Tab. 2.1 Neuheitsschädliche Offenbarung

neuheitsschädlich	Nicht neuheitsschädlich
Veröffentlichung von wissenschaftlichen Artikeln, Review-Artikeln, Buchartikeln etc. (einschließlich der Online-Veröffentlichung)	Einreichung einer Publikation zum Peer-Review bei einer wissenschaftlichen Zeitschrift (unter Vorbehalt!)
Veröffentlichung eines Posters oder Poster-Abstracts bei einer Konferenz, Tagung, Workshops etc.: Aushängen bei der Tagung und Vorabveröffentlichung im Internet	Einreichung eines Poster-Abstracts für eine Konferenz etc. (unter Vorbehalt!)
Vortrag bei Konferenzen, Meetings, Workshops etc. (einschließlich der Vorab-Online-Veröffentlichung der Abstracts)	Einreichung eines Vortrag-Abstracts für eine Konferenz etc. (unter Vorbehalt!)
Veröffentlichung im Internet, zum Beispiel als Präsentation auf einer Homepage	Einreichung eines Förderantrags für ein BMBF-, DFG-, EU-Projekt sowie Projektvorstellung vor den Gutachtern (unter Vorbehalt!)
Vortrag vor Anwesenden ohne Arbeitsvertrag mit der Hochschule, zum Beispiel Studenten oder Stipendiaten ohne Geheimhaltungsvereinbarung	Gespräche mit Angehörigen des Instituts und der Hochschule (Arbeitsvertrag)
Gespräche mit Fachkollegen aus anderen Forschungseinrichtungen ohne Geheimhaltungsvereinbarung	Austausch mit Kooperationspartnern im Rahmen eines Kooperationsprojekts (denn ein Kooperationsvertrag enthält standardmäßig Geheimhaltungsklauseln)
Gespräche mit Dritten, zum Beispiel aus Unternehmen, ohne Geheimhaltungsvereinbarung	Gespräche mit Dritten nach Abschluss einer Geheimhaltungsvereinbarung
Auslegen der Bachelor-, Master- oder Doktorarbeit in der Hochschulbibliothek	
öffentlicher Prüfungsteil der Doktorprüfung (Disputation)	
Verschicken einer Probe ohne MTA (Material Transfer Agreement)	Verschicken einer Probe nach Abschluss eines MTA
E-Mail (gilt als offener Brief)	Brief oder Fax (Brief- bzw. Fernmeldegeheimnis gilt)

Erst wenn der Artikel von der Zeitschrift publiziert beziehungsweise online gestellt wurde, wird er öffentlich zugänglich und dem Stand der Technik zugerechnet. Das Gleiche gilt für das Einreichen eines Abstracts für ein Poster, einen Vortrag oder einen Beitrag bei einer Konferenz. Die Begutachtung eines entsprechenden Abstracts ist so lange nichtöffentlich, bis die Tagungsunterlagen zum Beispiel auf der Homepage der Veranstaltung veröffentlicht werden. Allerdings muss beachtet werden, dass *abstract books* mitunter schon einige Tage vor der Veranstaltung online gestellt werden.

Auch wenn der Peer-Review bei einer wissenschaftlichen Zeitschrift unter Geheimhaltung abläuft, empfiehlt es sich, möglichst bis nach der Patentanmeldung mit dem Einreichen bei einer Zeitschrift zu warten. In der Regel ist nicht bekannt, wer die Gutachter*innen sind, und man kann nur darauf vertrauen, dass diese sich an die entsprechenden Richtlinien halten. Im Zweifelsfall wird es schwierig sein nachzuweisen, ob ein konkurrierender Wissenschaftler aufgrund seiner Gutachtertätigkeit oder aufgrund eigener Arbeiten zu bestimmten Erkenntnissen gelangt ist. Dies gilt ebenso für die Begutachtung von Beiträgen für eine Konferenz.

Verschwiegene Vorveröffentlichung
Hat jemand eine bedeutende Erfindung gemacht, aber schon wichtige Teile davon veröffentlicht, so könnte er auf die Idee verfallen, die eigene Vorpublikation zu verschweigen und dennoch ein Patent anzumelden. Möglicherweise wird sogar ein Patent erteilt, da im Prüfungsverfahren nicht jede Veröffentlichung gefunden werden kann, vor allem wenn es sich um schwer auffindbare Publikationsformen, wie etwa einen Vortrag, handelt. Ein solches zu Unrecht erteiltes Patent wäre aber dennoch nichtig, das heißt ungültig. Aus Erfahrung taucht die verschwiegene Veröffentlichung spätestens dann auf, wenn ein Wettbewerber Einspruch gegen die Erteilung des Patents erhoben hat oder wenn das Patent gegen einen Wettbewerber durchgesetzt oder verteidigt werden soll (▶ Abschn. 8.3). Je größer der Wert eines Schutzrechts angesehen wird, umso größer werden die Bemühungen der Konkurrenz sein, das Patent anzugreifen und zu zerstören.

Wer eine eigene neuheitsschädliche Vorveröffentlichung verschweigt, kann persönlich haftbar gemacht werden. Und wenn aufgrund eines solchen zu Unrecht erteilten Patents einem Dritten die Nutzung der Erfindung verboten wurde, so können von dem geschädigten Dritten Schadensersatzzahlungen, zum Beispiel für den entgangenen Gewinn, geltend gemacht werden.

Einmal Stand der Technik – immer Stand der Technik

■ **Publikation im Internet**

Natürlich handelt es sich bei Informationen, Sachverhalten oder Ergebnissen, die im Internet abgerufen werden können, ebenfalls um neuheitsschädliche Offenbarungen. Hier hilft es auch nicht, die Inhalte später zu entfernen, denn was einmal nachgewiesenermaßen Stand der Technik war, bleibt es.

Gemäß einer speziellen Mitteilung des Europäischen Patentamts zu Internetdokumenten (im Amtsblatt EPA 8-9/2009) wird eine Webseite selbst dann zum Stand der Technik, wenn sie durch ein Passwort geschützt und daher nur einem begrenzten Personenkreis zugänglich ist oder wenn für den Zugang Kosten fällig werden. In der Regel ist bei Online-Publikationen ein Datum angegeben, das als Publikationstag gilt. Bei Fachzeitschriften im Internet kann der Tag, an dem ein Artikel online gestellt wird, ebenfalls eindeutig zugeordnet werden. Offenbarungen auf Institutsseiten oder in Internetforen, in Blogs, Usenet-Diskussionsgruppen oder Wiki-Seiten sind manchmal schwieriger auf einen Veröffentlichungstag festzulegen, auch wenn gewöhnlich für Blog- und Usenet-Einträge automatisch Zeitangaben erzeugt werden oder bei Wiki-Seiten über die Versionsgeschichte die Online-Stellung nachverfolgt werden kann. Aber auch Einträge, die nicht datiert sind, können in der Regel mithilfe von Internetarchivdiensten, etwa der sogenannten Wayback-Machine (► www.archive.org), nachverfolgt werden. Möglicherweise kann der Prüfer des Patentamts ein Publikationsdatum nicht einwandfrei nachweisen, einem Wettbewerber wird es womöglich gelingen.

Arbeitsvertrag verpflichtet zur Geheimhaltung

■ **Gespräche und Vorträge**

Da auch mündliche Offenbarungen neuheitsschädlich sein können, sollte man darauf achten, wem man von seiner Erfindung berichtet. Alle Vorträge auf öffentlichen Veranstaltungen, z. B. Tagungen, Konferenzen und Workshops, werden ebenso als Publikation gewertet wie eine schriftliche Veröffentlichung. Das gilt selbstverständlich auch dann, wenn die Tagung an der „eigenen" Hochschule stattfindet. Anders ist die Situation bei geschlossenen Veranstaltungen. Wird die Erfindung anderen Hochschulangehörigen, genauer gesagt Personen mit einem Arbeitsvertrag mit der Hochschule, vorgestellt, gilt dies nicht als Veröffentlichung. Institutsseminare oder Arbeitsgruppenbesprechungen wären also dann unproblematisch, wenn alle Teilnehmer*innen Beschäftigte der Hochschule sind.

Aber Achtung, in der Praxis trifft dies häufig nicht auf alle Teilnehmer*innen zu! Stipendiat*innen, Gastwissenschaftler*innen und Student*innen ohne Hiwi-Vertrag gelten als Öffentlichkeit, denn sie sind formal nicht zur Geheimhaltung verpflichtet. Nichtbeschäftigte sollten daher eine

2.4 · Patentieren und publizieren

Geheimhaltungsvereinbarung unterzeichnen, wenn sie an Besprechungen und Meetings teilnehmen, bei denen geheim zu haltende Informationen preisgegeben werden (zum Thema Geheimhaltungsvereinbarung siehe ▶ Abschn. 11.2).

> **Tipp**
>
> Auch wenn eine Erfindung einem geschlossenen Personenkreis vorgestellt werden soll, innerhalb dessen die Teilnehmer*innen aufgrund Ihres Arbeitsverhältnisses oder einer Geheimhaltungsvereinbarung zur Vertraulichkeit verpflichtet sind, sollten alle Personen noch einmal explizit darauf hingewiesen werden, dass die vorgestellten Ergebnisse geheim zu halten sind. Am besten versieht man die betreffenden Darstellungen mit dem Vermerk „confidential".

- **Gespräche mit Dritten**

In manchen Situationen lässt es sich nicht vermeiden, dass eine Erfindung vor der Patentanmeldung Dritten, zum Beispiel Wissenschaftler*innen anderer Hochschulen, offenbart wird. In diesen Fällen sollte unbedingt mit den betreffenden Personen Geheimhaltung vereinbart werden. Finden Treffen oder Gespräche in Forschungskonsortien statt, ist die Geheimhaltung standardmäßig durch Klauseln im Kooperationsvertrag sichergestellt. Besondere Vorsicht ist geboten, wenn neue Daten, zu denen eine Patentanmeldung geplant ist, vorab mit Firmenvertretern besprochen werden sollen. Hier auf eine Geheimhaltungsvereinbarung zu verzichten, wäre unprofessionell und grob fahrlässig. Eine Vorlage für eine Geheimhaltungsvereinbarung erhalten Hochschulwissenschaftler*innen von ihrer Rechtsabteilung oder der zuständigen Technologietransferstelle.

Gespräche mit Firmen im Rahmen einer Kooperation unterliegen üblicherweise ebenfalls der Geheimhaltung, da Industrie-Kooperationsverträge auch stets entsprechende Passagen zur Vertraulichkeit beim Austausch von Daten, Informationen und Materialien enthalten.

Gespräche mit Dritten nur wenn nötig und nur unter Geheimhaltungsverpflichtung

Auch wenn Wissenschaftler*innen der Meinung sind, den Kern ihrer Erfindung nicht preiszugeben, lässt sich der genaue Inhalt eines Gesprächs nur schwer nachträglich konstruieren. Eine mögliche Maßnahme besteht darin, ein Protokoll zu dem Gespräch von den Beteiligten unterschreiben zu lassen. Weitere Informationen und Tipps zu Geheimhaltungsvereinbarungen finden sich in ▶ Abschn. 11.2.

> Ein Verstoß gegen eine Geheimhaltungsvereinbarung ist meist schwierig nachzuweisen und muss gegebenenfalls eingeklagt werden. Bei wichtigen Erfindungen besteht die bevorzugte Strategie darin, zuerst das Patent anzumelden, bevor Gespräche mit Dritten stattfinden.

■ Bachelor-, Master- und Doktorarbeiten

Doktorarbeit unter Verschluss

Mitunter kann es vorkommen, dass Teile einer Bachelor-, Master- oder Doktorarbeit zum Patent angemeldet werden sollen. Da die Veröffentlichung dieser Arbeiten durch das Prüfungsamt der Hochschule neuheitsschädlich wäre, muss die Patentanmeldung vorher eingereicht werden. Außerdem findet eine Disputation, also die mündliche Doktorprüfung, in der Regel öffentlich statt und würde daher ebenfalls die Neuheit einer Erfindung zerstören. In der Praxis können dann Probleme entstehen, wenn sich das Einreichen der Patentanmeldung verzögert, aber der*die Student*in oder Doktorand*in seine bzw. ihre Arbeit möglichst schnell abschließen möchte. In diesem Fall sollte man sich erkundigen, ob in der betreffenden Fakultät die Möglichkeit besteht, die Arbeit in dem zuständigen Fachbereich für eine begrenzte Zeit oder falls nötig sogar dauerhaft unter Verschluss zu halten. Bereits beim Auslegen der Arbeit im Fachbereich beziehungsweise in den vorgeschriebenen Umlaufverfahren kann ein Vertraulichkeits- oder Sperrvermerk angebracht werden. Später wird die Arbeit nicht in der Bibliothek ausgelegt oder im Internet veröffentlicht. Bei einer Doktorarbeit ist weiterhin zu beachten, dass die mündliche Prüfung öffentlich erfolgt. Geheim zu haltende Informationen und Daten dürfen daher im Rahmen der Disputation nicht vorgetragen werden.

■ Verschicken von Proben

Probenversand ist eine Veröffentlichung.

Wird eine chemische oder biologische Substanz jemandem zur Verfügung gestellt, der*die nicht unter Geheimhaltung steht, so ist dies gleichbedeutend mit einer Veröffentlichung. Das wäre zum Bespiel der Fall, wenn eine Probe einer neuen chemischen Verbindung zur Analyse an eine Arbeitsgruppe einer anderen Universität geschickt wird, ohne dass mit dieser Gruppe eine Geheimhaltungsvereinbarung, etwa im Rahmen einer Kooperation, besteht. Soll die neue Substanz patentiert werden, muss zuvor mit der anderen Institution eine Geheimhaltungsvereinbarung beziehungsweise eine sogenannte Materialtransfervereinbarung (MTA , Material Transfer Agreement) abgeschlossen werden (▶ Abschn. 11.3). Im Verlauf der Zusammenarbeit besteht die Möglichkeit, dass die Kooperationspartner zu Miterfinder*innen werden, falls sie mit wichtigen Ergebnissen zu der Erfindung beigetragen haben.

▪ E-Mails

Eine E-Mail gilt formal als offener Brief. Wenn möglich, sollte daher vermieden werden, Ergebnisse zu einer Erfindung vor der Patentanmeldung per E-Mail zu versenden, oder zumindest eine Verschlüsselung angewendet werden. Als bevorzugte Form des Informationsaustauschs vor einer Patentanmeldung wird das Versenden als Brief oder Telefax angesehen, da diese unter das Brief- bzw. Fernmeldegeheimnis fallen.

Kein Briefgeheimnis für die E-Mail

2.4.2 Was tun, wenn schon veröffentlicht wurde?

Mitunter passiert es, dass eine Erfindung oder Teile davon veröffentlicht wurden und erst danach auffällt, dass ein beträchtliches kommerzielles Verwertungspotenzial besteht. Für solche Notfälle finden sich nachfolgend einige Tipps, wie möglicherweise noch ein begrenzter Schutz erreicht werden kann:

Neuheitsschonfrist rettet US-Patent bei Vorpublikation

— Liegt die eigene Vorpublikation weniger als ein Jahr zurück, kann möglicherweise ein Patent in den USA und einigen anderen Ländern erhalten werden. Neuheitsschonfrist heißt das Zauberwort. Haben die Erfinder*innen ihre Ergebnisse vor weniger als einem Jahr publiziert, so wird diese Veröffentlichung in einigen Ländern im Patentverfahren nicht als neuheitsschädlich angesehen. Eine einjährige Neuheitsschonfrist gibt es in den USA, Kanada und Australien. Da vor allem die USA in vielen Bereichen einen bedeutenden Markt darstellen, kann es bei wichtigen Erfindungen sinnvoll sein, zumindest dort Patentschutz zu beantragen (▶ Abschn. 8.4.6). In den meisten Ländern, allen voran den europäischen, ist eine solche Schutzfrist für Erfinder*innen nicht vorgesehen.

— Liegt die eigene Vorpublikation weniger als sechs Monate zurück, kann in Deutschland und in Österreich Gebrauchsmusterschutz für eine technische Erfindung beantragt werden. Im Gegensatz zum Patent wird in diesen Ländern bei einem Gebrauchsmuster eine Neuheitsschonfrist von sechs Monaten für Veröffentlichungen der Erfinder*innen selbst beziehungsweise der Rechtsnachfolger*innen gewährt. Hierbei ist zu beachten, dass ein Gebrauchsmuster nicht für Verfahren erhalten werden kann. Weitere Besonderheiten des Gebrauchsmusterschutzes sind in ▶ Abschn. 9.2 nachzulesen.

— Auch wenn Teile einer Erfindung schon publiziert sind, gibt es möglicherweise Aspekte, die noch nicht offenbart wurden und für die sich Patentschutz lohnt. Selbst wenn eine neue chemische Struktur bereits veröffentlicht wurde, gibt es möglicherweise neue Verwendungen oder Indikationen, die nicht auf der Hand liegen und für die neue Belege gefunden wurden. Außerdem könnte eine optimiertes Synthese- oder Herstellungsverfahren noch unbekannt sein.

> **Tipp**
>
> Falls Ergebnisse zu einer wichtigen Erfindung bereits veröffentlicht wurden, sollten die verbleibenden Schutzmöglichkeiten sorgfältig – in Zusammenarbeit mit der Technologietransferstelle und eventuell einem Patentanwalt – geprüft werden.

2.5 Bewertung von Hochschulerfindungen

2.5.1 Beratung und Unterstützung für Hochschulerfinder*innen

Die Technologietransferstelle ist zuständig für Hochschulerfindungen.

Wenn Wissenschaftler*innen an einer Universität, Universitätsklinik, Hochschule oder einer anderen öffentlichen Forschungseinrichtung eine Erfindung gemacht oder andere kommerziell verwertbare Ergebnisse erzielt haben, finden sie Rat und Unterstützung bei ihrer zuständigen Wissens- und Technologie- oder Forschungstransferstelle . Eine Suche über die Homepage der Hochschule ist meist nicht schwer. Typischerweise bündeln die Technologietransferstellen alle Kompetenzen rund um die Stichworte „Erfindung"/„Invention", „Patent" oder auch „Spin-off".

Patentverwertungsagenturen für deutsche Hochschulen

Generell dienen Technologietransfereinrichtungen als Schnittstelle zwischen Industrieunternehmen und der betreffenden Hochschule oder Forschungseinrichtung. Sie unterscheiden sich hinsichtlich ihrer organisatorischen Aufstellung gegenüber der Hochschule und dem Umfang ihrer Serviceangebote an Wissenschaftler*innen. Nach dem Vorbild der US-amerikanischen TTOs (*technology transfer offices*) finden sich zum einen Technologietransferstellen als Teil der Universität oder der Hochschule. Beispielsweise ist der „ETH transfer" an der ETH Zürich als Stabseinheit innerhalb der Hochschule organisiert (▶ Abschn. 3.4.2). Zum anderen delegieren zahlreiche Hochschulen den Technologietransfer oder Teile davon an Stiftungen, Tochtergesellschaften oder -firmen.

Eine Besonderheit in Deutschland bilden die Patentverwertungsagenturen (PVA). Sie wurden im Jahr 2002 etabliert,

2.5 · Bewertung von Hochschulerfindungen

als in Deutschland das Hochschullehrerprivileg abgeschafft wurde. Mit dieser Gesetzesänderung (▶ Abschn. 3.2) erhielten die Hochschulen das Recht, die Erfindungen ihrer Angehörigen zu vermarkten. Um ein „patentfreundliches Klima" an deutschen Hochschulen zu erzeugen, wurde vom BMBF (Bundesministerium für Bildung und Forschung) zeitgleich die sogenannte Verwertungsoffensive gestartet, mit der die Patentierungsaktivitäten und die IP-Vermarktung der Hochschulen vom Bund und zusätzlich von vielen Bundesländern gefördert werden.

Seit dem Jahr 2016 unterstützt die Förderlinie „WIPANO – Wissens- und Technologietransfer durch Patente und Normen" des Bundesministeriums für Wirtschaft und Energie (BMWi) die Hochschulen in Deutschland bei der Patentierung und Weiterentwicklung von Erfindungen. Die aktuelle WIPANO-Richtlinie läuft von 2020 bis 2023. Die Förderung umfasst zum einen die Kofinanzierung von Patentanwaltskosten und Amtsgebühren. Zum anderen werden Pauschalen zur Ko- oder Anschubfinanzierung für Dienstleistungen, z. B. der Bewertung der Erfindung oder für Verwertungsaktivitäten, durch externe Technologietransferagenturen gezahlt. Darüber hinaus gibt es einen Förderschwerpunkt zur Weiterentwicklung von Erfindungen, im Rahmen dessen Zuwendungen für zweijährige Projekte zum Nachweis der Funktionsfähigkeit bzw. technischen Umsetzbarkeit der zuvor zum Patent angemeldeten Technologien erhalten werden können.

Bei allen Unterschieden in der Organisation übernehmen die Technologietransferstellen typischerweise folgende Aufgaben oder Teile davon:
- Erfinder*innenberatung,
- Bearbeitung und Bewertung von Erfindungsmeldungen,
- Patentierung von Erfindungen, meist durch Beauftragung von externen Patentanwält*innen,
- Unterstützung bei der Suche nach Lizenznehmern,
- Bearbeitung und Verhandlung von Verträgen im Zusammenhang mit Patentrechten (Lizenzverträge),
- Beratung oder Unterstützung bei der Gründung von Spinoffs.

Die Ansprechpartner*innen bei Erfindungen haben in der Regel selbst eine naturwissenschaftliche Ausbildung mit Zusatzkenntnissen und Erfahrungen bei der Patentierung, Weiterentwicklung und Vermarktung neuer Technologien.

2.5.2 Entscheidung über die Patentanmeldung einer Erfindung

Die Hochschule entscheidet. Nachdem Hochschulforscher*innen eine Erfindung gemeldet haben, ist die Hochschule am Zug. Sie muss entscheiden, ob sie die Erfindung zum Patent anmelden möchte. In Deutschland gibt es für diese Entscheidung eine gesetzlich festgelegte Frist von vier Monaten.

Praktisch findet die Bewertung einer Erfindung meist in Abstimmung zwischen den Fachleuten der Technologietransferstelle und den Erfinder*innen statt. Viele Hochschulen haben für diesen Evaluierungsprozess eigene Kriterien und Abläufe definiert.

> **Best practice: Bewertergremium für Erfindungen**
>
> An der Goethe-Universität in Frankfurt am Main treffen sich alle zwei Monate die Mitglieder eines Bewertergremiums, unter anderem um neu gemeldete Erfindungen zu beurteilen. Dem Gremium gehören zum einen Universitätsprofessoren verschiedener naturwissenschaftlicher Fachbereiche sowie dem Fachbereich Medizin und zum anderen Vertreter aus der Wirtschaft an.
>
> Im Vorfeld wird von den Mitarbeiter*innen der Technologietransferfirma Innovectis für jede einzelne Erfindung aus der Goethe-Universität ein Exposé erstellt. Neben einer Beschreibung der Forschungsergebnisse beziehungsweise der technischen Details dienen eine Patentrecherche sowie eine Einschätzung der Verwertungsmöglichkeiten als Entscheidungsgrundlage für das Gremium. Die Aufgabe der Experten besteht nun darin, alle verfügbaren Informationen abzuwägen und für die Goethe-Universität eine Entscheidung für oder gegen die Patentierung zu treffen. Zusätzlich tragen die Gremiumsmitglieder zum Vermarktungserfolg der Erfindungen bei, indem sie wertvolle Hinweise zu Weiterentwicklungsmöglichkeiten geben und Kontakte zu möglichen Lizenznehmern oder Kooperationspartnern vermitteln.
>
> Im Interview erläutert Dr. Bertram Cezanne, Vorsitzender des Gremiums, worauf es bei der Bewertung von Hochschul-Erfindungen ankommt ◘ Abb. 2.6.

2.5 · Bewertung von Hochschulerfindungen

Abb. 2.6 Wie bewertet man Erfindungen? Interview mit Dr. Bertram Cezanne, Vorsitzender des Bewertergremiums für Erfindungen der Goethe-Universität Frankfurt am Main (▶ https://doi.org/10.1007/000-3we)

Ob eine Erfindung zum Patent angemeldet wird, hängt häufig auch mit dessen wissenschaftlicher Qualität zusammen. Am wichtigsten sind jedoch die Patentierbarkeit und das Vermarktungspotenzial der Erfindung (◘ Abb. 2.7). Dabei spielen eine Reihe weiterer Faktoren, wie die Durchsetzbarkeit der Schutzrechte und das Entwicklungsstadium, eine Rolle.

- **Patentierbarkeit**

Bevor eine Erfindung zum Patent angemeldet wird, müssen selbstverständlich die Chancen für die Erteilung eines Patents geprüft werden. Zu diesem Zweck wird üblicherweise eine Patent- und Neuheitsrecherche durchgeführt. Das heißt, es wird untersucht, ob die Erfindung oder etwas Ähnliches bereits von jemand anderem (oder den Erfinder*innen) publiziert wurde. Am besten führen die Erfinder*innen zuerst eine eigene Recherche durch. Sie kennen die wissenschaftliche Literatur rund um die Erfindung – Stand der Technik genannt – ohnehin sehr gut. Eine erste Patentrecherche kann mit vertretbarem Aufwand durchgeführt werden,

Neu oder nicht neu?

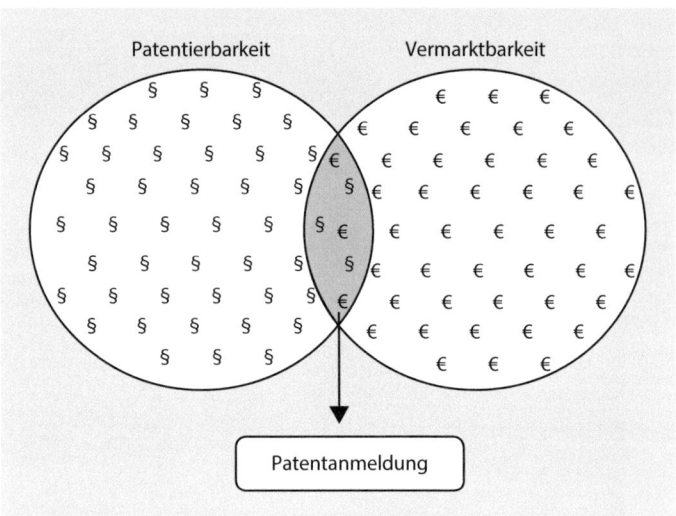

◘ Abb. 2.7 Patentierbarkeit und Vermarktbarkeit sind entscheidende Bewertungskriterien

selbst wenn bislang wenig Erfahrung mit Patenten besteht. Eine Anleitung hierzu findet sich in ▶ Kap. 6.

In der Regel wird auch die Technologietransferstelle eine Recherche zu jeder gemeldeten Erfindung durchführen oder extern beauftragen. Die Einbindung eines Patentanwalts wird vor allem dann wichtig, wenn die Relevanz von naheliegendem Stand der Technik eingeschätzt werden soll oder wenn beurteilt werden muss, ob die Erfindung möglicherweise unter ein Patentverbot fällt.

Unterm Strich liefert ein positives Ergebnis selbst bei einer sorgfältig durchgeführten Neuheitsrecherche zwar keine Garantie, dass später ein Patent erteilt wird. Zumindest aber kann sie bis auf Weiteres gute Anhaltspunkte dafür liefern. Bestenfalls lassen sich offensichtliche Hindernisse für eine Patenterteilung im Vorfeld identifizieren, abschätzen und angemessen berücksichtigen. Letztendlich wird erst das Patentamt über die Erteilung eines Patents entscheiden, und selbst ein erteiltes Patent muss unter Umständen (z. B. bei Nichtigkeitsklagen) gegen die Konkurrenz verteidigt werden.

- **Verwertungspotenzial**

Kosten/Nutzen-Rechnung

Das stärkste Patent besitzt keinen realen Wert, wenn es nicht kommerziell genutzt wird. Da die Patentierung einer Erfindung mit recht hohen Kosten verbunden ist, sollten die späteren Verwertungseinnahmen möglichst die Ausgaben für Patentver-

2.5 · Bewertung von Hochschulerfindungen

fahren und Vermarktungsaktivitäten übersteigen. Als Kriterien für die Beurteilung des Verwertungspotenzials werden beispielsweise die möglichen Anwendungsbereiche einer Technologie, das betreffende Marktvolumen und die voraussichtliche Marktentwicklung herangezogen. Bestenfalls sind bereits ein oder mehrere mögliche Lizenznehmer bekannt (▶ Abschn. 11.5).

> **Tipp**
>
> Als praktische Entscheidungshilfe bei der Frage, ob eine Erfindung patentiert werden soll, gilt, dass die erwartbaren Einnahmen aus der Lizenzierung einen Betrag von 100.000 Euro übertreffen sollten. Der Aufwand und die Kosten für die Patentierung und Verwertungsaktivitäten sind ansonsten sehr wahrscheinlich schwer zu refinanzieren. Ein Forschungstool, das nur für eine Handvoll von Forschungsgruppen auf der Welt interessant ist, wäre ein solcher Fall, für den man andere Möglichkeiten der Verwertung erwägen sollte. Um z. B. eine Materialtransfervereinbarung abzuschließen, ist keine Patentierung erforderlich. Der anzusetzende Preis entspricht dann in der Regel dem Aufwand für Herstellung und Transport sowie einem Gewinnaufschlag von mindestens 10 bis 25 %.

▪ Durchsetzbarkeit

Bei der Frage, ob ein Patent angemeldet werden sollte, muss weiterhin berücksichtigt werden, ob das Patent gegen einen Verletzer durchsetzbar ist. Dazu ist es notwendig, dass eine Patentverletzung überhaupt erkannt und nachgewiesen werden kann. Wenn beispielsweise ein neues, verbessertes Herstellungsverfahren entwickelt wurde, kann man dem Verfahrensprodukt möglicherweise nicht ansehen, wie es hergestellt wurde. Verfahrenspatenten wird daher häufig ein geringerer Wert als Stoff- oder Vorrichtungspatenten nachgesagt. Allerdings können verbesserte, großtechnische Verfahren durchaus einen hohen kommerziellen Wert besitzen. Die Entscheidung für eine Investition in eine neue Produktionsanlage wird kein Unternehmen ohne ausreichende Rechtssicherheit treffen.

Greift das Patent?

Des Weiteren gilt es zu bedenken, ob ein Patent eventuell mit einfachen Mitteln umgangen werden kann. Die Offenlegung der Patentschrift wäre dann eher Anreiz für die Konkurrenz, eine ähnliche Lösung zu entwickeln, die nicht durch das Patent geschützt ist.

> **Tipp**
>
> Bei der Bewertung einer Erfindung kann es hilfreich sein, die Perspektive eines potenziellen Lizenznehmers oder Patentverletzers einzunehmen. Ein Unternehmen wird nur dann einen Verwertungsvertrag abschließen, wenn mit der neuen Technologie ein realer Mehrwert für das Unternehmen generiert und die Patente weder zerstört noch umgangen werden können.

- **Entwicklungsstand**

Zu früh für den Markt?

An vielen Instituten von Universitäten und Hochschulen werden schon heute Konzepte entwickelt, die in manchen Fällen erst Jahrzehnte später technisch umgesetzt oder in Produkte umgewandelt werden können. Ein Patentschutz macht jedoch nur dann Sinn, wenn die Kommerzialisierung deutlich vor Ablauf der Patentlaufdauer von 20 Jahren erfolgen kann. Insbesondere wenn notwendige Techniken für die Realisierung grundlegend neuer Ideen erst noch entwickelt werden müssen, wird sich ein Patent wahrscheinlich nicht bezahlt machen. Generell mag es bei Erfindungen in einem frühen Entwicklungsstadium sinnvoll sein, zunächst weitere Ergebnisse abzuwarten, um einen stärkeren Patentschutz erhalten zu können. Hier gilt es, den schon zuvor beschriebenen Konflikt zwischen dem Publikationsbedürfnis der Wissenschaftler*innen und einem möglichst soliden Patentschutz auszubalancieren

- **Entscheidung der Hochschule**

*Bei Ablehnung durch die Hochschule können die Erfinder*innen übernehmen.*

Ob eine gemeldete Erfindung zum Patent angemeldet wird, entscheidet jede Hochschule nach ihren eigenen Bewertungskriterien, unter Berücksichtigung des Patentbudgets und anderer Faktoren, zum Beispiel der Frage, ob ein Spin-off gegründet werden soll. Falls sich eine Hochschule gegen eine Patentanmeldung entscheidet, wird sie die Erfindung in der Regel freigeben. Die Erfinder*innen können dann – wenn sie es möchten – auf eigene Faust und Kosten ein Patent beantragen und die Erfindung vermarkten (▶ Abschn. 3.5).

Die Rechte an der Erfindung

Inhaltsverzeichnis

3.1 Wem gehört eine Erfindung? – 43
3.1.1 Erfinder und Rechteinhaber – 43
3.1.2 Der Status des Erfinders – 44
3.1.3 Der Status des Rechteinhabers – 48

3.2 Arbeitnehmererfindungen in Deutschland – 50
3.2.1 Übersicht – 50
3.2.2 Wer muss seine Erfindungen melden? – 52
3.2.3 Welche Arbeitsergebnisse stehen dem Arbeitgeber zu? – 59
3.2.4 Welche Erfindung ist eine Diensterfindung? – 62
3.2.5 Die Erfindungsmeldung – 64
3.2.6 Rechte und Pflichten nach Erfindungsmeldung – 70
3.2.7 Besondere Bestimmungen für Hochschulerfinder*innen – 75
3.2.8 Erfindervergütung – 78
3.2.9 Arbeitnehmererfindungen außerhalb Deutschlands – 82
3.2.10 Informationen zum deutschen Arbeitnehmererfindungenrecht – 84

3.3 Erfindungen an österreichischen Universitäten – 85
3.3.1 Die Rechte an Arbeitnehmererfindungen – 85
3.3.2 Der Verwertungsprozess universitärer Erfindungen am Beispiel TU Wien – 89
3.3.3 Unterstützung für junge Entrepreneure – 90

3.4 Erfindungen an Schweizer Universitäten – 92
3.4.1 Gesetzliche Grundlagen – 92
3.4.2 Verwertungsunterstützung – 95
3.4.3 Nationale Zusammenarbeit – swiTT – 98
3.4.4 Referenzen und weiterführende Informationen – 98

© Springer-Verlag GmbH Deutschland, ein Teil von Springer Nature 2022
K. Schilling, *Forschen – Patentieren – Lizenzieren*, https://doi.org/10.1007/978-3-662-64400-3_3

3.5 Freie Erfindungen – 99
3.5.1 Welche Erfindungen sind frei? – 99
3.5.2 Freier Erfinder – was nun? – 102
3.5.3 Unterstützung und Beratung für freie Erfinder*innen – 107

> Wer will der Verstandeskraft und der Erfindungsgabe des Menschen Grenzen vorschreiben?

Galileo Galilei (1564–1642), italienischer Mathematiker, Philosoph und Physiker

3.1 Wem gehört eine Erfindung?

3.1.1 Erfinder und Rechteinhaber

Auf den ersten Blick mag es befremdlich wirken, dass die Rechte an Erfindungen nicht ganz selbstverständlich bei den Erfinder*innen liegen. Wie kann es sein, dass ein*e Erfinder*in nicht die Rechte an seinem*ihrem geistigen Eigentum besitzt?

Um die Rechtezuordnung zu verstehen, muss zunächst zwischen dem Status eines*r Erfinder*in als „Schöpfer*in" der Erfindung und dem Status einer*s Inhabers*in der Rechte an der Erfindung getrennt werden (◘ Abb. 3.1). Das sogenannte Erfinderpersönlichkeitsrecht bleibt dem Erfinder oder der Erfinderin in jedem Fall erhalten, sodass er beispielsweise auf der Patentanmeldung oder dem Patent stets als Erfinder*in benannt wird.

*Erfinderrecht dem*r Erfinder*in*

Anders verhält es sich mit dem Recht, ein Patent auf die Erfindung zu erhalten und die Erfindung kommerziell zu nutzen. Wenn die Erfindung nämlich im Rahmen eines Arbeitsverhältnisses gemacht wurde, stehen wahrscheinlich dem Arbeitgeber die Rechte an der Erfindung zu. Es handelt sich dann um eine gebundene Erfindung. Diese wird sozusagen als

freie und gebundene Erfindung

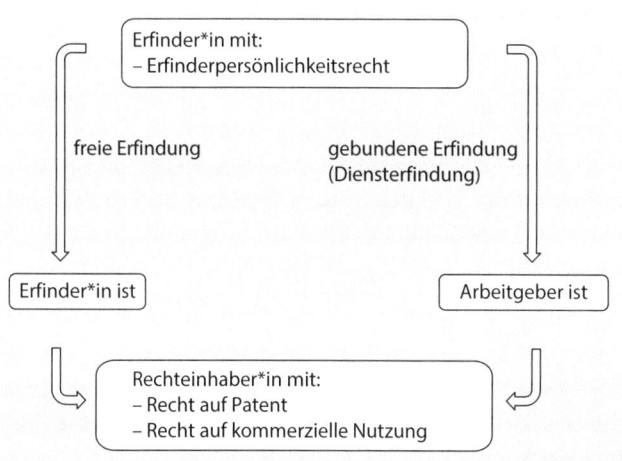

◘ Abb. 3.1 Erfinder*in und Rechteinhaber*in

besonderes Arbeitsergebnis gewertet, das dem Arbeitgeber zusteht. Schließlich wurde der*die Arbeitnehmer*in aufgrund seiner „Schaffenskraft" beschäftigt, und der Arbeitgeber hat Ressourcen zur Verfügung gestellt, auf deren Basis die Erfindung entstanden ist.

Ein*e freie*r Erfinder*in besitzt hingegen selbst das Recht zur Verwertung seiner Erfindung, entweder weil die Erfindung nicht in den Rahmen eines Beschäftigungsverhältnisses fällt oder weil der Arbeitgeber eine gebundene Erfindung freigegeben hat.

Heutzutage wird der überwiegende Teil der Patentanmeldungen von Unternehmen angemeldet. Nur sehr wenige Patentanmeldungen gehen auf freie Erfinder*innen zurück. Man erkennt diese Patentanmeldungen daran, dass Anmelder*in und Erfinder*in identisch sind. Beim deutschen Patent- und Markenamt (DPMA) lag der Anteil an nationalen Patentanmeldungen, bei denen das der Fall war, im Jahr 2019 bei 6,4 %.

3.1.2 Der Status des Erfinders

Ein Patent steht vom Grundsatz zunächst derjenigen Person bzw. denjenigen Personen zu, die die Erfindung gemacht hat bzw. haben.

■ **Erfinderbenennung**

Die Person des Erfinders oder der Erfinderin bleibt immer mit der Erfindung verbunden. Hat jemand eine Erfindung gemacht, so bleibt ihm der Status des Erfinders unwiderruflich erhalten, denn es handelt sich um ein Persönlichkeitsrecht. Der Erfinderstatus ist nicht auf andere Personen übertragbar, und er erlischt nicht, auch nicht nach dem Tod des Erfinders oder der Erfinderin. Im Gegensatz dazu gilt das Urheberrecht, das ebenfalls an eine Person gebunden ist, bis 70 Jahre nach dem Tod des Urhebers (▶ Abschn. 9.5).

Erfinder*in bleibt Erfinder*in.

Zu einer Erfindung gehören das Erkennen eines Problems, das Finden der Lösung zu dem Problem und schließlich die technische Umsetzung oder der experimentelle Beleg zur Realisierung der Erfindung. Alle Personen, die schöpferisch zur Erfindung beigetragen haben, sind Erfinder*innen und bleiben es, lebenslang.

Bei der Anmeldung der Erfindung zum Patent und über die gesamte Laufzeit einer Patentanmeldung und eines Patents behalten die Erfinder*innen immer das Recht auf Erfinderbenennung.

> **Definition**
>
> **Art. 62 EPÜ: Recht auf Erfindernennung**
> Der Erfinder hat gegenüber dem Anmelder oder Inhaber des europäischen Patents das Recht, vor dem Europäischen Patentamt als Erfinder genannt zu werden.

Der Patentanmelder muss gegenüber dem Patentamt alle Erfinder*innen angeben. Die Namen der Erfinder*innen werden mit den Patentdokumenten und der Patentakte offengelegt. Entsprechend finden sich auf der ersten, bibliografischen Seite jeder veröffentlichten Patentschrift neben dem Patentanmelder auch die Namen der Erfinder*innen (▶ Abschn. 5.4). Nicht oder nicht richtig genannte Erfinder*innen können die Berichtigung der Erfinderbenennung verlangen.

Alle Erfinder*innen werden einschließlich ihrer Privatadresse dem Patentamt mitgeteilt. Änderungen der Privatadresse, zum Beispiel bei einem Umzug, sollten dem Patentamt ebenfalls übermittelt werden.

*Alle Erfinder*innen müssen dem Patentamt genannt werden!*

Wenn z. B. ein Erfinder nicht möchte, dass sein Name im Zusammenhang mit dem Patentverfahren veröffentlicht wird, so muss er dem Patentamt schriftlich mitteilen, dass er auf sein Recht zur Erfinderbenennung verzichtet. Dem Patentamt gegenüber wird er weiterhin als Erfinder geführt, allerdings steht sein Name nun nicht mehr auf den veröffentlichten Patentdokumenten und in der öffentlich einsehbaren Patentakte. Geht es lediglich darum zu vermeiden, dass die Privatadresse des Erfinders publik wird, gibt es die Möglichkeit, anstelle der Privatadresse die Adresse des Arbeitgebers als c/o-Adresse anzugeben.

Die schriftliche Erklärung zum Verzicht auf Erfinderbenennung beziehungsweise die Adresse müssen dem Patentamt so rechtzeitig mitgeteilt werden, dass dies vor Veröffentlichung und Offenlegung der Akte berücksichtigt werden kann. Am besten erfolgt die Mitteilung direkt mit dem Einreichen der Patentanmeldung, spätestens jedoch nach 15 Monaten, denn die Patentanmeldung und die Patentakte werden 18 Monate nach dem Tag der Erstanmeldung vom Patentamt offengelegt.

Auf Veröffentlichung der Erfinderdaten kann verzichtet werden.

■ **Wer ist Miterfinder*in?**

Heutzutage sind in der Regel mehrere Personen an einer Erfindung beteiligt. Das Modell des auf sich allein gestellten Forschenden ist zumindest an Hochschulen kaum noch zu finden. Hier entstehen Erfindungen am häufigsten in einem Team von Wissenschaftler*innen, wenn etwa ein Doktorand unter Anleitung seiner Betreuerin forscht. Typischerweise sind an einer Erfindung zwei bis vier, manchmal auch mehr Wissen-

*Meistens sind mehrere Erfinder*innen beteiligt.*

schaftler*innen beteiligt. Mitunter handelt es sich um das Ergebnis einer Kooperation mehrerer Arbeitsgruppen.

Ein Erfinder leistet einen schöpferischen Beitrag.

Gerade weil bei Forschungsprojekten eine Vielzahl von Wissenschaftler*innen involviert ist, stellt sich bei einer Erfindung, die zum Patent angemeldet werden soll, häufig die Frage, wer Erfinder*in ist und wer nicht. Grundsätzlich kann gesagt werden, dass Erfinder*innen nicht gleichzusetzen sind mit denjenigen, die üblicherweise als Koautor*innen bei einem wissenschaftlichen Artikel genannt werden. Während in die Autorenliste auch Wissenschaftler*innen aufgenommen werden, die z. B. Labormethoden oder Materialien beisteuern, gelten als Erfinder*innen nur diejenigen, die einen echten schöpferischen Beitrag zu der Erfindung geleistet haben. Wenn wichtige Mittel oder Techniken zur Verfügung gestellt wurden, so könnten diese zwar notwendig für die Umsetzung einer Erfindung sein, aber sie müssen nicht unbedingt schöpferisch zur Erfindung beitragen. Waren die eingesetzten Mittel oder Techniken bereits bekannt und mussten sie nicht für die Erfindung verändert werden, können sie nicht Neuheit und Erfindungshöhe, also die Besonderheiten einer Erfindung, begründen.

Weiterhin ist zu beachten, dass Personen, welche die Laboreinrichtung oder das Geld zur Realisierung einer Erfindung bereitstellen, keinen schöpferischen Beitrag leisten und somit kein Miterfinder*innen sind.

Konstruktive oder handwerkliche Mitarbeit reicht nicht aus.

Die bloße konstruktive oder handwerkliche Mitarbeit reicht ebenfalls nicht aus, um eine Miterfinderschaft zu begründen. Beispielsweise würde ein technischer Assistent, der im Auftrag und auf Anweisung eine Messreihe durchführt, nicht als Miterfinder gelten. Als Erfüllungsgehilfe hat er nicht schöpferisch an der Erfindung mitgewirkt. Trägt der technische Assistent jedoch zu der Erfindung bei, indem er eigenständig Unregelmäßigkeiten bei den Messergebnissen erkennt oder vom üblichen Messprotokoll abweicht und dadurch die erfinderische Gesamtleistung beeinflusst, gilt er als Miterfinder.

Von Student*innen und wissenschaftlichen Mitarbeiter*innen wird regelrecht erwartet, dass ihre Arbeit über das bloße Abarbeiten von Anweisungen hinausgeht. Das gilt vor allem dann, wenn die Messergebnisse in eine eigenständige wissenschaftliche Arbeit, etwa eine Praktikums-, Bachelor-, Master- oder Doktorarbeit, aufgenommen werden sollen. Daher sind Student*innen und wissenschaftliche Mitarbeiter*innen, die zu einer Erfindung beitragen, fast immer Miterfinder*innen.

■ **Wie hoch ist der Miterfinderanteil?**

Erfindungsanteile frühzeitig festlegen!

Ist geklärt, welche Personen Miterfinder*innen sind, muss festgelegt werden, welchen Anteil jeder Erfinder und jede Erfinderin an der Erfindung hatte. Der jeweilige Prozentsatz ist ausschlaggebend für den Anteil an der Erfindervergütung bei späteren Einnahmen aus der Verwertung der Erfindung. Erfahrungsgemäß fällt die Zuordnung der Erfindungsanteile umso leichter, je kürzer die Erfindung zurückliegt und je weiter mögliche Verwertungseinnahmen entfernt sind. Um spätere Streitigkeiten zu vermeiden, sollten die Erfindungsanteile daher möglichst mit oder kurz nach Erfindungsmeldung schriftlich und mit Unterschrift aller Erfinder*innen fixiert werden.

In der Praxis bereitet vielen Erfinder*innen die Aufteilung der Erfindungsanteile Probleme, wenn z. B. der geistige und der praktische Beitrag zu einer Erfindung gewichtet werden muss. Bei manchen Erfindungen mag die Idee revolutionär, die praktische Umsetzung jedoch vergleichsweise einfach sein. In anderen Fällen liegt die Idee zur Erfindung nahe, während sich die Realisierung schwierig gestaltet. Möglicherweise war bereits die Aufgabenstellung, also die Idee, dass hier ein Problem gelöst werden muss, Teil der Erfindung. Alle diese Aspekte können wichtige Anhaltspunkte für die Zuordnung der Anteile geben.

In der Praxis ist am weitesten verbreitet, dass alle Erfinder*innen einen gleich hohen Anteil an der Erfindung innehaben. Stammen die Ergebnisse zu einer Erfindung zu einem überwiegenden Teil von einer Person, etwa einem Doktoranden oder einer Postdoktorandin, so wird dieser Person ein höherer Anteil an der Erfindung zugeordnet.

Letztendlich sollte die Beurteilung, wer mit welchem Anteil zu einer Erfindung beigetragen hat, am besten durch die Erfinder*innen selbst erfolgen. Zur Vorbeugung oder Klärung von Streitfällen kann es hilfreich sein, die jeweiligen Beiträge der Erfinder*innen einzeln zu dokumentieren beziehungsweise in einer gesonderten Vereinbarung aller Erfinder*innen festzuhalten.

*Die Erfinder*innen müssen sich einigen.*

> **Tipp**
>
> Gibt es Unklarheiten oder Unstimmigkeiten bei der Zuordnung von Erfinderanteilen, kann die Beteiligung der einzelnen Erfinder*innen anhand der Patentansprüche – wie in der Patentanmeldung formuliert – dokumentiert werden. Es empfiehlt sich, eine tabellarische Zuordnung der einzelnen Patentansprüche zum jeweiligen Beitrag der einzelnen Erfinder*innen. Haben z. B. Chemiker*innen neue Substanzen synthetisiert, welche dann von Kliniker*innen in Tiermodellen getestet wurden, können ersteren die Stoffansprüche und letzteren die Indikationsansprüche zugeordnet werden. Hierbei wird es wahrscheinlich bei einigen Ansprüchen zu Überschneidungen kommen; denn die Erfindung ist sicher insgesamt eine Teamarbeit. In diesen Fällen entsteht eine Wichtung über die Höhe der Erfinderanteile.

Diese Form der Zuordnung von Erfinderanteilen wird besonders gern bei der Aufteilung von Anteilen unterschiedlicher Institutionen verwendet. Kommt es im genannten Beispiel zum Wegfall der Stoffansprüche, weil die Substanzen sich als nicht neu herausstellen, entfallen die zugeordneten Erfinderanteile der Chemiker*innen und die entsprechenden Rechteanteile ihrer Institution.

Schließlich sollten alle Beteiligten darauf achten, dass die Summe aller Erfinderanteile 100 % ergibt. Was auf den ersten Blick selbstverständlich erscheint, läuft in der Praxis durchaus hin und wieder schief. Besonders häufig kommt es vor, dass drei an einer Erfindung beteiligte Wissenschaftler*innen angeben, jeweils einen Anteil von 33 % zu halten. Da dies einem gemeinsamen Anteil von 99 % entspricht, bleibt offen, wem die verbleibende Differenz von 1 % zuerkannt werden soll. Je nach Höhe der späteren Einnahmen kann dieses eine Prozent ein beachtliches Streitpotenzial bergen.

3.1.3 Der Status des Rechteinhabers

Rechteinhaberschaft kann wechseln.

Grundsätzlich gilt im Patentrecht, dass dem Erfinder aufgrund seiner persönlichen geistigen Leistung das Recht an der Erfindung gebührt. Auch die Nutzungsrechte an einer Erfindung liegen originär bei den Erfinder*innen. Im Unterschied zum personengebundenen Status als Erfinder können die Rechte an einer Erfindung auf andere natürliche oder juristische Personen übertragen werden. Nicht nur der Erfinder selbst, sondern auch sein Rechtsnachfolger, zum Beispiel sein Arbeitgeber, kann das Recht besitzen, die Erfindung zum Patent anzumelden und kommerziell zu verwerten.

> **Definition**
>
> **Art. 60 EPÜ: Recht auf das europäische Patent**
> (1) Das Recht auf das europäische Patent steht dem Erfinder oder seinem Rechtsnachfolger zu. Ist der Erfinder ein Arbeitnehmer, so bestimmt sich das Recht auf das europäische Patent nach dem Recht des Staats, in dem der Arbeitnehmer überwiegend beschäftigt ist; ist nicht festzustellen, in welchem Staat der Arbeitnehmer überwiegend beschäftigt ist, so ist das Recht des Staats anzuwenden, in dem der Arbeitgeber den Betrieb unterhält, dem der Arbeitnehmer angehört.
>
> (Auszug)

Befinden sich Erfinder*innen in einem Beschäftigungsverhältnis, tritt das Erfinderprinzip in Konkurrenz mit dem arbeitsrechtlichen Prinzip. Im Arbeitsrecht ist verankert, dass das Ergebnis der Arbeit dem Arbeitgeber zusteht. Der Arbeitgeber hat natürlich ein Interesse, die Arbeitsleistung seiner Angestellten zum Nutzen des Betriebs kommerziell zu verwerten.

Arbeitsrecht versus Erfinderrecht

In Deutschland wurde zur Lösung dieses Widerspruchs ein eigenes Gesetz geschaffen: das Gesetz über Arbeitnehmerfindungen (ArbnErfG). Es regelt die Rechte und Pflichten von Arbeitgebern und Arbeitnehmererfindern beim Umgang mit schutzfähigen, technischen Erfindungen (▶ Abschn. 3.2). Wie in den meisten Ländern besitzt der Arbeitgeber die Rechte an bzw. ein Zugriffsrecht auf Erfindungen seiner Angestellten. Im Gegenzug erhält der Erfinder Anspruch auf angemessene Erfindervergütung.

Bei Arbeitnehmererfindungen ist der Arbeitgeber Rechteinhaber.

Steht der Erfinder nicht in einem Beschäftigungsverhältnis, gilt er als „freier Erfinder". Freie Erfinder*innen besitzen selbst die Rechte an ihrem Anteil der Erfindung und können darüber verfügen (▶ Abschn. 3.5). Das heißt, freie Erfinder*innen können ihre Erfindung selbst verwerten, Nutzungsrechte vergeben oder ihre Rechte auf andere übertragen. Als freie Erfinder*innen gelten beispielsweise Stipendiat*innen oder Student*innen, sofern sie keinen Hiwi-, Werk- oder einen ähnlichen Vertrag mit einer Hochschule oder einem anderen Arbeitgeber eingegangen sind (▶ Abschn. 3.2.2).

*Freier Erfinder*innen können über ihre Rechte verfügen.*

■ **Mehrere Rechteinhaber**

Unter Umständen teilen sich mehrere Rechteinhaber eine Erfindung und die darauf beruhenden Patentanmeldungen und Patente, zum Beispiel wenn Wissenschaftler*innen unterschiedlicher Institutionen, also verschiedener Hochschulen, Forschungsinstitute oder Unternehmen, an der Erfindung beteiligt sind. Jeder Rechteinhaber hält dann einen Anteil an der Erfindung, der der Summe aller Anteile seiner Erfinder*innen entspricht. Zudem können freie Erfinder*innen (siehe oben) als Rechteinhaber*innen beteiligt sein.

Gibt es mehrere Rechteinhaber, so bilden diese eine Bruchteilsgemeinschaft. In Deutschland sind Bruchteilsgemeinschaften den Regelungen des Bürgerlichen Gesetzbuches unterworfen (BGB §§ 741 ff.) – sofern kein Vertrag geschlossen wurde, der etwas anderes regelt. Die Teilhaber einer solchen Gemeinschaft müssen sich einigen, ob und wie sie gemeinsam eine Patentanmeldung einreichen und verfolgen möchten. Jeder Teilhaber besitzt ein eigenes Verwertungsrecht; er darf also nicht nur seinen eigenen Anteil, sondern die gesamte Erfindung benutzen. Somit ist jeder Teilhaber berechtigt, die (gesamte) Erfindung herzustellen, anzubieten und zu gebrauchen, wobei das gleichartige Benutzungsrecht der anderen Teilhaber

Mehrere Rechteinhaber bilden eine Bruchteilsgemeinschaft.

zu beachten ist. Außerdem kann jeder Teilhaber über seinen Anteil an der Erfindung verfügen und seinen Rechteanteil an jemand anderen verkaufen. Allerdings ist es nach deutschem Recht nicht möglich, dass ein Teilhaber allein eine Lizenz zur Nutzung der Erfindung vergibt, denn hierzu wäre die Zustimmung aller Rechteinhaber notwendig. (vgl. hierzu Bartenbach/Volz, Arbeitnehmererfindungsgesetz, Carl Heymanns Verlag).

Gemeinschaftserfindungen mit Forschungseinrichtungen

Sind verschiedene Hochschulen und Forschungseinrichtungen gemeinsame Rechteinhaber an einer Erfindung, so wird üblicherweise eine Vereinbarung abgeschlossen, in der das Prozedere der Patentierung sowie die Nutzungsrechte geregelt werden. Solche Vereinbarungen werden als Inter-Institutional Agreements (IIA) bezeichnet. Vertragspartner sind die Hochschulen beziehungsweise die beteiligten Institutionen. Unter anderem geht es darum, wie die Kosten für Patentverfahren verteilt werden sollen oder was passiert, wenn einer der Rechteinhaber die Patentanmeldungen nicht weiterverfolgen möchte.

Gemeinschaftserfindungen mit Unternehmen

Gemeinschaftserfindungen von Hochschule(n) und Unternehmen entstehen üblicherweise im Rahmen von Kooperationen, bei denen bereits im Vorfeld der Umgang mit IP- und Nutzungsrechten in einem Kooperationsvertrag festgelegt wurde. In der Regel wird das Unternehmen ein Interesse daran haben, dass die Rechte an den Ergebnissen der Kooperation übertragen werden oder zumindest eine Nutzungslizenz eingeräumt wird. Für die Hochschule (und damit die Hochschulerfinder*innen) ist in diesen Fällen meist eine gesonderte Entlohnung vorgesehen. Die verschiedenen Formen von Kooperationen, die Vertragsgestaltung sowie der Umgang mit entstehenden IP-Rechten werden in ▶ Kap. 4 dieses Buchs erläutert.

3.2 Arbeitnehmererfindungen in Deutschland

3.2.1 Übersicht

ArbnErfG – Gesetz zur Beförderung von Arbeitnehmererfindungen

Wie in vielen anderen Ländern waren ursprünglich auch in Deutschland die Regelungen zu Arbeitnehmererfindungen im Patentgesetz verankert. Im Zusammenhang mit dem Zweiten Weltkrieg wurde 1942 die sogenannte Göring-Speer-Verordnung erlassen. Das Ziel dieser Verordnung bestand darin, dass Erfindungen von Arbeitnehmern insbesondere für die Rüstung „tatkräftig gefördert, ausgewertet und geschützt" werden sollten. Auf Basis der Göring-Speer-Verordnung entstand später das Gesetz über Arbeitnehmererfindungen

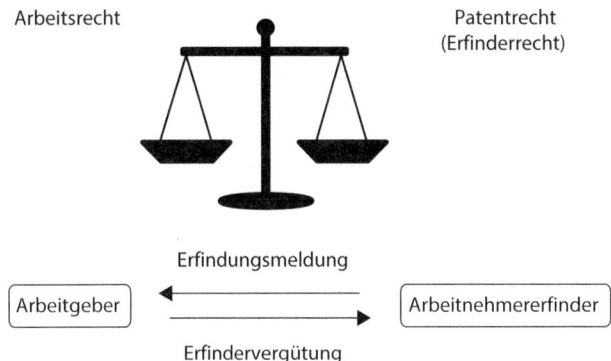

Abb. 3.2 Kollision von Arbeits- und Erfinderrecht

(ArbnErfG). Das ArbnErfG trat im Jahr 1957 in Kraft und regelt seitdem die wechselseitigen Rechte und Pflichten eines Arbeitnehmers, der eine Erfindung gemacht hat, und die seines Arbeitgebers.

Im Bestreben, einen Ausgleich zwischen dem Interesse des Arbeitgebers auf betriebliche Nutzung der Arbeitsergebnisse seiner Angestellten und den Erfinderrechten der Arbeitnehmer*innern herzustellen, gibt das ArbnErfG die folgenden Prinzipien vor (Abb. 3.2):

— Ein*e Arbeitnehmer*in ist verpflichtet, seinem Arbeitgeber Erfindungen unverzüglich zu melden, die er*sie im Rahmen des Arbeitsverhältnisses gemacht hat. Diese Erfindungen werden als Diensterfindungen bezeichnet.
— Der Arbeitgeber ist berechtigt, die gemeldete Erfindung beziehungsweise die Rechte an der Erfindung durch einseitige Erklärung (Inanspruchnahme) auf sich überzuleiten. Anschließend übernimmt er die Patentierung und Verwertung der Erfindung.
— Der*die Arbeitnehmererfinder*in erhält im Gegenzug einen Anspruch auf angemessene Vergütung. Die zu zahlende Vergütung hängt dabei von dem wirtschaftlichen Nutzen ab, den der Arbeitgeber durch die Verwertung der Erfindung erreicht.

Diese Regeln gelten grundsätzlich auch für den Fall, dass der Arbeitgeber eine Hochschule und Arbeitnehmererfinder*innen Hochschulbeschäftigte sind, etwa ein wissenschaftlicher Mitarbeiter oder eine Professorin. Für Hochschulerfinder*innen hält das ArbnErfG jedoch einige besondere Bestimmungen bereit. Der vollständige Gesetzestext ist online erhältlich unter ▶ http://www.gesetze-im-internet.de/arbnerfg/.

Vergütung als Ausgleich für Rechteübertragung

Um zu verstehen, für wen das deutsche ArbnErfG gilt und welche Auswirkungen es für denjenigen hat, müssen zunächst die rechtlichen Begriffe definiert werden. Im ersten Schritt ist zu klären, wer überhaupt als „Arbeitnehmer" im Sinne des ArbnErfG und mithin als potentielle*r Diensterfinder*in eingestuft wird. Dieser Frage widmet sich ▶ Abschn. 3.2.2, wobei insbesondere auf die unterschiedlichen Beschäftigungsverhältnisse an Hochschulen eingegangen wird.

In ▶ Abschn. 3.2.3 geht es darum, für welche von Arbeitnehmer*innen erbrachte Leistungen oder Arbeitsergebnisse das ArbnErfG gültig ist. Für Beschäftigte ist wichtig zu wissen, welche Rechte dem Arbeitgeber zustehen und welche Zugriffsrechte der Arbeitgeber besitzt. Wann wurde eine Erfindung „im Rahmen eines Arbeitsverhältnisses" gemacht, sodass es sich um eine Diensterfindung (▶ Abschn. 3.2.4) handelt? Unter welchen Umständen resultiert eine freie Erfindung?

Hat ein*e Erfinder*in eine Diensterfindung gemacht, so muss diese dem Arbeitgeber gemeldet werden ▶ Abschn. 3.2.5 behandelt die Frage, welche Angaben eine Erfindungsmeldung enthalten sollte.

In ▶ Abschn. 3.2.6 wird erläutert, welche Rechte und Pflichten das ArbnErfG im Anschluss an eine Erfindungsmeldung für Arbeitnehmererfinder*innen und Arbeitgeber vorschreibt. Wie schnell muss sich der Arbeitgeber entscheiden, ob er die Erfindung zum Patent anmelden möchte? Was passiert, wenn der Arbeitgeber Patentanmeldungen nicht weiterverfolgen möchte? Außerdem wird dargestellt, welche besonderen Bestimmungen im ArbnErfG für Hochschulerfinder*innen vorgesehen sind, nicht zuletzt um der grundgesetzlich geschützten Freiheit von Forschung und Lehre Genüge zu tun (▶ Abschn. 3.2.7).

In ▶ Abschn. 3.2.8 wird schließlich ausgeführt, welche Vergütung dem Diensterfinder als Ausgleich für die Übertragung seiner Rechte an der Erfindung zusteht.

3.2.2 Wer muss seine Erfindungen melden?

Generell gilt das ArbnErfG für Erfindungen von Arbeitnehmer*innen im privaten und öffentlichen Dienst sowie für Beamt*innen und Soldat*innen (§ 1 ArbnErfG). Obwohl sich wohl die wenigsten Hochschulwissenschaftler*innen als Arbeitnehmer*innen im klassischen Sinn verstehen, ist das Gesetz für alle deutschen Hochschulen und Hochschulbeschäftigte anzuwenden. Dabei zählen zu dem Begriff der Hochschule neben den Universitäten, Technischen Universitäten und Technischen Hochschulen und (Fach-)Hochschulen auch die Kunsthochschulen und Pädagogische Hoch-

3.2 · Arbeitnehmererfindungen in Deutschland

schulen sowie die sonstigen Einrichtungen des Bildungswesens, die nach Landesrecht staatliche Hochschulen sind.

Ausschlaggebend ist das Arbeitsverhältnis der Erfinder*innen. Besteht ein Arbeitsvertrag zwischen einem Erfinder und einer Hochschule oder einer anderen Forschungseinrichtung, so ist dieser Erfinder ein Arbeitnehmer im Sinne des ArbnErfG. Erfindungen von Arbeitnehmern im Rahmen ihres Dienstverhältnisses werden als Diensterfindungen bezeichnet. Für Diensterfinder*innen gelten die aus dem ArbnErfG resultierenden Rechte und Verpflichtungen. Das bedeutet im ersten Schritt die Verpflichtung zur Erfindungsmeldung an den Arbeitgeber. Im Vergleich zu Erfinder*innen von privaten Unternehmen enthält das ArbnErfG für Erfinder*innen an Hochschulen im ArbnErfG aber auch einige Sonderbestimmungen, auf die in ▶ Abschn. 3.2.6 näher eingegangen wird.

Der Arbeitsvertrag ist ausschlaggebend.

In der Praxis finden sich an Hochschulen vielfältige Beschäftigungsverhältnisse von Forschenden. Daher muss zunächst geklärt werden, wer an einer Hochschule ein*e Arbeitnehmer*in ist, der, falls er oder sie etwas erfindet, als Diensterfinder*in im Sinne des ArbnErfG gilt.

- **Student*innen, Master- und Bachelorstudent*innen, Diplomand*innen**

Student*innen, Bachelor- und Masterstudent*innen beziehungsweise Diplomand*innen sind im ersten Schritt keine Arbeitnehmer*innen von Hochschulen. Die Freiheit der Forschung beinhaltet eine freie Gestaltung der Tätigkeit und das eigene Setzen von Zielen oder zumindest Zwischenzielen. Formal handelt es sich bei Forschungsarbeiten im Rahmen des Studiums, wie bei einer Praktikums-, Bachelor- oder Masterarbeit, nicht um weisungsgebundene Tätigkeiten. Allein die Bereitstellung von Forschungseinrichtungen und Hilfsmitteln durch die Hochschule begründet keinen Arbeitnehmerstatus. Haben Student*innen eine Erfindung gemacht oder waren sie an einer solchen beteiligt, so sind sie freie Erfinder*innen. Das bedeutet, ihnen gehören die Rechte an ihrem Anteil der Erfindung (siehe hierzu auch ▶ Abschn. 3.5).

Der freie Erfinderstatus gilt jedoch nur, solange Studierende nicht als studentische Hilfskraft, Werkstudent*in oder Tutor*in bei der Hochschule angestellt ist. Entstehen Erfindungen im Rahmen eines solchen Anstellungsvertrags sind Student*innen Diensterfinder mit den entsprechenden Konsequenzen aus dem ArbnErfG.

*Student*innen ohne Hiwi-Vertrag sind freie Erfinder*innen.*

Wenn nur eine Person als freie*r Erfinder*in eine Erfindung gemacht hat oder ausschließlich freie Erfinder*innen an der Erfindung beteiligt waren, besitzt die Hochschule keine Rechte an der Erfindung und ist auch nicht zur Unterstützung

*Freie Erfinder*innen können ihre Rechte an die Hochschule abtreten.*

der Erfinder*innen verpflichtet. Diese Konstellation findet sich in der Praxis jedoch eher selten. Häufiger hat mindestens ein*e Beschäftigte*r der Hochschule an einer Hochschulerfindung mitgewirkt, etwa der betreuende Professor. Die Hochschulmitarbeiter*innen unterliegen – wie nachfolgend dargestellt – dem ArbnErfG und sind verpflichtet, eine Erfindungsmeldung bei der Hochschule einzureichen. Entscheidet sich die Hochschule daraufhin für eine Patentanmeldung der Erfindung, wird sie in der Regel bestrebt sein, auch die Anteile der freien Erfinder*innen zu übernehmen. Für die Hochschule ergibt sich nämlich damit eine bessere und vereinfachte Rechtsposition bei der Regelung der Patentierungsverfahren sowie bei möglichen Verwertungsverhandlungen. Daher wird freien Erfinder*innen in diesen Fällen meistens angeboten, eine Vereinbarung zu unterzeichnen, in der sie ihre Rechte an der Erfindung an die Hochschule abtreten und im Gegenzug wie die anderen Hochschulerfinder*innen behandelt werden.

Besteht z. B. eine Studentin auf ihrem Status als freie Erfinderin, so bildet sie gemeinsam mit der Hochschule beziehungsweise den übrigen Rechteinhabern eine Bruchteilsgemeinschaft (▶ Abschn. 3.1.3). Wie alle Rechteinhaber ist sie verpflichtet, einen ihrem Erfinderanteil entsprechenden Teil der Kosten für Patentierungsverfahren zu übernehmen. Über die Strategie der Patentierung und gegebenenfalls die Strategie einer gemeinsamen Verwertung der Erfindung muss mit den übrigen Rechteinhabern Einigkeit erzielt werden. Im Übrigen besitzt jeder Rechteinhaber das Recht, seinen Anteil an der Erfindung – soweit abgrenzbar – eigenständig wirtschaftlich zu nutzen. Da bei den meisten Erfindungen recht unsicher ist, ob sie tatsächlich verwertet werden können, gehen freie Erfinder*innen ein nicht unerhebliches Risiko ein, dass keine Einnahmen zur Gegenfinanzierung der Patentierungskosten erzielt werden können. Daher entscheiden sich Student*innen mit freier Erfinderschaft in der Praxis fast immer für die Abtretung ihrer Rechte an die Hochschule.

Vorherige Rechteabtretung bei Kooperationen

Student*innen, die ihre Abschlussarbeit im Rahmen eines Kooperations- oder Auftragsforschungsprojekts mit einem Unternehmen anfertigen, müssen in der Regel vor Beginn ihrer Forschungsarbeit eine Abtretungsvereinbarung unterzeichnen, mit der sie ihre Rechte an möglicherweise entstehenden Erfindungen an die Hochschule abgeben. Falls das Unternehmen in dem betreffenden Kooperationsvertrag mit der Hochschule Bedingungen für die Übertragung entstehender Erfindungen vorsieht, stellt die Hochschule mit der Abtretungsvereinbarung sicher, dass sie ein Zugriffsrecht auf die Erfindungsanteile der beteiligten Forschenden besitzt und ihren Verpflichtungen gegenüber dem Unternehmen nachkommen kann. Im Gegenzug wird meist vereinbart, dass beteilige Student*innen wie Hochschulerfinder*innen behandelt und auch ebenso vergütet werden.

- **Professor*in, Junior- und Seniorprofessor*in**

Anders als Student*innen stehen Hochschullehrer*innen, Dozent*innen und wissenschaftliche Mitarbeiter*innen in der Regel in einem Arbeitsverhältnis mit der Hochschule. Sie gelten daher als Diensterfinder*innen. Eine frühere Sonderbestimmung, dass Hochschullehrer*innen die Rechte an ihren Erfindungen zustehen – das sogenannte Hochschullehrerprivileg – wurde in Deutschland am 07.02.2002 abgeschafft. Seitdem müssen Hochschullehrer*innen ihrem Dienstherrn, der Hochschule, ihre Erfindungen melden, bevor sie diese veröffentlichen dürfen. Zum Kreis der Hochschullehrenden zählen neben Professor*innen, Junior- und Seniorprofessor*innen auch Dozent*innen und Lehrkräfte.

Professor*innen sind in der Regel Diensterfinder*innen.

Wegfall des deutschen Hochschullehrerprivilegs im Jahr 2002

Am 07.02.2002 wurden die rechtlichen Rahmenbedingungen für Erfindungen aus deutschen Hochschulen grundlegend geändert. Vor diesem Datum konnten Professor*innen, Dozent*innen und wissenschaftliche Mitarbeiter*innen an Hochschulen über ihre Erfindungen, die sie im Rahmen ihres Beschäftigungsverhältnisses gemacht hatten, als freie Erfindungen selbst verfügen. Mit der Novellierung des § 42 ArbnErfG im Jahr 2002 entfiel dieses Hochschullehrerprivileg. Seitdem gelten für Erfindungen aller Hochschulbeschäftigten die allgemeinen Regelungen des ArbnErfG. Den Hochschulen ist es seither erlaubt, Erfindungen ihrer Angehörigen zum Patent anzumelden und zu verwerten. Zusätzlich wurden in § 42 Sonderregelungen, zur Publikationsfreiheit und zur Vergütung von Hochschulerfinder*innen getroffen.

Das erklärte Ziel der Gesetzesänderung besteht darin, das Innovationspotenzial der Hochschulen besser auszuschöpfen. Hochschulwissenschaftler*innen – so die Einschätzung – würden den mit der Patentierung und Verwertung einer Erfindung verbundenen Zeitaufwand und die hohen Kosten scheuen und es vorziehen, ihre Erfindung zu publizieren. Mit der Änderung des § 42 ArbnErfG sollte ein „patentfreundliches Klima" an Hochschulen geschaffen und ein „Patentbewusstsein" entwickelt werden. Hierzu wurde zeitgleich die sogenannte Verwertungsoffensive gestartet, mit deren Hilfe ein professionelles Patentmanagement an deutschen Hochschulen installiert werden sollte. Ein Ergebnis war die Einrichtung von Patentverwertungsagenturen (PVA), welche die Hochschule beim Erfindungs- und Patentmanagement sowie bei der wirtschaftlichen Verwertung ihrer Erfindungen unterstützen sollen.

Im internationalen Vergleich war Deutschland eines der letzten Industrieländer, das seinen Hochschulen die kommerzielle Verwertung der Forschungsergebnisse seiner Wissenschaftler*innen ermöglichte. Die USA etwa verabschiedeten entsprechende gesetzliche Regelungen mit dem Bayh-Dole Act im Jahr 1980.

> Emeriti und Pensionäre sind freie Erfinder*innen.

Eine besondere Situation liegt vor, wenn ein*e emeritierte*r oder pensionierte*r Professor*in eine Erfindung gemacht oder an einer Erfindung mitgewirkt hat. Nach dem Ausscheiden aus der Hochschule befindet sich Emeriti oder Pensionäre nicht mehr in einem aktiven Arbeitsverhältnis; sie sind dann freie Erfinder*innen. Hierbei muss der Zeitpunkt beachtet werden, an dem die Erfindung fertig gestellt wurde. Liegt dieser vor der Emeritierung beziehungsweise Pensionierung, handelt es sich um eine zu meldende Diensterfindung, anderenfalls gilt der betreffende Anteil der Erfindung als frei.

▪ Doktorand*innen und Postdoktorand*innen

> Stipendiat*innen sind freie Erfinder*innen.

Für Doktorand*innen und Postdoktorand*innen an Hochschulen gilt das ArbnErfG dann, wenn sie einen Arbeitsvertrag mit der Hochschule eingegangen sind. Ist ein Doktorand oder eine Postdoktorandin bei der Hochschule angestellt und machen er*sie in diesem Zusammenhang eine Erfindung, so handelt es sich um eine Diensterfindung. Das gilt auch, wenn die Person lediglich einer Teilzeitbeschäftigung nachgeht. Formal kommt es bei jeder Erfindung darauf an, ob sie im Rahmen der Promotions- beziehungsweise Forschungsarbeit oder im Rahmen einer davon getrennten Angestelltentätigkeit gemacht wurde. Allerdings ist eine Trennung dieser Bereiche meistens sehr schwierig, sodass bei einem vorliegenden Arbeitsvertrag von einer Diensterfindung ausgegangen wird.

> Doktorand*innen und Postdoktorand*innen mit Arbeitsvertrag sind Diensterfinder*innen.

Als Stipendiat*in ist ein*e Erfinder*in in der Regel kein*e Arbeitnehmer*in der Hochschule, sondern ein*e freie*r Erfinder*in. Ob ein*e Stipendiat*in frei über die Erfindung beziehungsweise den Anteil an der Erfindung verfügen kann, muss jedoch im Einzelfall anhand des Stipendiumvertrags beziehungsweise der zugehörigen Förderrichtlinien geprüft werden. Es besteht nämlich die Möglichkeit, dass Rechte Dritter auf Erfindungen der Stipendiat*innen lasten. Zum Beispiel könnte für den Fördermittelgeber, z. B. eine Stiftung, ein Nutzungsvorrecht vorgesehen sein. Finden sich keine expliziten Regelungen zu entstehenden Erfindungen, so ist ein*e Stipendiat*e ein*e freie*r Erfinder*in, und es gilt das für Student*innen Beschriebene. Das heißt, bei Gemeinschaftserfindungen mit Hochschulangehörigen, die von der Hochschule patentiert werden sollen, treten Stipendiat*innen üblicherweise ihre Rechte an der Erfindung an die Hochschule ab und werden anschließend wie Hochschulerfinder*innen behandelt und vergütet.

- **Gastwissenschaftler*innen**

Gastwissenschaftler*innen besitzen in der Regel keinen Anstellungsvertrag mit der Hochschule, an der sie vorübergehend forschen. Im Gastwissenschaftlervertrag mit deutschen Hochschulen findet sich häufig eine Formulierung wie „Ein Arbeitsverhältnis mit der Universität wird durch diesen Vertrag nicht begründet" beziehungsweise „No employment relationship with the university arises out of this contract". Gastwissenschaftler*innen unterliegen somit nicht den Verpflichtungen des ArbnErfG. Sie sind ein freie Erfinder*innen, und die Hochschule besitzt keine Zugriffsrechte bei entstehenden Erfindungen. Natürlich steht es Gastwissenschaftler*innen frei, wie im Fall der Student*innen oder Stipendiat*innen, Erfindungen oder ihre Anteil daran an die Hochschule abzutreten, sofern die Hochschule die Rechteübertragung wünscht und annimmt.

Gastwissenschaftler*innen sind freie Erfinder*innen.

- **Angestellte der Hochschule**

Für technische Assistent*innen und Techniker*innen gelten wie für alle Angestellten der Hochschule die Rechte und Pflichten des ArbnErfG. Eine Unterscheidung nach der Art der Tätigkeit gibt es nicht. Egal, ob Wissenschaftler*innen, Techniker*innen, Handwerker*innen oder Verwaltungsangestellte – sie alle unterliegen den gleichen Regelungen und müssen ihre Diensterfindungen der Hochschule melden.

Technische Assistent*innen und Techniker*innen sind Diensterfinder*innen.

- **Mitarbeiter mit privatrechtlichem Arbeitsvertrag**

Als weitere Variante der Beschäftigung an einer Hochschule finden sich privatrechtliche Arbeitsverträge, zum Beispiel zwischen einer wissenschaftlichen Mitarbeiterin und einem Professor. Auch für ein solches Arbeitsverhältnis gilt das ArbnErfG. Der Professor ist in diesem Fall der Arbeitgeber, dem die privatrechtlich Beschäftigte ihre Erfindungen zu melden hat. Anschließend kann der Professor die Rechte an der Erfindung auf sich überleiten oder diese freigeben. Bezüglich der Rechte und Pflichten von Arbeitnehmer*innen und Arbeitgeber gelten die in den nachfolgenden Abschnitten beschriebenen Regelungen, jedoch nicht die besonderen Bestimmungen für Hochschulerfinder*innen.

Zum Beispiel bemisst sich die Erfindervergütung – wie für Beschäftigte privater Unternehmen – an den sogenannten Vergütungsrichtlinien (▶ Abschn. 3.2.8).

Erfindungsmeldung an den Dienstherrn

Das Gleiche gilt für Mitarbeiter*innen von Hochschullehrer*innen, die im Zusammenhang mit drittmittelfinanzierten Forschungs- und Entwicklungsprojekten in einem Privatdienstverhältnis eingestellt sind. Auch sie sind Diensterfinder*innen und ausschließlich ihrem Dienstherrn gegenüber zur Erfindungsmeldung verpflichtet.

■ **Erfindungen in Nebentätigkeit**

Erfindungen in Nebentätigkeit sind in der Regel Diensterfindungen.

Viele Privatunternehmen nutzen die Expertise von Hochschulwissenschaftler*innen für Beratertätigkeiten. Meist findet die beratende Tätigkeit auf dem Gebiet statt, auf dem die Person forschend und/oder lehrend an der Hochschule beschäftigt ist. Wenn Professor*innen oder andere Hochschulangehörige in Nebentätigkeit eine Erfindung machen oder zu einer Erfindung beitragen, handelt es sich daher in der Regel um Diensterfindungen, die der Hochschule zu melden sind. Freie Erfindungen, die außerhalb des Dienstbereichs der Erfinder*innen liegen, sind eher unwahrscheinlich (siehe hierzu auch ▶ Abschn. 3.2.4). Im Übrigen besteht auch bei freien Erfindungen eine Verpflichtung zur Mitteilung und Anbietung gegenüber dem Arbeitgeber (§ 18 und 19 ArbnErfG), so dass in jedem Fall die Hochschule kontaktiert werden sollte.

Bei einer Beratertätigkeit ist es naturgemäß gewünscht, dass entstehende Erfindungen Eigentum des Unternehmens werden, mit dem der Beratervertrag geschlossen wurde. Die Verträge zu einer Nebentätigkeit sind grundsätzlich privatrechtliche Vereinbarungen zwischen Hochschulwissenschaftler*in und dem Unternehmen. Die Hochschule selbst unterzeichnet die Vereinbarung nicht mit und ist daher kein Vertragspartner. Da der Hochschule jedoch die Rechte an Diensterfindungen ihrer Beschäftigten zustehen, kann es zu Konflikten führen, wenn nicht klar ist, ob es sich um eine freie Erfindung oder eine Diensterfindung handelt. Um Rechtssicherheit für alle Beteiligten zu wahren, sollte die Hochschule im Vorfeld des Vertragsabschlusses eingebunden werden.

■ **Mehrere Arbeitgeber**

Sphärengrundsatz entscheidet

Ist ein Arbeitnehmer in mehreren Arbeitsverhältnissen tätig, dann stellt sich die Frage, welchem seiner Arbeitgeber er seine Erfindungen melden muss. Die Zuordnung der Erfindung richtet sich dann nach dem sogenannten Sphärengrundsatz (Volmer GRUR 1978, 329, 332). Dieser besagt, dass entscheidend ist, wo der Erfinder vor dem Zeitpunkt der Fertigstellung seiner Erfindung seinen Tätigkeitsschwerpunkt hatte. Um in solchen Fällen ausreichende Rechtssicherheit zu bekommen, empfiehlt sich, einen Patent- oder Rechtsanwalt zurate zu ziehen beziehungsweise im Vorfeld eine gesonderte vertragliche Vereinbarung zu treffen.

- **Mitarbeitende staatlicher Forschungseinrichtungen**

Für Beschäftigte von außeruniversitären Forschungseinrichtungen, wie Max-Planck-, Fraunhofer- oder Helmholtz-Instituten, gelten ebenfalls die allgemeinen Bestimmungen des ArbnErfG, allerdings nicht die Sonderbestimmungen für Hochschulangehörige (des § 42 ArbnErfG).

Im Gegensatz zu den deutschen Hochschulen betreiben die genannten Forschungseinrichtungen schon seit mehreren Jahrzehnten eine aktive Patent- und Verwertungsstrategie. Über die jeweiligen gesetzlichen Bestimmungen hinaus gibt es an diesen Forschungsinstituten eigene Regelungen zur Finanzierung der Patentierung von Erfindungen sowie der Vergütung ihrer Erfinder*innen beziehungsweise des Instituts, an dem die Erfindung entstanden ist, die nicht im Rahmen dieses Buchs behandelt werden.

Eine Sondersituation besteht an internationalen Forschungseinrichtungen, wie dem EMBL in Heidelberg, denn hier gilt das deutsche ArbnErfG nicht.

> Für Erfinder*innen an Max-Planck-, Fraunhofer- und Helmholtz-Instituten gelten nicht die Sonderbestimmungen für Hochschulerfinder*innen.

3.2.3 Welche Arbeitsergebnisse stehen dem Arbeitgeber zu?

Ein Arbeitgeber hat ein Recht auf die Ergebnisse der Arbeit seiner Beschäftigten, da er diese für ihre Tätigkeit bezahlt. Während alle produzierten Gegenstände dem Arbeitgeber automatisch gehören, liegen die Rechte an Geistigem Eigentum zunächst bei den Arbeitnehmern, jedoch kann der Arbeitgeber darauf zugreifen.

- **Erfindungen und technische Verbesserungsvorschläge**

Die Regelungen des ArbnErfG und die Sonderbestimmungen für Hochschulangehörige (§ 42 ArbnErfG) gelten für alle Erfindungen, die durch ein Patent oder ein Gebrauchsmuster – das „kleine Patent" – geschützt werden können. Dabei reicht allein die Möglichkeit aus, dass ein Schutzrecht erteilt werden kann.

Das ArbnErfG betrifft darüber hinaus sogenannte technische Verbesserungsvorschläge oder sonstige technische Neuerungen, die nicht patentierbar oder gebrauchsmusterfähig sind, aber dem Arbeitgeber eine ähnliche monopolartige Vorzugsstellung gewähren. Die Geheimhaltung und Verwertung von technischen Verbesserungsvorschlägen können für Privat-

> „Technisches" gehört dem Arbeitgeber.

unternehmen von hoher Relevanz sein, für Hochschulen spielen sie allerdings kaum eine Rolle. Die besonderen Regelungen des „Hochschulparagrafen" § 42 ArbnErfG finden bei technischen Verbesserungsvorschlägen keine Anwendung.

- **Schöpferische Leistungen**

Marken und Designgegenstände gehören dem Arbeitgeber.

Sonstige schöpferische Leistungen nichttechnischer Art, die durch ein Design, als Marke oder durch das Urheberrecht geschützt sind, fallen nicht unter das ArbnErfG. Eingetragene Designs schützen die Erscheinungsform von Produkten, üben also keine technische Wirkung aus. Der Markenschutz betrifft Wörter und Bilder, die beispielsweise als Logo verwendet werden. Erbringt ein*e Arbeitnehmer*in im Rahmen der dienstlichen Tätigkeit derartige schöpferische Leistungen, so stehen diese in der Regel dem Arbeitgeber zu und sind mit dem Arbeitslohn abgegolten.

- **Urheberrechtlich geschützte Werke und Computerprogramme (siehe auch nachfolgender Beitrag „Rechteinhaberschaft an Software")**

Patentierbarkeit entscheidet über Vergütung.

Im Urheberrecht ist vorgesehen, dass Arbeitnehmer*innen ihrem Arbeitgeber ein ausschließliches und unentgeltliches Nutzungsrecht an einem Werk einräumen müssen, wenn sie arbeitsvertraglich zu dessen Schaffung verpflichtet waren (§ 69a UrhG). Dies betrifft beispielsweise die Verfassung von Leitlinien oder Arbeitsblättern. Eine besondere Rolle spielen Computerprogramme. Diese sind grundsätzlich urheberrechtlich geschützt. Kann jedoch eine technische Wirkung mit dem Computerprogramm erzielt werden, ist auch ein Patentschutz möglich (▶ Abschn. 7.3). Hier muss unterschieden werden, ob das Computerprogramm „lediglich" urheberrechtsfähig oder auch patentfähig ist. Entsteht ein urheberrechtsfähiges, aber nicht patentfähiges Computerprogramm im Rahmen eines Beschäftigungsverhältnisses, erhält der Arbeitgeber hieran eine ausschließliche Lizenz, und der*die Schöpfer*in des Computerprogramms hat keinen Anspruch auf eine gesonderte Vergütung, soweit nichts anderes vertraglich geregelt ist. Kann das Computerprogramm hingegen patentiert werden, handelt es sich um eine Erfindung, die dem ArbnErfG unterliegt.

Rechteinhaberschaft an Software

Tilmann Lahann, LL.M. eur. integr., Müller, Altmeyer & Partner, Rechtsanwälte, PartGmbB (Saarbrücken)

Die Frage der Inhaberschaft der Rechte an Software kann nur mit Blick auf die gerade dargestellten unterschiedlichen Rechte beantwortet werden.

Rechte an Know-How und Geschäftsgeheimnissen

Berechtigter an Know-How und Geschäftsgeheimnissen ist grundsätzlich der Inhaber. Inhaber ist nach § 2 Nr. 2 „jede natürliche oder juristische Person, die die rechtmäßige Kontrolle über ein Geschäftsgeheimnis hat." Eine gesetzliche Vorschrift, die regelt, dass beispielsweise der Arbeitnehmer stets Inhaber eines Geschäftsgeheimnisses ist, fehlt, weshalb dies vertraglich abgesichert werden sollte. Grundsätzlich wird man aber davon ausgehen dürfen, dass Informationen, die im Arbeitsverhältnis bei Durchführung einer weisungsentsprechenden Tätigkeit entstehen, für den Arbeitgeber erbracht werden sollen und dieser somit auch Inhaber wird. Entsprechend problematisch ist die Beantwortung der Frage, wie eine Tätigkeit zu werten ist, die gerade nicht dem arbeitsvertraglichen Weisungsrecht des Arbeitgebers unterliegt, wie dies beispielsweise bei eigenverantwortlichen wissenschaftlichen Tätigkeiten der Fall ist. In diesen Fällen empfiehlt sich, den Rechteübergang auf die Hochschule vertraglich abzusichern.

Rechte am Know-How im Arbeitsvertrag regeln

Rechte an urheberrechtlich geschützten Computerprogrammen

Urheber des Computerprogramms ist der jeweilige Programmierer als Schöpfer des Werkes, § 7 UrhG. Sofern mehrere Personen gemeinsam ein Werk geschaffen haben, dessen Anteile sich nicht gesondert verwerten lassen, liegt Miturheberschaft vor, § 8 Abs. 1 UrhG. Urheber, die ein Computerprogramm in Wahrnehmung ihrer Aufgaben oder nach Anweisung ihres Arbeitgebers geschaffen haben, sind zwar auch Urheber. Jedoch steht in diesem Fall die Ausübung aller vermögensrechtlicher Befugnisse an dem Computerprogramm dem Arbeitgeber zu, § 69b UrhG. Einer ausdrücklichen vertraglichen Nutzungsrechteeinräumung bedarf es vor dem Hintergrund der gesetzlichen Rechteinräumung nicht. Allerdings greift § 69b UrhG nicht, wenn der Arbeitnehmer weisungsfrei handelt, was insbesondere bei der Ausübung von eigenverantwortlichen wissenschaftlichen Tätigkeiten durch Mitarbeiter einer Hochschule der Fall sein kann. In diesem Fall verbleiben auch die vermögensrechtlichen Befugnisse an dem Computerprogramm bei dem Urheber.

Urheberrechte gehören dem Wissenschaftler

Rechte an Softwareerfindungen

Im Hinblick auf die Stellung von Erfindern von Softwareerfindungen gibt es keine rechtlichen Besonderheiten im Vergleich zu sonstigen Erfindungen. Der Arbeitgeber kann durch Inanspruchnahme der Erfindungen seiner Arbeitnehmer Anmeldeberechtigter (und -verpflichteter) werden und erhält somit auch die wirtschaftlichen Verwertungsbefugnisse.

■ **Vergütung von Arbeitsergebnissen**

Vergütung für Technisches

Eine Übersicht zur Zuordnung und zum Vergütungsanspruch bei Arbeitsergebnissen im Rahmen eines Beschäftigungsverhältnisses ist in ◘ Tab. 3.1 dargestellt. Eine kurze Einführung zu den nichttechnischen Schutzrechten Design und Marke sowie dem Urheberrecht findet sich in ▶ Kap. 9.

3.2.4 Welche Erfindung ist eine Diensterfindung?

Aufgaben- oder Erfahrungserfindung

Als Diensterfindungen werden Erfindungen bezeichnet, die während eines Arbeitsverhältnisses gemacht wurden. Hierbei unterscheidet das ArbnErfG grundsätzlich zwei Arten:
— Erfindungen, die ein*e Arbeitnehmer*in in Erfüllung der dienstlichen Aufgaben macht (Aufgaben- oder Obliegenheitserfindung),
— Erfindungen, die maßgeblich auf Erfahrungen oder Vorarbeiten des Betriebs beziehungsweise der Hochschule beruhen (Erfahrungserfindung).

■ **Zeitpunkt der Erfindung**

Der Zeitpunkt der Fertigstellung entscheidet.

Zunächst kann eine Erfindung nur dann eine Diensterfindung sein, wenn sie während der Dauer eines Arbeitsverhältnisses ge-

◘ Tab. 3.1 Zuordnung der Arbeitsergebnisse eines Arbeitnehmers

Arbeitsergebnisse, die dem ArbnErfG unterliegen	Arbeitsergebnisse, die nicht dem ArbnErfG unterliegen
Patentfähige (technische) Erfindungen: – Bei Inanspruchnahme Rechteüberleitung auf den Arbeitgeber – Vergütungsanspruch	Urheberschutzfähige Leistungen (zum Beispiel nicht patentierbare Computerprogramme): – Persönlichkeitsrecht, aber in der Regel Nutzungsrechte beim Arbeitgeber – Kein Vergütungsanspruch
Gebrauchsmusterfähige (technische) Erfindungen: – Bei Inanspruchnahme Rechteüberleitung auf den Arbeitgeber – Vergütungsanspruch	Design-fähige Leistungen (zum Beispiel Designgegenstände): – Zuordnung zum Arbeitgeber – Kein Vergütungsanspruch
Technische Verbesserungsvorschläge, die nicht patent- oder gebrauchsmusterfähig sind: – Regelung durch Tarifvertrag oder Betriebsvereinbarung – Vergütungsanspruch bei Verwertung	Markenschutzfähige Leistungen (zum Beispiel ein Logo): – Zuordnung zum Arbeitgeber – Kein Vergütungsanspruch

macht, genauer gesagt fertig gestellt wurde. Das bedeutet, dass die Erfindung demjenigen Arbeitgeber gemeldet werden muss, bei dem ein*e Erfinder*in zum Zeitpunkt der Fertigstellung der Erfindung angestellt war. Wie zuvor beschrieben gilt eine Erfindung dann als fertig, wenn eine technische Lösung für das zu lösende Problem gefunden wurde (▶ Abschn. 2.3.2).

Wenn eine Erfindung vor dem Beginn eines Arbeitsverhältnisses fertig geworden ist, muss ein*e Erfinder*in sie seinem aktuellen Arbeitgeber nicht melden. Bestand zuvor kein Beschäftigungsverhältnis ist die Erfindung frei. War ein*e Erfinder*in bei Fertigstellung der Erfindung noch bei einem anderen Arbeitgeber beschäftigt, so muss die Erfindung (nach)gemeldet werden. Zwischen Erfinder*in und früherem Arbeitgeber gelten beim Umgang mit der Erfindung dann weiterhin alle Rechte und Pflichten des ArbnErfG, inklusive der Vergütungsverpflichtung.

- **Ort der Erfindung**

In den Rahmen eines Arbeitsverhältnisses fällt eine Erfindung nicht nur dann, wenn ein*e Erfinder*in die Erfindung am Arbeitsplatz, im Labor, im Büro etc. gemacht hat. Liegt die Erfindung fachlich auf dem Gebiet der beruflichen Tätigkeit, handelt es sich auch dann um eine Diensterfindung, wenn eine*r Erfinder*in die Idee zur Erfindung außerhalb des Arbeitsplatzes gekommen ist, zum Beispiel bei einer Freizeitbeschäftigung, im Urlaub oder auf dem Weg zur Arbeit. Es spielt keine Rolle, ob ein*e Erfinder*in private Mittel verwendet hat oder die Erfindung für den Arbeitgeber überhaupt machen wollte oder nicht. Entscheidend ist, ob ein gültiger Arbeitsvertrag bestand. Zu dieser Problematik gab und gibt es immer wieder Unstimmigkeiten zwischen Arbeitnehmer*innen und Arbeitgebern, sodass sowohl die Schiedsstelle für Arbeitnehmererfindungen beim DPMA (Schiedsstelle 82/95, 86/86, 832/87) als auch andere Gerichte (zum Beispiel BGH in GRUR 1971, 407, Schlussurlaub) häufiger mit derartigen Fragestellungen befasst waren.

Wo die Erfindung gemacht wurde, ist unwichtig.

- **Aufgabenerfindung**

Von einer Aufgabenerfindung spricht man, wenn ein*e Arbeitnehmer*in eine Erfindung in Erfüllung der Dienstpflichten gemacht hat. Das heißt, wenn ein*e angestellte*r Wissenschaftler*in im Rahmen der Forschungstätigkeit auf Probleme gestoßen ist, die mit der Erfindung gelöst werden konnten, handelt es sich um eine Aufgabenerfindung. Bei Laborleiter*innen oder anderen Beschäftigten in der F&E-Abteilung eines Unternehmens fallen Erfindungen in der Regel in das Aufgabenfeld. Auch bei Erfindungen von Masterstudent*innen und Doktorand*innen, die einen Arbeitsvertrag haben, han-

Pflicht zu erfinden

delt es sich meist um Aufgabenerfindungen, da die Thematik ihrer Forschungsarbeit in der Regel von den jeweiligen Betreuer*innen vorgegeben werden. Des Weiteren entstehen Aufgabenerfindungen, wenn Hochschulwissenschaftler*innen einen drittmittelfinanzierten Forschungsauftrag übernehmen und in diesem Rahmen Erfindungen gemacht werden.

- **Erfahrungserfindung**

Erfinden aus Erfahrung

Eine Diensterfindung kann auch dann vorliegen, wenn ein*e Erfinder*in nicht konkret beauftragt war, auf einem bestimmten Gebiet zu forschen, sondern nur Erfahrungen aus der dienstlichen Tätigkeit genutzt hat. Mit dem Begriff der Erfahrungserfindung wird der Bereich, in den eine Diensterfindung fallen kann, wesentlich erweitert.

Bei Professor*innen beziehungsweise Hochschullehrer*innen gehört die Forschung zwar grundsätzlich zu ihren Dienstaufgaben. Basierend auf der grundgesetzlich garantierten Wissenschaftsfreiheit ist es jedoch allein die Sache der Hochschullehrer*innen, wie sie forschen. Erfindungen von Professor*innen werden daher tendenziell den Erfahrungserfindungen zugeordnet, wenn sie in den Forschungsbereich des Instituts fallen, an dem diese*r Professor*in beschäftigt ist.

> **Der Hobbysurfer – Beispiel für eine Erfahrungserfindung**
> Ein Laborleiter in einem Institut für Faserverbundwerkstoffe der Luft- und Raumfahrttechnik hatte in seiner Freizeit einen aus Kohlefaser bestehenden Gabelbaum erfunden, der in Surfbretter eingebaut wurde. Die Schiedsstelle für Arbeitnehmererfindungen des DPMA entschied, dass es sich dabei um eine Erfahrungserfindung handelt, die dem Arbeitgeber zusteht.
> (Schiedsstelle 32, 87 BIPMZ 1972, 382)

Bei allen Erfindungen von Arbeitnehmer*innen, die keine Aufgaben- oder Erfahrungserfindungen sind, handelt es sich um freie Erfindungen. Aber auch bei freien Erfindungen unterliegen die Arbeitnehmer*innen gewissen Mitteilungs- und Anbietungsverpflichtungen gegenüber dem Arbeitgeber (§§ 18, 19 ArbnErfG) (▶ Abschn. 3.2.6).

3.2.5 Die Erfindungsmeldung

Hat ein*e Arbeitnehmer*in eine Erfindung gemacht, bei der es sich um eine Diensterfindung handelt, so muss diese dem Arbeitgeber unverzüglich gemeldet werden. Mehrere Erfinder*innen können auch gemeinsam eine Erfindungsmeldung abgeben.

3.2 · Arbeitnehmererfindungen in Deutschland

- **Formerfordernisse (§ 5(1) ArbnErfG)**

Die meisten Unternehmen und Einrichtungen stellen für Erfindungen ein gesondertes Meldeformular bereit. Erfinder*innen an Hochschulen erhalten eine Vorlage für eine Erfindungsmeldung in der Regel über ihre zuständige Technologietransferstelle. Die Vorlage ist meist gut strukturiert und ermöglicht Erfinder*innen, ihrer Pflicht zur Erfindungsmeldung ordnungsgemäß nachzukommen. Die Erfinder*innen können das Erfindungsmeldungsformular entsprechend der Vorgaben ausfüllen und bei der zuständigen Stelle abgeben. Allerdings sind Erfinder*innen nicht verpflichtet, genau dieses Formular zu benutzen, solange die nachfolgend erläuterten Angaben enthalten und die Formvorgaben berücksichtigt sind.

Vorlage für die Erfindungsmeldung

Der Zweck einer Erfindungsmeldung besteht darin, dass der Arbeitgeber
- über die Erfindung in Kenntnis gesetzt wird,
- entscheiden kann, ob es sich um eine Erfindung handelt,
- entscheiden kann, ob die Erfindung übernommen (in Anspruch genommen) oder freigegeben werden soll,
- genügend Informationen für eine mögliche Patent- oder Gebrauchsmusteranmeldung erhält und
- über die Erfinderanteile informiert wird, sodass bei Einnahmen aus der Verwertung die Erfindervergütung festgelegt werden kann.

Gemäß ArbnErfG sind Arbeitnehmer*innen verpflichtet, eine Erfindung unverzüglich, gesondert und in Textform ihrem Arbeitgeber zu melden. Dabei muss kenntlich gemacht werden, dass es sich um eine Erfindungsmeldung handelt. Sind diese Mindesterfordernisse nicht erfüllt, liegt keine Erfindungsmeldung vor.

Mindesterfordernisse: unverzüglich, gesondert, in Textform

Durch die unverzügliche Meldung soll sichergestellt werden, dass möglichst früh eine Schutzrechtsanmeldung eingereicht werden kann. Unverzüglich bedeutet ohne „schuldhaftes Zögern" (§ 121 BGB). Die Erfindung muss fertig sein, das heißt, es muss klar sein, wie die Erfindung ausgeführt werden kann. Eine Idee oder ein Konzept reicht in der Regel nicht aus. Allerdings muss auch noch nicht die optimale Ausführungsform vorliegen. Eine Erfindung kann auch fertig sein, wenn noch Versuche zur weiteren Verbesserung durchgeführt werden müssen (siehe auch ▶ Abschn. 2.3.2).

Nicht zögern!

Die Erfinder*innen sind verpflichtet, die Erfindung gesondert mitzuteilen. Formal genügt es nicht, wenn ein*e Hochschulerfinder*in lediglich einen Entwurf einer wissenschaftlichen Publikation als Erfindungsmeldung einreicht und die Erfindung „herausgelesen" werden muss. Vielmehr soll erkennbar sein, was die Erfinder*innen als schutzrechts-

Erfindung herausstellen

Schriftliche Meldung

fähige Erfindung ansehen. Falls bereits ein Publikationsentwurf verfasst wurde, ist es jedoch hilfreich, wenn dieser der Erfindungsmeldung beigefügt wird.

Des Weiteren ist es notwendig, dass die Erfindungsmeldung in Textform eingereicht wird, eine mündliche Erfindungsmeldung reicht nicht aus. Das bedeutet, die Erfindungsmeldung muss in lesbarer Form eingereicht werden. Die Unterschrift des Erfinders ist nicht erforderlich. Somit kann die Erfindungsmeldung sowohl im Original, als Fax und sogar in elektronischer Form als E-Mail abgegeben werden. (Bei einer Erfindungsmeldung per E-Mail empfiehlt sich aus Gründen der Geheimhaltung, das Dokument zumindest verschlüsselt zu übersenden; siehe auch ▶ Abschn. 2.4.1). Das Erfordernis der Textform wurde mit der Reform des ArbnErfG zum 01.10.2009 eingeführt und löste die zuvor bestehende Vorschrift der Schriftform ab. Im Gegensatz zur Textform war es bei der „schriftlichen Erfindungsmeldung" noch notwendig gewesen, dass die Originalunterschriften der Erfinder*innen vorliegen.

- **Festlegen der Erfinderanteile**

Alle Erfinder*innen benennen

Aus einem anderen Grund kann es jedoch weiterhin empfehlenswert sein, die Erfindungsmeldung im Original einzureichen. Auch wenn streng genommen jede*r Erfinder*in einzeln nur dem jeweiligen Arbeitgeber gegenüber zur Erfindungsmeldung verpflichtet ist, werden üblicherweise auf einem Formular die Namen aller Erfinder*innen sowie deren prozentuale Anteile an der Erfindung angegeben. In diesem Fall ist es wichtig, dass alle Erfinder*innen die Festlegung der Anteile mit ihrer Unterschrift bestätigen. Sollte es schwierig sein, dass alle Miterfinder*innen die Erfindungsmeldung unterschreiben, wenn die Erfindung zum Beispiel in Kooperation verschiedener Arbeitsgruppen entstanden ist, kann die Erklärung über die Miterfinderanteile auch nachgereicht werden. Letztendlich wird dieses Dokument bei späteren Einnahmen aus der Verwertung der Erfindung zur Berechnung der Erfindervergütung herangezogen. Waren Erfinder*innen aus verschiedenen Hochschulen, von Unternehmen oder freie Erfinder*innen beteiligt, so bestimmen die Anteile der jeweiligen Erfinder*innen die Anteile der Rechteinhaber in der Bruchteilsgemeinschaft (siehe hierzu auch ▶ Abschn. 3.1.1).

> **Beispiel – Erfinderanteile bestimmen die Anteile der Rechteinhaber an**
> An einer Erfindung, die zum Patent angemeldet werden soll, waren vier Erfinder*innen beteiligt. Alle Erfinder*innen haben gleichermaßen zu der Erfindung beigetragen, jeder trägt einen Anteil von 25 %. Zwei Erfinderinnen sind Beschäftigte der deutschen Universität A und reichen dort eine Erfindungsmeldung ein. Der dritte Erfinder ist Student an der Universität A. Ohne

Arbeitgeber ist er freier Erfinder und muss die Erfindung eigentlich niemandem melden. Er vereinbart mit Universität A die Übertragung seines Anteils an der Erfindung auf Universität A. Wie die anderen Erfinder*innen zahlt er somit keine Patentierungskosten und erhält im Verwertungsfall eine Erfindervergütung. Der vierte Erfinder ist bei der Universität B angestellt und reicht dort eine Erfindungsmeldung ein. Für den Fall, dass sich beide Universitäten für die Übernahme (Inanspruchnahme) und Patentanmeldung der Erfindung entscheiden, besitzt Universität A 75 % und Universität B 25 % der Rechte an der Erfindung und der darauf beruhenden Patentanmeldungen und Patente.

- **Stand der Technik**

Um die Neuheit einer Erfindung abschätzen zu können, ist es hilfreich, wenn die Erfinder*innen in der Erfindungsmeldung den aktuellen Stand der Technik beschreiben. Damit sind Publikationen der Erfinder*innen selbst oder anderer Wissenschaftler*innen auf dem Gebiet der Erfindung gemeint. Als Publikationen zählen neben Artikeln in wissenschaftlichen Zeitschriften und veröffentlichten Abstracts für Poster oder Vorträge auch veröffentlichte Doktorarbeiten und Projektbeschreibungen auf der Internetseite von Forschungsinstituten. Relevanter Stand der Technik können auch frühere Publikationen der Erfinder*innen sein, in denen Vorüberlegungen oder Voruntersuchungen zu der Erfindung veröffentlicht wurden.

Was ist auf dem Gebiet der Erfindung bekannt?

Des Weiteren gehören frühere Patentanmeldungen zum Stand der Technik. Zwar wird von Hochschulwissenschaftler*innen in der Regel nicht erwartet, dass sie die Patentliteratur in ihrem Fachgebiet kennen. Allerdings kann sich eine kurze Patentrecherche lohnen, um einen Überblick über relevante Patente zu gewinnen und unliebsame Überraschungen zu vermeiden. Auch unerfahrene Wissenschaftler*innen können mit überschaubarem Aufwand selbst eine Patentrecherche durchführen. Eine Anleitung findet sich in ▶ Kap. 6.

- **Aufgabe der Erfindung**

In den meisten Fällen wird in der Erfindungsmeldung nach der „Aufgabe der Erfindung" gefragt. Dies ergibt sich aus der Natur einer Erfindung beziehungsweise einer Patentanmeldung, bei der nämlich eine „technische Lehre zur Lösung eines Problems" vorliegen muss. Die Aufgabe der Erfindung kennzeichnet ein solches bestehendes Problem, das mit der Erfindung gelöst werden soll.

Was ist das zu lösende Problem?

> **Beispiel für die Aufgabe einer Erfindung**
> Wissenschaftler*innen untersuchen die Glaskörperflüssigkeit von Patienten mit feuchter Makuladegeneration, einer Augenerkrankung, sowie von Kontrollpersonen und finden mehrere Proteine, deren Konzentration mit dem Auftreten der Erkrankung korreliert. Aufgabe der Erfindung ist es, Biomarker zur Diagnose der feuchten Makuladegeneration zu finden.
>
> Für den Fall, dass bereits zuvor ähnliche oder die bereits die gleichen Proteine als Biomarker für diese Erkrankung in der Literatur beschrieben wurden, könnte eine weitere Aufgabe darin bestehen, anhand ausgewählter Markerproteine das Stadium der Krankheit zu bestimmen.

- **Beschreibung der Erfindung**

Den wichtigsten Teil der Erfindungsmeldung nimmt die Beschreibung der Erfindung ein. Sie gibt die Lösung der zuvor gestellten Aufgabe wieder. Der Arbeitgeber soll mit der Beschreibung befähigt werden, die Erfindung zu verstehen sowie ihre Schutzfähigkeit und Verwertbarkeit zu beurteilen.

Die Erfinder*innen fügen hier ihre bisher erlangten Forschungsergebnisse ein. Wichtig ist, dass das Funktionieren der Erfindung eindeutig belegt und nachgewiesen wird. Ob diese Ergebnisse ausreichend sind, wird im Einzelfall zu entscheiden sein. Auch wenn zum Zeitpunkt der Erfindungsmeldung zum Beispiel „nur" In-vitro-Daten oder Simulationsergebnisse vorliegen, kann bei einem hohen Verwertungspotenzial und/oder hohem Publikationsdruck das frühzeitige Einreichen einer Patentanmeldung angezeigt sein. Falls dem Arbeitgeber die Beschreibung nicht ausreichend erscheint, kann er Ergänzungen von den Erfinder*innen verlangen.

- **Weitere Informationen**

Folgende weitere Informationen werden regelmäßig in einer Erfindungsmeldung erfragt beziehungsweise sollten von den Erfinder*innen angegeben werden:

Gibt es Rechte Dritter?
- Sind Ergebnisse zu der Erfindung im Rahmen eines Drittmittelprojekts entstanden, sollte in der Erfindungsmeldung unbedingt darauf hingewiesen werden. Gemeint sind beispielsweise EU-Projekte oder F&E-Projekte mit Unternehmen. Die zugehörigen Projektverträge oder Leitlinien zur Förderung enthalten häufig Regelungen zum Umgang mit entstehenden Erfindungen oder IP-Rechten. Möglicherweise sind bestimmte Anbietungspflichten oder Nutzungsrechte vorgesehen, die geprüft und beachtet werden müssen.

3.2 · Arbeitnehmererfindungen in Deutschland

- Falls die Erfinder*innen eine Publikation ihrer Ergebnisse planen, sollten sie dies kenntlich machen. Wie im nachfolgenden Kapitel erläutert, ist eine Hochschule verpflichtet, schneller über eine Patentanmeldung der Erfindung zu entscheiden, wenn Hochschulerfinder*innen ihre Arbeiten veröffentlichen möchten. In jedem Fall sollte mitgeteilt werden, wenn bereits eine Publikation zur Revision bei einer wissenschaftlichen Zeitschrift oder ein Abstract für eine Konferenz eingereicht wurde. Hier besteht das Risiko, dass der Abstract bereits vor Konferenzstart online veröffentlicht wird.
- Für die einzelnen Erfinder*innen kann dargelegt werden, in welcher Weise sie zu der Erfindung beigetragen haben. Diese Angaben werden herangezogen, falls die Aufteilung der Miterfinderanteile oder generell das Vorliegen einer Diensterfindung strittig ist.

Ist eine Publikation geplant?

Gemäß ArbnErfG ist der Arbeitgeber verpflichtet, den Eingang der Erfindungsmeldung unverzüglich zu bestätigen. Diese Eingangsbestätigung ist vor allem deshalb von Relevanz, weil mit dem Eingangsdatum die Viermonatsfrist für die Inanspruchnahme beginnt.

Eingangsbestätigung

Was passiert, wenn Erfinder*innen eine Erfindung nicht oder zu spät melden?

Das deutsche ArbnErfG schreibt vor, dass ein Arbeitnehmer seine Erfindungen dem Arbeitgeber unverzüglich melden muss. Wenn der Arbeitnehmer eine Erfindung vorsätzlich oder fahrlässig nicht meldet, so kann er seinem Arbeitgeber gegenüber schadensersatzpflichtig werden. Ein Schaden könnte dadurch entstehen, dass der Arbeitgeber kein Patent erlangen und keine Lizenzeinnahmen aus der Verwertung der Erfindung erzielen kann. Eine Hochschule als Arbeitgeber wäre beispielsweise geschädigt, wenn ein*e Hochschulwissenschaftler*in die Ergebnisse publiziert, bevor eine Erfindungsmeldung eingereicht wurde und ein Patent angemeldet werden konnte. Da für Hochschulforscher*innen das Publizieren höchste Priorität besitzt, kommt es in der Praxis nicht selten vor, dass eine Vorpublikation der Wissenschaftler*innen die Neuheit und damit die Patentierbarkeit ihrer Erfindung zerstört. Ein Schaden für die Hochschule lässt sich jedoch in der Regel nur schwer nachweisen. Üblicherweise befinden sich Hochschulerfindungen in einem frühen Entwicklungsstadium, sodass zum Zeitpunkt der Erfindung sich nicht vorhersagen lässt, ob die Erfindung tatsächlich verwertet werden kann.

Eine gänzlich andere Situation besteht dann, wenn ein Hochschulangehöriger seine Erfindung widerrechtlich auf eigenen Namen zum Patent anmeldet oder widerrechtlich auf einen Dritten, zum Beispiel eine Firma, überträgt. In diesem Fall kann der rechtmäßige Patentinhaber, die Hochschule, eine widerrechtliche Entnahme geltend machen und die Übertragung der Patentanmeldung oder des Patents verlangen (▶ Abschn. 8.3.3).

3.2.6 Rechte und Pflichten nach Erfindungsmeldung

Die Meldung einer Erfindung setzt einige gesetzlich geregelte Folgen in Gang (◘ Abb. 3.3).

- **Beanstandung der Erfindungsmeldung nach § 5(3) ArbnErfG**

Ist die Erfindungsmeldung ordnungsgemäß?

Innerhalb von zwei Monaten nach Erfindungsmeldung kann der Arbeitgeber gegenüber dem Diensterfinder erklären, dass die Erfindungsmeldung nicht ordnungsgemäß abgefasst wurde. Hierbei wird vorausgesetzt, dass die Mindesterfordernisse (unverzüglich, gesondert und in Textform, Kenntlichmachung als Erfindungsmeldung) erfüllt sind. Andernfalls läge gar keine Erfindungsmeldung vor. Gründe für die Beanstandung können sein, dass die Aufgabe der Erfindung und die Erfindung selbst nicht ausreichend beschrieben sind. Die Erfinder*innen werden dann aufgefordert, die Erfindungsmeldung entsprechend zu ergänzen. Bei berechtigter Beanstandung gilt die Erfindungsmeldung erst mit Zugang der Ergänzungsmeldung als eingegangen. Das heißt, erst nachdem die Erfindungsmeldung „ordnungsgemäß" ist, beginnt die sogenannte Inanspruchnahmefrist zu laufen. Wird die Erfindung nicht innerhalb der Zweimonatsfrist beanstandet, gilt sie als ordnungsgemäß.

- **Inanspruchnahme oder Freigabe (§§ 6 und 7(1) ArbnErfG)**

Nach dem ordnungsgemäßen Eingang der Erfindungsmeldung hat der Arbeitgeber vier Monate Zeit zu entscheiden, ob er die Erfindung in Anspruch nehmen oder freigeben möchte.

Vier Monate Zeit für die Entscheidung

Mit der Inanspruchnahme kann ein Arbeitgeber durch einseitige Erklärung die Rechte an einer Diensterfindung auf sich überleiten. Der Arbeitgeber erhält nach der Inanspruchnahme das Recht, die Erfindung zum Patent anzumelden und wirtschaftlich zu verwerten. Selbstverständlich kann der Arbeitgeber nur die Rechte seiner „eigenen" Diensterfinder*innen auf sich überleiten. Mit der Inanspruchnahme entsteht für den Arbeitgeber die Verpflichtung, die Erfindung

3.2 · Arbeitnehmererfindungen in Deutschland

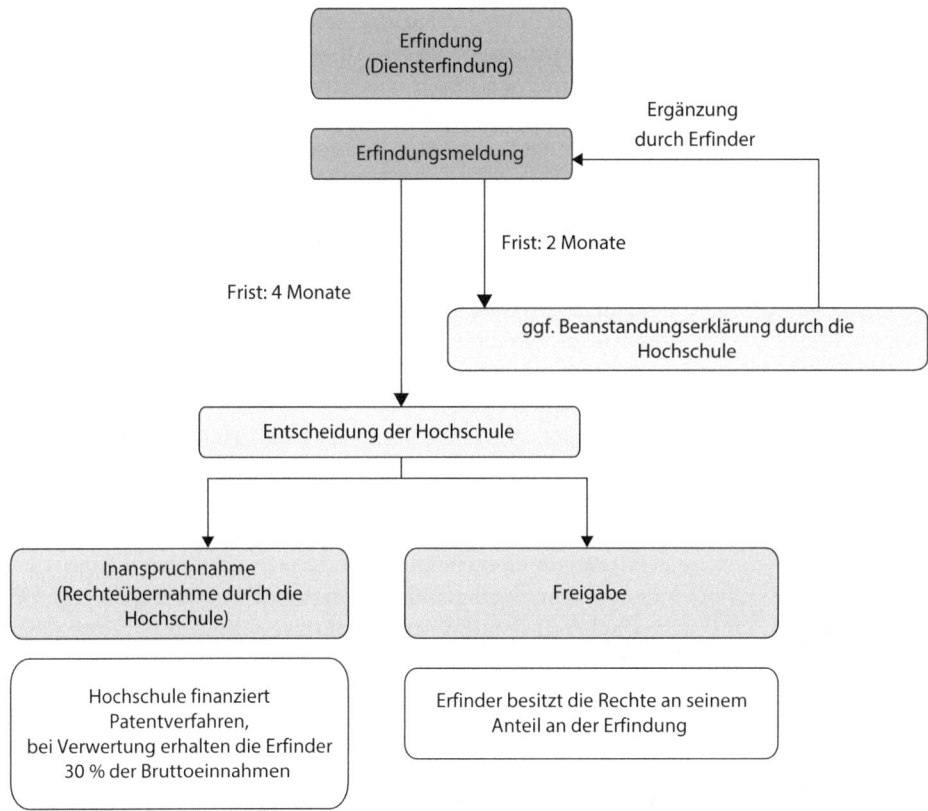

◘ Abb. 3.3 Ablauf nach Erfindungsmeldung

zum Patent anzumelden und die Erfinder*innen angemessen zu vergüten. Die Erfinder*innen behalten auch nach Inanspruchnahme das Erfinderpersönlichkeitsrecht, zum Beispiel das Recht auf Erfinderbenennung (▶ Abschn. 3.1.2).

Im Fall der Freigabe der Erfindung verbleiben die Rechte an der Erfindung bei den Arbeitnehmererfinder*innen. Sie werden freie Erfinder*innen und können die Erfindung selbst zum Patent anmelden und verwerten. Waren mehrere Erfinder*innen beteiligt, so bilden die freien Erfinder*innen mit den anderen Erfinder*innen oder deren Rechtsnachfolgern eine Bruchteilsgemeinschaft.

Erhält ein*e Diensterfinder*in innerhalb der Frist von vier Monaten nach der Erfindungsmeldung keine Mitteilung über eine Inanspruchnahme oder Freigabe der Erfindung, gilt die Erfindung als in Anspruch genommen. Diese sogenannte Inanspruchnahmefiktion wurde mit der Reform des ArbnErfG am 01.10.2009 eingeführt. Vor dieser Gesetzesänderung galt eine Erfindung als freigegeben, wenn sie nicht innerhalb der Viermonatsfrist in Anspruch genommen wurde.

Keine Entscheidung bedeutet Inanspruchnahme.

Die Freigabe einer Erfindung kann also heute nur durch ausdrückliche Erklärung erfolgen. Die Inanspruchnahme wird entweder durch die Inanspruchnahmeerklärung vorgenommen, oder sie entsteht automatisch, wenn die Viermonatsfrist ab Eingang der Erfindungsmeldung verstrichen ist.

Wie jeder Arbeitgeber können auch Hochschulen entscheiden, ob sie Diensterfindungen ihrer Angehörigen in Anspruch nehmen oder freigeben möchten. Die Kriterien für eine Inanspruchnahme kann jede Hochschule selbst festlegen. Üblicherweise wird die Entscheidung davon abhängen, wie die Chancen für eine Patenterteilung und kommerzielle Verwertung der Erfindung eingeschätzt werden (▶ Abschn. 2.5.2).

Anders verhält es sich, wenn Erfindungen im Rahmen eines Drittmittelprojekts entstehen. Üblicherweise ist bei Projekten zur Auftragsforschung oder bei Kooperationsprojekten mit Unternehmen vorgesehen, dass dem Unternehmen die Rechte an entstehende Erfindungen oder deren Lizenzierung angeboten werden müssen. In diesen Fällen hat sich die Hochschule mit dem Forschungsvertrag verpflichtet, gemeldete Erfindungen gegebenenfalls in Anspruch zu nehmen und auf das Unternehmen zu übertragen oder zu lizenzieren.

- **Patentanmeldung bei Inanspruchnahme (§§ 13 und 14 ArbnErfG)**

Entscheidet sich der Arbeitgeber für die Inanspruchnahme einer Erfindung, so ist er verpflichtet, die Erfindung zumindest in Deutschland zum Patent oder Gebrauchsmuster anzumelden. Da in der Praxis von Hochschulen fast ausschließlich Patente angemeldet werden, ist nachfolgend der Einfachheit halber nur von Patentanmeldungen und Patenten die Rede. Gemäß ArbnErfG gelten allerdings für Gebrauchsmuster die gleichen Regelungen. Für nähere Informationen und zur Anwendung von Gebrauchsmustern siehe ▶ Abschn. 9.2.

Pflicht zur Patentanmeldung

Alle Kosten für die Patentanmeldung und Patentverfahren trägt der Arbeitgeber. Und auch wenn der Arbeitgeber die Erfindung später freigeben beziehungsweise die Patentanmeldung auf die Erfinder*innen übertragen möchte, müssen die bis dahin entstandenen Kosten nicht erstattet werden.

Bei vertragsgebundenen Erfindungen und einer Übertragung der Erfindung auf ein Unternehmen wird das Unternehmen die Erfindung gegebenenfalls zum Patent anmelden.

Patentanmeldung im Ausland

Des Weiteren ist der Arbeitgeber nach der Inanspruchnahme einer Diensterfindung berechtigt, weitere Patentanmeldungen im Ausland durchzuführen. Typischerweise erfolgt zunächst eine Prioritäts- oder Erstpatentanmeldung in Deutschland oder Europa. Bis zum Ablauf eines Jahres, des sogenannten Prioritätsjahres, wird dann oftmals eine internationale Patentanmeldung (PCT) eingereicht, mit der später in den wichtigsten Ländern weltweit Patentschutz erzielt werden kann (▶ Abschn. 8.2).

Möchte der Arbeitgeber keine ausländischen Patente anmelden, so muss er den Erfinder*innen die Schutzrechte „für das Ausland" freigeben. Die Freigabe muss so rechtzeitig erfolgen, dass es den Erfinder*innen möglich ist, selbst diese Patentanmeldungen durchzuführen.

- **Gegenseitige Rechte und Pflichten (§ 15 ArbnErfG)**

Im Verlauf der Patentverfahren besteht einerseits eine Informationspflicht für den Arbeitgeber, andererseits sind Erfinder*innen verpflichtet, beim Erwerb der Patente mitzuwirken. Demnach sollte der Arbeitgeber den Erfinder*innen eine Kopie der Patentanmeldeunterlagen zur Verfügung stellen und sie über den Stand der Patenterteilungsverfahren auf dem Laufenden halten. Im Gegenzug müssen die Erfinder*innen, selbst wenn sie aus dem Arbeitsverhältnis ausgeschieden sind, in Patenterteilungsverfahren auf Anfrage des Arbeitgebers mit ihrer fachlichen Expertise unterstützen (zum Beispiel mit den beauftragten Patentanwälten zusammenarbeiten).

Pflicht zur Information und Zusammenarbeit

In der Praxis sind die Erfinder*innen bei der Erstellung der Anmeldeunterlagen sowie im Prüfverfahren bei der Beantwortung von Prüfbescheiden der Patentämter meist eng eingebunden. Die Erfinder*innen wissen am besten über ihre Erfindung Bescheid, sodass ihre Kenntnisse und Erfahrungen vielfach unverzichtbar sind. Außerdem sind die Erfinder*innen verpflichtet, die gegenüber den in- und ausländischen Patentämtern notwendigen Erklärungen abzugeben. Beispielsweise ist es im US-Patentverfahren erforderlich, dass die Erfinder*innen eine sogenannte *power of attorney* unterschreiben, damit die US-Patentanwälte die Vertretung gegenüber dem USPTO übernehmen dürfen. Auch muss der Rechtsübergang der Erfindung von Erfinder*in auf den Arbeitgeber oftmals (zum Beispiel in einem Assignment) von den Erfinder*innen bestätigt werden.

- **Fallenlassen von Patenten oder Patentanmeldungen (§ 16 ArbnErfG)**

Möchte der Arbeitgeber Patentanmeldungen nicht weiterverfolgen oder Patente fallenlassen, muss er diese zuvor den Diensterfinder*innen zur Übernahme anbieten. Den Erfinder*innen muss dabei eine Bedenkzeit von drei Monaten eingeräumt werden. Wenn es ein*e Erfinder*in wünscht, ist der Arbeitgeber verpflichtet, die Schutzrechte auf die Person zu übertragen. Die Kosten für die Übertragung sowie für die Weiterverfolgung und Aufrechterhaltung hat der*die

*Übernahmeangebot an die Erfinder*innen*

Erfinder*in zu zahlen. Die bisherigen Kosten des Arbeitgebers müssen jedoch nicht erstattet werden. Haben die Erfinder*innen kein Interesse an einer Übernahme, so kann der Arbeitgeber die Schutzrechte fallenlassen.

> **Nationalisierung der PCT-Patentanmeldung als kritischer Meilenstein**
>
> In der Praxis der Hochschulen stellt der Eintritt in die nationale/regionale Phase für eine internationale Patentanmeldung einen wichtigen Scheidepunkt dar (▶ Abschn. 8.2). Das PCT-Verfahren dient unter anderem dazu, Zeit zu gewinnen und erst 30 oder 31 Monate nach der ersten (prioritätsbegründenden) Patentanmeldung entscheiden zu müssen, in welchem Land auf der Welt ein Patent angestrebt werden soll. Mit der Einleitung der nationalen/regionalen Phase des PCT-Verfahrens müssen dann für jedes einzelne Land oder Region Patentanmeldungen eingereicht werden. Da für jede Patentanmeldung Amtsgebühren, Patentanwaltskosten und gegebenenfalls Übersetzungskosten anfallen, kann dieser Schritt abhängig von der Anzahl der gewählten Länder sehr teuer sein.
>
> Aufgrund der hohen Kosten überlegen Hochschulen in der Regel sehr genau, für welche Erfindungen ein geografisch breiter Schutz angestrebt werden soll. Ist zu diesem Zeitpunkt noch kein Verwertungspartner in Sicht und werden die Chancen für eine zukünftige Verwertung als zu gering eingestuft, wird die PCT-Patentanmeldung häufig nicht nationalisiert. Stattdessen werden den Erfinder*innen die Schutzrechte zur Übernahme angeboten. Das heißt, wenn die Erfinder*innen es wünschen, könnten sie auf Basis der PCT-Patentanmeldung in derzeit 146 Ländern Patente anmelden und weiterverfolgen. Erfahrungsgemäß sind die Erfinder*innen jedoch nur selten bereit oder in der Lage, die hohen Kosten und Risiken auf sich zu nehmen. Faktisch bedeutet die Nichtweiterverfolgung der Anmeldungen, dass ein Patentschutz in diesen Ländern nicht mehr möglich ist. Werden Patentanmeldungen zumindest in Europa und den USA weitergeführt, so verbleibt für viele Erfindungen noch immer ein grundsätzliches Verwertungspotenzial.

■ **Beenden des Arbeitsverhältnisses (§ 26 ArbnErfG)**

Die Rechte und Pflichten für Arbeitgeber und Erfinder*innen gelten auch dann weiter, wenn das Arbeitsverhältnis zwischen ihnen beendet ist. Falls ein*e Erfinder*in die Erfindung noch während des Arbeitsverhältnisses fertig gestellt hat, muss diese auch nach dessen Beendigung noch gemeldet werden. Weiterhin wirksam sind auch die Mitwirkungspflicht der Erfinder*innen sowie die Informations-, Anbietungs- und natürlich die Vergütungspflicht des Arbeitgebers.

Falls das Arbeitsverhältnis durch den Tod von Arbeitnehmer*innen beendet wird, treten deren Erben in die Rechte und Pflichten gemäß dem ArbnErfG ein. Das Erfinderpersönlichkeitsrecht, wie die Benennung des/r Erfinders/in auf den Patentdokumenten, verbleibt auch nach dem Tod der Erfinder*in erhalten.

3.2.7 Besondere Bestimmungen für Hochschulerfinder*innen

Erst seit der Novellierung des ArbnErfG im Jahr 2002 gelten für deutsche Hochschullehrer*innen, die im vorangegangenen Abschnitt beschriebenen Regelungen. Zuvor besaßen Professor*innen, Dozent*innen und wissenschaftliche Assistent*innen in Deutschland das Privileg, dass ihnen die Rechte an ihren Erfindungen gehörten, das heißt, sie waren freie Erfinder*innen (▶ Abschn. 3.2.2). Mit der Gesetzesänderung wurden eigens für Hochschulen und ihre Erfinder*innen besondere Vorschriften in das Gesetz über Arbeitnehmererfindungen aufgenommen, die in § 42 zu finden sind.

> **Definition**
>
> **§ 42 ArbnErfG: Besondere Bestimmungen für Erfindungen an Hochschulen**
> Für Erfindungen der an einer Hochschule Beschäftigten gelten folgende besondere Bestimmungen:
> 1. Der Erfinder ist berechtigt, die Diensterfindung im Rahmen seiner Lehr- und Forschungstätigkeit zu offenbaren, wenn er dies dem Dienstherrn rechtzeitig, in der Regel zwei Monate zuvor, angezeigt hat. § 24 Abs. 2 findet insoweit keine Anwendung.
> 2. Lehnt ein Erfinder aufgrund seiner Lehr- und Forschungsfreiheit die Offenbarung seiner Diensterfindung ab, so ist er nicht verpflichtet, die Erfindung dem Dienstherrn zu melden. Will der Erfinder seine Erfindung zu einem späteren Zeitpunkt offenbaren, so hat er dem Dienstherrn die Erfindung unverzüglich zu melden.
> 3. Dem Erfinder bleibt im Fall der Inanspruchnahme der Diensterfindung ein nichtausschließliches Recht zur Benutzung der Diensterfindung im Rahmen seiner Lehr- und Forschungstätigkeit.
> 4. Verwertet der Dienstherr die Erfindung, beträgt die Höhe der Vergütung 30 vom Hundert der durch die Verwertung erzielten Einnahmen.
> 5. § 40 Nr. 1 findet keine Anwendung.

▪ Publikationsfreiheit

Positive und negative Publikationsfreiheit

Aus der grundgesetzlich zugesicherten Wissenschaftsfreiheit (Art. 5 Abs. 3 GG) folgt für Hochschulwissenschaftler*innen das Recht auf Publikationsfreiheit. Hochschulwissenschaftler*innen können demnach frei entscheiden, ob sie ihre Forschungsergebnisse der Öffentlichkeit mitteilen wollen (positive Publikationsfreiheit) oder nicht (negative Publikationsfreiheit). Diese Regelung betrifft nur Personen, die kraft ihrer Dienstanstellung weisungsfrei über die Publikation von Forschungsergebnissen entscheiden dürfen, das heißt in erster Linie Professor*innen.

Zwei Monate nach Anzeige darf publiziert werden.

Das Recht der Hochschulerfinder*innen, ihre Forschungsergebnisse zu publizieren, steht mitunter im Konflikt mit dem Interesse der Hochschule, eine verwertbare Erfindung durch eine Patentanmeldung abzusichern. Um diesen Widerspruch zu lösen, wird den Hochschulerfinder*innen gemäß ArbnErfG eine Wartefrist auferlegt, innerhalb der die Hochschule Gelegenheit hat, eine Patentanmeldung einzureichen. Sollen Ergebnisse publiziert werden, so müssen die Wissenschaftler*innen dies der Hochschule „in der Regel" zwei Monate zuvor anzeigen (§ 42(1) ArbnErfG). Sind diese zwei Monate verstrichen, so darf ohne jede weitere Information publiziert werden. Indem der Hochschule eine Publikationsabsicht mitgeteilt wird, können Hochschulwissenschaftler*innen also die Hochschule zu einer beschleunigten Patentanmeldung veranlassen.

> **Der Bundesgerichtshof bestätigt die Verfassungsmäßigkeit der „positiven Publikationsfreiheit" von Hochschulbeschäftigten**
>
> Gemäß ArbnErfG können Hochschullehrer*innen frei entscheiden, ob sie eine Erfindung veröffentlichen möchten. Soll publiziert werden, muss die Erfindung jedoch der Hochschule gemeldet werden, damit diese die Möglichkeit hat, die Erfindung zum Patent anzumelden. Ein Patent (in Deutschland oder Europa) kann aber nur erteilt werden kann, wenn die Erfindung bis zum Zeitpunkt der Patentanmeldung noch nicht publiziert wurde. Daher dürfen Hochschulbeschäftigte ihre Erfindung erst veröffentlichen, wenn dies der Hochschule rechtzeitig, in der Regel zwei Monate zuvor, angezeigt wurde.
>
> Dagegen klagte ein verbeamteter Professor und Direktor der Abteilung Kieferorthopädie des Klinikums einer niedersächsischen Universität. Der Schwerpunkt seiner wissenschaftlichen Tätigkeit lag auf dem Gebiet der Biomechanik, und in diesen Bereich fiel auch seine Entwicklung eines selbststabilisierenden Kniegelenks. Der Professor hielt die Pflicht zur Erfindungsmeldung und die damit verbundene „Wartepflicht" vor einer Veröffentlichung für einen verfassungs-

widrigen Eingriff in die durch das Grundgesetz geschützte Wissenschaftsfreiheit. Die beklagte Universität kündigte dienstrechtliche Konsequenzen und die Prüfung von Schadensersatzansprüchen an.

Der Bundesgerichtshof bestätigte in seinem Urteil vom 18.09.2007, dass ein Hochschullehrer verpflichtet ist, Erfindungen seinem Arbeitgeber mitzuteilen, bevor er diese veröffentlichen darf. Demnach berührt die Anzeigepflicht des Hochschullehrers noch nicht dessen Wissenschaftsfreiheit. Auch kann der Professor frei über die Publikation seiner Erkenntnisse entscheiden, wenn er die kurze Wartefrist einhält. Die durch die Wartezeit entstehende Beeinträchtigung ist erlaubt, wenn sie so gering wie möglich gehalten und auf das beschränkt wird, was für das Erlangen eines Schutzrechts erforderlich ist.

Publikation erst nach Wartefrist

In diesem Zusammenhang wies der Bundesgerichtshof darauf hin, dass sich die Frist von „in der Regel zwei Monate" auch verkürzen kann, und zwar sogar auf wenige Tage oder gar auf Stunden. Hierfür müssten dann entsprechende Umstände vorliegen, die eine Verkürzung der Wartefrist erforderlich machen. Als Beispiel wurde genannt, dass sich im Verlauf einer wissenschaftlichen Tagung die Notwendigkeit ergeben könnte, bisher nicht veröffentlichte Forschungsergebnisse schnell publik zu machen.

(BGH, Urteil vom 18.09.2007 – X ZR 167/05 – selbststabilisierendes Kniegelenk; OLG Braunschweig)

Lehnt ein Hochschulerfinder die Veröffentlichung seiner Forschungsergebnisse ab, etwa aus wissenschaftsethischen Gründen, im Hinblick auf seine weitere Forschung oder aus persönlichen Beweggründen, so ist er nicht verpflichtet, die Erfindung der Hochschule zu melden (§ 42(2) ArbnErfG). Dieser Tatbestand wird als negative Publikationsfreiheit bezeichnet. Die Entscheidung über das Recht zu schweigen muss nicht begründet und kann von der Hochschule auch nicht beeinflusst werden. Falls dieser Hochschulwissenschaftler zu einem späteren Zeitpunkt beschließt, seine Ergebnisse doch zu publizieren, muss er zuvor aber eine Erfindungsmeldung machen.

Das Recht zu schweigen

Besondere Relevanz erhält diese Regelung, wenn Hochschulwissenschaftler*innen im Rahmen von Drittmittelprojekten von seinem Recht auf negative Publikationsfreiheit Gebrauch machen würden. Denn üblicherweise verpflichtet sich die Hochschule, zum Beispiel in Verträgen zur Auftragsforschung, entstehende Erfindungen auf den Vertragspartner zu übertragen. Würden sich projektbeteiligte Hochschulwissenschaftler*innen auf ihr Recht auf negative Publikationsfreiheit berufen, müsste die Erfindung nicht gemeldet werden, und sie könnte nicht übertragen werden. Somit wäre der Weg

Verzicht auf negative Publikationsfreiheit bei Kooperationen

der Übertragung und Verwertung durch den Vertragspartner gesperrt. Um Rechtssicherheit für den Drittmittelgeber zu gewährleisten, wird der*die Hochschullehrer*in üblicherweise in das Vertragsverhältnis der Hochschule mit dem Drittmittelgeber eingebunden, das heißt, auch der*die Hochschullehrer*in unterschreibt den Vertrag als Projektleiter*in. Des Weiteren kann zur Vertragsbedingung gemacht werden, dass alle projektbeteiligten Wissenschaftler*innen, z. B. in einer separaten Erklärung, gegenüber dem Kooperationspartner auf ihr Recht zur negativen Publikationsfreiheit zu verzichten. Zu beachten ist, dass eine solche Regelung (Ausschluss der negativen Publikationsfreiheit und Verpflichtung zur Erfindungsmeldung) allein zwischen Hochschule und Hochschulbeschäftigten nicht möglich wäre. Denn § 22 ArbnErfG besagt, dass Vereinbarungen zwischen Diensterfinder und Dienstherr zuungunsten des Diensterfinders nicht wirksam sind.

Benutzung für Forschung und Lehre

Gemäß ArbnErfG behält ein Hochschulwissenschaftler nach Inanspruchnahme seiner Erfindung ein nichtausschließliches Recht zur Benutzung der Erfindung im Rahmen seiner Forschungs- und Lehrtätigkeit (§ 42(3) ArbnErfG). Dieses Recht ist an die Person des Erfinders gebunden und verbleibt ihm daher, auch wenn er die Hochschule wechselt. Das nichtexklusive Nutzungsrecht kann allerdings eingeschränkt werden, wenn die Hochschule die Rechte an der Erfindung verkauft oder auslizenziert.

3.2.8 Erfindervergütung

*Die Vergütung für Hochschulerfinder*innen beträgt 30 % von den Verwertungseinnahmen.*

Die Erfindervergütung ist bei Hochschulerfinder*innen grundsätzlich anders geregelt als bei Erfinder*innen von Industrieunternehmen. Nimmt eine Hochschule eine Erfindung in Anspruch und verwertet diese, so erhalten die Erfinder*innen pauschal 30 % der Einnahmen. Zuvor entstandene Kosten der Hochschule für die Patentierung oder Verwertungsaktivitäten dürfen nicht abgezogen werden. Die Vergütungssumme wird gemäß dem jeweiligen Miterfinderanteil auf die Erfinder*innen verteilt.

Als Einnahmen werden in diesem Zusammenhang die Bruttoeinnahmen verstanden, die der Hochschule in Zusammenhang mit der Erfindung zufließen. Wenn aufgrund eines Kooperations- oder Auftragsforschungsvertrags Erfindungen gegen eine festgelegte Pauschalzahlung auf ein Unternehmen übertragen werden, erhalten die Erfinder*innen 30 % dieser Summe als Erfindervergütung. Als Einnahmen gelten weiterhin Zahlungen aus dem Verkauf oder der Lizenzierung von Schutzrechten, die in dem zugehörigen Kauf- oder Lizenzvertrag festgelegt sind. Hierzu zählen Abschlags- oder Meilensteinzahlungen sowie Umsatzbeteiligungen.

Beispielrechnung zur Erfindervergütung

Drei Hochschulwissenschaftler haben eine Erfindung gemacht und melden diese ihrer Hochschule. Alle drei Erfinder haben gleichermaßen zu der Erfindung beigetragen und halten einen Erfinderanteil von jeweils einem Drittel. Die Hochschule nimmt die Erfindung in Anspruch und reicht eine europäische Patentanmeldung sowie ein Jahr später unter Beanspruchung der Priorität eine PCT-Patentanmeldung ein. Nach zwei Jahren schließt die Hochschule einen Lizenzvertrag mit einem Unternehmen. Die Kosten der Hochschule für Patentierung, Vertragsverhandlungen et cetera summieren sich inzwischen auf etwa 30.000 €. Die Konditionen des Lizenzvertrags sehen vor, dass die Hochschule mit Vertragsabschluss 50.000 € von dem Lizenznehmer erhält. Für den weiteren Verlauf wurden Meilensteinzahlungen, etwa bei Erteilung eines europäischen Patents, sowie eine Umsatzbeteiligung bei Vermarktung der Erfindung vereinbart.

Erhält die Hochschule nun die 50.000 € für den Vertragsabschluss, so bekommt jeder Erfinder 5000 € Erfindervergütung ausgezahlt: 30 % von 50.000 € = 15.000 €; geteilt durch drei (aufgrund des Erfinderanteils) ergibt 5000 €. Die Erfindervergütung gilt als Lohnbestandteil, muss versteuert werden und ist sozialabgabenpflichtig. Bei weiteren Zahlungen aus dem Lizenzvertrag gilt das Entsprechende. Die für die Hochschule entstandenen Kosten durch Patentierung und Verwertung spielen hier keine Rolle und können – im Gegensatz zum Industrieunternehmen – von der Hochschule nicht gegengerechnet werden.

Gemäß aktueller Rechtsprechung werden auch Patentierungskosten, die ein Lizenznehmer für die Hochschule übernimmt, zu den Einnahmen gerechnet. Dies gilt jedoch nicht für Patentierungskosten, die nach dem Verkauf von Schutzrechten entstehen. Drittmittel oder staatliche Finanzierungsmittel, die zur Weiterentwicklung der Erfindung bereitgestellt werden, sind keine Einnahmen in diesem Sinne.

Eingesparte Patentierungskosten als Verwertungseinnahmen

Soll ein Patent in vielen Ländern gelten, werden in jedem dieser Länder erhebliche Kosten für die Aufrechterhaltung, Erteilungsverfahren, für Patentanwälte und Übersetzungen et cetera fällig. Um diese Kosten zu sparen, vereinbaren viele Hochschulen bei der Auslizenzierung ihrer Schutzrechte, dass der Lizenznehmer die Patentierungskosten oder einen Teil davon übernimmt. Das Oberlandesgerichts Düsseldorf entschied am 12.04.2012, dass auf diese Weise eingesparte Patentierungskosten einen geldwerten Vorteil für die Hochschule darstellen und daher als Einnahmen aus der Verwertung der Schutzrechte zu werten sind. Diese Sichtweise wurde am 05.02.2013 durch den Bundesgerichtshof bestätigt.

Geklagt hatten zwei Wissenschaftler der Universität Düsseldorf, die im Jahr 2003 zwei Erfindungen gemacht hatten. Die Universität Düsseldorf nahm die Erfindungen in Anspruch und meldete sie zum Patent an. Im Jahr 2004 vergab die Universität eine Exklusivlizenz zur Nutzung der Schutzrechte an ein Unternehmen. Im Lizenzvertrag wurde vereinbart, dass das Unternehmen bestimmte Meilensteinzahlungen entrichtet und die Kosten für die Internationalisierung der Schutzrechte übernimmt. Die Wissenschaftler vertraten die Ansicht, dass die Zahlungen des Unternehmens für die Patentierung als Teil der Lizenzgebühren zu verstehen sind und ihnen daher eine Erfindervergütung dafür zustehe. Das OLG Düsseldorf und in letzter Instanz der Bundesgerichtshof gaben den Wissenschaftlern recht.

(BGH-Urteil X ZR 29/12 „Genveränderungen" vom 05.02.2013; OLG Düsseldorf I-2 U 15/11 vom 12.04.2012; LG Düsseldorf 4b O 7/10 vom 18.01.2011)

Top-Vergütung für Hochschulerfinder*innen

Ein Vergleich der Vergütungsregelungen macht deutlich, dass Hochschulangehörige prinzipiell eine höhere Erfindervergütung erhalten als Erfinder*innen aus Unternehmen – falls Verwertungseinnahmen erzielt werden. Für den Fall einer Lizenzvergabe erhalten der Hochschulerfinder*innen 30 % der Bruttoeinnahmen der Hochschule. Würde ein Unternehmen in einem analogen Fall die Rechte an einer Erfindung auslizenzieren, wäre die Bemessungsgrundlage die Nettolizenzeinnahme, das heißt, die Kosten des Unternehmens für Patentierung und Entwicklung der Erfindung werden abgezogen. Und von diesen Nettolizenzeinnahmen erhalten die Erfinder*innen aus F&E-Abteilungen von Privatunternehmen üblicherweise einen Anteil von etwa 10–20 %.

Die Schiedsstelle schlichtet Streitigkeiten.

Bei Streitigkeiten zwischen Arbeitgebern und Arbeitnehmererfinder*innen über die Höhe der Erfindervergütung oder andere Sachverhalte im Zusammenhang mit dem ArbnErfG kann die Schiedsstelle für Arbeitnehmererfindungen beim DPMA in München angerufen werden. Die Schiedsstelle wird zwar keine rechtsverbindliche Entscheidung treffen, sie

3.2 · Arbeitnehmererfindungen in Deutschland

macht jedoch einen Einigungsvorschlag mit dem Ziel einer gütlichen Einigung. Das Schiedsstellenverfahren ist dabei für beide Parteien kostenfrei. Die Parteien können den Einigungsvorschlag annehmen, andernfalls wird von der Schiedsstelle die erfolglose Beendigung des Verfahrens festgestellt. Im Allgemeinen kann erst nach einem erfolglosen Schiedsstellenverfahren Klage erhoben werden.

- **Unangemessene Erfindervergütung**

Arbeitnehmer*innen können unter Umständen trotz erfolgter Übertragung und Vergütung eine Nachforderung stellen, wenn die Erfindung außergewöhnlich erfolgreich und die Vergütung in hohem Maß unangemessen ist. Beispiele hierfür sind eher selten. Aber wenn sie auftreten, können sie – wie im nachfolgenden Fall beschrieben – einiges Aufsehen erregen.

Nachforderung bei einem „Blockbuster"

> **Erfindervergütung in Japan: Die blaue Leuchtdiode**
> Umgerechnet etwa 150 € Erfindervergütung erhielt der Japaner Shuji Nakamura von seinem Arbeitgeber Nichia Chemicals für die damals lang ersehnte Entwicklung der blauen Leuchtdiode. Bis zu Nakamuras Durchbruch im Jahr 1993 hatten sich viele Wissenschaftler weltweit die Zähne daran ausgebissen, eine effiziente blaue Leuchtdiode zu entwickeln. Denn mit den verfügbaren gelben, roten und grünen LEDs konnte kein wirklich weißes Licht erhalten werden, das für Beleuchtungszwecke einsetzbar gewesen wäre.
>
> Obwohl Nichia Chemicals den Erfinder Nakamura nicht bei seinen Forschungsarbeiten unterstützte, sondern im Gegenteil sogar abgemahnt hatte, seine vermeintlich sinnlose Forschung zu unterlassen, verdiente das Unternehmen später mutmaßlich eine halbe Milliarde € mit der blauen Leuchtdiode. Die in Japan übliche Erfinderprämie von 150 € erschien Nakamura daher unangemessen, und nachdem er das Unternehmen verlassen hatte, verklagte er Nichia Chemicals auf eine Kompensation in Höhe von 17 Mio. €. Im Jahr 2004 sprach ihm ein Gericht in Tokio sogar 151 Mio. € zu, aber Nichia Chemicals ging in Berufung mit der Begründung, dass die umstrittenen Erfindungen nicht allein von Nakamura, sondern von einem ganzen Team von Mitarbeitern entwickelt worden seien. Außerdem habe Nakamura mit der empfangenen Zahlung die Rechte an der Erfindung abgetreten. Beide Parteien einigten sich außergerichtlich auf eine Zahlung von 6 Mio. €, der höchsten je in Japan gezahlten Erfindervergütung.

Exkurs: Vergütung von Diensterfindern in Unternehmen

Die pauschale Vergütung von Hochschulerfinder*innen bildet die Ausnahme vom allgemeinen Vergütungsprinzip des ArbnErfG. Für Arbeitnehmer von Privatunternehmen orientiert sich die vorgeschriebene „angemessenen Vergütung" an speziellen Vergütungsrichtlinien. Die „Richtlinien für die Vergütung von Arbeitnehmererfindung im privaten Dienst" wurden ursprünglich im Jahr 1960 vom damaligen Bundesminister für Arbeit und Sozialordnung erlassen.

Grundsätzlich beginnt der Vergütungsanspruch mit der Inanspruchnahme der Erfindung und er endet mit dem Erlöschen des letzten Schutzrechts, bei einem Patent also im Regelfall nach 20 Jahren.

Die Höhe der Erfindervergütung (V) bemisst sich am Wert der Erfindung (E), einem Anteilsfaktor (A), der die Stellung der Erfinder*innen im Betrieb berücksichtigt, sowie dem Miterfinderanteil der Erfinder*innen (M):

$$V = E \cdot A \cdot M$$

Um den Erfindungswert zu ermitteln, wird eine der folgenden drei Methoden verwendet:
- Nach dem Prinzip der Lizenzanalogie wird ein Lizenzsatz zugrunde gelegt, der für vergleichbare Fälle in der Praxis üblich ist. Im Fall einer konkreten Vergabe von Lizenzen ist der Erfindungswert gleich der Nettolizenzeinnahme.
- Der Erfindungswert wird anhand des erfassbaren betrieblichen Nutzens berechnet, der sich aus der Differenz der Kosten für die Umsetzung der Erfindung und den Erträgen ergibt.
- Falls die vorangestellten Methoden nicht anwendbar sind, kann eine Schätzung vorgenommen werden. Die Schätzung orientiert sich an dem Preis, den der Arbeitgeber einem*r freien Erfinder*in zahlen müsste, um die Erfindung zu erwerben.

Der Anteilsfaktor berücksichtigt den Anteil des Arbeitgebers am Zustandekommen der Erfindung. Üblicherweise liegt dieser Faktor bei 10 bis maximal 25 %. Hierbei spielt eine Rolle:
- inwiefern der Arbeitgeber die Aufgabe gestellt hat, die zur Erfindung geführt hat, oder die Erfindung auf die Eigeninitiative des*r Erfinders*in zurückgeht,
- inwiefern der Arbeitgeber den*die Erfinder*in bei der Lösung der Aufgabe unterstützt hat, ob innerbetriebliche Erfahrungen zur Erfindung geführt haben oder lediglich technische Mittel zur Verfügung gestellt wurden,
- welche Stellung der*die Erfinder*in im Unternehmen hat. Von einem Forschungsleiter werden z. B. Erfindungen quasi als Teil seines Arbeitsvertrags erwartet. Sein Anteilsfaktor und seine Erfindervergütung fallen daher im Vergleich etwa zu einem technischen Assistenten geringer aus.

Beispiele für Anteilsfaktoren sind:
- Techniker*in: 20–25 %,
- Gruppenleiter*in: 14–15 %,
- Abteilungsleiter*in: 11–13 %,
- Entwicklungsleiter*in: 8–10 %

Schließlich ergibt sich der Miterfinderanteil aus dem jeweiligen Anteil des Erfinders für den Fall, dass mehrere Erfinder*innen an der Erfindung beteiligt waren. Bei einem Miterfinderanteil von 50 % folgt demnach ein Faktor von 0,5.

3.2.9 Arbeitnehmererfindungen außerhalb Deutschlands

Besondere Regeln für Hochschulerfinder

In den meisten Ländern der Welt gilt das Prinzip, dass die Rechte an Erfindungen von Beschäftigten macht, dem Arbeitgeber zustehen. Ein eigenständiges Gesetz für Arbeitnehmererfindungen mit detaillierten Regelungen zu den wechselseitigen Rechten und Pflichten sowie einer derart aufwendigen Berechnung der Erfindervergütung (für Erfinder*innen von Unternehmen) findet man nur in Deutschland. In vielen anderen Ländern, zum Beispiel in Österreich, sind Regelungen zu Arbeitnehmererfindungen in den nationalen Patentgesetzen verankert (▶ Abschn. 3.3). In China und Japan sind – wie in Deutschland – besondere Erfindervergütungen für Arbeitnehmererfinder*innen vorgesehen.

In den USA stehen Erfindungen zwar grundsätzlich den Erfinder*innen zu. Aber im Arbeitsvertrag wird in der Regel festgelegt, dass Diensterfindungen auf den Arbeitgeber übertragen werden müssen, ohne dass ein zusätzlicher Vergütungsanspruch für die Erfinder*innen entsteht (▶ Abschn. 8.4).

Die Erfindervergütung an Hochschulen ist vielerorts in der Welt gesondert geregelt. Nur in ganz wenigen Ländern, etwa in Schweden, findet man auch heute noch das Hochschullehrerprivileg. Das bedeutet, dass Erfindungen von Professor*innen diesen selbst gehören.

CRISPR/Cas-Technologie – Die Vielfalt der Rechte an Hochschulerfindungen

Ein prominentes Beispiel für eine ziemlich komplizierte Rechtesituation ist die der Erfinder*innen der Genschere „CRISPR/Cas9". Die beiden Forscherinnen Jennifer Doudna und Emmanuelle Charpentier bekamen 2019 den Chemie-Nobelpreis für ihre Erfindung dieses hochpräzisen Verfahrens zur Geneditierung, das die Genforschung revolutionierte und innerhalb kurzer Zeit in die molekularbiologischen Forschungs- und Entwicklungslabore auf der ganzen Welt eingezogen ist. Die Biochemikerin Jennifer Doudna arbeitete mit ihrer Arbeitsgruppe zum Zeitpunkt der Erfindung an der University of California in Berkeley. Ihre Erfindungsanteile sowie die ihrer Mitarbeiter Martin Jinek, James Harrison, Wendell Lim und Lei Qi gehören nach Übertragung gemäß US-Recht der *University of California*. Die Französin Emmanuelle Charpentier hingegen forschte an der Universität von Umeå in Schweden, wo das Hochschullehrerprivileg gilt und Charpentier private Eigentümerin der Rechteanteile blieb. Der von ihr betreute Doktorand Krzystof Chylinski schließlich entwickelte seinen Beitrag zur Erfindung als Mitarbeiter an der Universität in Wien. Sein Erfinderanteil wurde von der Universität Wien

Länderspezifische Regelungen zu Erfinderrechten

beansprucht. Aus dieser Situation heraus resultieren also drei Rechteinhaber: die University of California, die Universität Wien und Emmanuelle Charpentier.

Bezüglich der kommerziellen Nutzung gingen die Rechteinhaber getrennte Wege. Die Universitäten gründeten gemeinsam die Firma Caribou Bioscience, die Lizenzen zur Nutzung an den Patentrechten vergibt. Außerdem gründeten sie die Firma, Intellia Therapeutics, die von Caribou eine Exklusivlizenz für die Entwicklung humaner Gen- und Zelltherapien sowie anti-viraler Therapien erhielt. Charpentier gründete als Privatperson ebenfalls zwei Firmen für die getrennten Anwendungsbereiche: CRISPR Therapeutics vergibt Lizenzen für therapeutische Entwicklungen und ERS Genomics für alle anderen Bereiche, z. B. die Nutzung als Forschungstool.

Link: ▶ http://www.ersgenomics.com/intellectual--property.php; ▶ https://cariboubio.com/

In den meisten Ländern besitzen die Hochschulen und Universitäten das Recht, die Erfindungen ihrer Angehörigen zu schützen und zu vermarkten. Um die Hochschulwissenschaftler*innen zum „Erfinden" zu motivieren, sind in der Regel höhere, prozentuale Vergütungen vorgesehen als für Erfinder*innen in Unternehmen. In der Schweiz, in Österreich oder in den USA erhalten Hochschulerfinder*innen in der Regel etwa ein Drittel der Einnahmen als Vergütung. Allerdings werden – im Gegensatz zu Deutschland – zuvor die aufgewendeten Kosten für Patentierung abgezogen (▶ Abschn. 3.3, 3.4).

3.2.10 Informationen zum deutschen Arbeitnehmererfindungenrecht

- Gesetzestext des ArbnErfG: ▶ http://www.gesetze-im--internet.de/arbnerfg/
- Kurt Bartenbach, Franz-Eugen Volz „Arbeitnehmererfindungsgesetz: Kommentar zum Gesetz über Arbeitnehmererfindungen" 6. Auflage, Carl Heymanns Verlag, 2019. (Das Standard-Werk!)
- Kurt Bartenbach, Franz-Eugen Volz „Arbeitnehmererfindungen, Praxisleitfaden mit Mustertexten" 5. Auflage, Carl Heymanns Verlag, 2010.

3.3 Erfindungen an österreichischen Universitäten

Dr. Eva Bartlmä und Dr. Tanja Sovic-Gasser, Forschungs- und Transfersupport, Technische Universität Wien

3.3.1 Die Rechte an Arbeitnehmererfindungen

Vor dem Inkrafttreten des Universitätsgesetzes 2002[1] (im Folgenden „UG 2002") am 01.01.2004 hatten die österreichischen Universitäten keinen rechtlichen Anspruch auf die Verwertung von Erfindungen, die von ihren Wissenschaftlern an den jeweiligen Universitäten entwickelt wurden. Diese Rechte standen der Bundesrepublik Österreich als (direktem) Dienstgeber aller Universitätsangehörigen zu. Ein Hochschullehrerprivileg, wie es in der Bundesrepublik Deutschland bis zum Inkrafttreten der Novelle zum ArbNErfG am 07.02.2002 existierte, kannte das österreichische Recht *de iure* also nicht.

In der Praxis bedeutete diese Situation, dass Wissenschaftler, die eine Erfindung gemacht haben, beim zuständigen Bundesministerium die Freigabe dieser Erfindung beantragen mussten. Gemäß der österreichischen Bundesverfassung sind in Österreich alle Universitäten „Bundessache". Das bedeutet, dass die einzelnen Bundesländer keine eigenständigen Universitäten gründen und betreiben dürfen. Wurde diese Freigabe erteilt, erhielt der Wissenschaftler die Rechte an der Erfindung persönlich. Die Universität selbst hatte keinerlei Zugriffsmöglichkeiten auf diese Erfindung – und damit auch keinerlei Möglichkeit, ein Patentportfolio aufzubauen.

Infolge der Bologna-Erklärung 1999 wurden die österreichischen Universitäten mit dem UG 2002 von teilrechtsfähigen Anstalten des Bundes in vollrechtsfähige juristische Personen des öffentlichen Rechts umgewandelt. Der Gesetzgeber strebte – neben vielen anderen Zielen – insbesondere mehr Handlungsspielraum zur Eigengestaltung der Universitäten an. Dazu zählt unter anderem auch das Recht, Diensterfindungen der Universitätsangehörigen in Anspruch zu nehmen, denn es ist zu erwarten, dass die vollrechtsfähige Universität besser als der einzelne Forscher in der Lage ist, patentfähige Forschungsergebnisse zu verwerten und

Universitäten halten Verwertungsrecht an Diensterfindungen.

---

[1] Bundesgesetz über die Organisation der Universitäten und ihre Studien (Universitätsgesetz 2002–UG), BGBl I 2002/120 zuletzt geändert durch BGBl I Nr. 168/2013.

Erfinderrechte sind im Patentgesetz geregelt.

wirtschaftlich zu nutzen (Erl. zu § 106 UG 2002/1134 der Beilage zu BGBl I 2002/120).

- **Rechtliche Grundlagen**

Anders als in der Bundesrepublik Deutschland existiert in Österreich kein spezielles Gesetz für Arbeitnehmererfindungen. Die für Diensterfindungen an Universitäten relevante Bestimmung befindet sich in § 106 Abs. 2 UG 2002 und verweist hinsichtlich der Definition des Begriffs der Diensterfindung auf die allgemeine Regelung in § 7 Abs. 3 Patentgesetz (Patentgesetz 1970, BGBl. Nr. 259/1970 zuletzt geändert durch BGBl. I Nr. 149/2004).

> **Definition**
>
> **§ 106 UG 2002: Verwertung von geistigem Eigentum**
> 1. Jede oder jeder Universitätsangehörige hat das Recht, eigene wissenschaftliche oder künstlerische Arbeiten selbstständig zu veröffentlichen. Bei der Veröffentlichung der Ergebnisse der Forschung oder der Entwicklung und Erschließung der Künste sind Universitätsangehörige, die einen eigenen wissenschaftlichen oder künstlerischen Beitrag zu dieser Arbeit geleistet haben, als Mitautorinnen oder Mitautoren zu nennen.
> 2. Auf Diensterfindungen gemäß § 7 Abs. 3 Patentgesetz, BGBl. Nr. 259/1970, die an einer Universität im Rahmen eines öffentlich-rechtlichen oder privatrechtlichen Dienst- oder Ausbildungsverhältnisses zum Bund oder im Rahmen eines Arbeits- oder Ausbildungsverhältnisses zur Universität gemacht werden, ist das Patentgesetz mit der Maßgabe anzuwenden, dass die Universität als Dienstgeber gemäß § 7 Abs. 2 Patentgesetz gilt.
> 3. Jede Diensterfindung ist dem Rektorat unverzüglich zur Kenntnis zu bringen. Will die Universität die Diensterfindung zur Gänze oder ein Benützungsrecht daran für sich in Anspruch nehmen, hat das Rektorat dies der Erfinderin oder dem Erfinder innerhalb von drei Monaten mitzuteilen. Andernfalls steht dieses Recht der Erfinderin oder dem Erfinder zu.

> **Definition**
>
> **§ 7 Abs. 3 Patentgesetz: Diensterfindung**
> - 3. Eine Diensterfindung ist die Erfindung eines Dienstnehmers, wenn sie ihrem Gegenstande nach in das Arbeitsgebiet des Unternehmens, in dem der Dienstnehmer tätig ist, fällt und wenn

3.3 · Erfindungen an österreichischen Universitäten

> a. entweder die Tätigkeit, die zu der Erfindung geführt hat, zu den dienstlichen Obliegenheiten des Dienstnehmers gehört oder
> b. wenn der Dienstnehmer die Anregung zu der Erfindung durch seine Tätigkeit in dem Unternehmen erhalten hat oder
> c. das Zustandekommen der Erfindung durch die Benützung der Erfahrungen oder der Hilfsmittel des Unternehmers wesentlich erleichtert worden ist.

Aus dem Zusammenspiel dieser beiden Gesetze ergeben sich für die Universitäten folgende Schlussfolgerungen:

- **Diensterfinder an der Universität**

Da an Universitäten aufgrund ihrer Zielsetzungen in Lehre und Forschung naturgemäß mehrere Personengruppen potenzielle Erfinder sein können, stellt sich die Frage, wessen Erfindungen als Diensterfindungen gewertet werden können. Der Wortlaut des § 106 Abs. 2 UG legt die Vermutung nahe, dass auch Erfindungen von Studierenden grundsätzlich als Diensterfindungen verstanden werden könnten, da auch das Kriterium des Ausbildungsverhältnisses berücksichtigt wird. Allerdings stellen sowohl der Verweis auf § 7 Abs. 2 PatG als auch die Erläuterungen des Gesetzgebers[2] zu diesem Punkt eindeutig klar, dass nur solche Personen betroffen sind, die in einem Arbeitsverhältnis zur Universität stehen. Erfindungen von Studierenden, die nicht an der Universität angestellt sind, werden also nicht als Diensterfindungen im Sinne des § 106 Abs. 2 UG gewertet und sie werden daher auch nicht von der Universität in Anspruch genommen. Selbstverständlich gilt dies nicht für jene Studierenden, die ihre Abschlussarbeiten im Rahmen eines Forschungsprojekts durchführen, für deren Durchführung sie an der Universität angestellt werden.

Universitätsangestellte sind Diensterfinder.

- **Aufgriffsrecht der Universität**

Im Unterschied zu § 42 Abs. 2 dt. ArbnErfG („negative Publikationsfreiheit") haben Wissenschaftler an österreichischen Universitäten aufgrund ihrer Lehr- und Forschungsfreiheit nicht die Wahl, ob sie eine Erfindung der Universität (genauer: dem Rektorat als Leitungsorgan der Universität) melden oder nicht: § 106 Abs. 3 UG sieht in diesem Punkt eine klare Verpflichtung vor, wonach ausnahmslos jede Diensterfindung dem Rektorat gemeldet werden muss. Das Rektorat wiederum hat ab dem Zeitpunkt der Meldung

Verpflichtung zur Erfindungsmeldung

---

2 Vgl. Erl. zu § 106 UG 2002 (1134 der Beilage zu BGBl I 2002/120).

der Diensterfindung drei Monate Zeit, um zu entscheiden, ob es die Diensterfindung für die Universität in Anspruch nimmt oder nicht :Inanspruchnahme. Entscheidet sie sich dagegen oder lässt sie die Frist verstreichen, verfällt dieses sogenannte Aufgriffsrecht, und sämtliche Rechte an der Diensterfindung stehen in diesen Fällen dem Erfinder persönlich zu.

- **Erfindervergütung**

Erfinder haben Recht auf angemessene Erfindervergütung.

Nimmt die Universität jedoch die Erfindung für sich in Anspruch, gebührt dem Erfinder gemäß § 8 PatG eine angemessene besondere Vergütung (Erfindervergütung). Der österreichische Gesetzgeber konkretisiert den Begriff der Angemessenheit jedoch nicht näher, sondern schreibt in § 8 Abs. 2 PatG lediglich fest, dass sich die Höhe der Vergütung an der Stellung des Dienstnehmers im Betrieb bemessen muss. Wenn also ein Dienstnehmer aufgrund seiner Qualifikation eingestellt wird, um Erfindungen zu generieren, wird davon ausgegangen, dass sein höheres Gehalt die Erfindervergütung schon inkludiert. Eine besondere (zusätzliche) Erfindervergütung kommt in diesen Fällen gesetzlich nur in Ausnahmefällen infrage. Eine abweichende vertragliche Einigung mit dem Dienstgeber ist natürlich möglich. Im Zuge der Anstellung von wissenschaftlichen Mitarbeitern spielt die Frage, ob der Betroffene Erfindungen generieren wird, natürlich keine Rolle – eine Berücksichtigung der Erfindervergütungen im regulären Gehalt dieser Mitarbeiter kommt also nicht infrage. Der Anspruch auf den Erhalt einer angemessenen besonderen Vergütung besteht daher bei Erfindungen von Universitätsangehörigen in aller Regel.

- **Höhe der Erfindervergütung an Universitäten**

Universitäten entscheiden über Aufteilung der Einnahmen

Die Höhe der Erfindervergütungen, die an den Erfinder ausgezahlt wird, wird in Österreich an jeder Universität autonom festgelegt. Grundsätzlich wird dabei als grober Richtwert die „Drittelregelung", die an deutschen Hochschulen gilt, herangezogen (▶ Abschn. 3.2.8).

Im Folgenden wird ausschließlich auf die derzeit geltenden internen Regelungen der Technischen Universität Wien („TU Wien") Bezug genommen.[3]

Demnach werden Erlöse (Optionsgebühren, Lizenzgebühren und Verkaufserlöse), die aus der Verwertung der in Anspruch genommenen Diensterfindungen resultieren, wie folgt aufgeteilt: Die ersten 2000 €, die als Einnahmen an die TU Wien fließen, werden als einmalige Erfinderprämie zwischen den Erfindern (entsprechend ihren Erfindungsanteilen) auf-

---

3   132. Mitteilung der Vizerektorin für Forschung betreffend Umgang mit Diensterfindungen an der TU Wien; MBl 12/2010 vom 19. Mai 2010. Abrufbar unter ▶ https://tiss.tuwien.ac.at/mbl/main/mbl?n=1210#p132.

geteilt. Anschließend werden – nach Abzug aller im Laufe des Patentierungs- und Verwertungsverfahrens angefallenen Kosten (zum Beispiel Patentanmeldekosten, Anwaltskosten, Kosten einer externen Verwertungsagentur) – die verbleibenden Erlöse zwischen den Erfindern, ihrem jeweiligen Institut und dem Globalbudget der TU Wien im Verhältnis 35:25:40 aufgeteilt.

3.3.2 Der Verwertungsprozess universitärer Erfindungen am Beispiel TU Wien

Österreichische Universitäten nutzen eine große Bandbreite von Möglichkeiten für die kommerzielle Verwertung ihrer Forschungsergebnisse. (siehe auch ▶ Kap. 10).

- **Akquisition neuer Forschungsprojekte**

Da der Weg von der Idee bis zu ihrer Umsetzung relativ lange dauern kann, bedürfen universitäre Innovationen in den meisten Fällen einer Weiterentwicklung, die nur durch zusätzliche Finanzierung entweder gemeinsam mit einem Industriepartner oder mithilfe öffentlicher Förderungen oder Sponsoring erzielt werden kann.

Daher stellt die Akquisition neuer Forschungsprojekte zur Weiterentwicklung der geschützten Technologie einen wichtigen Baustein im Verwertungsprozess universitärer Innovationen dar.

Forschungskooperationen zur Weiterentwicklung neuer Technologien

Mit dem Erwerb neuer Drittmittelprojekte wird erreicht, dass weitere Arbeiten auf dem Gebiet der geschützten Technologie finanziert werden können und somit wiederum die Beschäftigung neuer Mitarbeiter, die Erzeugung weiterführender wissenschaftlicher Erkenntnisse sowie die Übermittlung des generierten Wissens an die Gesellschaft sichergestellt werden können.

In vielen Fällen resultieren aus solchen Projekten Innovationen und neue Schutzrechte, die wiederum einen Anreiz zu weiteren Forschungskooperationen mit Industriepartnern darstellen. Die Durchführung solcher Drittmittelprojekte an sich ist daher ein wirtschaftlich bedeutender Erfolgsfaktor für die Universität.

- **Lizenzvergabe**

Nachdem es sowohl für die Universitäten als auch für die Industrie oft nur sehr schwer einzuschätzen ist, ob und wie sich die patentierte Technologie weiterentwickeln wird und mit welchen Risiken zu rechnen ist, versucht die TU Wien bei einer Lizenzvergabe in solchen Fällen gestaffelte Meilensteinmodelle umzusetzen (siehe auch ▶ Abschn. 11.4). Abhängig von der Technologie, der Branche, dem Entwicklungsstadium der Technologie sowie der Art der Nutzungsrechte werden maßgeschneiderte Modelle gemeinsam mit den Erfindern und dem Verwertungspartner ausgearbeitet. Das Ziel ist, eine für alle Beteiligten akzeptable Lösung zu finden.

Lizenzvergabe mit flexiblen Konditionen

Die Lizenzvergabe ist vor allem auch dann sinnvoll, wenn ein Patent so grundlegend ist, dass es unterschiedliche Anwendungsbereiche abdeckt beziehungsweise in unterschiedlichen Anwendungsbereichen zum Einsatz kommen kann.

- **Verkauf**

Der Verkauf von Schutzrechten, verbunden mit einer einmaligen Pauschalzahlung und mit der Übertragung aller Rechte am Patent, stellt für die TU Wien eine weitere Option dar.

Schutzrechtsverkauf oder Gründung von Spin-offs als Alternative

Für die Industriepartner der TU Wien ist der Kauf von Schutzrechten besonders interessant, wenn sich die Technologie in einem weit entwickelten Stadium befindet und die Marktreife erreicht hat, da das Investitionsrisiko dadurch minimiert wird.

- **Gründung von Spin-offs**

Um Forschungsergebnisse bis zur Markreife zu entwickeln und wirtschaftlich zu verwerten, ist in einzelnen Fällen die Gründung von Unternehmen der geeignetste Weg. Hohe Motivation und der Wunsch, die eigene Erfindung in ein anwendbares Produkt zu überführen, sind die besten Voraussetzungen für eine erfolgreiche Verwertung.

3.3.3 Unterstützung für junge Entrepreneure

Staatliche Förderung unterstützt Gründer

Das Bundesministerium für Verkehr, Innovation und Technologie (BMVIT) startete im Jahr 2002 das Programm „AplusB" (Academia plus Business), mit dem Ziel, junge Wissenschaftler aus Universitäten, Fachhochschulen und Forschungseinrichtungen in ihrem Gründungsprozess professionell zu unterstützen, ihnen zu ermöglichen, ihre Ideen und das generierte Know-how zu verwirklichen und dadurch das Band zwischen der Wissenschaft und Wirtschaft noch mehr zu stärken.

Die organisatorische Umsetzung des Programms wird von der österreichischen Forschungsförderungsgesellschaft (FFG) durchgeführt, die praktische Abwicklung erfolgt durch acht AplusB-Inkubatoren, die seither österreichweit entstanden sind (▶ http://www.ffg.at/aplusb, Stand: 06.02.2014).

Im Jahr 2011 wurde das österreichische AplusB-Inkubatornetzwerk gegründet, um die regionalen Zentren zu vernetzen und die Zusammenarbeit und den Wissensaustausch zu intensivieren (▶ http://aplusb.biz/wasistaplusb.php, Stand: 06.02.2014).

Im Raum Wien wurde der AplusB-Inkubator INiTS, Universitäres Gründerservice Wien GmbH, gegründet, ein Unternehmen im Eigentum der Technischen Universität Wien, der Universität Wien und der ZIT-Technologieagentur der Stadt

Wien. Der Auftrag von INiTs besteht darin, die motivierten Mitarbeiter, Studierenden und Absolventen der Wiener Universitäten und Fachhochschulen bei der Realisierung ihrer Gründungsideen zu unterstützen.

INiTs bietet ein breites Spektrum an Leistungen an, die den Gründern in einem Zeitraum von 18 Monaten zur Verfügung gestellt werden.

Eine Start-up -Förderung, die Beratung der Jungunternehmer, die Möglichkeit, dem Netzwerk von Fachleuten, Business Angels , Investoren etc. beizutreten, neue Kontakte zu knüpfen, sowie die Chance, eigene Geschäftsmodelle zu entwickeln und zu verbessern, sind nur wenige von zahlreichen Angeboten, die den Gründern helfen, sich erfolgreich in der Wirtschaft zu positionieren (▶ http://www.inits.at , Stand: 06.02.2014).

Seit Beginn des AplusB-Programms bis Ende Mai 2013 sind österreichweit von insgesamt 527 betreuten Gründungsprojekten ca. 438 neue Unternehmen entstanden, wobei etwa 380 davon den Sprung in die Selbstständigkeit geschafft haben (▶ http://www.bmvit.gv.at/innovation/strukturprogramme/aplusb/index.html, Stand: 06.02.2014).

Generell hat Österreich eine stark ausgebildete Förderlandschaft. Für Hightech-Unternehmensgründungen stehen die Förderungen des Bundes, z. B. Seedfinancing, gefördert durch die Austria Wirtschaftsservice GmbH (aws) (▶ http://www.awsg.at/Content.Node/gruenden/96343.php, Stand: 06.02.2014), sowie Förderungen der Bundesländer, z. B., Ecoplus (▶ http://www.ecoplus.at/de/ecoplus/technologieforschung/ueber-uns, Stand: 06.02.2014) zur Verfügung.

Seed-Finanzierung durch Bund und Bundesländer

- **Förderung des Technologietransfers an den Universitäten**

Um die Universitäten bei dem Ziel der Errichtung eigener Patentportfolios zu unterstützen, hat die österreichische Bundesregierung das Förderprogramm uni:invent geschaffen. Mithilfe dieses Förderprogramms wurden von 2004 bis 2009 an den Universitäten Mitarbeiter im Bereich Technologietransfer, Patentierung und Lizenzierung ausgebildet und finanziert.

Derzeit wird an einer neuen Initiative zur Förderung von Technologietransfer an den österreichischen Universitäten gearbeitet. Im September 2013 haben das Bundesministerium für Wissenschaft und Forschung sowie das Bundesministerium für Wirtschaft, Familie und Jugend[4] angekündigt, den Universitäten durch überregionale Wissenstransferzentren eine weitere Finanzierung zur Förderung des Technologietransfers zur Verfügung zu stellen (▶ http://www.bmwf.gv.at/nc/

Förderung von Technologietransfer

---

4 Seit 29.01.2014 Bundesministerium für Wissenschaft, Forschung und Wirtschaft.

startseite/das-ministerium/presse-und-news/news-details/wissenschaftsminister-toechterle-und-wirtschaftsminister-mitterlehner-starten-wissenstransferzentren/?cHash=5eb3f566ab382caa6a1888bfbedb898e&type=98&print=1, Stand: 06.02.2014).

3.4 Erfindungen an Schweizer Universitäten

Dr. Silvio Bonaccio, Head of ETHtransfer, Eidgenössische Technische Hochschule Zürich

3.4.1 Gesetzliche Grundlagen

Unterschiedliche Regelungen an den Hochschulen

Die Schweiz kennt im Wesentlichen drei Typen von öffentlichen Hochschulen: die kantonalen Universitäten, die Eidgenössischen Technischen Hochschulen (im folgenden ETH-Bereich genannt; er umfasst sechs ETH-Institutionen, darunter auch die international bekannte ETH Zürich) und die sieben Fachhochschulen (zur Vervollständigung seien hier auch noch die Pädagogischen Hochschulen, die Kunst- und Musikhochschulen sowie die diversen vom Bund unterstützten anerkannten Universitätsinstitutionen und die anerkannten privaten Hochschulen genannt). Sie werden je nachdem hauptsächlich vom Bund oder von den Kantonen (mit-)finanziert und unterstehen entsprechend zum Teil unterschiedlichen Gesetzgebungen. Es gibt aber auch diverse gemeinsame, relevante Grundlagen auf eidgenössischer Ebene, so z. B. das Universitätsförderungsgesetz (UFG) oder das Forschungs- und Innovationsförderungsgesetz (FIFG).

Erfindungen der Angestellten gehören den Hochschulen.

Trotz der zum Teil unterschiedlichen rechtlichen Basis im Bereich des Wissens- und Technologietransfers (WTT) und insbesondere hinsichtlich der Verwertung von geistigem Eigentum ist heute allen Hochschulen gemeinsam, dass Erfindungen, die im Rahmen eines Anstellungsverhältnisses gemacht wurden, der entsprechenden Institution gehören und von dieser verwertet werden können. Dies gilt für alle Angestellten, einschließlich der Professorenschaft. Ein Spezialfall ergibt sich für die Studierenden, die im Rahmen z. B. einer Bachelor- oder Masterarbeit an einem Forschungsprojekt teilnehmen, aus dem eine Erfindung resultiert. In diesem Fall würde der Anteil der Studierenden an einer Erfindung ihnen privat gehören. Das kann bei einer Verwertung zu rechtlich sehr anspruchsvollen Problemen führen. Deshalb versucht man in angezeigten Fällen, die involvierten Studierenden schon vorab eine Abtretungserklärung unterschreiben zu lassen. Im Gegenzug offeriert man ihnen, dass sie im Falle einer erfolgreichen Verwertung wie interne Erfinder behandelt und vergütet werden.

Dass das oben Gesagte nicht nur graue Theorie ist, sondern durchaus praktische Relevanz erhält, lässt sich an dem folgenden Beispiel aufzeigen.

Rechte im Überblick behalten
Die Firma Procedural wurde im Jahr 2007 als ETH Spin-off gegründet und entwickelt und vertreibt Software, die in diversen Gebieten wie Film/Spiele oder im Städtebau eingesetzt werden kann. Im Jahr 2011 wurde Procedural vom kalifornischen Geo-Informations-Software-Produzenten ESRI aufgekauft. Während der Due Dilligence stellte sich heraus, dass bei der Entwicklung der Procedural-Software auch diverse Studierende im Rahmen von kleinen Projekten mitbeteiligt waren. Obwohl Procedural eine Lizenz der Hochschule für die Grundlagen hatte, waren die Rechte am von den Studierenden geschriebenen Code der Weiterentwicklung nicht ganz klar geregelt. Bevor die Übernahme stattfinden konnte, mussten die Gründer unter hohem Zeitdruck eine Abtretung der involvierten Personen erhalten. Das Beispiel zeigt, dass es sich lohnt, sich über die Besitzverhältnisse von geistigem Eigentum zu jedem Zeitpunkt im Klaren zu sein und sich einen entsprechenden Zugang für die Verwertung zu sichern.

Auch was die Vergütung der an einer Erfindung beteiligten Personen betrifft, hat sich bei den meisten Schweizer Hochschulen heute die „Drittelsregel" etabliert: Ein Drittel der Nettoeinnahmen (d. h. nach Abzug eines allfälligen Aufwands wie z. B. der Patentkosten) wird in der Regel an die Erfinder nach einem aufgrund ihres Beitrags zur Erfindung festgelegten Schlüssel ausgeschüttet.

Ein Drittel der Nettoeinnahmen als Erfindervergütung.

■ **Beispiel ETH Zürich**
Der ETH-Bereich und damit die ETH Zürich unterstehen dem Bundesgesetz über die Eidgenössischen Technischen Hochschulen (ETH-Gesetz). Für die Verwertung von Wissen und Technologie sind insbesondere der Zweckartikel 2 sowie Art. 36 von besonderem Interesse.

> **Definition**
>
> **Art. 2 ETH-Gesetz: Zweck**
> Die ETH und die Forschungsanstalten sollen: [...]
>   f. ihre Forschungsergebnisse verwerten.

> **Definition**
>
> **Art. 36 ETH-Gesetz: Rechte an Immaterialgütern**
> 1. Mit Ausnahme der Urheberrechte gehören den ETH und den Forschungsanstalten alle Rechte an Immaterialgütern, die von Personen in einem Arbeitsverhältnis nach Art. 17 in Ausübung ihrer dienstlichen Tätigkeit geschaffen worden sind.
> 2. Bei Computerprogrammen, die von Personen in einem Arbeitsverhältnis nach Art. 17 in Ausübung ihrer dienstlichen Tätigkeit geschaffen worden sind, liegen die ausschliesslichen Verwendungsbefugnisse bei den ETH und den Forschungsanstalten. Für die Übertragung von Rechten im Bereich der übrigen urheberrechtlichen Werkkategorien können die ETH und die Forschungsanstalten vertragliche Regelungen mit den Rechtsinhabern treffen.
> 3. Die Personen, welche die Immaterialgüter im Sinne der Absätze 1 und 2 geschaffen haben, sind am allfälligen Gewinn, der durch eine Verwertung entsteht, angemessen zu beteiligen.

Einerseits wird also die aktive Verwertung als Auftrag des Bundes an die ETH Zürich festgelegt, andererseits werden aber auch die Besitzverhältnisse von Immaterialgütern und die Frage des Anspruchs der Erfinder auf Vergütung geklärt. Aufgrund dieses Gesetzes erlässt nun die Oberbehörde des ETH-Bereichs, der ETH-Rat, eine entsprechende Verordnung, die für die sechs ETH-Institutionen den Verwertungsauftrag und den Umgang mit den Immaterialgütern genauer umreißt. In diesem Fall handelt es sich um die sogenannte Immaterialgüter- und Beteiligungsverordnung (IGBV). In dieser wird nun z. B. auch festgelegt, dass an einer Erfindung beteiligte Personen in der Regel ein Drittel der Nettoeinnahmen aus einer erfolgreichen Verwertung erhalten sollen. Es werden aber auch Ausnahmen aufgelistet, unter welchen Umständen von dieser Regel abgewichen werden kann. In den begleitenden Ausführungsbestimmungen werden die einzelnen Artikel zudem noch weiter erörtert. Die IGBV ihrerseits bilden (zusammen mit anderen Verordnungen und Weisungen) die Grundlage für die individuellen internen Richtlinien der ETH-Bereichsinstitutionen. An der ETH Zürich sind dies die Richtlinien 1) über Verträge im Bereich Forschung, 2) für die wirtschaftliche Verwertung von Forschungsergebnissen und 3) für die Ausgründung von Unternehmen. Das rechtliche Gebäude mit seinen drei Stufen Bund – ETH-Rat – ETH Zürich ist in ◘ Abb. 3.4 dargestellt.

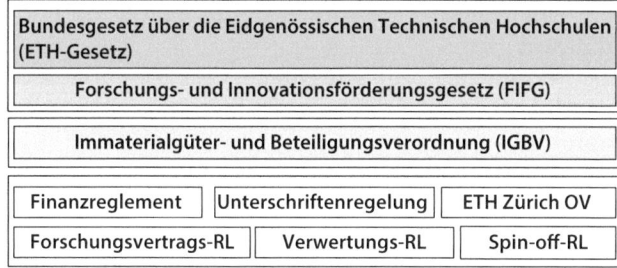

Abb. 3.4 Rechtliche Grundlagen für den Wissens- und Technologietransfer an der ETH Zürich

Rechtlich interessant sind dann natürlich die Spezialfälle, z. B. was passiert, wenn eine Hochschule als Kompensation für eine Lizenz ihrer Erfindung materielle Werte (z. B. Geräte) oder eine Beteiligung an einer Unternehmung (Aktien) erhält. Für die Vergütung der an der Erfindung beteiligten Personen muss dann eine individuelle, pragmatische Lösung im gegenseitigen Einverständnis gefunden werden. Bei Beteiligungen werden typischerweise erst die Erlöse (Dividenden, Ertrag aus einem Verkauf von Aktien) zur Vergütung der Erfinder zur Verfügung gestellt.

Ein Spezialfall bildet auch der Umgang mit Urheberrechten, die beim Erzeuger verbleiben (Ausnahme: Software). Schreibt also z. B. jemand ein Buch, so verbleiben die Rechte daran, inklusiv das Recht zur Verwertung beim Autor.

Besondere Regeln an der ETH Zürich

3.4.2 Verwertungsunterstützung

Um die Verwertung zu fördern und zu unterstützen, unterhalten viele Schweizer Hochschulen eine Technologietransferstelle (häufig auch Technology Transfer Office oder TTO genannt). Dabei findet man heute vor allem zwei Modelle: interne Strukturen (z. B. als zentrale Stabsstellen wie im Falle des ETH-Transfers an der ETH Zürich) oder eine externe Einheit, die aber der Hochschule gehört (z. B. die Unitectra AG, welche die Universitäten Zürich, Bern und Basel sowie deren Universitätsspitäler im WTT unterstützt). Die Auslagerung des Technologietransfers an eine private, von der Hochschule unabhängige Firma im Mandatsverhältnis ist rechtlich schwierig und operativ umständlich und hat sich in der Schweiz nicht durchsetzen können.

Die Aufgaben eines TTO erstrecken sich typischerweise über drei Bereiche:

Technologietransferstelle: Hochschulintern oder als externe Einheit

- die juristische Unterstützung der Forschenden bei Forschungszusammenarbeiten mit Dritten (z. B. mit der Industrie),
- die Verwertung von Resultaten aus der Hochschulforschung (hauptsächlich neue Technologien und Software),
- die Unterstützung von Ausgründungen aus der Hochschule.

Die einzelnen Arbeitsgebiete und Aktivitäten sind bei den verschiedenen TTOs zum Teil sehr unterschiedlich ausgeprägt, ebenso wie das damit verbundene Know-how. Die Schweizer TTOs pflegen untereinander aber einen regen Erfahrungs- und Informationsaustausch, nicht zuletzt über die Swiss Technology Transfer Association swiTT (▶ Abschn. 3.4.3).

IP-Regeln für Forschungskooperationen

Bei der Zusammenarbeit mit Dritten (mit der Industrie) wird vorab verhandelt und vertraglich geregelt, wem die Rechte an den Forschungsresultaten gehören, wer Schutzrechte anmelden darf und wer sie in welchem Gebiet wie kommerziell nutzen darf. Wird die Arbeit zusätzlich noch von anderen Quellen mitfinanziert (z. B. vom Bund durch die Kommission für Technologie und Innovation, KTI) müssen zusätzliche Vorgaben berücksichtigt werden, die oft zugunsten des Partners ausgelegt sind.

Typischerweise gesteht man dem Partner ein nichtexklusives Recht zur kommerziellen Nutzung der Forschungsresultate zu (▶ Abschn. 4.1). Das Recht zur Anmeldung von Schutzrechten (im Namen des Partners und/oder der Hochschule) und deren exklusive Nutzung durch den Forschungspartner muss zusätzlich geregelt respektive abgegolten werden, entweder durch eine Voraberwerbszahlung beim Abschluss des Vertrags (das ist z. B. an der ETH Zürich möglich; in diesem Fall gehören alle Resultate dem Partner, z. B. bei einer Forschungsdienstleistung) oder durch eine nach Abschluss der Forschungsarbeiten zu verhandelnde kostenpflichtige Lizenz. Die Übertragung des Eigentums von Schutzrechten aus einer Zusammenarbeit an den Partner wird von den Schweizer Hochschulen unterschiedlich und zum Teil mit großer Zurückhaltung gehandhabt. Die Erfinder seitens der Hochschule werden meist nur vergütet, wenn eine Lizenzzahlung erfolgt (Drittelsregelung).

Evaluierung aus rechtlicher und ökonomischer Sicht

Bei der Verwertung von Resultaten aus der eigenen Hochschulforschung beurteilen die Schweizer TTOs die Situation zunächst aus der rechtlichen und ökonomischen Sicht. Bei der rechtlichen Einschätzung geht es vor allem um Aspekte wie die Schutzfähigkeit (ist es eine Erfindung, kann sie z. B. durch ein Patent geschützt werden), Abhängigkeiten von anderen

Schutzrechten, aber auch die Eigentümerschaft (Ansprüche Dritter). Aus ökonomischer Sicht muss beurteilt werden, ob die Technologie respektive Erfindung relevant ist (z. B. was man damit machen kann, ob es einen Markt gibt, wie groß dieser ist) und ob sie auch tatsächlich binnen nützlicher Frist auslizenziert respektive umgesetzt werden kann. Werden diese Fragen positiv beantwortet, leitet das TTO den Schutzprozess ein, normalerweise mithilfe eines externen Patentanwalts. Entscheidet sich das TTO gegen eine Verwertung, können die Hochschulerfinder aufgrund gesetzlicher Vorgaben (z. B. FIFG, IGBV) unter Berücksichtigung bestimmter Einschränkungen die Abtretung einer Erfindung von der Hochschule an die Erfinder erwirken und diese dann auf eigene Kosten verwerten.

Bei der Verwertung durch die Hochschule respektive des TTO wird von den Erfindern eine aktive Beteiligung erwartet. Dies beginnt bereits bei der Erstellung der Schutzrechte (z. B. Suche und Evaluierung bestehender Schutzrechte, Schreiben des technischen Teils der Patentschrift). Aber auch bei der Vermarktung werden sie eingebunden, sei es bei der Erstellung von „Werbeunterlagen" (Factsheets), der Suche von potenziellen Lizenznehmern (Firmen) oder bei Präsentationen. Nach der Einreichung der Schutzrechte legt das TTO die Marketingstrategie fest. Dabei wird bestimmt, über welche Kanäle die Technologie vermarktet werden soll (z. B. Aufschalten des Factsheets auf diversen Websites, E-Mailings, Präsentation an Technology Fairs im In- und Ausland, gezielte Meetings mit Leuten aus dem Industrienetzwerk). Sind Interessenten gefunden, leitet das TTO – meist in enger Zusammenarbeit mit den Erfindern – den Lizenzierungsprozess ein (z. B. Informationsaustausch, Zugang zu Material, Verhandlungen) und schließt nach Möglichkeit eine Option, eine Lizenz oder einen Verkauf ab. Mit dem Abschluss ist es für die Erfinder aber noch nicht vorbei. Bisweilen müssen sie noch gewisses Know-how transferieren, möglicherweise kommt es auch zu einer Zusammenarbeit. Außerdem müssen sie häufig beim weiteren Patentierungsprozess (z. B. bei der Beantwortung von Prüfbescheiden oder Einsprüchen) zur Verfügung stehen. Die Incentivierung ist natürlich nicht zuletzt dadurch gegeben, dass sie bei der erfolgreichen Verwertung an den Einnahmen substanziell beteiligt werden.

Ein Spezialfall der Verwertung ist diejenige über eine Ausgründung. Einige Schweizer Hochschulen haben dafür spezielle Programme ins Leben gerufen, die häufig durch oder in Zusammenarbeit mit den TTOs durchgeführt werden (▶ Abschn. 12.3.5).

Aktive Beteiligung der Erfinder gefragt

3.4.3 Nationale Zusammenarbeit – swiTT

Austausch fördert Zusammenarbeit

Der Schweizer WTT-Bereich ist sehr dynamisch. Unaufhörlich werden sowohl an den Institutionen, national (vom Bund) und regional (von den Kantonen), aber auch von privater Seite neue Initiativen lanciert, alte Programme durch neue ersetzt oder den neuen Gegebenheiten und Gesetzen angepasst. Das führt auch zu einer gewissen Komplexität, die von außen bisweilen schwierig zu durchschauen ist. Im Jahr 2003 haben deshalb Technologietransfermanager von Schweizer Hochschulen einen Verein gegründet, die Swiss Technology Transfer Association, kurz swiTT. Heute zählt der Verein über 120 Mitglieder und steht auch für institutionelle Partner und Industrievertreter offen. Die Mitglieder tauschen ihre WTT-Erfahrungen über diverse Plattformen wie die jährliche Konferenz mit internationalen Gästen aus Wirtschaft, Politik und Akademie, thematisch angelegte Kurse, Arbeitsgruppen oder Social Media (swiTTalk) aus. Außerdem unterhält der Verein eine national einzigartige Liste von verfügbaren (lizenzierbaren) Technologien und publiziert jedes Jahr eine Gesamtübersicht der WTT-Aktivitäten der Schweizer Hochschulen.

Technologietransfer zum Wohl der Gesellschaft

Abschließend lässt sich noch erwähnen, dass die Schweizer Hochschulen die Verwertung nicht primär als potenzielle zusätzliche Geldquelle einstufen. Vielmehr möchte man das erarbeitete Wissen und die neuen Technologien möglichst schnell und effektiv der Wirtschaft und der Gesellschaft zur Verfügung stellen. Im Vordergrund steht also nicht eine Profitoptimierung, sondern die Optimierung des sozioökonomischen Nutzens der Hochschulforschung in der Schweiz.

3.4.4 Referenzen und weiterführende Informationen

- Universitätsförderungsgesetz (UFG): ▶ http://www.admin.ch/opc/de/classified-compilation/19995354/201301010000/414.20.pdf
- Forschungs- und Innovationsförderungsgesetz (FIFG): ▶ http://www.admin.ch/opc/de/classified-compilation/19830263/index.html
- ETH-Gesetz: ▶ http://www.admin.ch/opc/de/classified-compilation/19910256/index.html
- Immaterialgüter und Beteiligungsverordnung (IGBV): ▶ http://www.admin.ch/opc/de/classified-compilation/20031277/index.html

- Forschungsvertrags-RL: ▶ https://www.share.ethz.ch/sites/rechtssammlung/Rechtssammlung/4%20Forschung%20und%20wissenschaftliche%20Dienstleistungen/Richtlinien%20über%20Verträge%20im%20Bereich%20Forschung%20der%20ETH%20Zürich%20(Forschungsvertragsrichtlinien).pdf
- Verwertungs-RL: ▶ https://www.share.ethz.ch/sites/rechtssammlung/Rechtssammlung/4%20Forschung%20und%20wissenschaftliche%20Dienstleistungen/Richtlinien%20für%20die%20wirtschaftliche%20Verwertung%20von%20Forschungsergebnissen%20an%20der%20ETH%20Zürich%20(Verwertungsrichtlinien).pdf
- Spin-off RL: ▶ https://www.share.ethz.ch/sites/rechtssammlung/Rechtssammlung/4%20Forschung%20und%20wissenschaftliche%20Dienstleistungen/Richtlinien%20für%20die%20Ausgründung%20von%20Unternehmen%20an%20der%20ETH%20Zürich%20(Spin-off%20Richtlinien).pdf
- CRUS: ▶ http://www.crus.ch/information-programme/studieren-in-der-schweiz/hochschulen/universitaere-hochschulen/hochschulgesetze.html

■ **Auswahl wichtiger Links**
- ▶ www.swiTT.ch
- ▶ www.kti.admin.ch
- ▶ www.cti-invest.ch

■ **Bücher**
- Ingvi Oskarsson and Alexander Schläpfer „The performance of Spin-off companies at the Swiss Federal Institute of Technology Zurich" (▶ https://www.ethz.ch/content/dam/ethz/main/industry-and-society/transfer/dokumente/ETH_Zurich_spin-offs.pdf)
- Bonaccio S./Greiner H., in: Technologietransfer: Möglichkeiten und Grenzen rechtlicher Gestaltung. Florent Thouvenin, Isabelle Wildhaber (Hrsg.); Band 81, S. 31–52; Universität St. Gallen, 2012

3.5 Freie Erfindungen

3.5.1 Welche Erfindungen sind frei?

Freie Erfinder*innen sind selbst Eigentümer der Rechte an ihren Erfindungen. Das heißt, der oder die Erfinder*in kann die Erfindung auf eigene Kosten zum Patent anmelden und eigenständig kommerziell nutzen oder verwerten. Gibt es mehrere Erfinder*innen und Rechteinhaber, so gelten die Grundsätze einer Bruchteilgemeinschaft, wie in ▶ Abschn. 3.1.3 erläutert.

Eine freie Erfindung liegt vor, wenn
- der Arbeitgeber eine Diensterfindung freigibt (▶ Abschn. 3.2.6),
- ein*e Erfinder*in keine Diensterfindung im Sinne des ArbnErfG, die im Zusammenhang mit seinem Dienstverhältnis steht (Aufgaben- oder Erfahrungserfindung), gemacht hat (▶ Abschn. 3.2.4) oder
- ein*e Erfinder*in in keinem Arbeitsverhältnis steht, zum Beispiel ein Student ohne Vertrag mit der Hochschule oder eine Stipendiatin (▶ Abschn. 3.2.2).

■ **Freigabe durch die Hochschule**

Welche Gründe führten zu der Freigabe einer Erfindung?

Haben Hochschulangehörige ihre Erfindung der Hochschule gemeldet und gibt die Hochschule die Erfindung vor Patentanmeldung frei, so können die Erfinder*innen nach Belieben über die Erfindung verfügen. Falls z. B. eine Erfinderin daraufhin eine eigene Patentanmeldung plant, sollte sie zuvor möglichst in Erfahrung bringen, welche Gründe zur Freigabe geführt haben. Hatte eine Neuheitsrecherche ergeben, dass die Patentierung der Erfindung nicht oder nur sehr eingeschränkt möglich sein wird, sollte man diese Analyse aus finanziellem Eigeninteresse sehr ernst nehmen. Ohne Patentschutz kann die Verwertung schwer sein, unmöglich ist sie sicher nicht.

Die Einschätzung der Verwertungsaussichten ist speziell bei frühen Entwicklungen mit einer größeren Unsicherheit behaftet. Wurden die Chancen für eine Patenterteilung von der Hochschule als gut eingeschätzt, jedoch die Verwertungsaussichten als zu gering angesehen, können Erfinder*innen durchaus anderer Meinung sein. Als Experte auf seinem Fachgebiet mag ein Erfinder das Vermarktungspotenzial und den Bedarf für seine Erfindung deutlich höher bewerten.

Planen Erfinder*innen eine eigene Verwertung ihrer Erfindung, dann sollten sie das Freigabeschreiben der Hochschule gut aufbewahren, um ihre Rechteinhaberschaft gegebenenfalls gegenüber Dritten und dem Patentamt belegen zu können.

Hat die Hochschule eine Erfindung in Deutschland bereits zum Patent angemeldet, möchte aber keine Patentanmeldungen in anderen Ländern einreichen oder die Schutzrechte später fallenlassen, muss den Erfinder*innen die nicht weiterverfolgten Schutzrechte freigeben beziehungsweise zur Übernahme anbieten. Die Erfinder*innen können die Patentanmeldungen dann auf eigene Kosten in den betreffenden Ländern weiterführen und behalten im Fall der wirtschaftlichen Nutzung alle Einnahmen. Die bis dahin entstandenen Patentierungskosten der Hochschule müssen nicht erstattet werden.

Im Vergleich zur Freigabe vor Patentanmeldung wird die Freigabe von bestehenden Schutzrechten durch die Hochschule auf Basis einer deutlich valideren Datenlage erfolgen. Möglicherweise hat sich im Verlauf des Patentprüfverfahrens herausgestellt, dass die Erfindung nicht patentierbar ist. Die Tatsache, dass bislang durchgeführte Verwertungsaktivitäten nicht erfolgreich waren, kann hingegen viele Gründe haben. Angesichts der weiterlaufenden hohen Patentierungskosten sollten Erfinder*innen auch hier eine Entscheidung zur Übernahme und Weiterführung der Schutzrechte nur gut begründet und nach sorgfältiger Analyse treffen. In der Praxis kommt eine Übernahme der Schutzrechte durch die Erfinder*innen tatsächlich sehr selten vor.

Welche Gründe führten zur Aufgabe der Schutzrechte durch die Hochschule?

■ **Freie Erfindungen bei bestehendem Arbeitsverhältnis**

Freie Erfindungen von Beschäftigten können auch vorliegen, wenn die Erfindung weder im beruflichen Aufgabenbereich der Erfinder*innen angesiedelt ist, noch auf den beruflichen Erfahrungen beruht. Es handelt sich dann nicht um eine Diensterfindung ; die Erfindung ist von Anfang an frei. Allerdings unterliegen auch solche Erfindungen eines Arbeitnehmers den Regelungen des ArbnErfG, nämlich §§ 18 und 19 ArbnErfG.

Zunächst ist der Arbeitnehmer verpflichtet, seinem Arbeitgeber die Erfindung in Textform mitzuteilen (§ 18 ArbnErfG) . Damit soll dem Arbeitgeber ermöglicht werden zu beurteilen, ob es sich tatsächlich um eine freie Erfindung oder um eine Diensterfindung handelt. Die Mitteilung der Erfindung muss nicht so ausführlich sein wie eine Erfindungsmeldung (und hier sollte nicht das in ▶ Abschn. 3.2.5 beschriebene Formular zur Meldung einer Diensterfindung genutzt werden). Bestreitet der Arbeitgeber nicht innerhalb von drei Monaten nach der Mitteilung, dass die Erfindung frei ist, so kann sie nicht mehr als Diensterfindung in Anspruch genommen werden.

Mitteilungspflicht bei freien Erfindungen

Sind sich Arbeitgeber und Erfinder*in einig, dass es sich um eine freie Erfindung handelt, und möchte der oder die Erfinder*in die Erfindung während der Dauer seines Arbeitsverhältnisses verwerten, so muss dem Arbeitgeber ein nichtausschließliches Recht, also eine einfache Lizenz, zur Benutzung der Erfindung zu angemessenen Konditionen angeboten werden (§ 19 ArbnErfG) . Nimmt der Arbeitgeber das Angebot nicht innerhalb von drei Monaten an, so erlischt das Vorrecht zu Benutzung der Erfindung.

Anbietungspflicht

■ **Erfinder*in ohne Arbeitsverhältnis**

Das ArbnErfG gilt für Arbeitnehmer im privaten und öffentlichen Dienst, für Beamte und Soldaten. Steht eine Person nicht in einem Arbeitsverhältnis, so sind ihre Erfindungen frei, und sie kann nach eigenem Ermessen darüber verfügen. Freie Er-

*Erfinder*innen ohne Arbeitsverhältnis sind freie Erfinder*innen.*

finder*innen sind zum Beispiel Bachelor-, Master- oder andere Student*innen ohne Arbeitsvertrag sowie Stipendiat*innen oder Pensionär*innen. Auch freiberuflich Tätige wie Anwält*innen, Architekt*innen oder Ingenieur*innen sind keine Arbeitnehmer im Sinne des ArbnErfG. Das Gleiche gilt für „Organmitglieder", zum Beispiel Geschäftsführer*innen von GmbHs oder Vorstandsmitglieder von Aktiengesellschaften. Oftmals sind jedoch Regelungen zur Übertragung von Erfindungen oder Erfinderanteilen vertraglich, zum Beispiel bei Geschäftsführern im Geschäftsführerdienstvertrag, festgeschrieben.

3.5.2 Freier Erfinder – was nun?

Wenn eine Erfindung vom Arbeitgeber freigegeben wurde oder von Anfang an frei war, können Erfinder*innen ein Patent auf ihre Namen anmelden und die Erfindung allein kommerziell verwerten. Selbstverständlich muss beachtet werden, ob es andere Rechteinhaber oder Teilrechteinhaber gibt.

Vorsicht, Risiko!

Im Fall der Entscheidung für eine Patentierung müssen sich Erfinder*innen zunächst auf recht hohe Kosten und einen hohen zeitlichen Aufwand für Patentverfahren einstellen. Für eine erfolgreiche Verwertung wird es zudem erforderlich sein, die Erfindung weiterzuentwickeln, wodurch weitere finanzielle und zeitliche Ressourcen aufzuwenden sind. Es besteht das Risiko, dass es selbst auf längere Sicht hinaus nicht gelingt, einen finanziellen Gewinn mit der Erfindung zu erzielen.

Um Chancen und Risiken besser einschätzen zu können, ist es wichtig, ganz zu Anfang eine sorgfältige Analyse der Patentsituation und des Verwertungspotenzials der Erfindung vorzunehmen, eine Patent- und Verwertungsstrategie zu entwickeln und das weitere Vorgehen gut zu planen. Als Leitlinie kann die nachfolgend aufgelistete Schrittfolge dienen:

- **Geheimhaltung vor Patentanmeldung**

Vorsicht, Ideenklau!

Vor einer Patentanmeldung sollte die Erfindung unbedingt geheim gehalten werden. Zum einen gilt die Erfindung möglicherweise nicht mehr als neu und wäre nicht mehr patentierbar, wenn sie anderen Personen mitgeteilt wurde, zumindest dann, wenn diese Personen nicht zur Geheimhaltung verpflichtet waren. Zum anderen besteht das Risiko, dass andere die Erfindung „stehlen". Wenn ein Erfinder seine Neuentwicklung einem Unternehmen vorstellt, um einen Partner zur Realisierung der Erfindung zu gewinnen, ist größte Vorsicht geboten. Auch eine abgeschlossene Geheimhaltungsvereinbarung bietet nur begrenzten Schutz, denn im Zweifelsfall kann es schwierig sein nachzuweisen, dass ein Unternehmen eine fremde Erfindung zum Patent angemeldet hat. Weitere Hinweise zum Thema Geheimhaltung und Geheimhaltungsverträge finden sich in ▶ Abschn. 11.2).

- **Neuheitsrecherche**

Bevor die Erfindung zum Patent angemeldet wird, sollte eine sorgfältige Neuheits- und Patentrecherche durchgeführt werden. Dadurch kann man herausfinden, ob es die Erfindung schon gibt beziehungsweise wie die Chancen für eine Patenterteilung stehen. Quasi als Nebeneffekt werden mögliche Konkurrenten „entdeckt". Dies gilt sowohl im Hinblick auf vergleichbare Produkte oder Dienstleistungen, die patentgeschützt oder bereits angeboten werden, als auch bezüglich der Frage, wie viele und welche Wettbewerber in diesem Bereich möglicherweise aktiv sind.

Ist die Erfindung patentierbar?

Das Internet bietet heute gute Recherchemöglichkeiten, sodass auch Unerfahrene die wissenschaftliche und die Patentliteratur recherchieren können. Eine Anleitung und Hinweise hierzu finden sich in ▶ Kap. 6. Falls die Erfindung von der Hochschule freigegeben wurde, liegt möglicherweise bereits eine Neuheitsrecherche vor, die von der Technologietransferstelle zur Verfügung gestellt werden kann.

Nützliche Hinweise und zum Teil kostenlose Unterstützung bei der Durchführung von Neuheits- und Stand-der-Technik-Recherchen erhalten private Erfinder*innen an folgenden Stellen:

- In PIZnet.de sind derzeit deutschlandweit 23 Patentinformationszentren (PIZ) in einem Netzwerk zusammengeschlossen. Via ▶ http://www.piznet.de/ erhält man eine Übersicht aller PIZ in Deutschland sowie Informationen zu Öffnungszeiten und zur Kontaktierung. Die meisten dieser Einrichtungen bieten zumindest eine kostenlose Erfindererstberatung an (etwa 20–30 min). Eine angeleitete Patentrecherche vor Ort ist meist kostenpflichtig. Weiterhin kann eine professionelle Recherche in Auftrag gegeben werden, wofür allerdings mehrere Hundert Euro gezahlt werden müssen. Außerdem werden Seminare zu Themen rund um Schutzrechte und Patente angeboten, bei denen Erfinder mit lokalen Patentanwälten in Kontakt treten können.

Kostenlose Recherche- und Beratungsmöglichkeiten nutzen

- Das DPMA bietet in seiner Auskunftsstelle in München und dem Recherchesaal in Berlin ebenfalls eine kostenlose Erfindererstberatung an, die von Patentanwält*innen durchgeführt wird. Hierfür ist eine vorherige Terminvereinbarung notwendig. Weitere Informationen gibt es unter ▶ https://www.dpma.de/service/kundenservice/erfindererstberatung/index.html.

- Hat die Neuheitsrecherche nichts ergeben, was gegen die Patenterteilung der Erfindung spricht, so ist dies ein gutes Zeichen. Dennoch kann man sich nicht darauf verlassen, denn auch später, zum Beispiel im Rahmen der Recherche des Patentamts, können wichtige Dokumente auftauchen, die den Erfinder*innen zuvor nicht bekannt waren. Meistens lässt sich mit der Neuheitsrecherche zumindest „relevanter" Stand der Technik ermitteln. Wenn möglich, sollte fachlicher Rat bei einem Patentanwalt oder einer Patentanwältin eingeholt werden, um einschätzen zu können, welche Teile der Erfindung patentierbar sind beziehungsweise in welcher Breite Patentschutz erzielt werden kann.

■ **Gründe, nicht zu patentieren**

Auch wenn die Patentierung einer Erfindung möglich erscheint, können verschiedene Argumente dagegen sprechen:

Geheimhaltung versus Patentierung

- Manche Erfindungen können geheim gehalten werden, weil dem Produkt nicht angesehen oder entnommen werden kann, wie es hergestellt wurde. Eventuell besteht die Erfindung in einem neuen Verfahren oder Verfahrensschritt, sodass ein Produkt einfacher oder kostengünstiger hergestellt werden kann oder sich ein anderer Vorteil ergibt. Auch bei vielen, komplexen Verfahrensschritten kann es für andere schwierig sein, den Gesamtprozess nachzuvollziehen. Die Patentkosten könnten gespart werden und der „Schutz" der Erfindung wäre über die Laufdauer eines Patents, das heißt 20 Jahre, hinaus möglich. Allerdings muss beachtet werden, dass auch nach Abschluss einer Geheimhaltungsvereinbarung keine wirklich relevanten Informationen, vor allem bei Verkaufsgesprächen, an Dritte gegeben werden dürfen. Zudem sollte einkalkuliert werden, dass die Geheimhaltung einer Erfindung signifikante Kosten verursachen kann.

> **Beispiel zur Geheimhaltung von Erfindungen: Das Coca-Cola®-Rezept.**
> Etwa im Jahr 1886 entwickelte der US-Amerikaner John Stith Pemperton ein koffein- und kohlensäurehaltiges Erfrischungsgetränk namens Coca-Cola. Das Rezept wurde von dem Erfinder, und seinen Rechtsnachfolgern nie zum Patent angemeldet. Zu dieser Zeit war es nämlich möglich, die Rezeptur über viele Jahrzehnte geheim zu halten, da die Liste der natürlichen Zutaten und deren Konzentrationen mit den damaligen analytischen Methoden nicht ermittelt werden konnte. Eine Patentanmeldung des Rezepts wäre hingegen nach 18 Monaten vom Patentamt veröffentlicht worden, und mit Ablauf des Patentschutzes nach 20 Jahren hätten Nachahmer

3.5 · Freie Erfindungen

freie Fahrt gehabt. Übrigens ist die Coca-Cola®-Rezeptur heute, dank modernerer Analysetechniken, kein Geheimnis mehr.

- Falls die voraussichtlichen Patentkosten die möglichen Einnahmen aus der Verwertung übersteigen, ist die Patentierung nicht empfehlenswert. Hier wäre zu überlegen, ob andere, kostengünstigere Formen des Schutzes, beispielsweise als Design, angewandt werden können.
- Bei Produkten, für die ein schneller Markteintritt erreicht werden kann und deren Produktlebenszyklus kurz ist, macht eine Patentanmeldung aufgrund der hohen Kosten und der langen Verfahrensdauer möglicherweise wenig Sinn. Ohne Patentschutz besteht allerdings die Gefahr, dass ein Wettbewerber die Erfindung nachahmt und gegebenenfalls schneller und billiger produziert.

■ Gründe für die Patentierung

Ein Patent bietet seinem Inhaber eine starke Rechtsposition, die gerade für „kleine Marktteilnehmer" einen manchmal überlebenswichtigen Vorteil bringt:

- Das Patent ermöglicht seinem Inhaber quasi ein Monopol zur Nutzung der Erfindung (wenn er keine anderen Rechte verletzt). Mit einem Patent kann anderen die Nutzung der Erfindung verboten werden, beziehungsweise kann der Patentinhaber entscheiden, wer die Erfindung kommerziell verwerten darf. *Patent zum Schutz gegen „Große"*
- Ein Patent oder ein angemeldetes Patent ist häufig eine Voraussetzung, um Risiko- oder Investitionskapital anzuziehen.
- Mitunter kann ein Patent als Marketinginstrument verwendet werden, wenn das patentgeschützte Produkt den Käufern gegenüber als besonders innovativ dargestellt werden soll.

■ Die Patentanmeldung

Fällt die Entscheidung für die Patentierung einer Erfindung, sollte beim Verfassen der Patentanmeldung professionelle Hilfe in Anspruch genommen werden. Zwar könnten Erfinder*innen aus Deutschland auch ohne Vertretung durch einen Patentanwalt beim DPMA eine selbst geschriebene Patentanmeldung einreichen, wofür er – bei elektronischer *Professionelle Unterstützung für die Patentanmeldung*

Anmeldung – lediglich 40 € Anmeldegebühr zu zahlen hätte. Auch beim Europäischen Patentamt kann jeder Bürger oder jede Firma mit (Wohn-)Sitz in einem Mitgliedsland des Europäischen Patentübereinkommens (EPÜ) auf eigenen Namen eine Patentanmeldung einreichen und das Patentverfahren führen. Viele Argumente sprechen allerdings dafür, einen Patentanwalt einzubinden (▶ Abschn. 5.4.6).

Informationen zum Aufbau und Inhalt einer Patentanmeldung finden sich in ▶ Abschn. 5.4. Der Text der ersten Patentanmeldung gibt den Ausschlag dafür, was später zum Patent erteilt werden kann. Der Inhalt bildet die Offenbarung der Erfindung, aus der in späteren Patenterteilungsverfahren geschöpft werden kann. Wenn etwas fehlt oder nicht gemäß den zahlreichen Vorschriften des Patentrechts formuliert wurde, kann das in vielen Fällen nicht mehr „geheilt" werden, denn es ist nicht erlaubt, den Inhalt der Patentanmeldung nach der Anmeldung zu erweitern oder etwas Wesentliches hinzuzufügen. Daher muss der Schutzbereich in den Patentansprüchen einerseits möglichst breit formuliert werden, andererseits müssen mögliche Rückfallpositionen vorbereitet werden, falls der Prüfer des Patentamts frühere Veröffentlichungen findet, die der Erfindung nahekommen.

Für die Ausarbeitung einer Patentanmeldung durch einen Patentanwalt oder eine Patentanwältin muss mit Kosten von etwa 3500 bis 5000 € gerechnet werden. Hinzu kommen die Gebühren des Patentamts für die Anmeldung und gegebenenfalls für Recherche und Prüfung. Im weiteren Verfahren, zum Beispiel bei der Beantwortung von Prüfbescheiden des Patentamts, wird der Patentanwalt in der Regel nach seinem Aufwand abrechnen.

- **Wo findet man einen Patentanwalt?**

Für die Suche nach Patentanwält*innen in Deutschland gibt es das bundesweite amtliche Patentanwaltsverzeichnis unter ▶ http://www.patentanwaltsregister.com. Eine Suchmaske auf dieser Internetseite ermöglicht, in Deutschland zugelassene Patentanwält*innen zu finden. Hierbei können verschiedenen Kriterien, z. B. der Name des Patentanwalts oder der Ort, verwendet werden. Die meisten freiberuflichen, deutschen Patentanwält*innen sind gleichzeitig zugelassene Vertreter vor dem Europäischen Patentamt und daher berechtigt, ihre Mandanten bei europäischen Patentanmeldeverfahren zu unterstützen.

Unter ▶ http://www.epo.org/applying/online-services/representatives_de.html findet sich eine Datenbank mit allen europäischen Patentanwält*innen, die alle zwei Wochen vom Europäischen Patentamt aktualisiert wird.

Ein Patentanwaltsregister mit allen Patentanwält*innen, die zum Führen dieses geschützten Titels in der Schweiz be-

3.5 · Freie Erfindungen

rechtigt sind, ist erhältlich unter ▶ https://www.ige.ch/de/etwas-schuetzen/patente/vor-der-anmeldung/patentanwaelte/schweizer-patentanwaltsregister.html.

Bei der Suche nach einem österreichischen Patentanwalt hilft die Homepage der österreichischen Patentanwaltskammer: ▶ https://www.oepak.at/.

- **Patent- und Verwertungsstrategie**

Auf Basis der Neuheitsrecherche und einer Marktanalyse kann überlegt werden, ob beziehungsweise in welchen Ländern Patentverfahren geführt werden sollen. Möglicherweise kommen zusätzlich andere Schutzrechte wie Markenschutz oder Designschutz infrage. Es empfiehlt sich, die voraussichtlichen Kosten und Risiken im Vergleich zu den erwarteten Einnahmen kritisch zu analysieren. Spätestens an dieser Stelle sollte man sich darüber im Klaren sein, mit welchem Produkt oder welcher Dienstleistung Geld verdient werden soll. Denn genau dieser Teil der Erfindung sollte schutzrechtlich abgesichert werden.

Neben der Patentsituation müssen Erfinder*innen möglichst viel über den potenziellen Markt für die Technologie sowie über die potenziellen Wettbewerber und Kunden wissen. Denn nur vor diesem Hintergrund kann die Verwertungsstrategie für die Erfindung geplant werden. Gibt es überhaupt einen Markt, und wer sind mögliche Wettbewerber? Wie groß und wo ist der Markt für die Erfindung? Wer sind mögliche Endkunden oder Lizenznehmer? Welche Vorteile bietet die Erfindung dem Kunden? Wer kann das Produkt herstellen beziehungsweise die Dienstleistung anbieten? Kann die Erfindung direkt vermarktet werden, oder sollte die Vermarktung über einen Zwischenhändler erfolgen? Zur welchem Preis kann das Produkt angeboten werden? Wie hoch sind die Herstellungskosten? (siehe hierzu auch ▶ Abschn. 11.5)

Für eine ausführlichere Unterstützung und Beratung bei der Vermarktung freier Erfindungen sei an dieser Stelle auf die umfangreiche Literatur zu dieser Thematik verwiesen. Weitere Hilfestellung bei der Verwertung und Vermarktung geben Industrie- und Handelskammern, Erfinderverbände und Gründerzentren.

Patentanwälte in Listen und Datenbanken

Schutzstrategie entwickeln

Produkt und Kunden im Mittelpunkt

3.5.3 Unterstützung und Beratung für freie Erfinder*innen

- **Bücher**
  - Wagner MH, Thieler W (2007) Wegweiser für den Erfinder: Von der Aufgabe über die Idee zum Patent. Springer, Berlin

- Rapp A (2011) Von der Idee zum Produkt für Dummies. Wiley-VCH, Weinheim
- Beck K (2000) Idee! Patent? Erfolg? Libri Books on Demand

- **Beratung**
- Industrie- und Handelskammern (IHK) bieten regelmäßig Veranstaltungen oder individuelle Termine zum Thema Patent- und Erfinderberatung an. Die Beratung wird von Patentanwälten durchgeführt und ist in der Regel kostenlos.
- Der Deutsche Erfinder-Verband e.V. mit deutschlandweit ca. 500 Mitgliedern sieht sich als zentrale Anlaufstelle für Erfinder und versorgt diese schon auf seiner Homepage mit zahlreichen Informationen und Hinweisen: ▶ http://www.deutscher-erfinder-verband.de
- In Österreich finden freie Erfinder Unterstützung beim Österreichischen Innovatoren-, Patentinhaber- & Erfinderverband: ▶ http://www.erfinderverband.at
- Ein Kontakt zum Erfinderverband der Schweiz findet sich unter: ▶ http://erfinderverband.ch/

- **Erfindermessen**
- Die Internationale Fachmesse für Ideen, Erfindungen und neue Produkte (iENA) findet jährlich in Nürnberg statt. Es werden zahlreiche Auszeichnungen in den Kategorien „Freie Erfinder", „Schüler/Jugend" sowie „Hochschulen/Universitäten" vergeben: ▶ https://www.iena.de/
- Auf der Internationalen Messe für Erfindungen in Genf werden jährlich etwa 1000 Neuheiten vorgestellt und zahlreiche Preise vergeben: ▶ http://www.inventions-geneva.ch

Erfindungen und IP-Rechte in F&E-Kooperationen

Inhaltsverzeichnis

4.1 Kooperationen zwischen Hochschulen und Unternehmen – 110
4.1.1 Warum kooperieren Hochschulen und Unternehmen? – 110
4.1.2 Arten von Kooperationen – 111

4.2 Exkurs: Auftrags- und Kooperationsforschung gemäß EU-Beihilferahmen – 113

4.3 Der Kooperationsvertrag – 117
4.3.1 Bausteine eines Kooperationsvertrags – 117
4.3.2 IP-Regelungen bei Kooperationsforschung – 119
4.3.3 IP-Regelungen bei Auftragsforschung – 121
4.3.4 Die Unterschrift des Hochschullehrers – 123
4.3.5 Mustertexte und Vertragsbausteine für Kooperationsverträge – 124

© Springer-Verlag GmbH Deutschland, ein Teil von Springer Nature 2022
K. Schilling, *Forschen – Patentieren – Lizenzieren*, https://doi.org/10.1007/978-3-662-64400-3_4

> Nach unserer Überzeugung gibt es kein größeres und wirksameres Mittel zu wechselseitiger Bildung als das Zusammenarbeiten.

Johann Wolfgang von Goethe (1749–1832), deutscher Dichter der Klassik, Naturwissenschaftler und Staatsmann

4.1 Kooperationen zwischen Hochschulen und Unternehmen

4.1.1 Warum kooperieren Hochschulen und Unternehmen?

Patente als Ergebnisse erfolgreicher Kooperationen

Nicht jeder kann alles allein machen. Wissenschaftler*innen aus verschiedenen Bereichen arbeiten daher gerne zusammen, um schneller und erfolgreicher zu forschen und zu entwickeln. Das Hauptziel von Unternehmen bei der Zusammenarbeit mit Hochschulen besteht darin, die Ergebnisse des F&E-Vorhabens wirtschaftlich verwerten zu können. Ein wesentlicher Aspekt bei Kooperationsverträgen betrifft deshalb den Umgang mit den Rechten an den Projektergebnissen, entstehendem Know-how, Erfindungen und Patenten.

Bei einer Zusammenarbeit zwischen Hochschulinstituten und Unternehmen können beide Seiten von der unterschiedlichen Herangehensweise des anderen profitieren.

Am Anfang steht ein gemeinsames Interesse an erfolgreicher Forschung und nützlichen Ergebnissen. Allerdings bietet sich im Verlauf der Kooperation auch ausreichend Raum für Missverständnisse und Konflikte, die auf unterschiedlichen Erwartungen der Parteien beruhen. Denn Motivation und die Ziele von Professor*innen und Unternehmen für das gemeinsame Projekt können deutlich voneinander abweichen (◘ Abb. 4.1).

Für Professor*innen liegt das Interesse, mit Unternehmen zu kooperieren, vor allem in
— Forschung mit Praxisbezug,
— einem besseren Kontakt zur Wirtschaft,
— der Finanzierung von Forschungsvorhaben,
— dem Einwerben von Drittmitteln und
— Publikationen und wissenschaftlichem Renommee.

Für Unternehmen stehen naturgemäß andere Gründe im Vordergrund:
— Auslagerung von Entwicklungsrisiken (Outsourcing) aufgrund von Zeit- und Kostendruck sowie Kapazitätsengpässen,

4.1 · Kooperationen zwischen Hochschulen und Unternehmen

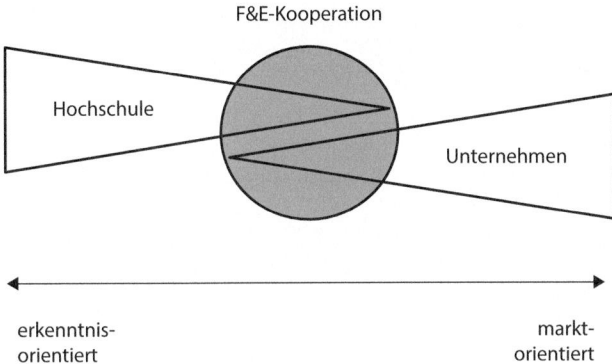

Abb. 4.1 Forschungscharakter von Hochschulen und Unternehmen

- enger Kontakt zur Forschung, um neue Entwicklungen nicht zu verpassen oder zu prüfen,
- fehlende Inhouse-Kompetenz zu bestimmten Technologiefeldern,
- zusätzliche staatliche Förderung in bestimmten Bereichen,
- Rekrutierung von Mitarbeiter*innen.

4.1.2 Arten von Kooperationen

Bei der Zusammenarbeit von Hochschulen mit Unternehmen unterscheidet man grundsätzlich drei Varianten: Werkverträge, Auftragsforschung sowie F&E-Kooperationsprojekte. Indizien für das Vorliegen dieser unterschiedlichen Kooperationstypen sind in Tab. 4.1 gegenübergestellt.

Während bei einem Werkvertrag genaue Vorgaben zur Projektausführung gemacht werden, wird die Aufgabenstellung vom Auftrags- bis zur F&E-Kooperation immer weniger konkret. Entsprechend ungewisser gestalten sich die Erfolgsaussichten.

> Wie konkret ist die Fragestellung?

Die Auswahl des Kooperationstyps hängt vor allem von der Fragestellung ab, die in der Kooperation angegangen werden soll. Anhand der folgenden Beispiele wird dies verdeutlicht:
- *Werk-/Dienstvertrag:* Ein Hochschulinstitut verfügt über hochmoderne Geräte zur Analytik von Biomolekülen mittels Massenspektrometrie (MS). Von einem Unternehmen wird die Hochschule beziehungsweise das Hochschulinstitut beauftragt, routinemäßig MS-Messungen zur Konzentrationsbestimmung eines bekannten Peptids durchzuführen. Das Peptid sowie die notwendige Sequenz-

Tab. 4.1 Vergleich der drei wichtigsten Kooperationsvarianten

Werk-/Dienstverträge	Auftragsforschung	F&E-Kooperation
Eindeutiges, bekanntes Ziel	Zielorientiert, ergebnisoffen	Zieloffen, ergebnisoffen
Erfolg geschuldet	Erfolg nicht geschuldet	Erfolg nicht geschuldet
Definierter Weg der Ausführung	Definierter Weg der Umsetzung Definierter Zweck der Untersuchung	Umsetzung nicht im Detail definiert
Hochschule führt Projekt alleine durch	Hochschule führt Projekt alleine durch	Beträge beider Partner
Keine Interpretation der Daten durch den Forschenden notwendig	Interpretation der Daten durch den Forschenden notwendig	Arbeitsteilige, gemeinschaftliche F&E
Vollkostenübernahme durch Auftraggeber	Vollkostenübernahme durch Auftraggeber	Beiträge beider Partner, staatliche Förderung

und Strukturinformation werden vom Unternehmen zur Verfügung gestellt.
- *Auftragsforschung:* Hochschulforschende haben ein neues Mausmodell für die Alzheimer-Erkrankung entwickelt. Ein Unternehmen, das neue Medikamente zur Behandlung von Alzheimer entwickelt, beauftragt die Hochschule beziehungsweise das Hochschulinstitut, die Wirksamkeit einer vom Unternehmen bereitgestellten chemischen Substanz an diesem Tiermodell zu testen.
- *F&E-Kooperation:* An einem Hochschulinstitut werden seit vielen Jahren die Signalwege des Immunsystems erforscht. Ein Unternehmen, das Wirkstoffe zur Krebsbekämpfung entwickelt, möchte gemeinsam mit diesem Hochschulinstitut Impfstoffe gegen Krebserkrankungen erforschen und entwickeln.

Während Werkverträge und Auftragsforschung in der Regel in einem bilateralen Verhältnis zwischen Hochschule und Unternehmen stattfinden, kommen F&E-Kooperationen in unterschiedlichen Konstellationen vor: als bilaterales Kooperationsprojekt, als Förderprojekte mit zwei oder mehreren Kooperationspartnern oder auch auf Basis von Forschungsplattformen. Generell lässt sich sagen, dass die vorherrschenden

Formen der Zusammenarbeit von Hochschulen und Unternehmen Auftrags- oder F&E-Kooperationen darstellen.

4.2 Exkurs: Auftrags- und Kooperationsforschung gemäß EU-Beihilferahmen

Eine Unterscheidung von Auftrags- und Kooperationsforschung ergibt sich aus dem Beihilferecht der EU. Es folgen daraus wichtige Vorgaben bei der Vertragsgestaltung zu Kooperationen zwischen Unternehmen, Hochschulen und Forschungseinrichtungen, die das Gebiet der EU betreffen. Der Grundgedanke besteht darin, dass IP-Rechte aus Kooperationen nicht an ein einzelnes Unternehmen „verschenkt" oder unter Marktpreis verkauft werden dürfen, wenn sie mithilfe staatlicher Mittel entstanden sind. Andere Unternehmen beziehungsweise Wettbewerber wären nämlich hierdurch benachteiligt.

Keine IP-Rechte verschenken.

Um eine Wettbewerbsverfälschung durch staatliche Förderung zu vermeiden, hat die Europäische Kommission einen Gemeinschaftsrahmen für staatliche Beihilfen für Forschung, Entwicklung und Innovation (2006/C 323/01) erlassen, der zum 01.01.2009 in Kraft trat. Den Hintergrund für diesen sogenannten EU-Beihilferahmen bildet das Beihilfeverbot laut Art. 107 des Vertrags über die Arbeitsweise in der EU (AEUV).

> **Definition**
>
> –Art. 107 AEUV: Beihilfeverbot
> Soweit in diesem Vertrag nicht etwas anderes bestimmt ist, sind staatliche oder aus staatlichen Mitteln gewährte Beihilfen gleich welcher Art, die durch die Begünstigung bestimmter Unternehmen oder Produktionszweige den Wettbewerb verfälschen oder zu verfälschen drohen, mit dem gemeinsamen Markt unvereinbar, soweit sie den Handel zwischen Mitgliedstaaten beeinträchtigen.

Staatliche Beihilfen in diesem Sinne umfassen sowohl Mittel der Hochschule oder Landesmittel als auch Bundesmittel der DFG, des BMBF, des BMWi oder der EU usw. Daher sind die rechtlichen Regelungen des EU-Beihilferahmens für alle Formen der Zusammenarbeit zwischen Hochschulen und Unternehmen relevant.

▪ Hochschulen als Unternehmen

„Keine Wettbewerbsverzerrung durch staatliche Förderung"

Nach Auffassung der EU können auch Hochschulen unternehmerisch handeln. Es wird unterschieden zwischen nichtwirtschaftlichen Tätigkeiten, die staatlich gefördert werden dürfen, und wirtschaftlichen Tätigkeiten, deren staatliche Förderung den Wettbewerb beziehungsweise den zwischenstaatlichen Handel in der EU verzerren würde.

Als nichtwirtschaftliche Tätigkeiten der Hochschulen gelten:
- Lehre und Ausbildung,
- unabhängige Forschung und Entwicklung, auch im Verbund, zur Erweiterung des Wissens und des Verständnisses,
- Technologietransfer, wenn die Tätigkeit interner Natur ist und die Einnahmen daraus wieder in die Forschungseinrichtung investiert werden.

Bei den folgenden wirtschaftlichen Tätigkeiten können Hochschulen eine Konkurrenz für private Unternehmen darstellen, welche die gleiche Dienstleistung anbieten:
- Forschungstätigkeiten in Ausführung von Verträgen mit Unternehmen (Auftragsforschung),
- Dienstleistungen für gewerbliche Unternehmen (zum Beispiel Analytikdienstleistungen),
- Beratungstätigkeit,
- Vermietung von Forschungsinfrastruktur (Laboratorien, Großgeräte).

Gemäß des EU-Beihilfenrecht erfolgt daher bei der Zusammenarbeit von Hochschulen mit Unternehmen eine strikte Unterscheidung zwischen
- der Auftragsforschung, bei der die Hochschule einen Forschungsauftrag übernimmt, für den das Unternehmen einen marktüblichen Preis zahlen muss, und eine staatliche Förderung nicht erlaubt ist, und
- einer Forschungskooperation (F&E-Kooperation), bei der Hochschule und Unternehmen gemeinsam ein Forschungsprojekt durchführen und die staatlich gefördert werden darf.

Für die Frage, ob es sich bei einer Zusammenarbeit um Auftragsforschung oder eine F&E-Kooperation handelt, spielt der Umgang mit entstehenden Erfindungen und IP-Rechten eine wesentliche Rolle.

▪ Auftragsforschung

Keine staatliche Förderung bei Auftragsforschung

Bei der Auftragsforschung (*research contract* oder *contract research*) erhält die Hochschule beziehungsweise das betreffende Hochschulinstitut von einem Unternehmen den Auftrag, ein bestimmtes und typischerweise eng umrissenes Forschungsprojekt durchzuführen. Die Idee für das Projekt stammt in der Regel vom Unternehmen, das auch die zu leistenden Aufgaben sowie den Zeitrahmen vorgibt. Das Unternehmen erhält die Rechte an den Projektergebnissen und trägt allein das Risiko für den Erfolg beziehungsweise das Scheitern des Projekts.

Um auszuschließen, dass ein Privatunternehmen bei einem Auftragsforschungsprojekt unerlaubt einen Vorteil durch staatliche Beihilfen erhält, z. B. indem es vergünstigt öffentlich finanzierte Infrastruktur nutzt, müssen die Regelungen des sogenannten EU-Beihilferahmens beachtet werden („Unionsrahmen für staatliche Beihilfen zur Förderung von Forschung, Entwicklung und Innovation" 2014/C vom 27.06.2014, Abs. 2.2). Demnach muss das Unternehmen den „Marktpreis" für diese Dienstleistung zahlen, das heißt, den Preis, den es auch an einen privaten Forschungsdienstleister entrichten müsste. Falls ein solcher „Marktpreis" nicht beziffert werden kann, da z. B. die Forschungsarbeit auf der besonderen Expertise der Hochschulforscher basiert und die gewünschte Dienstleistung nicht von einem beliebigen, anderen Marktteilnehmer erbracht werden kann, gibt zwei Möglichkeiten zur Preisberechnung. Zum einen kann für die Bestimmung des Marktpreises der Vollkostenpreis (u. a. Personal, Verbrauch, Infrastruktur) plus eine angemessene Gewinnmarge angesetzt werden. Zum anderen kann der Marktpreis von der Forschungseinrichtung nach dem Arm's-length-Prinzip verhandelt werden, wobei zumindest die Grenzkosten gedeckt sein müssen.

Marktpreis, Vollkostenrechnung oder Verhandlung

- **F&E-Kooperation**

Im Gegensatz zur Auftragsforschung wird ein F&E-Kooperationsprojekt von den Vertragsparteien gleichberechtigt durchgeführt. Alle Partner beteiligen sich am Design und an der Durchführung des Projekts; sie tragen gemeinsam das Risiko für den Erfolg und halten gemeinschaftlich die Rechte an gemeinsam erzielten Ergebnissen. Eine unerlaubte Subventionierung oder Begünstigung der beteiligten Unternehmen liegt laut dem EU-Beihilferahmen *nicht* vor, wenn

Die Rechteübertragung muss zu marktüblichen Konditionen erfolgen.

- die Vertragspartner die gesamten Kosten tragen (also keine staatliche Förderung erfolgt),
- alle Rechte an den Projektergebnissen und IP-Rechten, die von der Hochschule erzielt wurden, bei der Hochschule verbleiben,
- die entstehenden IP-Rechte werden den Partnern entsprechend ihres Betrags und ihrer Interessen angemessen zugeordnet oder
- entstehende IP-Rechte für ein marktübliches Entgelt übertragen werden. Der marktübliche Preis kann unterschied-

lich festgelegt werden, etwa durch ein offenes Verkaufsverfahren oder mithilfe eines Gutachtens eines unabhängigen Sachverständigen. Des Weiteren wird von einem marktüblichen Preis ausgegangen, wenn nachgewiesen werden kann, dass dieser nach dem Arm's-length-Prinzip ausgehandelt wurde (siehe oben).

> Die Unterscheidung zwischen Auftragsforschung und F&E-Kooperation erfolgt eng gekoppelt an den Umgang mit entstehenden Erfindungen und IP-Rechten. Bei Auftragsforschungsprojekten ist eine staatliche Förderung nicht erlaubt; alle Projektergebnisse fließen zum Vollkostenpreis plus Gewinnmarge an das Unternehmen.

> Für Forschungskooperationen dürfen staatliche Mittel verwendet werden. Dann gehören entstehende IP-Rechte im ersten Schritt der Partei, bei der sie entstanden sind, und bei einer Rechteübertragung bzw. kommerziellen Nutzung durch den Industriepartner muss eine Vergütung des Hochschulpartners zu marktüblichen Konditionen erfolgen.

- **Folgen bei Verstößen gegen den EU-Beihilferahmen**

Bei Verstoß Rückabwicklung und Schadensersatz

Sowohl Unternehmen als auch Hochschulen und Forschungsinstitutionen sollten nicht darauf vertrauen, dass Verstöße gegen die Bestimmungen des EU-Beihilferahmens kaum nachgewiesen und geahndet werden können. Mit einer Anklage wegen unzulässiger Subventionierung muss wahrscheinlich weniger von staatlicher Stelle, sondern eher von Wettbewerbern gerechnet werden. Die möglichen Konsequenzen können für die beteiligten Unternehmen und die Forschungseinrichtungen gravierend sein, denn es drohen
- die Rückabwicklung des Vertrags,
- die Rückzahlung der Beihilfen und Fördermittel,
- Sanktionen und Strafzahlungen sowie
- Schadensersatzzahlungen an Wettbewerber.

Abschließend sei der Vollständigkeit halber angemerkt, dass einige Ausnahmeregelungen bei der Beurteilung unzulässiger Beihilfen bestehen. Durch die sogenannte De-minimis-Regelung oder bei Ausnahmetatbeständen der sogenannten Gruppenfreistellungsverordnung (AGVO) ist eine staatliche Förderung erlaubt, wenn das beteiligte Unternehmen bestimmte Schwellenwerte für Forschungsausgaben nicht überschreitet (VO (EG) Nr. 1998/2006 De-minimis-Beihilfen, VO (EG) Nr. 800/2008 – Allgemeine Gruppenfreistellung).

4.3 Der Kooperationsvertrag

4.3.1 Bausteine eines Kooperationsvertrags

Manche Leute sagen, Vertrag kommt von „vertragen". Aus Erfahrung ist ein Vertrag aber vor allem dann wichtig, wenn es zu Streitigkeiten kommt. Da bei Kooperationen zwischen Hochschulen und Unternehmen die beteiligten Hochschulwissenschaftler*innen bei vielen Regelungen direkt betroffen sind, empfiehlt es sich, diese vor Vertragsabschluss sorgsam zu prüfen und im Zweifelsfall auf Änderungen zu bestehen. Insbesondere die Bestimmungen zu Geheimhaltung und Publikationen, aber auch zum Umgang mit IP-Rechten führen zu besonderen Verpflichtungen der Hochschulwissenschaftler*innen.

Einschränkungen für Wissenschaftler*innen beachten

Verträge über technisches Wissen, wie Kooperations- und Lizenzverträge, sind in Deutschland nicht durch ein spezielles Gesetz geregelt. Es handelt sich um Verträge eigener Art; sie unterliegen den Regelungen des Bürgerlichen Gesetzbuches (BGB) und sind ansonsten frei verhandelbar.

Verträge sind verhandelbar.

Daraus ergeben sich vielfältige Gestaltungsmöglichkeiten. In der Regel halten sich Kooperationsverträge zwischen Hochschulen und Unternehmen an vorgegebene Muster mit den folgenden Vertragsmodulen:

— *Präambel:* Die Präambel am Anfang des Vertrags beschreibt den Zweck des Vertrags beziehungsweise die Intention der Parteien. Da die Präambel im Streitfall zur Vertragsauslegung genutzt wird, sollte ihre Formulierung gut überlegt sein.
— *Definitionen zum Vertragsgebiet (Thema der Kooperation) und den Vertragsparteien.*
— *Geheimhaltungsklausel:* Die Geheimhaltungsklausel für alle beteiligten Vertragsparteien umfasst Regelungen zu folgenden Fragen: Was wird als geheim definiert? Wie lange müssen die Informationen geheim gehalten werden? Wer ist zur Geheimhaltung verpflichtet? (siehe auch ▶ Abschn. 11.2)

> Beschäftigte der Hochschule sind per Arbeitsvertrag zur Geheimhaltung verpflichtet beziehungsweise an den Kooperationsvertrag zwischen der Hochschule und Unternehmen oder anderen Parteien gebunden. Das gilt jedoch nicht für Student*innen, Stipendiat*innen oder Gastwissenschaftler*innen, die keinen Arbeitsvertrag mit der Hochschule haben.

> Diese „freien Mitarbeiter*innen" müssen, wenn sie an einem Kooperationsprojekt beteiligt sein sollen, vor Projektstart eine gesonderte Vereinbarung zur Geheimhaltung und dem Umgang mit entstehenden IP-Rechten unterzeichnen.

- *Leistungsbeschreibung:* Die technische Durchführung wird in der Regel als Anhang beigefügt, damit später einfacher Anpassungen des Projektplans vorgenommen werden können, falls dies aufgrund des Projektverlaufs erforderlich werden sollte.
- *Zeitplan:* Der Zeitrahmen mit definierten Meilensteinen wird ebenfalls im Anhang festgehalten, um bei unerwarteten Problemen flexibel reagieren zu können.

Projekt-, Zeit- und Kostenplan im Anhang

- *Kosten:* Auch der Zahlungsplan wird dem Vertrag üblicherweise als Anhang beigelegt.
- *Nutzungs- und IP-Rechte:* Ganz wichtig ist die Definition der Nutzungsrechte an bereits bestehendem IP (Background IP oder Altrechte) und die Zuordnung der Rechte an neu entstehendem IP (Foreground IP oder Neurechte). Mögliche Regelungen zum Umgang und zur Vergütung sind Verhandlungssache und unterscheiden sich je nach Art und Inhalt des Projekts. Mögliche Varianten für Auftrags- beziehungsweise Kooperationsforschungsprojekte werden ▶ Abschn. 4.3.2 näher dargestellt.

Auf Publikationsfreiheit achten!

- *Publikationen:* Im eigenen Interesse sollten Hochschulwissenschaftler*innen die Regelungen zu Publikationen der Ergebnisse einer Kooperation sorgfältig prüfen. Für das Unternehmen kann es wichtig sein, die Publikationsfreiheit der beteiligten Hochschulwissenschaftler*innen zumindest befristet einzuschränken. Eventuell sollen schutzfähige Erfindungen zum Patent angemeldet werden oder möglichst lange vor der Konkurrenz verborgen bleiben. Andererseits wird dem kooperierenden Unternehmen klar sein, dass für Hochschulwissenschaftler*innen die wissenschaftliche Publikation ihrer Ergebnisse unverzichtbar ist. In dem meisten Fällen findet sich ein Kompromiss darin, dass geplante Publikationen dem Industriepartner einige Zeit im Voraus (45 oder 60 Tage) mitgeteilt werden müssen bzw. um diesen Zeitraum verzögert werden.
- *Haftungsbestimmungen:* In der Regel wird in Kooperationsverträgen mit Hochschulen die Haftung der Hochschule für Sachmittel- und Rechtsmängel, zum Beispiel für die Richtigkeit der Ergebnisse, weitgehend ausgeschlossen oder maximal auf die Höhe des Projektvolumens begrenzt.
- *Kündigungsmöglichkeiten und – fristen:* Sie sollten genau geregelt werden. Sinnvoll ist die Möglichkeit zur Kündigung aus wichtigem Grund, etwa wenn vereinbarte Zahlungen

ausbleiben und nicht nach vereinbarten Fristen nachgeholt werden. Gegebenenfalls kann die Kündigung auch an das Erreichen von Meilensteinen gekoppelt werden.
- *Rechtswahl:* Einen nicht zu unterschätzenden Punkt bei Streitigkeiten bildet die Auswahl des Gerichtsstands und des anzuwendenden Rechts. In der Regel wird die Hochschule darauf bestehen, dass das hiesige Recht der Hochschule, in Deutschland also deutsches Recht, zur Anwendung kommt. Die finanziellen Risiken eines Rechtsstreits im Ausland, insbesondere in den USA, sind für eine deutsche Hochschule kaum akzeptabel. Ein Kompromiss, der recht häufig in Verträgen zwischen Forschungseinrichtungen verschiedener Länder gewählt wird, ist die Vereinbarung, dass jeweils das Recht des Beklagten angewendet wird.

4.3.2 IP-Regelungen bei Kooperationsforschung

Sowohl in Verträgen zu F&E-Kooperationen als auch in Verträgen zu Auftragsforschung finden sich detaillierte Regelungen zum Umgang, der Zuordnung und Nutzung von IP-Rechten durch die beteiligten Partner:

- **Nutzungsrechte im Projekt**

Zunächst wird die Zuordnung der vorhandenen IP-Rechte (Background IP oder Altrechte) sowie der im Projekt entstehenden IP-Rechte (Foreground IP oder Neurechte) definiert. Für die Dauer einer Kooperation wird meist vereinbart, dass alle Parteien zu Forschungszwecken ein einfaches kostenfreies Nutzungsrecht für Background IP und Foreground IP erhalten, das für die Durchführung des Projekts notwendig ist. Das erforderliche Background IP muss gegebenenfalls in einer gesonderten Liste, meist im Anhang, aufgeführt werden.

Einfache Nutzungsrechte für die Forschung

Foreground IP, das heißt neue Erfindungen, gehören im ersten Schritt denjenigen, die die Erfindung gemacht haben beziehungsweise deren Rechtsnachfolgern – bei Hochschulerfinder*innen also der Hochschule. Bei gemeinschaftlichen Erfindungen werden die Rechte den beteiligten Parteien je nach Höhe ihrer Erfinderanteile zugeteilt.

- **Was passiert, wenn eine Erfindung entstanden ist?**

In der Regel wird festgelegt, dass Erfindungen der beteiligten Hochschulwissenschaftler*innen der Hochschule zu melden und dem Projektpartner mitzuteilen sind. Für das weitere Verfahren der Patentanmeldung wird häufig festgelegt, dass zwischen den Parteien nach Vorliegen der Erfindungsmeldung eine separate Vereinbarung getroffen wird. Allerdings können die Rahmenbedingungen auch im Vorfeld geregelt werden:

Wie wird die Patentierung organisiert? Wer meldet die Patente an und führt die Patentverfahren? Wie erfolgt die Festlegung von Auslandsanmeldungen? Wer trägt die Kosten? Wie erfolgt die Verteidigung gemeinsamer IP-Rechte?

Umgang mit Erfindungen festlegen

Im Interesse aller Vertragspartner sollte auch festgelegt werden, was passiert, wenn eine Partei die Schutzrechte aufgeben möchte. Üblicherweise wird vereinbart, dass den anderen Parteien solche Schutzrechte vor ihrer Aufgabe zur Übernahme angeboten werden.

- **Nutzungsrechte zu kommerziellen Zwecken**

Welche Nutzungsrechte werden gewährt?

Bei Kooperationen mit Unternehmen erhalten diese Zugriffsrechte auf Erfindungen (Foreground IP), an deren Entstehen sie maßgeblich beteiligt waren. Die Regelungen hierfür können je nach Art und Intention der Zusammenarbeit variieren. Zum Beispiel kann dem Unternehmen eine Option für eine Lizenz an Foreground IP eingeräumt werden. Dabei ist zu beachten, dass gegebenenfalls kommerzielle Nutzungsrechte an Background IP gewährt werden müssen, wenn diese für die Nutzung des Foreground IP erforderlich sind.

- **Vergütung für die Nutzung entstehender IP-Rechte**

Welche Vergütung ist vorgesehen?

Bei staatlich geförderten Projekten in der EU ist eine Pauschalvergütung für die Übertragung oder Lizenzierung von entstehenden IP-Rechten nur bei Auftragsforschungsprojekten zulässig. Im Rahmen von F&E-Kooperationsprojekten müssen Erfindungen zu „marktüblichen Preisen" übertragen oder auslizenziert werden (▶ Abschn. 4.2). In der Praxis findet man sehr unterschiedliche Varianten der Vergütung (siehe hierzu Mustervereinbarungen für Forschungs- und Entwicklungskooperationen in ▶ Abschn. 4.3.5). Möglich ist zum Beispiel, dass bereits im Kooperationsvertrag eine in der betreffenden Branche übliche Umsatzbeteiligung im Fall der kommerziellen Nutzung (nach Arm's-length-Prinzip) verhandelt und festgelegt wird. Die einfachste Variante besteht darin, die Verhandlung über Foreground IP zu vertagen, bis die Ergebnisse tatsächlich vorliegen und ihr Wert und die Nutzungsmöglichkeiten abgeschätzt und konkret verhandelt werden können.

> **Beispielformulierung im Kooperationsvertrag bei späterer kommerzieller Nutzung von neu entstandenen IP-Rechten durch das Unternehmen**
> „Nutzt der Industriepartner die Neurechte kommerziell, hat die Hochschule/Forschungseinrichtung pro Schutzrechtsfamilie Anspruch auf eine angemessene Vergütung, deren Art, Höhe und Dauer die Vertragspartner zu gegebener Zeit in gegenseitigem Einvernehmen festlegen werden."

(Aus: Mustervereinbarungen für Forschungs- und Entwicklungskooperationen, herausgegeben vom BMWi)

4.3.3 IP-Regelungen bei Auftragsforschung

Bei vielen Auftragsforschungsprojekten wird nicht unbedingt erwartet, dass neue, patentierbare Erfindungen entstehen. Dennoch liegt es auch hier im Interesse der Vertragspartner, dass der Umgang mit IP-Rechten vor deren Entstehung geregelt wird. Ist eine spannende Erfindung einmal in der Welt, kann eine gütliche Einigung nämlich schwierig werden.

Generell geht man davon aus, dass bei Auftragsforschung entstehendes Know-how und IP vom Industriepartner „mit eingekauft" wird. Die Vergütung bei Auftragsforschung umfasst im Regelfall aber nur die Forschungsdienstleistung. Der Erfolg der Forschung kann nicht vereinbart werden, und er ist auch nicht geschuldet. Aus diesem Grund stellen neue, patentierbare Erfindungen einen wertvollen Zusatznutzen dar, für den eine angemessene Vergütung vorgesehen sein sollte. Viele IP-Regelungen in Verträgen zu Auftragsforschung (Service Agreement) gleichen denen bei Forschungskooperationen, zum Beispiel die Verpflichtung zur Meldung von Erfindungen. Die Bestimmungen zur Einräumung von Nutzungsrechten und die zugehörige Vergütung unterscheiden sich jedoch, da alle neuen IP-Rechte dem „Auftraggeber" zuerkannt werden.

Erfindung als „Sahnehäubchen"

- **Rechteübertragung**

Das beauftragende Unternehmen besitzt einen berechtigten Anspruch auf Projektergebnisse, die schutzrechtlich gesichert werden können. Daher wird meist vertraglich vereinbart, dass entstehende Erfindungen von der Hochschule auf das Unternehmen übertragen werden müssen. Eine Alternative besteht darin, dass dem Unternehmen eine Exklusivlizenz eingeräumt wird. Beide Varianten setzen voraus, dass die Erfindungen von den Erfinder*innen gemeldet werden und die Hochschule die Rechte auf sich überleitet (Inanspruchnahme; ▶ Abschn. 3.2.1).

Übertragung oder Exklusivlizenz

Wichtig ist an dieser Stelle, dass für die Hochschule/die Erfinder*innen ein unentgeltliches Nutzungsrecht für Forschung und Lehre zurückbehalten wird .

- **Vergütung**

Die Tatsache, dass Kooperationsverträge verhandelbar sind, zeigt sich besonders deutlich in der Bandbreite der Vergütung für Erfindungen bei Auftragsforschung. Einerseits kann festgelegt werden, dass die Vergütung für übertragene Erfindungen/IP-Rechte mit der vereinbarten Auftragssumme abgegolten ist. Andererseits finden sich häufig Vereinbarungen, dass für jede Übertragung einer Erfindung eine festgelegte Pauschalsumme zu zahlen ist. Diese Regelung erscheint fair gegenüber den Hochschulerfinder*innen. Denn Wissenschaftler auf Unternehmensseite erhalten meist ebenfalls eine besondere Gratifikation für Erfindungen. In der Praxis liegen die Pauschalvergütungen im Bereich zwischen 500 und 5000 € je Erfindung. Die Hochschulerfinder*innen erhalten hiervon die ihnen gesetzlich zustehende Erfindervergütung.

> **Beispielformulierung für Rechteübertragung bei Auftragsprojekten**
> Stellen die Ergebnisse oder Teile davon nach Ansicht einer Partei schutzrechtsfähige Erfindungen dar bzw. haben Erfinder*innen bei der Universität hierzu Erfindungsmeldungen eingereicht, so ist dies der Firma unverzüglich schriftlich mitzuteilen. Erklärt sich die Firma binnen acht (8) Wochen nach Anzeige durch die Universität zur Übernahme der jeweiligen Rechte aus der Erfindung bereit, so ist die Universität verpflichtet, die Rechte auf die Firma zu übertragen. Als Entgelt für die Übertragung ihrer Rechte an den schutzrechtsfähigen Ergebnissen erhält die Universität von der Firma für jede prioritätsbegründende Erstanmeldung eines entsprechenden Schutzrechts eine einmalige Zahlung von € 2500 zzgl. der gesetzlichen Mehrwertsteuer.

Öffnungsklausel bei außergewöhnlichem Erfolg

- **Bestsellerregelung**
Für den Fall, dass in einem Auftragsforschungsprojekt wider Erwarten eine außergewöhnliche und kommerziell sehr erfolgreiche Erfindung entsteht, empfiehlt sich im Vertrag die Aufnahme einer Öffnungsklausel.

> **Beispiel für unerwartete Ergebnisse aus einem Auftragsforschungsprojekt**
> Ein Unternehmen beauftragt das Institut einer Hochschule mit der Testung einer neuen Substanz, die von dem Unternehmen zur Behandlung der Alzheimer-Erkrankung entwickelt wurde. Die Hochschulforscher sollen anhand eines etablierten Mausmodells für diese Krankheit verschiedene Untersuchungen zur Wirksamkeit und Toxizität der Substanz durchführen. Bei der Auswertung der Ergebnisse fällt den Wissenschaftler*innen auf, dass die mit der Substanz behandelten Mäuse im Vergleich zu den Kontrollmäusen beachtlich an Gewicht verloren haben. Versuche mit Wildtyp-

mäusen bestätigen, dass durch die neue Substanz der Appetit der Tiere gezügelt wird.

Das Unternehmen meldet auf Basis dieser Ergebnisse ein Patent zur Verwendung der Substanz bei der Behandlung von Adipositas und Übergewicht an. Die Hochschulwissenschaftler*innen werden als Erfinder*innen benannt.

Wurde in dem betreffenden Auftragsforschungsvertrag lediglich eine Pauschalzahlung für die Übertragung von Erfindungen vereinbart, so bliebe dies auch im vorliegenden Fall die einzige Vergütung der Hochschulwissenschaftler*innen, selbst wenn das Unternehmen in der Folge mit dieser neuen Indikation für die Substanz hohe Gewinne erzielen kann.

Eine Bestsellerregelung greift für den Fall, dass der Nutzen aus einer Erfindung den Wert der vereinbarten Zahlungen weit übersteigt. In diesem Fall muss dann eine gesonderte Vereinbarung über eine angemessene Beteiligung der Hochschule und ihrer Erfinder*innen getroffen werden.

Beispielformulierung für eine Öffnungsklausel
„Hat die Hochschule/Forschungseinrichtung dem Industriepartner eines oder mehrere Neurechte zu Bedingungen übertragen oder hieran eine Lizenz eingeräumt, die dazu führen, dass die vereinbarte Vergütung [...] unter Berücksichtigung dieser Vertragsbeziehung der Hochschule/Forschungseinrichtung zu dem Industriepartner in einem auffälligen Missverhältnis im Sinne einer wesentlichen Änderung der Geschäftsgrundlage zu den direkten Erträgen und Vorteilen aus der Nutzung des Neurechtes steht, so werden die Vertragspartner auf Verlangen eines Vertragspartners den Vertrag dergestalt anpassen, dass der Hochschule/Forschungseinrichtung eine den Umständen nach angemessene Beteiligung gewährt wird. Haben die Vertragspartner diese nach Abschluß des Vertrages eintretenden Bedingungen bei Vertragsschluss vorhergesehen, entfällt der Anspruch."
(Aus: Mustervereinbarungen für Forschungs- und Entwicklungskooperationen, herausgegeben vom BMWi)

4.3.4 Die Unterschrift des Hochschullehrers

Bei einem Kooperationsprojekt ist die Hochschule Vertragspartner. Für die Hochschule genehmigt und unterzeichnet eine legitimierte Person aus der Hochschulverwaltung beziehungsweise der Hochschulleitung den Kooperationsvertrag. Die Unterschrift des*der Projekt-leitenden Hochschullehrers oder

Hochschullehrerin sollte aus folgenden Gründen aber ebenfalls nicht fehlen:
- Deutsche Hochschulprofessor*innen forschen im Rahmen ihrer durch das Grundgesetz garantierten Forschungsfreiheit. Sie sind nicht an Weisungen der Hochschule gebunden. Nur sie selbst können sich rechtswirksam zur Durchführung bestimmter Aufgaben durch einen Forschungsvertrag verpflichten.
- Hochschulwissenschaftler*innen genießen eine gesetzlich garantierte Publikationsfreiheit . Diese umfasst auch das Recht, ihre Ergebnisse nicht mitzuteilen oder zu publizieren (negative Publikationsfreiheit). Damit könnten die Patentierung und die wirtschaftliche Verwertung der Ergebnisse des Kooperationsprojekts verhindert werden. Durch ihre Unterschrift können die Wissenschaftler*innen verpflichtet werden bzw. zustimmen, auf ihre negative Publikationsfreiheit zu verzichten. Sie müssen dann alle Erfindungen, die im Rahmen des Kooperationsprojekts entstehen, der Hochschule melden. Gleichzeitig wird in der Regel ihre positive Publikationsfreiheit eingeschränkt, indem zum Beispiel eine Genehmigungsverpflichtung für Publikation der Projektergebnisse festgeschrieben wird.

> Wissenschaftler*innen akzeptieren Einschränkung der Publikations-freiheit

4.3.5 Mustertexte und Vertragsbausteine für Kooperationsverträge

Vertragsmuster für F&E-Kooperationen einschließlich der Regelungen zu IP-Rechten finden sich unter folgenden Adressen:
- Mustervereinbarungen für Forschungs- und Entwicklungskooperationen. Ein Leitfaden für die Zusammenarbeit zwischen Wissenschaft und Wirtschaft. Herausgeber: Bundesministerium für Wirtschaft und Technologie (BMWi):
  ▶ https://www.bmwi.de/Redaktion/DE/Publikationen/Technologie/mustervereinbarungen-fuer-forschungs-und-entwicklungskooperationen.html
- Der Leitfaden enthält eine Mustervereinbarung für Verträge zur Auftragsforschung und Kooperation sowie für einen Werkvertrag zwischen Unternehmen und Hochschulen. Außerdem werden die Regelungen für verschiedene Vertragsvarianten gegenübergestellt und erläutert. Der Leitfaden ist auch auf Englisch erhältlich: Sample agreements for research and development cooperation. Guidelines for cooperation between the academic sector and industry: ▶ http://www.bmwi.de/English/Redaktion/Pdf/sample-agreements-for-research-and-development-cooperation,property=pdf,bereich=bmwi,sprache=en,rwb=true.pdf

- Muster-Konsortialvertrag DESCA (DEvelopment of a Simplified Consortium Agreement) [Hochschulen/Forschungseinrichtungen/KMU] erhältlich über das Internetportal zum EU-Forschungsrahmenprogramm. Über den Link ▶ http://www.desca-agreement.eu/ kann eine Worddatei mit einem englischsprachigen Vertragsmuster heruntergeladen werden. Zu den modulartig unterteilten Vertragsbausteinen gibt es danebenstehend Kommentare und Erläuterungen.
- Das Regelwerk von IMI (Innovative Medicines Initiative) beinhaltet einen Standard-Kooperationsvertrag sowie Richtlinien unter anderem zum Umgang mit IP-Rechten in Kooperationen: ▶ https://www.imi.europa.eu/apply-funding/general-overview/intellectual-property.
- Die IMI ist eine öffentlich-private Partnerschaft der Europäischen Kommission und der EFPIA (European Federation of Pharmaceutical Industries and Associations) und Teil des 7. Forschungsrahmenprogramms. Sie unterstützt Kooperationsprojekte von Industrie und Academia.

Patentieren

Inhaltsverzeichnis

Kapitel 5   Das Patent – 129

Kapitel 6   Neuheits- und Patentrecherche – 163

Kapitel 7   Was ist patentierbar? – 181

Kapitel 8   Der Weg zum Patent – 233

Kapitel 9   Weitere Arten geistigen Eigentums – 275

Das Patent

Inhaltsverzeichnis

5.1	**Patentkategorien**	**– 130**
5.2	**Wirkung von Patenten**	**– 133**
5.3	**Der Nutzen von Patenten**	**– 138**
5.4	**Wie sieht ein Patent aus?**	**– 141**
5.4.1	Verschiedene Arten von Patentdokumenten	– 141
5.4.2	Aufbau einer Patentschrift	– 145
5.4.3	Beschreibung	– 147
5.4.4	Beispiele und Zeichnungen	– 148
5.4.5	Patentansprüche	– 149
5.4.6	Der*die Patentanwalt*in – Aufgaben und Ausbildung	– 158
5.5	**Literatur zum Thema Patentrecht**	**– 161**

© Springer-Verlag GmbH Deutschland, ein Teil von Springer Nature 2022
K. Schilling, *Forschen – Patentieren – Lizenzieren*, https://doi.org/10.1007/978-3-662-64400-3_5

> Wer nicht erfindet, verschwindet. Wer nicht patentiert, verliert.

Erich Häußer (1930*), 1976–1995 Präsident des DPMA

5.1 Patentkategorien

Während manche Hochschulwissenschaftler*innen sehr anwendungsnah forschen, beschäftigen sich andere eher mit Grundlagen. Beide Ansätze können zu wirtschaftlich interessanten und patentierbaren Erfindungen führen. Dies setzt allerdings voraus, dass Forschende wissen, was überhaupt durch ein Patent geschützt werden kann.

Grundsätzlich kommen als patentierbare Erfindungen Gegenstände oder Tätigkeiten infrage (▶ Abschn. 2.2 und ▶ Abb. 2.1). Unter die Kategorie „Gegenstände" fallen:

- chemische Verbindungen, die durch eine bestimmte chemische Struktur gekennzeichnet sind,
- Stoffgemische, wobei auch bekannte Stoffe zu Gemischen mit neuen Eigenschaften führen können,
- Aminosäure- oder Nukleinsäuresequenzen, Peptide, Proteine, mRNA, siRNA, miRNAs und Ähnliches als Enzyme, Antikörper, Vektoren, Regulatoren oder Biomarker,
- Erzeugnisse, wie Materialien oder andere Verfahrensprodukte,
- Geräte, Maschinen und andere Vorrichtungen, wie Mess- und Analysegeräte, Imaging- und Screeningvorrichtungen.

Patente gibt es für Gegenstände und Tätigkeiten und …

Patentierbare Tätigkeiten können sein:
- neue Verfahren, wie Herstellungs- und Syntheseverfahren,
- Verfahren zum Betreiben einer Maschine oder eines Geräts,
- Analyse-, Mess- oder Diagnostizierverfahren, zum Beispiel mithilfe eines Mikroskops,
- biotechnologische Verfahren, angefangen von Kultivierungs-, Screening- und Sequenzierungsverfahren bis hin zu Methoden der Gen- oder Zelltherapie,
- neue Verwendungen.

… für neue Verwendungen von bekannten Gegenständen oder Verfahren.

Schließlich können auch bisher unbekannte Verwendungen bekannter Gegenstände oder Verfahren durch ein Patent geschützt werden. Eine Besonderheit stellen neue Indikationen von bekannten Arzneimitteln dar. Vielfach wird bei einem neuen Medikament gegen eine bestimmte Krebserkrankung untersucht, ob auch eine Wirkung gegen andere Krebsarten besteht. Solch eine neue Verwendung kann ebenfalls als „neue Indikation" patentiert werden (▶ Abschn. 7.3.4).

Basis- und Folgeerfindungen

An Hochschulen entstehen mitunter grundlegend neue Technologien. Eine Reihe wichtiger Erfindungen hatte ihren Ursprung an Hochschulen, Universitäten und akademischen Forschungseinrichtungen. Zum Beispiel bildete die Erkenntnis, dass kleine RNA-Moleküle ganze Gene in Säugerzellen stilllegen können, die Basis für eine neue Technologieplattform – die RNA-Interferenz-Technologie.

Beispiel: Die RNA-Interferenz-Technologie – von der Grundlagenforschung in die Klinik

In der molekularbiologischen Forschung gilt die RNA-Interferenz als eine der wichtigsten Methoden zur gezielten Stilllegung von Genen. Zahlreiche auf diesem Prinzip basierende Therapien befinden sich derzeit in klinischer Testung. Die Grundlagen für die heute gängige Nutzung der RNA-Interferenz wurden schon vor über 20 Jahren gelegt. Bereits seit den 1990er-Jahren ist bekannt, dass in Pflanzen und niederen Tieren, wie Nematoden und Fruchtfliegen, durch einzel- oder doppelsträngige RNA-Moleküle spezifisch Gene stillgelegt werden können. Für die Entdeckung des Mechanismus der RNA-Interferenz (in 1998) erhielten die beiden US-Wissenschaftler Andrew Z. Fire und Craig C. Mello 2006 den Nobelpreis für Physiologie oder Medizin. Allerdings konnte RNA-Interferenz zunächst nicht auf Säugerzellen übertragen werden. Auf die damals eingesetzten doppelsträngigen RNA-Moleküle mit Größen von über 30 Nukleotidpaaren reagierten die Zellen mit programmiertem Selbstmord, der Aptose. Wissenschaftler um Thomas Tuschl, damals am Max-Planck-Institut für Biophysikalische Chemie im Göttingen, fanden schließlich heraus, dass kurze RNA-Doppelstränge mit einer definierten Länge von 21 bis 23 Nukleotiden zum Erfolg führen. Am 24.05.2001 erschien in der wissenschaftliche Zeitschrift *Nature* ein Artikel von Thomas Tuschl und seinen Mitarbeitern mit dem Titel „Duplexes of 21-nucleotide RNAs mediate RNA interference in cultured mammalian cells". Die sequenzspezifischen siRNAs (*small interfering RNAs*) wurden in vitro synthetisiert und in die Zielzelle eingebracht. Dort führten sie zum Abbau der passenden mRNA und somit zur Unterdrückung der Proteinexpression des Zielgens. Der Mechanismus und die am Abbau beteiligten Enzyme waren zum Zeitpunkt der Publikation noch nicht bekannt. Die Autoren wiesen darauf hin, dass die vorgestellte Methode zur Untersuchung der Funktion von Genen in Säugerzellen und für genspezifische Therapieformen genutzt werden kann.

Vor der Publikation in *Nature* war die neue Methode zum Patent angemeldet worden. Bereits im Jahr 2000 hatte die

Max-Planck-Gesellschaft als Arbeitgeber der Autoren beziehungsweise der Erfinder gemeinsam mit den kooperierenden US-Institutionen Whitehead Institute for Biomedical Research, Massachusetts Institute of Technology und University of Massachusetts in Boston entsprechende Patentanmeldungen hinterlegt. Die Patenterteilung erfolgte viel später. Zum Beispiel wurde erst am 02.12.2009 das wichtige, sogenannte Tuschl-I-Patent in Europa gewährt. Es schützt unter anderem ein „Verfahren zum Vermitteln von RNA-Interferenz von mRNA von einem Gen in einer Zelle […]" durch „Einführen von doppelsträngiger RNA mit einer Länge von 21 bis 23 Nukleotiden und die einer Sequenz des Gens entspricht, welche die mRNA des Gens zum Abbau targetiert […]" (EP 1 309 726 B1). Darüber hinaus gibt es von den Erfindern und anderen Forschergruppen zahlreiche weitere Patentfamilien, zum Beispiel zum Schutz der sogenannten Überhangenden (*overhang*) oder chemischen Modifikation der siRNA zur Stabilisierung, die ebenfalls für die Entwicklung von Medikamenten auf Basis von RNA-Interferenz wichtig sind. (Elbashir et al., Nature (2001), Vol. 411, S. 494; Brass, Nature (2001), Vol. 411, S. 428)

Im Jahr 2018 war es dann soweit, dass mit Patisiran® das erste RNAi-basierte Medikament in den USA und kurz darauf in Europa (zur Behandlung der Erbkrankheit ATTR-Amyloidose) zugelassen wurde. Die Herstellerfirma Alnylam Pharmaceuticals war im Jahr 2002 u. a. von Tuschl gegründet worden, um RNAi-Therapeutika zu entwickeln, und hat inzwischen weitere Medikamente zur Zulassung gebracht sowie eine gute gefüllte Pipeline.

Plattformtechnologien mit Folgen

Entsprechend werden Patente zum Schutz solcher grundlegenden Erfindungen als Basispatente bezeichnet. In der Regel folgen auf eine Basisfindung zahlreiche, weitere patentierbare Erfindungen. Im Fall der iRNA-Technologie wurden seit dem Bekanntwerden des Mechanismus der RNA-Interferenz Hunderte neuer siRNAs entdeckt, die bei verschiedenen zellulären Vorgängen und Erkrankungen eine Rolle spielen. Zahlreiche Patente und Patentanmeldungen, nicht zuletzt von Universitaten, richten sich auf die Verwendung von bestimmten siRNAs oder siRNA-Antagonisten zur Behandlung von Erkrankungen.

Kleiner Kniff – große Wirkung

- **Optimierungserfindungen**

Bei Erfindungen muss es sich aber nicht immer um komplette Neuentwicklungen handeln. Ebenso bedeutsam können Verbesserungen existierender Produkte oder Verfahren sein. Bereits eine geringfügige Optimierung eines großtechnisch genutzten Produkts oder Prozesses kann eine große kommerzielle Bedeutung haben. Kleine Modifikationen von Gentransfervektoren bewirken mitunter deutliche Effizienzsteigerungen beim Gentransfer. In solchen Fällen sollte sorgfältig geprüft werden, ob ein Patentschutz möglich ist, denn natürlich müssen die in ▶ Abschn. 7.1 beschriebenen Voraussetzungen, wie Neuheit und Erfindungshöhe, erfüllt sein.

5.2 Wirkung von Patenten

- **Verwertungsrecht und Verbietungsrecht**

Mit einem Patent können neue technische Erfindungen geschützt werden. Der Patentinhaber erhält ein zeitlich und räumlich befristetes Privileg, allein über seine Erfindung zu verfügen. Er kann die Erfindung selbst verwerten oder anderen eine Nutzungserlaubnis (Lizenz) erteilen. Eine nicht autorisierte, gewerbliche Nutzung von Dritten kann er verbieten und gegebenenfalls Schadensersatz fordern. Der Patentinhaber hält also ein „Monopol auf Zeit", sodass er wirtschaftlichen Nutzen aus seiner Erfindung ziehen kann.

„Monopol auf Zeit"

Allerdings besitzt erst ein erteiltes Patent diese Wirkungen und kann gegen einen Patentverletzer durchgesetzt werden. Denn zwischen einer Patentanmeldung – also dem, was der Rechteinhaber beantragt hat – und einem erteilten Patent – nämlich dem, was das Patentamt als patentwürdig angesehen hat – besteht ein wichtiger Unterschied.

Nur erteilte Patente schützen!

Aus einem Patent folgt auch nicht automatisch, dass der Inhaber seine Erfindung benutzen darf. Möglicherweise muss zusätzlich die Erlaubnis zur Vermarktung von anderer Stelle eingeholt werden. Zum Beispiel darf ein patentiertes Arzneimittel nicht ohne die Genehmigung der Europäischen Arzneimittel-Agentur (EMA) oder einer entsprechenden nationalen Behörde auf den Markt gebracht werden. Ebenso muss eine patentierte, gentechnisch veränderte Pflanzensorte von den zuständigen Behörden zugelassen werden, bevor Feldversuche gestartet werden dürfen.

- **Abhängige Patente**

Eine Einschränkung bei der Benutzung eines Patents kann auch dadurch entstehen, dass die patentierte Erfindung in den Schutzbereich eines fremden oder übergeordneten Patents fällt. In diesem Fall muss zunächst eine Nutzungserlaubnis für das „verletzte" Schutzrecht eingeholt werden.

Patentinhaber können andere Patente verletzen.

Beispiel für ein abhängiges Patent

Ein Patentinhaber darf seine Erfindung zwar allein verwerten, allerdings setzt das Patent nicht Rechte Dritter außer Kraft. Findet beispielsweise jemand heraus, dass eine bekannte chemische Verbindung gegen Haarausfall hilft, so kann der Erfinder für diese Indikation ein Patent erhalten. Der frischgebackene Patentinhaber muss allerdings beachten, ob dieser Stoff, den er gegen Haarausfall einsetzen möchte, bereits durch andere Patente geschützt ist. Möglicherweise gibt es schon ein früheres Patent, das die chemische Verbindung als solche oder deren Herstellung abdeckt. In diesem Fall muss zunächst eine Lizenz vom Inhaber des Stoff- bzw. Herstellungspatents eingeholt werden, bevor der Stoff als Mittel gegen Haarausfall vermarktet werden darf. Umgekehrt darf der Inhaber des Stoff- oder Herstellungspatents den Wirkstoff nicht ohne Erlaubnis zur Behandlung von Haarausfall verwenden oder bewerben. Die wechselseitige Gewährung von Nutzungsrechten wird als Kreuzlizenzierung bezeichnet (*cross licensing*; ◘ Abb. 5.1).

- **Patentverfahren**

Damit ein Patent erteilt wird, muss eine Erfindung zunächst in Form einer Patentanmeldung beim Patentamt eingereicht werden. Das Patentamt prüft daraufhin, ob die Anmeldung die vorgegebenen Anforderungen, wie Neuheit und Erfindungshöhe, erfüllt. Letztendlich wird die Patentanmeldung entweder zurückgewiesen, oder es wird ein Patent erteilt, es sei denn der Anmelder zieht die Anmeldung selbst zurück. So kommt es, dass nur für einen Teil der zum Patent angemeldeten Erfindungen tatsächlich ein Patent ausgestellt wird. Falls ein Patent erteilt wird, dann meist nicht über die gesamte beantragte Breite. Vielmehr müssen im Prüfverfahren häufig Einschränkungen des Schutzbereichs vorgenommen werden. Ein erteiltes Patent kann sich daher erheblich von der ursprünglich

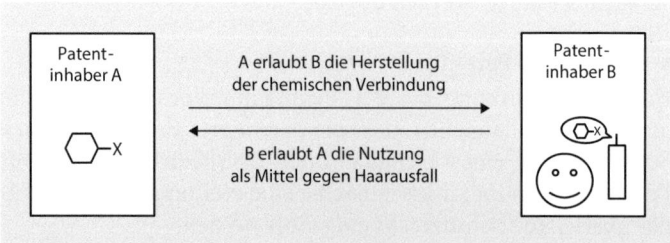

◘ Abb. 5.1 Kreuzlizenzierung bei abhängigen Paten*innenten

5.2 · Wirkung von Patenten

eingereichten Anmeldung unterscheiden. Näheres zum Ablauf von Patentprüfverfahren findet sich in ▶ Abschn. 8.1.

Mit der Bekanntmachung der Patenterteilung durch das Patentamt treten die nachfolgend beschriebenen Wirkungen des Patents in Kraft.

Nur angemeldet oder schon erteilt?

■ **Erzeugnis- und Verfahrensschutz**

Wie bereits dargestellt (▶ Abschn. 5.1), können mit einem Patent einerseits Gegenstände, wie chemische Stoffe, Erzeugnisse und Vorrichtungen, und andererseits Tätigkeiten, nämlich Verfahren und Verwendungen, geschützt werden.

Der Inhaber eines Erzeugnis- oder Vorrichtungspatents kann anderen verbieten, das geschützte Produkt

- herzustellen, wobei die Art der Herstellung unerheblich ist;
- anzubieten, zum Beispiel im Rahmen eines Angebots zum Verkauf oder zur Vermietung;
- in Verkehr zu bringen, sodass ein anderer den patentierten Gegenstand gebrauchen kann;
- zu dem vorgesehen Zweck zu gebrauchen;
- aus dem Ausland zu importieren (die bloße Durchfuhr (Transit) fällt nicht unter das Einfuhrverbot);
- zu besitzen, wenn dies dazu dient, die vorgenannten Handlungen durchzuführen.

Somit sind alle wesentlichen gewerblichen Verwertungsarten durch das Patent geschützt. Ein solches Patent, zum Beispiel für eine neue chemische Struktur (Stoffpatent), kann daher einen großen wirtschaftlichen Wert besitzen.

Heiß begehrt: Stoffpatente

Verfahrenspatente erlauben dem Inhaber, anderen zu untersagen, das patentierte Verfahren

- anzuwenden (bei Patenten zu Herstellungsverfahren ist auch das unmittelbar mit dem Verfahren erzeugte Produkt mitgeschützt);
- anzubieten (auch das Anbieten von Kenntnissen zur Durchführung des Verfahrens ist nicht erlaubt).

Herstellen, Anbieten, Anwenden verboten!

Die Durchsetzung eines Verfahrenspatents kann sich schwierig gestalten, wenn das erzeugte Produkt bereits bekannt ist und man diesem nicht ansieht, dass es mit dem geschützten Verfahren hergestellt wurde. Möglicherweise ist eine Patentverletzung dann kaum nachweisbar. Dennoch werden Firmen in der Regel nicht auf wichtige Verfahrenspatente verzichten.

> **Beispiel für ein wertvolles Verfahrenspatent**
> Bei der industriellen Härtung von Pflanzenölen entstehen als Nebenprodukte sogenannte *trans*-Fettsäuren. Es handelt sich hierbei um ungesättigte Fettsäuren mit mindestens einer

trans-konfigurierten Doppelbindung zwischen zwei Kohlenstoffatomen, die sich durch Umlagerung einer *cis*-Doppelbindung bildet. Da *trans*-Fettsäuren eine negative Wirkung auf die Gesundheit von Menschen und Tieren ausüben, besteht ein großer Bedarf an Herstellungsverfahren, bei denen die Bildung der ungewollten Nebenprodukte vermieden wird. Viele der bisher verfügbaren Verfahren sind mit großem Aufwand und hohen Kosten verbunden.

Möglicherweise führt ein neuer Verfahrensschritt, zum Beispiel ein besonderes Temperaturprofil bei der Herstellung oder ein neuer Aufreinigungsschritt, dazu, dass keine *trans*-Fettsäuren gebildet werden. Dem fertigen Produkt ist nicht anzusehen, warum die ungeliebten Nebenprodukte fehlen. Eine Patentverletzung wäre zwar nur durch eine Besichtigung der Produktionsanlage oder durch Indiskretionen von Mitarbeitern nachweisbar. In Anbetracht der umfangreichen Investitionen, die getätigt werden müssen, um eine Produktionsanlage zu errichten, wird aber kaum eine Firma das Risiko eingehen, ein Patent zu verletzen beziehungsweise keine ausreichenden Schutzrechte zu besitzen.

- **Das Forschungsprivileg**

Weiterentwicklung zu Forschungszwecken erlaubt

Hochschulwissenschaftler gehen häufig davon aus, dass sie im Rahmen ihrer Forschung keine Patente verletzen können. Das ist nicht in jedem Fall richtig. Zwar besteht in Deutschland und auch in der Schweiz ein sogenanntes Forschungsprivileg. Jedoch beschränkt sich dieses laut Patentgesetz auf „[…] Handlungen zu Versuchszwecken, die sich auf den Gegenstand der patentierten Erfindung beziehen […]" (siehe auch ► Abschn. 8.3.3). Das bedeutet, Forschungsarbeiten, die zur Weiterentwicklung oder zur Überprüfung einer Erfindung dienen, sind von den Wirkungen des Patentschutzes ausgenommen (§ 11(2) PatG). Wenn getestet wird, ob eine patentgeschützte Substanz tatsächlich die beschriebene Wirkung ausübt, wird das Patent nicht verletzt. Das Forschungs- oder Versuchsprivileg erfasst auch klinische Versuche, mit denen die Wirksamkeit und die Verträglichkeit eines patentgeschützten Arzneimittels an Menschen geprüft werden.

Soll jedoch diese Substanz im Sinne des Patents eingesetzt werden, um die patentierte Wirkung zu erzielen, liegt eine Patentverletzung vor, unabhängig davon, ob die Handlung in einem Forschungslabor der Universität oder in einer Firma durchgeführt wurde.

5.2 · Wirkung von Patenten

Beispiele für eine Patentverletzung in der Forschung

Angenommen, eine chemische Verbindung wurde von einer Firma als Inhibitor eines bestimmten Enzyms patentgeschützt. Möchte ein Universitätsforschender den Inhibitor selbst synthetisieren und dazu verwenden, die Funktion des inhibierten Enzyms zu untersuchen, dann verletzt er das Patent. Anders sieht es aus, wenn überprüft werden soll, ob der Inhibitor tatsächlich dieses Enzym inhibiert, oder wenn der Inhibitor modifiziert werden soll. Diese Form der Weiterentwicklung fällt unter das Forschungsprivileg und verstößt nicht gegen das Patent.

Das Gleiche gilt für ein patentiertes Messgerät. Es ist erlaubt, das Gerät eigens zur Funktionsprüfung nachzubauen und weiterzuentwickeln. Aber die Nutzung des Geräts für die vorgesehenen Messungen, auch wenn diese zu wissenschaftlichen Zwecken erfolgen, fällt in den Schutzbereich des Patents. Der Patentinhaber kann gegen die betreffenden Forschenden beziehungsweise deren Arbeitgeber Schadensersatzansprüche geltend machen kann.

Forschende als Patentverletzende

Viele Assays und Forschungstools, wie Enzyme oder Kits, werden eigens für die Forschung entwickelt. Ihr Patentschutz erstreckt sich entsprechend auf die Nutzung als Werkzeuge für die Forschung. Indem die Wissenschaftler*innen das Produkt kaufen, ist dem Patentschutz Genüge getan. Der Verkäufer besitzt entweder das Patent oder eine Nutzungserlaubnis, wofür er gegebenenfalls Lizenzgebühren an den Patentinhaber zahlt.

In diesem Zusammenhang sollte beachtet werden, dass es in vielen Ländern, zum Beispiel in den USA, kein Forschungs- oder Versuchsprivileg gibt. Dort muss zu Forschungszwecken immer eine Lizenz erworben werden.

▪ Vorbenutzungsrecht

Ein besonderer Fall liegt vor, wenn ein Patent Dinge oder Tätigkeiten schützt, die ein anderer bereits vor Anmeldung dieses Patents genutzt hat. Nach deutschem Recht besteht hier ein sogenanntes Vorbenutzungsrecht (§ 12 PatG). Derjenige, der zum Zeitpunkt der Patentanmeldung die Erfindung benutzt hat oder Vorbereitungen dazu getroffen hatte, ist befugt, die Erfindung weiter für seine eigenen Bedürfnisse zu nutzen (► Abschn. 8.3.3).

▪ Grenzen des Patentschutzes

Ein erteiltes Patent kann nur in dem Staat wirksam werden, in dem oder für den es erteilt wurde. Für jedes einzelne Land, in

Territorialprinzip: für jedes Land ein Patent

dem ein Patent gelten soll, muss also ein Patent beantragt werden. Mit einer deutschen Patentanmeldung kann ein deutsches Patent erteilt werden, mit einer US-Patentanmeldung ein US-Patent. Das deutsche Patent entfaltet seine Schutzwirkung nur innerhalb Deutschlands. Ein patentiertes Produkt darf nicht in Deutschland hergestellt, angeboten oder verkauft werden (siehe oben). Die Herstellung in anderen Ländern, für die der Patentschutz nicht gilt, ist erlaubt. Allerdings darf das im Ausland hergestellte Produkt nicht in Deutschland angeboten oder nach Deutschland importiert werden. Bereits die Bewerbung auf einer (ausländischen) Internetseite wäre patentverletzend, da sich das Internet auch auf Deutschland erstreckt.

20 Jahre Laufdauer

In der Regel beträgt die Laufdauer eines Patents 20 Jahre gerechnet ab dem Tag, an dem die Patentanmeldung beim Patentamt eingereicht wurde. Der Tag, an dem das Patent erteilt wurde, spielt für die Laufdauer keine Rolle. Zudem ist es unter bestimmten Umständen möglich, den Patentschutz um eine begrenzte Zeit zu verlängern. Für Patente auf Arznei- und Pflanzenschutzmittel kann die Laufdauer um maximal fünf Jahre erweitert werden, wenn ein Antrag auf ein sogenanntes ergänzendes Schutzzertifikat (Supplementary Protection Certificates, SPC) gestellt wurde. Dieses Schutzzertifikat soll den Patentinhaber dafür entschädigen, dass bis zur wirtschaftlichen Nutzung dieser Wirkstoffe umfangreiche und aufwendige Zulassungsverfahren zu absolvieren sind, beispielsweise klinische Studien für die Zulassung eines Medikaments.

5.3 Der Nutzen von Patenten

Mit einem Patent schließen die Erfinder*innen beziehungsweise deren Rechtsnachfolger mit dem Staat eine Art Vereinbarung ab. Der Staat gewährt den Erfinder*innen ein zeitlich begrenztes Monopol zur wirtschaftlichen Nutzung der Erfindung. Im Gegenzug müssen die Erfinder*innen dulden, dass die Erfindung veröffentlicht wird und so das allgemeine, technische Wissen bereichert. Die Veröffentlichung der Patentanmeldung oder des Patents übernimmt das Patentamt, und zwar mit einer Verzögerung von 18 Monaten ab Anmeldetag, um den Erfinder*innen einen gewissen Zeitvorsprung vor der Konkurrenz zu lassen. Die Erfinder*innen selbst können ihre Ergebnisse ab dem Anmeldetag publizieren, also auch vor Ablauf der 18 Monate (▶ Abschn. 2.4).

■ Patent als Belohnung

Ein Patent soll die Erfinder*innen oder deren Rechtsnachfolgern für eine besondere Leistung belohnen und einen Anreiz darstellen, sich weiterhin um technische Erkenntnisse zu bemühen. Heutzutage nutzen insbesondere technologisch orientierte Firmen Patente und andere Schutzrechte, um ihre Marktposition zu verbessern oder zu sichern. Unternehmen nutzen patentgeschützte Technologien zur Steigerung des wirtschaftlichen Erfolgs, und für die angestellten Erfinder*innen ist in der Regel eine gesetzlich verankerte Erfindervergütung vorgesehen.

Patente als Innovationstreiber

■ *Freedom to operate* und Protektionismus

Generell sollen Patente vor allem dazu dienen, das patentierte Produkt herzustellen und gewinnbringend verkaufen beziehungsweise das patentierte Verfahren zur Herstellung neuer Produkte oder für Dienstleistungen nutzen zu können (*freedom to operate*). Gerade für kleinere Unternehmen und Start-ups bieten Patente daher eine Chance, gegen mächtigere, etablierte Marktteilnehmer bestehen zu können. Mit einem Patent als Verbietungsrecht kann anderen die Nutzung der Erfindung untersagt werden, sodass der Patentinhaber gegen Nachahmer geschützt ist und als Einziger die Erfindung verwerten kann.

Für kleine Unternehmen bilden Patente eine gute Möglichkeit zum Aufbau eines abgegrenzten und geschützten Marktbereichs gegenüber etablierten Konkurrenten. Ein einzelnes Patent kann mitunter den Großteil der erzielten Unternehmensgewinne begründen und einen wesentlichen Teil des Unternehmenswerts darstellen. Aber auch für große Technologieunternehmen dient ein gut aufgestelltes Schutzrechtsportfolio zur Abgrenzung gegen die Konkurrenz. Im Fall sogenannter Blockbusterpatente, die Arzneimittel mit einem Jahresumsatz von über 1 Milliarde US-Dollar schützen, kann auch für einen weltweit operierenden Pharmakonzern ein einzelnes Schutzrecht große Relevanz besitzen.

Davids Mittel gegen Goliath

■ Blockade durch Sperrpatente

Grundsätzlich steht es dem Patentinhaber frei, ob er seine geschützten Erfindungen aktiv nutzen möchte. Er kann auch die Umsetzung des Patents lediglich verbieten. Derartige Sperrpatente werden mitunter eingesetzt, um ein anderes, möglicherweise „schlechteres" Produkt im Markt zu schützen. Hier besteht also – zumindest für die Laufdauer des Patents – die Möglichkeit, Fortschritt zu behindern. An dieser Stelle setzt eine nachvollziehbare Kritik von Gegnern des Patentschutzes an, dass nämlich durch Patente der freie Zugang zu

Patente als Fortschrittsbremse

Technologie behindert und Weiterentwicklungen verzögert werden können.

Um zu verhindern, dass ein Patentinhaber gegen „öffentliches Interesse" sein Recht aus dem Patent geltend machen kann, besteht die Möglichkeit, dass von staatlicher Seite eine Zwangslizenz festgelegt wird. Die Voraussetzungen, die hierfür erfüllt sein müssen, sind allerdings sehr streng (BPatG vom 07.06.1991, Az 4 Li 1/90, gedruckt in BPatGE 32, 184). Für Deutschland finden sich entsprechende Regelungen in § 24 PatG.

- **Investitionskapital und Weiterentwicklung**

Bei einer Firmengründung im Biotechbereich bilden Patente zum Schutz der eigenen Technologie eine nicht zu unterschätzende Basis. Neben *freedom to operate* und einer exklusiven Nutzung und Gewinnerzielung, sind Patente in der Regel eine wichtige Voraussetzung für die Einwerbung von Risikokapital und anderer Fördermittel zur Weiterentwicklung der Technologie.

- **Marketingaspekte**

Patente zur Darstellung von Innovationskraft

Viele Firmen nutzen Angaben zu ihren Patentaktivitäten, um ihre Innovationsstärke zu unterstreichen. Auch Hochschulen, insbesondere technische Universitäten, stellen die Anzahl ihrer Patentanmeldungen als Nachweis für anwendungsnahe Forschung dar. Zudem helfen Patente – wie schon erwähnt – bei der Einwerbung von öffentlichen Fördermitteln oder Investitionskapital zur Weiterentwicklung einer Technologie (▶ Abschn. 10.3). Grundsätzlich gilt jedoch zu beachten, dass die bloße Anzahl von Patentanmeldungen noch nichts über die Qualität der zugrunde liegenden Erfindungen aussagt. Als besserer Maßstab wäre an dieser Stelle wohl die Anzahl der Patente, der patentgeschützten Produkte oder die Höhe der Lizenzeinnahmen geeignet.

- **Lizenzierung**

Patente sind – wie alle gewerblichen Schutzrechte – ein handelbares Gut. Auch wenn der Patentinhaber selbst keine Verwendung für die Schutzrechte hat, können diese an Dritte lizenziert oder verkauft werden, um damit Einnahmen zu generieren. Unternehmen, deren Patentportfolios sich gegenseitig ergänzen oder blockieren, vereinbaren mitunter einen gegenseitigen Austausch von Lizenzen, auch Kreuzlizenzierung genannt.

Hochschulen nutzen Patente zur Lizenzvergabe

Hochschulen verwerten ihre Patente fast ausschließlich über Lizenzvergabe oder Verkauf. Auch bei einer Ausgründung aus der Hochschule erwirbt das Spin-off-Unternehmen die Rechte zur Nutzung der Technologie von der Hochschule (▶ Abschn. 10.1).

5.4 Wie sieht ein Patent aus?

5.4.1 Verschiedene Arten von Patentdokumenten

Beim Recherchieren nach Patenten lässt sich schnell feststellen, dass es verschiedene Arten von Patentdokumenten gibt. Zunächst muss unterschieden werden, ob es sich lediglich um die Anmeldung eines Patents oder tatsächlich um ein erteiltes Patent handelt. Darüber hinaus finden sich in den Datenbanken weitere Arten von Patentdokumenten, wie Übersetzungsschriften von Patenten, veröffentlichte Recherchenberichte zu Patentanmeldungen oder Gebrauchsmusterschriften. Zuordnen lassen sich die Dokumente – ähnlich der Kennzeichnung auf einem Hühnerei – anhand ihrer Veröffentlichungsnummer. Diese besteht aus einem dreigliedrigen Code:

Veröffentlichungsnummer = Länderkürzel + Nummer
+ Kürzel *für* die Art des Dokuments

Zum Beispiel handelt es sich bei DE10201100952A1 um eine deutsche Offenlegungsschrift. Eine Übersicht der Endkennungen unterschiedlicher Arten von Dokumenten findet sich in ◘ Tab. 5.1 (zu Beispielen für Länderkürzel siehe ▶ Abschn. 5.4.2).

■ **Patentanmeldungen und Offenlegungsschriften**
Wenn eine Erfindung patentiert werden soll, muss zunächst eine Patentanmeldung beim Patentamt eingereicht werden.

„A" für Patentanmeldung

◘ Tab. 5.1 Endkennungen veröffentlichter Patentdokumente

A + eine Zahl (A1, A2 und so weiter)	Offenlegungsschrift (A1) und Patentanmeldungen (Beispiel: EP2102348A1 ist eine europäische Patentanmeldung)
B oder C + eine Zahl (B1, C1, B2, C2)	Patentschriften (Beispiel: EP2102348B1 ist das erteilte europäische Patent zu o. g. Patentanmeldung)
T	Übersetzung (Beispiel: ES2399297T3 ist die spanische Übersetzung des europäischen Patents EP2102348B1)
U + eine Zahl (zum Beispiel U1)	Gebrauchsmuster (Beispiel: DE20215213U1 ist ein deutsches Gebrauchsmuster)

Dieses vom Anmelder beziehungsweise von dessen Patentanwalt erstellte Dokument wird 18 Monate nach dem Anmeldetag vom Patentamt veröffentlicht. Eine solche Offenlegungsschrift auf der ersten Seite wird durch ein „A1" am Ende der Veröffentlichungsnummer kenntlich gemacht, bei einer europäischen Patentanmeldung beispielsweise EP1234567A1 (◘ Abb. 5.2). Weitere Veröffentlichungen dieser oder zu dieser Anmeldung erhalten laufende Nummern (A2, A3 etc.).

Da es sich bei einer Patentanmeldung um den Antrag des Anmelders handelt, spiegeln die Patentansprüche den vom Anmelder gewünschten Schutzbereich wider, der verständlicherweise möglichst breit gehalten ist. Im Patentprüfverfahren kommt es häufig zu einer deutlichen Einschränkung der ursprünglich eingereichten Patentansprüche. Möglicherweise wird die Anmeldung überhaupt nicht zum Patent erteilt, sondern vom Patentamt als nicht patentierbar zurückgewiesen oder vom Anmelder selbst fallen gelassen.

■ **Patentschriften**

> „B" oder „C" für erteiltes Patent

Erteilte Patente werden durch ein „B" oder „C" nach einer Nummer (1, 2 etc.) am Ende der Veröffentlichungsnummer gekennzeichnet (◘ Abb. 5.3). Die in der Patentschrift enthaltenen Patentansprüche definieren den Schutzumfang des Patents. Allerdings kann dem Dokument nicht angesehen werden, ob das Patent noch gültig ist. Nach ihrer Veröffentlichung verbleiben Patentdokumente in der Datenbank. Falls es zu Änderungen der Ansprüche oder auch der Anmelderdaten kommt, veröffentlicht das Amt die geänderte Schrift erneut mit einer laufenden Veröffentlichungsnummer (B1, B2 etc.).

Ob ein Patent in der Zwischenzeit vom Inhaber fallen gelassen oder in einem Nichtigkeitsverfahren für ungültig erklärt wurde, kann über eine Rechtsstandabfrage bei dem jeweils zuständigen Patentamt erfahren werden. Beim Europäischen Patentamt kann beispielsweise im Europäischen Patentregister Einsicht in die gesamte Verfahrenshistorie und den Verfahrensstand genommen werden. In jedem Fall empfiehlt es sich, darauf achten, ob die Schutzdauer von 20 Jahren für ein erteiltes Patent bereits abgelaufen ist und das Patent allein deshalb keine Gültigkeit mehr besitzt. Ein anderer möglicher Grund dafür, dass ein veröffentlichtes Patent nicht mehr in Kraft ist, könnte sein, dass der Patentinhaber die Jahresgebühren nicht bezahlt hat.

5.4 · Wie sieht ein Patent aus?

(19)  Europäisches Patentamt / European Patent Office / Office européen des brevets

(11) **EP 2 371 370 A1**

(12) **EUROPEAN PATENT APPLICATION**

(43) Date of publication:
05.10.2011 Bulletin 2011/40

(51) Int Cl.:
A61K 31/7088 (2006.01)   *A61P 9/10* (2006.01)

(21) Application number: 10003675.5

(22) Date of filing: 01.04.2010

(84) Designated Contracting States:
AT BE BG CH CY CZ DE DK EE ES FI FR GB GR HR HU IE IS IT LI LT LU LV MC MK MT NL NO PL PT RO SE SI SK SM TR
Designated Extension States:
AL BA ME RS

(71) Applicant: Johann Wolfgang Goethe-Universität Frankfurt am Main
60325 Frankfurt am Main (DE)

(72) Inventors:
- Zeiher, Andreas
  60594 Frankfurt (DE)
- Dimmeler, Stefanie
  60594 Frankfurt (DE)
- Boon, Reinier
  60596 Frankfurt (DE)

(74) Representative: Krauss, Jan
Forrester & Boehmert
Pettenkoferstrasse 20-22
80336 München (DE)

(54) **Antagonists of miRNA-29 expression and their use in the prevention and treatment of aortic aneurysms and atherosclerotic plaque destabilization**

(57) The present invention relates to antagonists of the expression and/or the function of the micro RNA miRNA-29 for use in the prevention and/or treatment of aortic aneurysms and/or plaque destabilization in atherosclerosis. Further disclosed is a method for the identification of miRNA-29 antagonists, a pharmaceutical composition comprising said miRNA-29 antagonists and a method for preventing and treating age-related aortic aneurysm formation and/or plaque destabilization in atherosclerosis in a subject in need of such a treatment.

Printed by Jouve, 75001 PARIS (FR)

◘ **Abb. 5.2** Beispiel für das Titelblatt einer Offenlegungsschrift: EP2371370A1

(19) Europäisches Patentamt / European Patent Office / Office européen des brevets

(11) **EP 1 982 159 B1**

(12) **EUROPÄISCHE PATENTSCHRIFT**

(45) Veröffentlichungstag und Bekanntmachung des Hinweises auf die Patenterteilung:
29.08.2012 Patentblatt 2012/35

(51) Int Cl.:
G01N 15/02 (2006.01)   *G01N 21/31* (2006.01)
G01N 21/51 (2006.01)   *G01N 21/57* (2006.01)
G01N 21/53 (2006.01)

(21) Anmeldenummer: 07721888.1

(22) Anmeldetag: 02.02.2007

(86) Internationale Anmeldenummer:
PCT/DE2007/000218

(87) Internationale Veröffentlichungsnummer:
WO 2007/090378 (16.08.2007 Gazette 2007/33)

(54) **MESSVORRICHTUNG ZUR BESTIMMUNG DER GRÖSSE, GRÖSSENVERTEILUNG UND MENGE VON PARTIKELN IM NANOSKOPISCHEN BEREICH**

MEASURING DEVICE FOR DETERMINING THE SIZE SIZE DISTRIBUTION AND AMOUNT OF PARTICLES IN THE NANOSCOPIC RANGE

DISPOSITIF DE MESURE DESTINÉ À DÉTERMINER LA DIMENSION, LA RÉPARTITION DIMENSIONNELLE ET LA QUANTITÉ DE PARTICULES À L'ÉCHELLE NANOSCOPIQUE

(84) Benannte Vertragsstaaten:
AT BE BG CH CY CZ DE DK EE ES FI FR GB GR HU IE IS IT LI LT LU LV MC NL PL PT RO SE SI SK TR

(30) Priorität: 06.02.2006 DE 102006005574

(43) Veröffentlichungstag der Anmeldung:
22.10.2008 Patentblatt 2008/43

(73) Patentinhaber: Johann Wolfgang Goethe-Universität Frankfurt am Main
60325 Frankfurt am Main (DE)

(72) Erfinder:
• MÄNTELE, Werner
83088 Kiefersfelden (DE)
• VOGEL, Vitali
60437 Frankfurt (DE)
• KLEIN, Oliver
61381 Friedrichsdorf (DE)
• SCHRÖDER, Lea
65719 Hofheim (DE)

(74) Vertreter: Metten, Karl-Heinz
Boehmert & Boehmert
Pettenkoferstrasse 20-22
80336 München (DE)

(56) Entgegenhaltungen:
WO-A-01/20304   WO-A-03/062800
WO-A-2004/051205   US-A- 5 808 738
US-A1- 2001 052 975

• MIGNANI ET AL: "Spectral nephelometry for the geographic classification of Italian extra virgin olive oils" SENSORS AND ACTUATORS B, ELSEVIER SEQUOIA S.A., LAUSANNE, CH, Bd. 111-112, 11. November 2005 (2005-11-11), Seiten 363-369, XP005088364 ISSN: 0925-4005
• MIGNANI A G ET AL: "Scattered colorimetry and multivariate data processing as an objective tool for liquid mapping" PROC SPIE INT SOC OPT ENG; PROCEEDINGS OF SPIE - THE INTERNATIONAL SOCIETY FOR OPTICAL ENGINEERING; 17TH INTERNATIONAL CONFERENCE ON OPTICAL FIBRE SENSORS, OFS-17 2005, Bd. 5855 PART I, 2005, Seiten 38-41, XP002446529
• CUMMING A M ET AL: "IN-VITRO NEUTRALIZATION OF HEPARIN IN PLASMA PRIOR TO THE ACTIVATED PARTIAL THROMBOPLASTIN TIME TEST AN ASSESSMENT OF FOUR HEPARIN ANTAGONISTS AND TWO ANION EXCHANGE RESINS" THROMBOSIS RESEARCH, Bd. 41, Nr. 1, 1986, Seiten 43-56, XP002446530 ISSN: 0049-3848

Anmerkung: Innerhalb von neun Monaten nach Bekanntmachung des Hinweises auf die Erteilung des europäischen Patents im Europäischen Patentblatt kann jedermann nach Maßgabe der Ausführungsordnung beim Europäischen Patentamt gegen dieses Patent Einspruch einlegen. Der Einspruch gilt erst als eingelegt, wenn die Einspruchsgebühr entrichtet worden ist. (Art. 99(1) Europäisches Patentübereinkommen).

Printed by Jouve, 75001 PARIS (FR)

◻ **Abb. 5.3** Beispiel für das Titelblatt einer Patentschrift: EP1982159B1

5.4.2 Aufbau einer Patentschrift

Das Patent gilt als das Wichtigste der gewerblichen Schutzrechte. Mit seiner Hilfe kann Nichtberechtigten die Benutzung einer technischen Erfindung verboten werden. Daher ist es erforderlich, dass in der Patentschrift die technischen Merkmale, die geschützt sein sollen, objektiv und gut nachvollziehbar dargestellt werden.

Im Grunde ähneln Patentschriften in einigen Teilen einer wissenschaftlichen Publikation. Tatsächlich ist es bei der Vorbereitung einer Patentanmeldung hilfreich, wenn bereits ein Manuskript für eine wissenschaftliche Publikation vorliegt (das natürlich noch nicht publiziert sein darf). Der Methoden- und Ergebnisteil eines solchen Manuskripts wird häufig in die Ausführungsbeispiele des Patentanmeldetexts übernommen.

Ein wichtiger Unterschied zu Patentanmeldungen besteht darin, dass in einer wissenschaftlichen Publikation auch negative Aspekte angeführt werden, zum Beispiel Bedingungen, unter denen eine Sache nicht funktioniert. Derartige Punkte würden in einer Patentanmeldung unerwähnt bleiben, da sonst das Funktionieren der Erfindung und seine vorteilhaften Effekte infrage stehen könnten. In der Patentanmeldung liegt der Fokus auf den Vorteilen der Erfindung im Vergleich zum bisherigen Wissensstand. Insofern unterliegt eine Patentschrift nicht den hohen wissenschaftlichen Standards einer wissenschaftlichen Publikation, die eine differenziertere Betrachtungsweise erfordert.

Schwerpunkt auf den Vorteilen der Erfindung

Jede Patentanmeldung und jedes Patent enthält
- ein Titelblatt mit den bibliografischen Daten, dem Titel und einer Zusammenfassung der Erfindung,
- eine Beschreibung mit einem Einleitungsteil zum Stand der Technik und der Aufgabe der Erfindung,
- eine detaillierte Beschreibung der Erfindung,
- gegebenenfalls Zeichnungen und Beispiele sowie
- als wichtigsten Teil die Patentansprüche, die den Schutzumfang des Patents definieren (also das, was anderen später verboten werden soll).

Falls die Erfindung Nuklein- oder Aminosäuresequenzen betrifft, werden diese in einem Sequenzprotokoll beigelegt. Wie bereits erwähnt, wird ein Patent von Amts wegen als Belohnung für die Bereicherung des öffentlich verfügbaren Wissens gewährt. Daher muss sichergestellt sein, dass eine Erfindung in der Patentanmeldung nachvollziehbar und vollständig dargestellt wird (▶ Abschn. 7.1.6). Es gilt, dass am Tag der Anmeldung alle wichtigen Aspekte benannt werden müssen, denn die Patentanmeldung darf nachträglich nicht

Keine nachträgliche Erweiterung

Nur was offenbart wurde, kann patentiert werden.

mehr erweitert werden. Der Anmelder/Erfinder kann nämlich nur dafür belohnt werden, was er am Anmeldetag dem Patentamt (und 18 Monate später der Öffentlichkeit) preisgibt.

Die Erfindung muss in der Patentanmeldung als Arbeitsanweisung in allen Einzelheiten so ausführlich beschrieben sein, dass sie von einem (fiktiven) Fachmann umgesetzt werden kann, zum Beispiel die Durchführung der chemischen Synthese einer neuen Verbindung. Des Weiteren ist es erforderlich, dass der beanspruchte Schutzumfang durch den Inhalt der Patentanmeldung gerechtfertigt ist. Bei einer neuen chemischen Leitstruktur zum Beispiel wird der Patentanmelder bestrebt sein, möglichst viele Derivate mit „abzudecken". Damit soll verhindert werden, dass das Patent durch unbedeutende chemische Modifikationen der Grundstruktur umgangen werden kann. Verallgemeinerungen müssen anhand von Beispielen plausibel und begründbar sein. In jedem Einzelfall wird daher mit dem Patentprüfer ausgehandelt, welcher Schutzbereich durch den Inhalt der Patentanmeldung gerechtfertigt ist, denn ein Patent gibt es nur für Erfindungen, die einen technischen Fortschritt bedeuten, und nicht für jede naheliegende Weiterentwicklung.

In der Tat ist der Vorwurf der mangelnden Offenbarung ein häufig verwendetes Mittel, mit dem Wettbewerber in einem Einspruchs- oder Nichtigkeitsverfahren ein bereits erteiltes Patent zerstören können (▶ Abschn. 8.3).

- **Titelblatt oder erste Seite**

Auf der ersten Seite findet sich eine Übersicht der wichtigsten Daten zu einer Patentanmeldung oder eines Patents, die sogenannten bibliografischen Daten. Die Veröffentlichungsnummer rechts oben sagt aus, für welches Land oder welche Region das Schutzrecht angemeldet wurde oder gilt. Eine Auswahl der wichtigsten Länderkürzel zeigt ◘ Tab. 5.2.

Außerdem ist anhand der Veröffentlichungsnummer (▶ Abschn. 5.4.1) und der Überschrift ersichtlich, um welche Art von Patentdokument es sich handelt.

Vor großer Bedeutung sind natürlich die Anmeldedaten einer Patentanmeldung. Zunächst ist angegeben, an welchem Tag eine Anmeldung eingereicht und wann die Patentanmeldung vom Patentamt offengelegt wurde. Falls es sich bei einer Patentanmeldung um eine Nachanmeldung, zum Beispiel in einem anderen Land, handelt, muss der Anmeldetag der früheren (Erst-)Anmeldung, der sogenannte Prioritätstag (▶ Abschn. 8.1.1), beachtet werden. Weiterhin finden sich auf der Titelseite Angaben zum Anmelder, zu den Erfinder*innen und zur fachlichen Einordnung (Klassifikation) der Erfindung (▶ Abschn. 6.3).

◨ **Tab. 5.2** Beispiele für Länderkürzel in Patentnummern

AT	Österreich
CH	Schweiz
CN	China
DE	Deutschland
EP	Europa
ES	Spanien
FR	Frankreich
GB	Großbritannien
IT	Italien
US	Vereinigte Staaten von Amerika, USA
WO	WIPO (World Intellectual Property Organisation, Sitz in Genf) – bei PCT-Patentanmeldungen

Die Zusammenfassung auf der ersten Seite gibt einen ersten Überblick zu der Erfindung. Im Gegensatz zu einem Abstract einer wissenschaftlichen Publikation handelt es sich aber nicht um eine Kurzfassung der wichtigsten Teile. Denn in der Regel hat der Patentanmelder kein großes Interesse, dem Leser die Quintessenz der Erfindung in Kürze zu präsentieren und Wettbewerbern das Recherchieren und Durcharbeiten des Anmeldetexts zu ersparen. Folglich ist die Zusammenfassung eher allgemein gehalten und gibt wenig Aufschluss über den eigentlichen Schutzumfang.

> Das Wichtigste auf einen Blick: Anmeldetag, Anmelder und Zusammenfassung

5.4.3 Beschreibung

In der Beschreibung muss der Patentanmelder zunächst das Gebiet der Technik angeben, in das die Erfindung fällt, und den bisherigen Stand der Technik zu einer Erfindung darstellen. Dieser Teil entspricht im Wesentlichen dem Einleitungsteil einer wissenschaftlichen Publikation. Sowohl anhand wissenschaftlicher Publikationen als auch mit Verweis auf frühere Patentliteratur soll der bisherige Wissensstand erläutert werden. Falls der Prüfer im Patentverfahren zu der Meinung gelangt, eine wichtige Vorpublikation wurde „vergessen" oder nicht ausreichend gewürdigt, so muss der Anmelder dies nachholen.

Bei der Überleitung zu den neuen Ergebnissen beziehungsweise der Erfindung unterscheidet sich die Argumentationslinie in einer Patentschrift grundlegend von einer wissenschaft-

> Eine Erfindung ist eine Lösung für ein technisches Problem.

lichen Publikation. In einem wissenschaftlichen Artikel werden die erzielten Ergebnisse so dargestellt, dass sie aus früheren (häufig eigenen) Arbeiten logisch folgen oder zumindest darauf aufbauen. Bei einer Patentanmeldung würde eine solche Argumentation die notwendige Erfindungshöhe untergraben und gegen die Belohnung durch ein Patent sprechen. Im Patentanmeldetext muss vielmehr ausgeführt werden, dass ein wichtiges ungelöstes Problem oder ein lange bestehendes Bedürfnis vorliegt. Die Aufgabe der Erfindung besteht entsprechend darin, eine für die Fachwelt überraschende und eben nicht naheliegende Lösung zu präsentieren. Der gefundene Lösungsweg, also die Erfindung, muss im Anschluss für den Fachmann klar und nachvollziehbar dargestellt werden.

Viele Wiederholungen mindern das Lesevergnügen.

In der Regel folgt nach der zu lösenden Aufgabe die Beschreibung der Erfindung, wobei die technischen Merkmale des zu schützenden Gegenstands beziehungsweise Verfahrens angegeben werden. Unübersehbar findet sich der der Wortlaut der Erfindungsbeschreibung nahezu identisch in den Patentansprüchen wieder. Der Grund dafür ist, dass laut Patentgesetz (EPÜ) die Patentansprüche durch die Beschreibung gestützt werden müssen. Alle Aspekte, die in der Beschreibung aufgeführt werden, sind Teil der Erfindung und können im Verlauf des Patentprüfverfahrens in die Patentansprüche aufgenommen werden. Deshalb müssen alle Besonderheiten und Ausführungsformen ausreichend beschrieben werden. Wichtig ist auch, dass die Kombination von relevanten Merkmalen in möglichst vielen Permutationen offenbart wird. Dies erscheint oft so, als ob immer und immer wieder das Gleiche gesagt wird. Aber oft kommt es eben auf ein sprachliches Detail an.

5.4.4 Beispiele und Zeichnungen

Ausreichende Offenbarung

In der Patentanmeldung muss die Erfindung ausreichend offenbart sein, sodass sie von einem Fachmann nachgearbeitet werden kann. Hierzu ist es erforderlich, dass mindestens ein Weg zur Umsetzung der Erfindung ausführlich beschrieben wird. Zu diesem Zweck finden sich nach der Beschreibung die sogenannten Ausführungsbeispiele. In der Praxis verwendet man hierfür zum Beispiel den Material-und-Methoden- sowie den Ergebnisteil einer geplanten wissenschaftlichen Publikation.

Abbildungen nur in Schwarz-Weiß

Darüber hinaus können der Patentanmeldung Zeichnungen zur Beschreibung und zum besseren Verständnis der Erfindung beigefügt werden.

Bei allen Abbildungen sind (wie bei wissenschaftlichen Publikationen) einige formale Vorschriften zu beachten. Zum Beispiel werden in der Regel nur Schwarz-Weiß-Abbildungen akzeptiert und die Schriftgröße muss eine Mindestgröße. Denn die Patentschriften sollen ohne Verlust einer inhaltlichen Information (schwarz/weiß) kopierfähig und stets gut lesbar sein.

Offenlegung von biologischem Material: Sequenzprotokoll oder Hinterlegungsstelle
Grundsätzlich wird im Patentrecht biologisches Material dadurch definiert, dass es genetische Informationen enthält und sich selbst reproduzieren oder in einem biologischen System reproduziert werden kann. Als biologisches Material gelten unter anderem Viren, Bakteriophagen, Plasmide, Antikörper oder freie DNA.

Umfasst eine Patentanmeldung lediglich DNA- und/oder RNA-Konstrukte, so kann die zugehörige Sequenzinformation in Form eines Sequenzprotokolls beigelegt werden. Die Preisgabe der Sequenz reicht hier aus, um das „Nacharbeiten" der Erfindung zu ermöglichen. Schwieriger gestaltet sich die Situation, wenn Mikroorganismen, wie etwa gentechnisch modifizierte Bakterien- oder Hefestämme, geschützt werden sollen. Diese können nämlich nicht so genau beschrieben werden, dass sie für andere Forscher reproduzierbar sind. In solchen Fällen müssen entsprechende Proben bei einer anerkannten Hinterlegungsstelle (International Depositary Authority, IDA) deponiert werden. Als IDA in Deutschland fungiert das Leibniz-Institut DSMZ (Deutsche Sammlung von Mikroorganismen und Zellkulturen GmbH) in Braunschweig.

Beispielsweise lautet der erste Patentanspruch der europäischen Patentanmeldung EP 0787743, bei der ein Antikörper beansprucht wurde: „Monoklonaler Antikörper, der spezifisch an einen humanen Stammzellfaktor (SCF) – Rezeptor bindet, dadurch gekennzeichnet, daß er von Hybridomzellen produziert und freigesetzt wird, die unter der Nummer DSM ACC 2247 bei der Deutschen Sammlung von Mikroorganismen und Zellkulturen GmbH, DSM, gemäß dem Budapester Vertrag hinterlegt sind und die Bezeichnung A3C6E2 tragen."

5.4.5 Patentansprüche

In jeder Patentanmeldung und jedem Patent finden sich – üblicherweise am Ende – die Patentansprüche. Patentansprüche bestimmen den Schutzumfang des Patents und bilden einen essenziellen Bestandteil jeder Patentanmeldung. Wird eine Patentanmeldung ohne Patentansprüche ein-

Patentansprüche: kurz, knapp, sachlich

gereicht, fordert das Patentamt auf, Ansprüche nachzureichen. Ohne Ansprüche ist keine Prüfung möglich.

Ein Patentanspruch besteht immer aus einem Satz oder vielmehr einem Halbsatz: „Ich/Wir beanspruche(n) …" Die Ansprüche dienen dazu, die Öffentlichkeit zu informieren, was durch die Anmeldung geschützt werden soll oder durch ein erteiltes Patent tatsächlich geschützt wird. Deshalb sollen Patentansprüche klar und deutlich sowie möglichst kurz formuliert sein, um wenig Spielraum für Interpretationen zu lassen. Für einen vermeintlichen Patentverletzer muss möglichst zweifelsfrei erkennbar sein, ob das, was er tut, eine patentverletzende Handlung darstellt.

> **Definition**
>
> **Art. 84 EPÜ: Patentansprüche**
> Die Patentansprüche müssen den Gegenstand angeben, für den Schutz begehrt wird. Sie müssen deutlich und knapp gefasst sein und von der Beschreibung gestützt werden.

> **Definition**
>
> **Art. 69 EPÜ: Schutzbereich**
> (1) Der Schutzbereich des europäischen Patents und der europäischen Patentanmeldung wird durch die Patentansprüche bestimmt. Die Beschreibung und die Zeichnungen sind jedoch zur Auslegung der Patentansprüche heranzuziehen.

Zahlreiche Regeln und Besonderheiten sind beim Verfassen der Ansprüche zu beachten. Daher empfiehlt sich spätestens an dieser Stelle, einen Patentanwalt zurate zu ziehen. Zwar können im Patentprüfverfahren die Ansprüche geändert werden, aber nur im Rahmen dessen, was ursprünglich in der Patentanmeldung offenbart war. Es darf also nichts mehr hinzugefügt werden, was nicht schon zuvor in den Ansprüchen, der Beschreibung oder den Beispielen enthalten war.

In der Praxis führt dies dazu, dass Patentanmelder die eingereichten Patentansprüche im ersten Schritt möglichst allgemein und breit formulieren. In den Unteransprüchen werden mögliche Rückfallpositionen geschaffen, falls der gewünschte breite Schutz vom Patentprüfer nicht akzeptiert wird. Solche Spezifizierungen erkennt man an der Formulierung „insbesondere …".

Alles klar?

Ein wichtiges formales Erfordernis, auf das der Patentprüfer im Prüfverfahren achtet, ist die Klarheit der An-

sprüche. Unklar und daher im Regelfall nicht erlaubt sind zum Beispiel:
- relative Begriffe wie „dünn", „weit" oder „stark";
- Widersprüche im Wortlaut (konsequenterweise werden in einer Patentschrift einmal eingeführte Begriffe durchgängig verwendet, was auf Kosten des Lesevergnügens geht und den Eindruck des „Patentdeutschen" festigt);
- die Angabe von funktionellen Merkmalen, mit denen ein Ergebnis erreicht werden soll. Es reicht in der Regel nicht aus, ein bestimmtes Ziel zu formulieren, sondern es muss auch definiert sein, wie dieses Ziel erreicht werden soll.

Die „Klarheit" eines pathologischen Leidens, T241/95 („Serotoninrezeptor")

Bei der Entscheidung „Sorotoninrezeptor" der technischen Beschwerdekammer des Europäischen Patentamts ging es um eine Patentanmeldung der Firma Eli Lilly. Der erste Patentanspruch bezog sich auf die Verwendung von (R)-Fluoxetin für die Behandlung von „Leiden [...], das durch selektive Belegung des 5-HTIC-Rezeptors gemildert oder dem dadurch vorgebeugt werden kann". Die Beschwerdekammer vertrat die Auffassung, dass nicht klar ist, welche Leiden durch diese funktionelle Definition erfasst werden und damit in den Schutzbereich des Anspruchs fallen. In der Beschreibung der Patentanmeldung waren einige Beispiele für 5-HTIC-Rezeptor vermittelte Erkrankungen genannt worden.

Um Klarheit herzustellen, wurde die Formulierung „Leiden [...], das durch selektive Belegung des 5-HTIC-Rezeptors gemildert oder dem dadurch vorgebeugt werden kann" gestrichen. Stattdessen wurde der Patentanspruch 1 auf die Verwendung des Wirkstoffs zu Behandlung der nun namentlich genannten Beispielerkrankungen, nämlich Schlafapnoe, Missbrauch von Substanzen oder Migräne, eingeschränkt und daraufhin von der Beschwerdekammer als patentierbar angesehen.

■ Kategorien von Patentansprüchen

Der wichtigste Anspruch in jedem Patent ist der Anspruch 1, der sogenannte Hauptanspruch . Er legt den breitest möglichen Schutzumfang fest und ist in Verfahren vor dem Patentamt oder mit Wettbewerbern Wort-für-Wort stark umkämpft.

Darüber hinaus enthält jede Patentschrift weitere Patentansprüche. Zum einen finden sich unabhängige Ansprüche verschiedener Kategorien, die sich entweder auf Gegenstände oder auf Tätigkeiten richten (▶ Abschn. 5.1). Andererseits

Anspruch 1 bestimmt den Schutzumfang.

Schutz für: Erzeugnisse, Vorrichtungen, Verfahren & Verwendungen

werden die unabhängigen Ansprüche durch abhängige (Unter-)Ansprüche spezifiziert.

Grundsätzlich kennt das europäische Patentrecht vier Arten von Ansprüchen, nämlich

- *Erzeugnisansprüche* (für chemische Verbindungen, Stoffe und Stoffmischungen, auch gentechnisch modifizierte Zellen und Organismen),
  Zum Beispiel: „Kosmetische Zubereitung zur Hautpflege, dadurch gekennzeichnet, dass sie, bezogen auf das Gesamtgewicht der Zubereitung, mindestens 2 % einer hydrophilen Komponente, mindestens 10 % Natrium-Chlorid-Eisen-Iod-Thermalwasser mit einer Elektrolytsumme von mindestens 25 g/kg und einem Eisengehalt von mindestens 9 mg/kg sowie gegebenenfalls bis zu 15 % einer lipophilen Komponente enthält." (aus WO2010091827A2)
- *Vorrichtungsansprüche* (für Geräte, Geräteteile etc.),
  Zum Beispiel: „Vorrichtung zur Bestimmung der Koagulationszeit von Blut, die Folgendes umfasst: ein Probengefäß zur Aufnahme einer Blutprobe, eine Einrichtung zur Erzeugung von Oberflächenwellen, eine Lichtquelle, die zur Anregung der Fluoreszenz von in dem Probengefäß enthaltenen fluoreszierenden Mikrosphären geeignet ist, und Mittel zur Überwachung der Bewegung der fluoreszierenden Mikrosphären und zum Feststellen der Koagulationszeit anhand der Verlangsamung oder des Stillstandes der Bewegung." (aus DE102011001952A1),
- *Verfahrensansprüche* (Herstellungs- und Arbeitsverfahren)
  Zum Beispiel: „Verfahren zur Erhöhung des Lipidgehalts in einem Organismus, umfassend die Schritte (a) Bereitstellen eines Organismus, in dem der Gehalt an Lipiden erhöht werden soll, (b) Veränderung der Expression und/oder Funktion einer Lipase in dem Organismus, wobei die Lipase codiert wird durch eine Nukleinsäuresequenz, ausgewählt aus den SEQ ID Nrn.: 1 bis 10." (aus WO2013034648A1)sowie
- *Verwendungsansprüche* (für Erzeugnisse, Verfahren oder Vorrichtungen zu einem bestimmten Zweck)
  Zum Beispiel: „Verwendung von Cyanozimtsäurederivaten der allgemeinen Formel: XYZ als Matrix für eine MALDI-Massenspektrometrie eines Analyten."
- *Besonderer Verwendungsanspruch medizinische Indikation:*
  „Peptid ZYX oder dessen pharmazeutisch sinnvolle Salze *zur Verwendung* als Substanzen zur Kontrolle oder Unterdrückung der Nahrungsaufnahme."

Absoluter Schutz für Stoffe und Erzeugnisse

Erzeugnis- und Vorrichtungspatente bieten einen sogenannten absoluten Schutz, der von der Art der Herstellung völlig unabhängig ist. Ein Stoffpatent gilt für jede Form der Herstellung, auch wenn in dem Patent nur ein Syntheseweg beschrieben wurde. Falls ein anderer ein neues, besseres Syntheseverfahren für diesen Stoff entwickelt, kann er dieses neue Verfahren patentieren. In diesem Fall müsste der Inhaber des Stoffpatents um Erlaubnis für die kommerzielle Nutzung des mit seinem Verfahren hergestellten Stoffes gefragt werden. Im Gegenzug darf aber auch der Inhaber des Stoffpatents das neue Syntheseverfahren nicht unerlaubt nutzen.

Verfahrenspatente schützen grundsätzlich den gesamten Verfahrensablauf. Man unterscheidet Herstellungsverfahren zur Schaffung eines Erzeugnisses sowie Arbeitsverfahren, wie Mess-, Screening- oder Kultivierungsverfahren. Auch Verwendungspatente können im weitesten Sinne als Verfahrenspatente angesehen werden. Dabei beschränkt sich der Schutzumfang auf einen bestimmten Anwendungszweck von Gegenständen oder Erzeugnissen, die durchaus schon bekannt sein können (Beispiel: die Verwendung eines bereits bekannten Schmier- und Kettenöls als Unkrautvernichtungsmittel).

Verfahrenspatente schützen einen Prozess.

Eine besondere Form von Patentansprüchen bilden neue, medizinische Indikationen. Bereits bekannte Stoffe oder Stoffgemische können zur Verwendung in chirurgischen, therapeutischen oder Diagnostizierverfahren patentiert werden. Dem Wesen nach handelt es sich hierbei um Verwendungsansprüche. Jedoch wäre die Verwendung eines Stoffes zur Behandlung von Krankheiten als therapeutisches Verfahren am menschlichen Körper einzuordnen, und es wäre damit vom Patentschutz ausgenommen (▶ Abschn. 7.3.2). Daher ist im europäischen Patentrecht vorgeschrieben, dass Patentansprüche für medizinische Indikationen die folgende Form haben müssen: „Stoff X zur Behandlung der Krankheit YZ" oder „Stoffgemisch A als antibakterielles Mittel".

Besonderheit: neue medizinische Indikation

In den meisten Patentschriften finden sich mehrere Kategorien von Patentansprüchen. Bei einer Patentanmeldung für eine neue chemische Verbindung können beispielsweise Ansprüche auf die Verbindung selbst (Erzeugnis- oder Stoffanspruch), auf das Syntheseverfahren sowie auf die Verwendung der Substanz, etwa als Biomarker, Medikament oder als Unkrautvernichtungsmittel, gerichtet sein.

■ **Einheitlichkeit**

Enthält eine Patentanmeldung mehrere unabhängige Ansprüche, so müssen diese miteinander in Beziehung stehen. Denn ein Patent soll nur für jeweils eine Erfindung erteilt werden. Kommt der Patentprüfer zu dem Schluss, dass die Patentanmeldung verschiedene Aspekte enthält, die nicht durch ein „gemeinsames erfinderisches Merkmal" verbunden sind, so wird er bemängeln, dass die Patentanmeldung nicht einheitlich ist. Der Anmelder muss *eine Erfindung* auswählen, die

Einheitlichkeit – ein Patent für eine Erfindung

Aus jeder Kategorie nur ein Anspruch

weiterverfolgt werden soll. Die übrigen *Erfindungen* können – bei Zahlung entsprechender, zusätzlicher Gebühren – in Teilanmeldungen überführt werden.

Zum Beispiel kann eine Gruppe von Verbindungen nur dann mit einem Patent geschützt werden, wenn alle Verbindungen durch eine gemeinsame Leitstruktur darstellbar sind. Stellt sich im Prüfverfahren heraus, dass die allgemeine Leitstruktur nicht neu ist, so fällt dieses „Dach" weg, und zu jeder einzelnen Verbindung müsste eine Patentanmeldung verfolgt werden.

Ein europäisches Patent darf üblicherweise aus jeder Kategorie nur einen unabhängigen Anspruch enthalten. Nur in bestimmten Ausnahmefällen sind mehrere unabhängige Ansprüche der gleichen Kategorie erlaubt. Zum Beispiel können mehrere miteinander in Beziehung stehende Erzeugnisansprüche erteilt werden, wenn einerseits eine Gensequenz und andererseits das dazugehörige Protein geschützt werden soll. In der Praxis wird die Frage der Einheitlichkeit von den Patentämtern in verschiedenen Ländern unterschiedlich ausgelegt wird. Während in Europa beispielsweise ein Gen, das im Zusammenhang mit einer Krankheit genutzt wird, und das zugehörige Protein in einem Patent geschützt werden können, ist es in den USA erforderlich, jeweils ein Patent für das Gen und eines für das codierte Protein zu erlangen(▶ Abschn. 8.4.7).

■ **Unabhängige und abhängige Patentansprüche**

Unteransprüche als Rückfallpositionen

Zusätzlich zu einem unabhängigen Anspruch einer Anspruchskategorie werden üblicherweise mehrere unabhängige (Unter-) Ansprüche formuliert. Es handelt sich dabei um Spezifizierungen des unabhängigen Anspruchs, um konkretere „Ausführungsformen" der Erfindung zu charakterisieren. Sie können später als Rückfallpositionen verwendet werden, falls der Patentprüfer den unabhängigen Anspruch als zu weitreichend beurteilt.

Typische Beispiele für unabhängige und abhängige Patentansprüche lauten:
— *Patentanspruch 1 (unabhängig):* Stoff mit der Strukturformel $Ph-(CH_2)_n-Ph-\ldots$
— *Patentanspruch 2 (abhängig):* Stoff gemäß Anspruch 1 mit $n = 2$ bis 10
— *Patentanspruch 3 (abhängig):* Stoff gemäß Anspruch 1 mit $n = 3$

Werden die Merkmale der abhängigen Ansprüche 2 oder 3 im Patentprüfverfahren in den unabhängigen Anspruch 1 aufgenommen, so wird dieser auf die zusätzlichen Merkmale beschränkt und damit eingeengt (▶ Abschn. 8.1.2):

– *Patentanspruch 1 (unabhängig, geändert):* Stoff mit der Strukturformel Ph-(CH$_2$)$_n$-Ph-… mit n = 3.

Damit die Gesamtzahl der Patentansprüche nicht übermäßig groß wird, verlangen viele Patentämter ab einer bestimmten Anzahl von Ansprüchen zusätzliche Gebühren. Beim Europäischen Patentamt werden beispielsweise ab dem 16. Patentanspruch zusätzliche Gebühren für die Prüfung und die Patenterteilung fällig. Aus diesem Grund enthalten aktuelle europäische Patentanmeldungen und Patente besonders häufig genau 15 Patentansprüche.

■ **Besondere Formulierungen in Patentansprüchen**
Bei der Abfassung der Patentansprüche sind zahlreiche Feinheiten und Sonderregelungen zu beachten. Häufig zeigt sich erst später, ob Erfinder*in und Patentanwalt gut zusammengearbeitet haben, denn schon im Anmeldetext müssen alle möglichen späteren Ansprüche sowie eventuelle Rückfallpositionen enthalten sein. Auf einige besondere Aspekte, die bei der strategischen Planung der Patentansprüche wichtig sein können, soll im Folgenden kurz eingegangen werden.

Ist ein Verfahren patentierbar, so kann auch das mit dem Verfahren unmittelbar hergestellte Produkt „mitgeschützt" werden. Das Erzeugnis ist also dadurch gekennzeichnet, dass es mit dem erfinderischen Verfahren hergestellt wurde. Ein entsprechender Anspruch wird Product-by-Process-Anspruch genannt.

Beispielsweise könnten bei Verfahren zur Herstellung besonderer Filterpapiere neue Verfahrensschritte dazu führen, dass ein Filter erzeugt wird, der die Abtrennung toxischer Substanzen aus Stoffgemischen erlaubt. Aus Klarheitsgründen ist – wie bereits beschrieben – die Angabe des funktionellen Merkmals „zur Abtrennung toxischer Substanzen" nicht erlaubt. Ein möglicher Product-by-Process-Anspruch könnte „Filterpapier X, erhältlich durch das Verfahren Y" lauten. Dabei ist wichtig zu zeigen, dass dem Filterpapier ein besonderes, strukturelles Merkmal innewohnt, welches durch das Herstellverfahren begründet ist und wodurch das Filterpapier von anders hergestellten Filterpapieren unterscheidbar wird.

Allerdings können mit Product-by-Process-Ansprüchen nicht unbegrenzt Verfahrensprodukte geschützt werden, die zum Zeitpunkt der Patentanmeldung noch nicht bekannt sind. Zwischen dem eigentlichen Beitrag der Erfindung und der Breite der Ansprüche soll ein „ausgewogenes Verhältnis" bestehen. Wenn beispielsweise ein neues Target entdeckt wurde, so wäre ein Anspruch auf ein Screeningverfahren unter Verwendung dieses Targets möglich. Mitunter werden dann auch

> Product-by-Process-Schutz für das Verfahren und das Verfahrensprodukt

> Durchgriffsansprüche sind nicht erlaubt.

Inhibitoren des Targets, die zum Zeitpunkt der Patentanmeldung noch gar nicht bekannt waren, mitumfasst. Solche Ansprüche bezeichnet man als Durchgriffs- oder Reachthrough-Ansprüche . In der Rechtsprechung verschiedener Länder werden sie immer wieder kontrovers behandelt. Nach EPÜ-Recht sind Durchgriffsansprüche, die auf zukünftige Erfindungen abzielen, nicht erlaubt. Der Patentinhaber oder -anmelder darf nur Schutz für seinen tatsächlichen Beitrag zum Stand der Technik erhalten. Die Reservierung eines unerschlossenen Forschungsgebiets soll es nicht geben.

Beispiel für Durchgriffsansprüche in einem Screeningverfahrenspatent: Cox-2-Patent
In den USA war etwa bis Ende 2004 das sogenannte Cox-2-Patent der Universität Rochester hart umkämpft. Das US-Patent Nummer 6,048,850 beanspruchte Heilverfahren für Produkte, die selektiv die schädliche Wirkung von Cox-2, aber nicht von Cox-1 unterdrücken. Die erteilten Patentansprüche waren insbesondere auf ein Screeningverfahren gerichtet, mit dem selektive Cox-2-Hemmer identifiziert können: „A method for selectively inhibiting PGHS-2 (= Cox-2) in a human host, comprising a compound that selectively inhibits activity of PGHs-2 [...] wherein the selectivity is determinded by testing steps a) – d) for a candidate" (Anspruchsstruktur verkürzt). Außerdem wurden sämtliche Substanzen beansprucht, die mit dem Screeningverfahren identifiziert werden, wobei keine weiteren Angaben zur Struktur der Inhibitoren gemacht wurden, außer dass diese nichtsteroid sein sollten.

Am Tag der Erteilung des Patents im April 2000 erhob die Universität Rochester Klage auf Patentverletzung gegen die Firmen Searle und Pfizer/Pharmacia, die mit dem Blockbuster „Celebrex" einen offensichtlichen Cox-2-Hemmer als Schmerzmittel am Markt vertrieben. Im Gegenzug klagten die betroffenen Firmen auf Nichtigkeit des Cox-2-Patents.

Das Bezirksgericht (District Court) in New York kam in seinem Urteil im Jahr 2003 zu dem Schluss, dass die Beschreibung des Cox-2-Patents zu allgemein gehalten war. Zumindest eine konkrete Struktur für einen Cox-2-Hemmer hätte offenbart werden müssen. Der Argumentation der Universität Rochester, dass ein Fachmann anhand der Anleitung des Patents in die Lage versetzt wird, selektiv wirkende Cox-2-Inhibitoren zu finden, folgte das Gericht nicht. Nachdem das Patent für ungültig erklärt worden war, legte die Universität Rochester Beschwerde ein. Schlussendlich bestätigte jedoch das US-Berufungsgericht (US Court of Appeals) die Nichtigkeit des Patents, da dieses keine Beschreibung der chemischen Struktur der beanspruchten selektiven Hemmstoffe enthielt.

Normalerweise wird eine Erfindung durch ihre Merkmale und technische Elemente oder Verfahrensschritte definiert. In manchen Fällen kann es jedoch sinnvoll sein, einen Gegenstand durch eine negative Einschränkung abzugrenzen. Im Patentanspruch wird dann ausdrücklich definiert, welche Merkmale nicht vorhanden sein sollen. Solche negativen Beschränkungen werden auch als Disclaimer bezeichnet. Ein Disclaimer ist zum Beispiel dann zulässig, wenn Aspekte der Erfindung ausgeklammert werden sollen, die vom Patentschutz ausgenommen sind. Beispielsweise ist das Klonen von Lebewesen mit Ausnahme des Menschen durch ein Patent schützbar. Häufiger wird ein Disclaimer verwendet, um bereits Bekanntes auszuschließen, sodass die Neuheit der Erfindung hergestellt wird. So kann es beispielsweise vorkommen, dass eine bestimmte chemische Verbindung, die unter eine beanspruchte Leitstruktur fällt, zufällig schon bekannt ist. Durch den Ausschluss dieser bekannten Verbindung kann die Leitstruktur zumindest als neu gelten.

Negative Beschränkung – Disclaimer

Nicht nur beim Aufbau der Patentansprüche, auch bei der Wortwahl gibt es einige Besonderheiten, die sich von der Alltagssprache unterscheiden. Ein klassisches Beispiel zeigt die unterschiedliche Bedeutung, die sich ergibt, wenn die vermeintlich gleichbedeutenden Begriffe „beinhalten" oder „bestehend aus" verwendet werden. Für die Formulierung „Stoffgemisch *beinhaltend* die Komponenten A, B und C" ist eine weite Auslegung vorgesehen, im Sinne von „das Stoffgemisch könnte auch weitere Komponenten D, E und F enthalten". Die Aufzählung gilt als nicht abschließend. Hingegen wird bei einem „Stoffgemisch *bestehend aus* den Komponenten A, B und C" das Vorhandensein einer zusätzlichen Komponente ausgeschlossen. Stellt sich hier später heraus, dass dem Gemisch ein zusätzlicher Hilfsstoff D beigefügt werden muss, so läge dies außerhalb des Schutzumfangs der Patentansprüche. Da eine spätere Erweiterung der Patentanmeldung nicht zulässig ist, müsste für das Gemisch A, B, C und D eine neue Patentanmeldung eingereicht werden.

Achtung, Patentdeutsch!

Insgesamt lässt sich festhalten, dass die Formulierung der Patentansprüche in einer Patentanmeldung in fachkundigen Händen am besten aufgehoben ist, nämlich bei einem/r auf das betreffende Fachgebiet spezialisierten, erfahrenen Patentanwalt oder Patentanwältin.

5.4.6 Der*die Patentanwalt*in – Aufgaben und Ausbildung

*Techniker*in oder Naturwissenwissenschaftler*in mit juristischer Zusatzausbildung*

Die zentrale Aufgabe von Patentanwält*innen besteht darin, eine Erfindung in eine technisch und juristisch präzise Sprache zu übersetzen. Der*die Patentanwalt*in schreibt die Patentanmeldung und reicht diese beim Patentamt ein. Dafür ist es im ersten Schritt wichtig, dass er*sie die Erfindung versteht. Patentanwält*innen haben üblicherweise ein technisches oder naturwissenschaftliches Studium absolviert. Ein*e Patentanwalt*in ist also kein*e Rechtsanwalt*in, sondern ein*e Techniker*in oder Naturwissenschaftler*inmit zusätzlicher juristischer Ausbildung. In der Praxis unterscheidet man Patentanwält*innen mit Ausrichtung auf technische Gebiete, wie Maschinenbau, Elektrotechnik oder Physik, und Patentanwält*innen mit eher biochemischer Ausrichtung auf die Bereiche Chemie, Pharmazie, Biologie und Medizin. Meist besteht eine Spezialisierung auf ein oder mehrere Fachgebiete. Im optimalen Fall besitzt er*sie bereits Erfahrungen auf dem Gebiet der Erfindung. Grundsätzlich kann jedoch erwartet werden, dass sich ein*e Patentanwalt*in in das Fachgebiet und die Erfindung einarbeitet (oder den Mandanten an eine*n Kolleg*in verweist).

Vertreter vor dem Patentamt

Nach dem Einreichen der Patentanmeldung vertritt der*die Patentanwalt*in den Anmelder zunächst im Anmelde- und Prüfungsverfahren vor dem Patentamt. Das heißt, der*die Patentanwalt*in führt die Korrespondenz mit dem zuständigen Prüfer des Patentamts oder auch mal ein Telefonat, um den Prüfer zu überzeugen, ein Patent zu erteilen (▶ Abschn. 8.1). Alle wichtigen Dokumente und Entscheidungen werden mit dem Patentanmelder abgestimmt, wobei die Einbindung der Erfinder*innen als Expert*innen eine wichtige Rolle spielt. Auch die Überwachung der Fristen, beispielsweise für die Zahlung der Jahresgebühren für Patente oder Patentanmeldungen, übernimmt üblicherweise die Patentanwaltskanzlei.

Kommt es im Anschluss an die Patenterteilung zu Streit mit Dritten wird ebenfalls der*die Patentanwalt*in zurate gezogen. Bei einem Einspruchs- oder Beschwerdeverfahren vertritt er*sie den Mandanten vor den Einspruchs- beziehungsweise Beschwerdekammern des Patentamts (▶ Abschn. 8.3). Verletzungs- oder Nichtigkeitsklagen werden in Deutschland vor Zivilgerichten (Landgericht, Oberlandesgericht, Bundesgerichtshof) ausgefochten. Der*die Patentanwalt*in tritt dann in Begleitung eines/r Rechtsanwält*in auf und wird als Expert*in zu technischen und patentrechtlichen Fragen gehört. Übrigens erkennt man Patentanwält*innen vor Gericht durch die blauen Besätze auf den sonst schwarzen Roben, die die Rechtsanwält*innen tragen.

Weitere Betätigungsfelder von Patentanwält*innen betreffen den Schutz und die Durchsetzung anderer gewerblicher Schutzrechte, wie etwa Marken oder Geschmacksmuster. Um Mandanten, Rechteinhaber bzw. Patentanmelder, vor dem Patentamt vertreten zu dürfen, benötigen Patentanwalt*innen eine Zulassung vor dem jeweiligen Amt. Werden im Ausland Patentverfahren durchgeführt, so müssen in dem jeweiligen Land zugelassene Patentanwält*innen bzw. Patentanwaltskanzleien beauftragt werden.

Ein*e deutsche*r Patentanwalt*in hat in der Regel eine etwa dreijährige Ausbildung absolviert. Voraussetzung ist ein naturwissenschaftliches oder technisches Studium sowie eine mindestens einjährige praktisch-technische Tätigkeit. Im ersten Teil der Ausbildung wird ein*e Kandidat*in mindestens 26 Monate von einem*r zugelassenen Patentanwalt*in ausgebildet und absolviert parallel ein Fernstudium des allgemeinen Rechts an der Fernuniversität Hagen. Den zweiten Ausbildungsteil bildet das achtmonatige sogenannte „Amtsjahr", in dem der*die Kandidat*in zwei Monate beim DPMA und sechs Monate beim Bundespatentgericht verbringt. Zum Abschluss ist ein Examen mit zwei schriftlichen Klausuren und einer mündlichen Prüfung zu bestehen. Der Lohn für diese langwierige und anspruchsvolle Zusatzausbildung sind ein hoch qualifizierter, nachgefragter Beruf und sehr gute Verdienstmöglichkeiten.

Viele deutsche Patentanwält*innen sind gleichzeitig European Patent Attorney oder genauer „zugelassener Vertreter vor dem Europäischen Patentamt". Ein European Patent Attorney ist berechtigt, seine Mandanten vor dem Europäischen Patentamt zu vertreten. Als Zulassungsvoraussetzung muss die europäische Eignungsprüfung (EEP) bestanden werden. Eine Ausbildung wie im Fall des deutschen Patentanwalts gibt es nicht. Um die Eignungsprüfung ablegen zu dürfen, müssen jedoch ein technisches Studium und eine dreijährige Berufserfahrung auf dem Gebiet des Europäischen Patentübereinkommens (EPÜ) nachgewiesen werden. Auch in der Schweiz und in Österreich ist die Berufsbezeichnung „Patentanwalt" geschützt. Anwärter*innen müssen ebenfalls über einen Hochschulabschluss in natur- oder ingenieurwissenschaftlichen Fächern verfügen und eine mehrjährige praktische Tätigkeit auf dem Gebiet des Patentwesens aufweisen, bevor sie zur Patentanwaltsprüfung zugelassen werden.

Berufserfahrung und Eignungsprüfung

Patentanwält*innen arbeiten meist freiberuflich oder angestellt in einer Patentanwaltskanzlei. Des Weiteren sind viele Patentanwält*innen direkt in den Patentabteilungen von größeren Unternehmen und Konzernen beschäftigt. Häufig bie-

Berufserfahrung und Eignungsprüfung

ten die Unternehmen den Mitarbeiter*innen ihrer Patentabteilung die Möglichkeit, sich im Rahmen ihrer Tätigkeit zum Patentanwalt*in weiterzubilden.

Hochschulen stellen eher selten eigene Patentanwält*innen ein, sondern beauftragen externe Patentanwaltskanzleien mit dem Ausarbeiten von Patentanmeldungen und der Durchführung von Patentverfahren. Einerseits ist die inhaltliche Bandbreite der Erfindungen aus den unterschiedlichen Fachbereichen außerordentlich vielfältig. Andererseits schwankt die Anzahl der pro Hochschule und Jahr angemeldeten Patente sowie der laufenden Patentverfahren und ist im Durchschnitt deutlich geringer als bei großen oder mittelständischen Technologieunternehmen. Die Beauftragung von externen Patentanwält*innen erhöht daher die Flexibilität der zuständigen Technologietransferstellen und ermöglicht ihnen die Konzentration auf ihr Kerngeschäft, die Verwertung der Schutzrechte. Nichtsdestotrotz sind die meisten Mitarbeiter*innen des Technologietransfers, die Innovationsmanager*innen, IP- oder Lizenzmanager*innen, mit den Grundlagen des Patentrechts gut vertraut. Als erste Ansprechpartner*innen und Projektmanager*innen führen sie Erfinderberatungen durch und begleiten die Patentverfahren.

Patentmanagement im Transfer

- **Weiterführende Literatur zum Thema Ausbildung und Praxis für Patentanwält*innen:**
- Perspektive Patentanwalt 2012: Herausforderungen zwischen Technologie und Recht. Berufsbild, Ausbildung, Einstieg, Karrierewege von ▶ e-fellows.net, 5. überarbeitete Auflage, 2012.

Geschützter Berufstitel
- Uwe Fitzner „Der Patentanwalt: Beruf und Beratung im gewerblichen Rechtsschutz" Heymanns Verlag 5. Edition, 2019.

Links zur Ausbildung von Patentanwält*innen
- in Deutschland: ▶ https://www.dpma.de/dpma/wir_ueber_uns/weitere_aufgaben/patentanwaltsausbildung/index.html in der Schweiz: ▶ https://www.ige.ch/de/recht-und-politik/immaterialgueterrecht-national/patentrecht/patentanwaltsgesetz/berufsbezeichnung-patentanwalt.html
- in Österreich: ▶ https://www.oepak.at/ European Patent Attorney: ▶ http://www.epo.org/learning-events/eqe_de.html

5.5 Literatur zum Thema Patentrecht

- Generell sind Informationen zu Patenten und dem Patentrecht erhältlich bei den jeweiligen Patentämtern, zum Beispiel beim DPMA: ▶ http://www.dpma.de/
- Die Rechtstexte und die Rechtsprechung zum Europäischen Patentrecht (EPÜ 2000, Ausführungsordnung zum EPÜ 2000 und Richtlinien für die Prüfung im Europäischen Patentamt (RiLi)) sind zugänglich über die Internetseite des Europäischen Patentamts: ▶ www.epo.org/

■ Bücher
Die Klassiker unter den Kommentaren zum EPÜ sind:
- Singer/Stauder/Luginbühl, Europäisches Patentübereinkommen EPÜ, Taschenkommentar, Heymanns Verlag, 8. Auflage, 2019
- Schulte, Patentgesetz mit Europäischem Patentübereinkommen, Kommentar, Heymanns Verlag, 11. Auflage, 2021.

Neuheits- und Patentrecherche

Inhaltsverzeichnis

6.1 Ziele der Recherche – 164

6.2 Die Recherche in 7 Schritten – 165

6.3 Die Patentklassifikation – 169

6.4 Wie recherchiert man in Patentdatenbanken? – 171

6.5 Wichtige Patentdatenbanken im Kurzprofil – 176

6.6 Akteneinsicht und Rechtsstandabfragen – 178

> Ich habe niemals aufgegeben. Ich habe nur tausend Wege gefunden, wie etwas nicht funktioniert.

Thomas Alva Edison (1847–1931), Erfinder der Glühbirne

6.1 Ziele der Recherche

Internetrecherche zum Nulltarif

In Technologiebereichen mit guten kommerziellen Anwendungsmöglichkeiten, kann man davon ausgehen, dass bereits Patente oder Patentanmeldungen „das Feld abstecken". Um einen ersten Eindruck vom bekannten Wissensstand und von der Patentierbarkeit einer Erfindung zu gewinnen, kann mit vertretbarem Zeitaufwand eine eigene Neuheitsrecherche in verschiedenen im Internet verfügbaren Literatur- oder Patentdatenbanken durchgeführt werden. Einschlägige Suchmaschinen und viele Datenbanken können kostenlos genutzt werden; die wissenschaftliche Literatur sowie Strukturdatenbanken sind für Hochschulwissenschaftler*innen in der Regel über die Hochschulbibliothek zugänglich. Mit einer solchen Recherche wird sich zwar nicht der gesamte relevante Stand der Technik ermitteln lassen, aber es handelt sich um ein probates Mittel, um einen Überblick in dem betreffenden Fachgebiet zu gewinnen und allzu große Überraschungen zu vermeiden.

Recherche vor Projektbeginn erspart Doppelentwicklungen.

Schon vor dem Start eines neuen Projekts, einer Master- oder Doktorarbeit kann es sinnvoll sein, nicht nur den Stand der wissenschaftlichen Literatur zu prüfen, sondern auch einen Blick in die bestehende Patentliteratur zu werfen. Aus Patentschriften lassen sich wertvolle Informationen gewinnen, denn angeblich lagern 90 % des technischen Wissens in Patentdatenbanken. Übrigens sind nur etwa 10 % dieser Dokumente als Patente wirksam, bei allen anderen ist der Patentschutz abgelaufen, oder es wurde nie ein Patent erteilt.

Patentanmeldungen der letzten 18 Monate sind geheim!

Insbesondere Studien und Ergebnisse von Unternehmen werden mitunter nur in Patentschriften veröffentlicht, sodass eine Patentrecherche die Recherche in der wissenschaftlichen Literatur ergänzen kann. Dabei ist zu beachten, dass Patentanmeldungen erst 18 Monate nach ihrer Einreichung vom Patentamt offengelegt werden. Von den Patentanmeldungen anderer erfährt man also frühestens 18 Monate nach deren Anmeldetag. Innerhalb der Offenlegungsfrist besteht daher immer ein gewisses Risiko unliebsamer Überraschungen.

Mit einer Neuheitsrecherche werden Antworten auf folgende Fragen gesucht:
— Ist meine Erfindung neu und damit eventuell patentierbar?
— Kommen Ergebnisse anderer meiner Erfindung nahe?

— Haben andere den gleichen Lösungsansatz verwendet und, wenn ja, mit welchen Ergebnissen?

Als Ergebnis der Recherche wird der sogenannte relevante Stand der Technik ermittelt. Gesammelt werden alle Schriften, Dokumente und Informationen, die den Bereich der Erfindung betreffen. Nicht selten ist es ein einziges Dokument, das der Erfindung am nächsten kommt oder sogar vorwegnimmt.

Darüber hinaus erhält man bei der Recherche Informationen zu weiteren wichtigen Punkten:

> Was macht die Konkurrenz?

— Baut meine Erfindung auf anderen Schutzrechten auf, das heißt, besteht eine Abhängigkeit von anderen?
— Welche Firmen oder Forschergruppen von anderen Universitäten halten Schutzrechte im Bereich der Erfindung? (In der Regel trifft man dort auf bekannte Forscherkolleg*innen.)
— Welche Ergebnisse konnten mit vergleichbaren Technologien erreicht werden, und in welchem Entwicklungsstand befinden sich diese „Konkurrenztechnologien"?

6.2 Die Recherche in 7 Schritten

Grundsätzlich ist es sinnvoll, eine Neuheitsrecherche zu unterteilen in 1) eine Recherche der wissenschaftlichen Literatur, 2) eine Patentrecherche sowie 3) eine allgemeine Recherche. Während die Literaturrecherche in wissenschaftlichen Datenbanken und in Internetsuchmaschinen den meisten Forschenden vertraut ist, bestehen mit Patentrecherchen meist nur wenige Erfahrungen. In ◘ Tab. 6.1 findet sich eine Übersicht darüber, mit welchen Suchbegriffen und in welchen Datenbanken diese Recherchen durchgeführt und welche Dokumente jeweils erhalten werden können.

Die Abfolge der Recherche in diesen drei Kategorien kann im Grunde frei gewählt werden; nicht selten ergeben sich auch Überschneidungen. Gut bewährt hat sich folgende Reihenfolge:

1. *Schlagworte definieren:* Zunächst werden etwa drei bis fünf Schlüsselwörter ausgewählt, die das Wesentliche und Neue der Erfindung umreißen. Typischerweise verwendet man englische Begriffe. Gegebenenfalls kann zusätzlich mit deutschen Begriffen oder in anderen Sprachen gesucht werden, vor allem dann, wenn in speziellen Ländern oder Bereichen Konkurrenz vermutet wird.

> Drei bis fünf englische Schlagwörter

Tab. 6.1 Recherchekategorien bei der Neuheitsrecherche

	Wissenschaftliche Recherche	Patentrecherche	Allgemeine Recherche
Verwendbare Schlagworte	Fachbegriffe, Autorennamen	Fachbegriffe, Autorennamen, Firmen/Institutionen Patentklassifikation	Fachbegriffe, Autorennamen, Firmen/Institutionen
Datenbanken, Suchmaschinen	Pubmed, SciFinder, Scirus	Espacenet, DEPATISnet, Google Patents, USPTO	Google, Google Scholar
Rechercheergebnisse	Wissenschaftliche Artikel, bei SciFinder: Hinweise auf wissenschaftliche Artikel, Patentschriften, Katalognummern von Verbindungen	Patentanmeldungen, Patente, Gebrauchsmuster	Artikel, Bucheinträge, Poster, Präsentationen, Projektbeschreibungen, Produktwerbung, Einträge in Internetforen, Patentschriften

Bei der Auswahl der Schlagwörter sollte darauf geachtet werden, keine zu speziellen Fachbegriffe zu verwenden. Diese würden den Suchbereich zu stark einengen, sodass relevante Schriften möglicherweise nicht gefunden werden. Sind die Suchbegriffe hingegen zu allgemein, wird man von der Flut der gefundenen Schriften erschlagen und verliert schnell den Überblick. Außerdem ist wichtig, dass Synonyme der Fachbegriffe berücksichtigt werden. Als Schlagwörter eignen sich zudem Namen von Wissenschaftler*innen oder Firmen, die auf diesem Gebiet aktiv sind.

> **Tipp**
>
> Zur Sicherheit sollten die Namen des eigenen Instituts und seiner Wissenschaftler*innen (inklusive des eigenen) bei der Recherche berücksichtigt werden. Auch eigene Publikationen können nämlich die Patentierbarkeit einer Erfindung verhindern. Vermutlich sind die Erfinder*innen auf dem Gebiet der Erfindung schon einige Zeit wissenschaftlich aktiv und haben bereits zahlreiche Artikel, Poster und andere Beiträge zu diesem Thema veröffentlicht.

Lesen mit anderen Augen

2. *Literaturrecherche:* Zum „Warmwerden" führt man eine Recherche in wissenschaftlichen Literaturdatenbanken, wie PubMed, durch. Die gefundenen Artikel sind den Erfinder*innen im besten Fall vertraut. Sowohl die bekannten Artikel als auch mögliche Neuerscheinungen sollten

daraufhin geprüft werden, ob die Ergebnisse oder auch Spekulationen im Diskussionsteil der Erfindung nahekommen. Nicht nur tatsächliche Daten, sondern auch unbewiesene Aussagen in einer Publikation können für die Erfindungshöhe und damit für die Patentierbarkeit der Erfindung relevant sein!

3. *Recherche nach chemischen Verbindungen:* Besteht die Erfindung aus neu entwickelten chemischen Strukturen, sollte unbedingt eine Recherche in einer einschlägigen Strukturdatenbank durchgeführt werden, um herauszufinden, ob die Verbindungen neu sind. Sehr gute Ergebnisse werden mit SciFinder, einer von Chemical Abstracts Service entwickelten Datenbank, erzielt. Über beliebig kombinierbare Stichwörter, Autorennamen, Dokumentenidentifizierer und Strukturformeln können neuheitsrelevante Dokumente und gleichzeitig relevante Patentschriften gefunden werden. Wurde die Erfindung in einer strukturchemisch orientierten Arbeitsgruppe entwickelt, besitzt das Institut sehr wahrscheinlich einen Zugang zu der kostengünstigeren Version SciFinder Scholar. Im Vergleich zur Vollversion kann zum Beispiel keine Substruktursuche durchgeführt werden; dennoch erlauben die Rechercheergebnisse sehr zuverlässige Aussagen über die Neuheit von chemischen Strukturen.

   SciFinder zur Struktursuche

4. *Patentrecherche:* Mit Patentrecherchen kennen sich die meisten Hochschulwissenschaftler*innen nicht so gut aus. Leider. Viele wären überrascht, wie aktiv Forscherkolleg*innen aus anderen Einrichtungen beim Schutz ihrer Forschungsergebnisse sind.

   Espacenet und Google Patents zur Patentrecherche

   Viele Patentämter verfügen über eine eigene Patentdatenbank, in der kostenlos per Internet recherchiert werden kann. Das Europäische Patentamt bietet mit Espacenet eine der umfangreichsten Sammlungen von Patentliteratur im Internet an. Bei DEPATISnet, der Datenbank des DPMA, und Google Patents können über Volltextrecherchen Schlagwörter nicht nur im Titel oder in der Zusammenfassung, sondern im gesamten Text der Patentschriften gesucht werden. Neben der Recherche mit Schlagwörtern kann auch eine Suche nach bibliografischen Daten, wie dem Namen des Patentanmelders oder dem Anmeldetag, durchgeführt werden. Eine andere Möglichkeit besteht darin, die Schublade herauszufinden, in der die Patentämter alle Patentschriften zu dem Gebiet ihrer Erfindung abgelegt haben. Die Patentämter verwenden nämlich zur Unterteilung der Fachgebiete ein Klassifikationssystem. Dieses Patentklassifikationssystem sowie die wichtigsten Patentdatenbanken und Recherchestrategien werden im nächsten Abschnitt näher vorgestellt.

> **Tipp**
>
> Eine kombinierte Patentrecherche mit Espacenet („Advanced search") und Google Patents ist einfach durchzuführen und liefert auch Unerfahrenen gute Ergebnisse.

Auf Poster und Webseiteneinträge achten

5. *Allgemeine Recherche:* Eine allgemeine Recherche mit Google, Google Scholar oder einer ähnlichen Suchmaschine sollte bei einer Neuheitsrecherche auf keinen Fall fehlen. Hiermit findet man nämlich auch Abstracts für wissenschaftliche Poster oder Vorträge sowie Webseiteneinträge auf Institutsseiten. Falls sich herausstellt, dass bestimmte Arbeitsgruppen oder Firmen in dem betreffenden Bereich aktiv sind, können diese ebenfalls berücksichtigt werden. In der Suchanfrage sollten die relevanten Namen der leitenden Forschenden oder der Firmen mit einem oder zwei Fachbegriffen kombiniert werden.

Dokumente querlesen

6. *Dokumentation und Auswertung:* Es ist wichtig, die Rechercheergebnisse gut zu dokumentieren, damit sie später nachvollzogen und gegebenenfalls ausgeweitet werden können. Zunächst geht man die Trefferlisten durch. Als nicht relevant eingestufte Dokumente werden verworfen. Um aus vielen Treffern eine Vorauswahl zu finden, kann man zunächst querlesen. Ein Blick in die Zeichnungen, die Beispiele, die Zusammenfassung oder die Ansprüche erlaubt es, manchmal schnell zu entscheiden, ob es sich lohnt, sich mit dem Dokument näher zu beschäftigen.
Relevante Dokumente sollten genau durchgelesen werden. Am besten macht man sich Notizen, welche Aspekte in den betreffenden Publikationen behandelt werden, wo Unterschiede und wo Gemeinsamkeiten mit der Erfindung bestehen.

*Erfinder*innen googeln*

7. *Referenz-Hunting:* Bei hochrelevanten Dokumenten sollte nachgehakt werden, zum Beispiel mit einer erneuten Suche mit den entsprechenden Autorennamen und den dort verwendeten Fachbegriffen. Vielleicht lohnt es sich auch, die Erfinder*innen zu googeln. Oft meldet bei einer Industriekooperation nur der Industriepartner Patente an. So taucht die Universität vielleicht nicht als Anmelder auf, aber die Erfinder*innen müssen in der Patentanmeldung benannt werden.

Eine gute Strategie besteht außerdem darin, die Publikationen zu prüfen, die von relevanten Dokumenten zitiert werden (*cited documents*) oder die dieses hochrelevante Dokument zitieren (*citing documents*). Das geht besonders einfach mit der Patentdatenbank Google Patents. Hier finden sich bei vielen Treffern in der rechten Spalte *References*: *Patent Citations* sowie *Referenced by*.

> **Tipp**
>
> Wenn man merkt, dass man sich bei der Recherche „verrannt" hat oder die Übersicht verloren gegangen ist, sollte man eine Pause machen und etwas später von vorn beginnen.

6.3 Die Patentklassifikation

In Patentdatenbanken sind Patentanmeldungen und Patente nach bestimmten Sachfeldern geordnet, um die Recherche zu erleichtern. Dazu vergeben die Patentämter Klassifizierungsnummern. Unter einer Klassifizierungsnummer findet man (theoretisch) alle Patente und Patentanmeldungen zu einem bestimmten Gebiet. Diese Klassifikationsnummern gehören zur bibliografischen Kennzeichnung jeder Patentschrift und sind in der Regel auf der ersten Seite der veröffentlichten Patentanmeldung oder des Patents zu finden.

Am weitesten verbreitet ist die Internationale Patentklassifikation (IPC). Fast alle Patentämter sortieren Patente/Patentanmeldungen in dieses Klassifikationssystem ein. Das Europäische Patentamt verwendet zusätzlich das sogenannte Gemeinsame Klassifikationssystem (CPC), das auf der früheren Europäischen Klassifikation ECLA und der IPC basiert; es ist im Vergleich zu IPC feiner untergliedert.

Häufigste Klassifikation: IPC

Beim Internationalen Patentklassifikationssystem wird der gesamte Stand der Technik in acht Sektionen von A bis H eingeteilt (◘ Tab. 6.2).

Jede Sektion enthält Klassen, Unterklassen und Gruppen. Die Gruppen wiederum bestehen aus Hauptgruppen, die weiter hierarchisch in zirka 70.000 Untergruppen unterteilt werden (◘ Tab. 6.3).

Eine aktuelle Version der IPC findet sich unter ▶ www.depatisnet.dpma.de/ipc/.

Tab. 6.2 Sektionen der Internationalen Patentklassifikation (IPC)

Sektion A	Täglicher Lebensbedarf
Sektion B	Arbeitsverfahren, Transportieren
Sektion C	Chemie, Hüttenwesen
Sektion D	Textilien, Papier
Sektion E	Bauwesen, Erdbohren, Bergbau
Sektion F	Maschinenbau, Beleuchtung, Heizung, Waffen, Sprengen
Sektion G	Physik
Sektion H	Elektrotechnik

Tab. 6.3 Hierarchien der Internationalen Patentklassifikation

Sektion	C	Chemie, Hüttenwesen
Klasse	C07	Organische Chemie
Unterklasse	C07K	Peptide
Hauptgruppe	C07K 16/00	Immunglobuline, zum Beispiel mono- oder polyklonale Antikörper
Untergruppe	C07K 16/08	… gegen Stoffe aus Viren

Beispiel: Internationale Klassifikation IPC C07K16/08
Wenn eine Patentanmeldung oder ein Patent in C07K16/08 eingeordnet ist, gehört sie in das Gebiet der Immunglobuline, wie z. B. mono- oder polyklonale Antikörper, gegen Stoffe aus Viren.

In die Untergruppe C07K16/08 würde zum Beispiel eine Patentanmeldung oder Patent für einen therapeutischen Anti-HSV-Antikörper (HSX = *Herpes-simplex*-Virus) eingestuft werden.

Eine Suche mit C07K16/08 bei Espacenet ergibt allerdings über 1300 Treffer. Also auch bei bekannter Klassifizierungsnummer ist meist eine weitere Eingrenzung der Recherche erforderlich.

Um die relevanten Klassifikationsnummern zu ermitteln, nutzt man am besten die Klassifikationssuche auf den Internetseiten der Patentämter, zum Beispiel über die Espacenet-Datenbank des Europäischen Patentamts: ▶ http://worldwide.espacenet.com/classification?locale=de_EP.

Hier ist es möglich,
- eine Klassifikationssuche mit Schlüsselwörtern durchzuführen oder
- sich durch die Hierarchieebenen des Klassifikationssystems zu arbeiten, indem man von der Sektion bis zur Untergruppe das jeweils zutreffende Gebiet heraussucht.

Hinweise, in welche Kategorie eine Erfindung fällt, bekommt man auch, indem man nachschaut, welche Klassifizierung den Patentanmeldungen oder Patenten zugeordnet wurde, die als relevanter Stand der Technik identifiziert wurden.

Suche nach der Klassifikation möglich

In der Regel erhalten Patente/Patentanmeldungen drei oder mehr Klassifikationsnummern, da sie unterschiedliche Bereiche berühren. Wenn zum Beispiel für eine chemische Substanz auch dessen Herstellungsverfahren sowie die Verwendung als ein medizinisches Präparat in einer Patentanmeldung beansprucht werden, so werden diesen Aspekten jeweils verschiedene Klassifizierungsnummern zugeordnet.

Tipp

Bei Kenntnis der Klassifizierung für eine Erfindung kann die Patentrecherche deutlich schneller und gezielter ablaufen. Eine Kombination der ausgewählten Klassifikation mit Schlagwörtern hilft, aus der Trefferliste die wesentlichen Patentschriften herauszufiltern.

6.4 Wie recherchiert man in Patentdatenbanken?

Die kostenlos nutzbaren Patentdatenbanken der nationalen oder internationalen Patentämter bieten recht einfache und gut verständliche Suchmasken. Einige Tipps und Strategien bei der in Suche in Patentdatenbanken sind nachfolgend am Beispiel von Espacenet , der Patentdatenbank des Europäischen Patentamts (EPA), erläutert. Am Ende des Abschnitts finden sich Kurzprofile weiterer wichtiger Patentdatenbanken.

Die Auswahl der Suchbegriffe entscheidet über den Erfolg der Recherche. Man sollte sich daher darüber im Klaren sein, wonach man sucht beziehungsweise was das Besondere einer Erfindung ausmacht und wo die Konkurrenz möglicherweise lauert.

Auswahl der Suchbegriffe entscheidet.	Die Suche in Patentdatenbanken kann mit Fach- und Schlagwörtern aus folgenden Kategorien durchgeführt werden:

- Fachbegriffe im Titel oder in der Zusammenfassung von Patentschriften (einige Patentdatenbanken, wie DEPATISnet, oder Patentsuchmaschinen, wie Google Patents, ermöglichen eine Recherche im Volltext);
- bibliografische Nummern (Anmelde- und Veröffentlichungsnummern sowie das Datum der Anmeldung oder der Patenterteilung sind bei der ersten Recherche in der Regel nicht bekannt, es sei denn, es gibt bereits einen Hinweis auf ein bestimmtes, relevantes Patentdokument);
- Personen- oder Unternehmensnamen der Erfinder*innen oder Patentanmelder;
- Patentklassifikation.

Operatoren unterstützen die Suche.	Zur Verknüpfung mehrerer Suchbegriffe können Operatoren, wie AND und OR verwendet werden (◘ Tab. 6.4). Mithilfe dieser logischen Verknüpfungen ist es möglich, kompliziertere Suchanfragen zu formulieren. Leider unterscheiden sich die verwendbaren Operatoren je nach Datenbank, sodass im Zweifelsfall in der Hilfefunktion der betreffenden Datenbank nachgeschaut werden muss, welche Bedingungen für die Anwendung der Operatoren bestehen.
Trunkierungen zur Suche nach dem Wortstamm	Besonders hilfreich bei einer Recherche ist die Verwendung von Trunkierungen . Hierbei wird der Suchbegriff abgekürzt und ein Sonderzeichen als Platzhalter (auch Wildcard genannt) für einen oder mehrere Buchstaben eingesetzt. Mithilfe von Trunkierungen können unterschiedliche Schreibweisen (ä = ae, ß = ss) oder andere grammatikalische Formen, z. B. Pluralformen, eingeschlossen werden. Der Suchbereich wird somit deutlich vergrößert. In ◘ Tab. 6.5 sind die verwendbaren Platzhalter für die wichtigsten Datenbanken zusammengefasst.

■ **Suche mit Espacenet**

Eine der umfangreichsten, frei zugänglichen Patentdatenbanken ist die des Europäischen Patentamts, Espacenet. Espacenet umfasst nach eigenen Angaben Daten zu mehr als 120 Mio. Patentdokumenten aus der ganzen Welt (Stand 2021).

Kurze oder erweiterte Suche	Die Suche startet mit dem Eingeben von bis zu 20 Suchbegriffen, z. B. Erfinder- oder Unternehmensnamen oder Schlagworte zu einer Technologie (◘ Abb. 6.1). Die Wörter werden durch Leerzeichen (dann gilt eine UND-Verknüpfung) oder durch Operatoren getrennt.

Tab. 6.4 Nützliche Operatoren bei der Recherche in Datenbanken

Operator	Bedeutung	Beispiel
AND (UND)	Die Verknüpfung zweier Begriffe mit AND bedeutet, dass beide im gesuchten Text vorkommen müssen. Bei den gängigen Datenbanken ist bei einem Leerzeichen zwischen zwei Suchbegriffen automatisch AND (UND) eingestellt.	periimplantitis AND biomarker
OR (ODER)	Verknüpfungen mit OR bedeuten, dass entweder der eine oder der andere Begriff im gesuchten Text vorkommen muss.	arteriosclerosis OR atherosclerosis
NOT oder AND NOT (NICHT oder UND NICHT)	Der Begriff nach NOT darf nicht vorhanden sein. Dieser Operator sollte mit Vorsicht verwendet werden. Es besteht die Gefahr, dass wichtige Dokumente aus der Trefferliste eliminiert werden.	RNA NOT mRNA
Klammerausdrücke	Suchbegriffe können mit mehreren Operatoren zusammengestellt werden. Durch das Setzen von Klammern kann die Reihenfolge der Verknüpfungen festgelegt werden.	(micro AND RNA) OR microRNA
Trunkierungen/Platzhalter/Wildcards: *, $, ?, +, #	Trunkierungen eignen sich zur Suche nach alternativen Schreibformen oder Pluralformen eines Suchbegriffs. Ein oder mehrere Buchstaben werden durch ein Symbol ersetzt. Welche Symbole das sind, hängt von der verwendeten Datenbank ab. Trunkierungen stehen meist am Ende eines Worts.	in Espacenet: mit „glio*" finden Sie Patentschriften zum Thema „glioma", „glioblastoma" sowie „gliosis"
Stoppwörter	Um eine „Überlastung" der Datenbank auszuschließen, werden sehr häufig vorkommende von der Suche ausgeschlossen. Eine Liste der Stoppwörter findet sich im Hilfeindex der Datenbanken.	Stoppwörter in Espacenet sind beispielsweise FOR, WITH, THE, BUT, AND, OF, ANY

Durch das Einschalten der „erweiterten Suche" kann in verschiedenen Kategorien eingegrenzt bzw. spezifiziert werden (Abb. 6.2):
- Titel (der Patentanmeldung oder des Patents),
- Titel oder Zusammenfassung,
- Veröffentlichungsnummer,
- Anmeldenummer,
- Prioritätsnummer,
- Veröffentlichungsdatum,
- Anmelder,
- Erfinder,
- Klassifizierungsnummern nach CPC und IPC.

Tab. 6.5 Regeln zur Verwendung von Trunkierungen in verschiedenen Patentdatenbanken

Datenbank	Platzhalter/Wildcard
Espacenet	Espacenet unterstützt bis zu drei Platzhalter bei Suchbegriffen im Titel, in der Zusammenfassung, zu Anmelder und Erfinder: * – unbestimmte Anzahl von Zeichen folgen ? – kein oder ein Zeichen # – genau ein Zeichen Platzhalter dürfen nur am rechten Rand nach mindestens drei (*) oder zwei (?, #) Zeichen stehen.
DEPATISnet	In der Expertenrecherche von DEPATISnet können folgende Platzhalter verwendet werden: ? – kein oder beliebig viele Zeichen ! – genau ein Zeichen # – ein oder kein Zeichen. Die Platzhalter können am Anfang, am Ende oder in der Mitte von Suchbegriffen eingesetzt werden.
USPTO	Bei einer Suche in der Datenbank des USPTO kann „$" als Platzhalter für ein oder mehrere Zeichen verwendet werden. Platzhalter dürfen nur am rechten Rand nach mindestens drei Zeichen stehen.
Google Patents	Google Patents unterstützt keine Trunkierung in einzelnen Wörtern. Suchbegriffe müssen daher in allen möglichen Schreibweisen eingegeben werden.

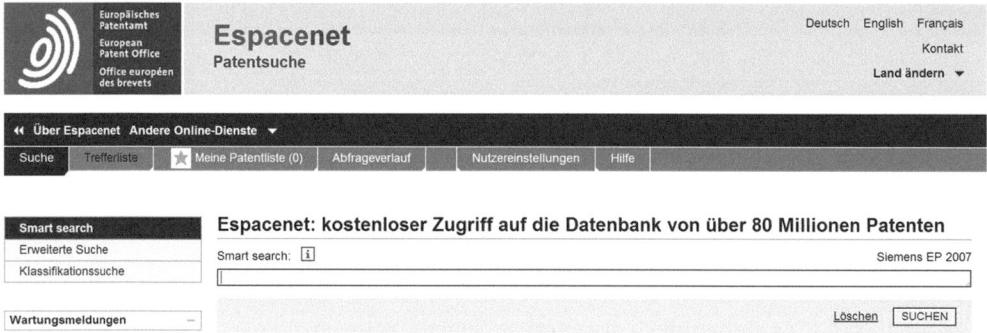

Abb. 6.1 Benutzeroberfläche von Espacenet Smart search (22.11.2013)

Erweiterte Suche-Funktion und Filter helfen beim Eingrenzen und Sortieren.

Im Ergebnis erhält man bei Espacenet eine Anzahl von „Treffern", die einzeln oder gesamt ausgewählt und heruntergeladen werden können. Die Trefferliste kann nun weiter nach verschiedenen Kriterien sortiert werden. Besonders hilfreich ist die Einstellung von Filtern, mit denen zum Beispiel nach dem Erstanmeldetag (*priority date*) geordnet oder Übersichten, z. B. zu den häufigsten Anmeldern oder der Klassifikation, erzeugt werden können. Bereits in der Trefferliste ist es möglich, zu der jeweiligen Patentanmeldung die zugehörigen

6.4 · Wie recherchiert man in Patentdatenbanken?

◘ Abb. 6.2 Benutzeroberfläche Espacenet Erweiterte Suche (22.11.2013)

bibliografischen Daten, die Patentansprüche oder die Beschreibung anzuschauen. Beim Anklicken erhält man weitere Informationen über die Patentanmeldung oder das Patent. Je nach Verfügbarkeit in der Datenbank kann die vollständige Anmeldung oder eine Zusammenfassung heruntergeladen werden. Zudem gibt es Informationen über die zugehörige Patentfamilie. Das heißt, man kann unter anderem erkennen, in welchen Ländern Patentanmeldungen zu einer bestimmten Erfindung eingereicht oder Patente erteilt wurden. Bei Bedarf kann das Patendokument mit „Patent Translate" maschinell übersetzt werden, so dass zum Beispiel auch koreanische, chinesische und japanische Patentanmeldungen analysiert werden können.

Link „EP-Register" führt zur Rechtsstandabfrage.

Für europäische Patentschriften ist über den Link „EP-Register" eine Rechtsstandabfrage möglich. Hier kann überprüft werden, ob eine EP-Patentanmeldung noch aktiv ist, wie das Prüfverfahren aussieht oder ob die Anmeldung bereits fallengelassen wurde (▶ Abschn. 6.6).

6.5 Wichtige Patentdatenbanken im Kurzprofil

Nachfolgend finden sich kurze Vorstellungen und Beschreibungen weiterer nützlicher und kostenfrei zugänglicher Patentdatenbanken.

- **Google Patents (▶ www.google.de/patents oder ▶ https://patents.google.com)**

Google Patents ermöglicht derzeit über das von Google gewohnte einfache Suchfeld eine Volltextsuche in allen US-Patentdokumenten ab dem Jahr 1790, in den Patentdokumenten des Europäischen Patentamts und der WIPO ab 1978 sowie in den Patentdokumenten von 14 weiteren Patentämtern. Mithilfe von Suchoptionen kann die Suche eingeschränkt werden, zum Beispiel auf einen definierten Anmelde- oder Veröffentlichungszeitraum oder auf den Status als Patentanmeldung oder als erteiltes Patent.

Nach dem Anklicken der gefundenen Dokumente in der Ergebnisauswahl können Links zum US-Patentamt USPTO oder Espacenet genutzt werden, um weitere Informationen zu der Patentfamilie zu erhalten. Außerdem gibt es Verknüpfungen zu Patentdokumenten des gleichen Erfinders oder des gleichen Anmelders.

Sehr hilfreich: „Prior Art Finder"

Zu einer ausgewählten Patentanmeldung sind über den „Prior Art Finder" („Stand der Technik suchen") relevante Publikationen auf dem Gebiet des betreffenden Patentdokuments recherchierbar. Die Suchanfrage zeigt Ergebnisse aus Google Patents, Google Scholar, Google Books und dem übrigen Internet, sodass neben Patentdokumenten auch wissenschaftliche Publikationen und Artikel aus Fachbüchern erhalten werden.

6.5 · Wichtige Patentdatenbanken im Kurzprofil

Espacenet versus Google Patents

Im Vergleich zu Espacenet besteht der Vorteil bei der Verwendung von Google Patents darin, dass US-Patentdokumente *und* europäische Patentdokumente *im Volltext* recherchiert werden können.

Espacenet bietet eine Volltextrecherche derzeit nur in europäischen Patentdokumenten an. Allerdings können bei Espacenet im Titel und in der Zusammenfassung von Patentanmeldungen zusätzlich zu EP- und US-Dokumenten auch Patentanmeldungen aus weiteren Ländern, wie etwa Japan und China, durchsucht werden. Insofern ermöglicht eine kombinierte Suche in Google Patents und Espacenet bereits sehr gute Rechercheergebnisse.

- **DEPATISnet (▶ http://depatisnet.dpma.de/)**

DEPATISnet, die Patentdatenbank des DPMA bietet Recherchemöglichkeiten über verschiedene Eingabemasken an: Einsteigerrecherche, Expertenrecherche, IKOFAX-Recherche, Assistentenrecherche und Patentfamilienrecherche.

Für Anfänger ist die Einsteigerrecherche empfehlenswert. Die Eingabefelder entsprechen – bis auf die zusätzliche Volltextsuche und die fehlende CPC-Klassifikation – den Feldern der „erweiterten Suche" bei Espacenet. Zusätzlich ist eine Volltextrecherche in allen verfügbaren Dokumenten möglich. Die Trefferliste ist sehr übersichtlich, und man gelangt bei deutschen (DE-)Patentschriften über den Link „Registeranzeige" zur betreffenden Auskunftsseite des DPMAregisters, über die Informationen zur Historie und zum aktuellen Status der Patentanmeldung oder des Patents erhalten werden können, zum Beispiel ob ein erteiltes Patent noch in Kraft ist.

- **Swissreg, die Online-Datenbank des Eidgenössischen Instituts für Geistiges Eigentum (▶ http://www.swissreg.ch/)**

Nationale Patentämter ermöglichen Recherche in eigener Datenbank.

Swissreg ermöglicht eine Suche nach Schweizer (CH-)Patentanmeldungen und Patenten sowie europäischen Patentanmeldungen und Patenten mit Wirkung für die Schweiz. Man kann zwischen verschiedenen Suchmasken auswählen. Durch Klicken auf einen Treffer erfolgt eine Weiterleitung zur Detailansicht, über die Informationen zur Historie und zum aktuellen Stand erhältlich sind.

- **see.ip – search, die Online-Datenbank des Österreichischen Patentamts (▶ http://see-ip.patentamt.at/)**

Eine Recherche nach österreichischen (AT-)Patentanmeldungen und Patenten sowie europäischen Patentanmeldungen und Patenten mit Wirkung für die Österreich kann über die Internetseite „see.ip" vorgenommen werden.

- **Patentdatenbank des US-Patentamts USPTO (United States Patent and Trademark Office) (▶ https://www.uspto.gov/patents/search)**

Das USPTO bietet eine *Volltextsuche* in allen US-amerikanischen Patentanmeldungen und Patenten an. Es stehen verschiedene Eingabemasken zur Verfügung: „Quick search", „Advanced search" und „Number search". Darüber hinaus können Historie und Status der US-Patentanmeldungen und -Patente abgerufen werden.

6.6 Akteneinsicht und Rechtsstandabfragen

Wurde ein Patent bereits erteilt? Ist es noch in Kraft? Oder haben Dritte Einspruch gegen das Patent eingelegt? Diese Fragen können mithilfe des Patentregisters bei demjenigen Patentamt beantwortet werden, bei dem die Patentanmeldung eingereicht wurde.

Patentregister gibt Einblick in die Patentakte.

18 Monate nach dem Anmeldetag einer Patentanmeldung wird die jeweilige Patentakte von Amts wegen öffentlich zugänglich gemacht. Die Patentämter führen Register, über die nach der Veröffentlichung der aktuelle Stand des Patentverfahrens, die Historie sowie sämtliche Dokumente im Patentverfahren eingesehen werden können. Bei den meisten Patentämtern ist die Akteneinsicht per Internet möglich.

- **Europäisches Patentregister (European Patent Register)**

Ist das Patent rechtskräftig?

Der Rechtsstand europäischer Patentanmeldungen kann über das Europäische Patentregister eingesehen werden. Einerseits ist es möglich, direkt im Europäischen Patentregister nach europäischen Patentanmeldungen zu suchen, wobei verschiedene Suchmasken „Smart search", „Kurzsuche" und „erweiterte Suche" zur Verfügung stehen. Wurden europäische Patentanmeldungen via Espacenet recherchiert, kann der Stand zu einer bestimmten Patentanmeldung andererseits über den Link „EP Register" abgefragt werden.

Durch Einsicht in die entsprechende Akte wird erkenntlich, ob eine Patentanmeldung oder ein Patent noch aktiv ist oder wann das nächste Mal die Jahresgebühr gezahlt werden muss. Alle Dokumente zu dieser Akte, zum Beispiel Recherchenberichte und Prüfbescheide des EPA sowie die Antworten des Anmelders, können heruntergeladen und angesehen werden. Auch die Akten von Einspruchs- und Beschwerdeverfahren sind öffentlich zugänglich.

6.6 · Akteneinsicht und Rechtsstandabfragen

- **DPMAregister**

Der Stand deutscher Patentanmeldungen kann per DPMAregister abgefragt werden. Über DEPATISnet, die Patentdatenbank des DPMA, gelangt man nach dem Anklicken einer deutschen Patentanmeldung und den Link „Registeranzeige" zum DPMAregister. Dort erhält man Informationen zum Status einer Patentanmeldung oder eines Patents sowie Verfahrensdaten zu den jeweiligen Prüfverfahren oder anderen Verfahren vor dem DPMA.

- **Public Patent Application Information Retrieval (PAIR) beim USPTO**

Informationen über den Rechtsstand US-amerikanischer Patentanmeldungen und Patente sind über die Internetseite des USPTO unter *Public Patent Application Information Retrieval* (PAIR) zugänglich. Neben dem Rechtstand kann unter anderem der zeitliche Ablauf des Verfahrens nachverfolgt werden.

- **Swissreg**

Über die Datenbank Swissreg des Eidgenössischen Instituts für Geistiges Eigentum können Informationen zu schweizerischen Patenten und Patentanmeldungen erhalten werden. Durch Klicken auf einen Treffer gelangt man zur Detailansicht und erhält Einsicht in die Verfahrenshistorie und zum aktuellen Stand.

Was ist patentierbar?

Inhaltsverzeichnis

7.1 Voraussetzungen für die Patenterteilung – 182
7.1.1 Übersicht – 182
7.1.2 Technizität – 182
7.1.3 Neuheit – 183
7.1.4 Erfinderische Tätigkeit – 185
7.1.5 Gewerbliche Anwendbarkeit – 186
7.1.6 Offenbarung der Erfindung – 188

7.2 Ausnahmen von der Patentierbarkeit – 190
7.2.1 Patentverbote im Überblick – 190
7.2.2 Erfindung versus Entdeckung – 191
7.2.3 Fehlende Technizität – 192

7.3 Software als Schutzgut – 196
7.3.1 Übersicht – 196
7.3.2 Allgemeine Definition und Bestimmung – 196
7.3.3 Know-How- und Geschäftsgeheimnisschutz – 197
7.3.4 Urheberrechtlicher Schutz – 198
7.3.5 Patentschutz für Software – 198

7.4 Patente in den Lebenswissenschaften – 201
7.4.1 Übersicht – 201
7.4.2 Medizinische Verfahren – 202
7.4.3 Medizinprodukte – 208
7.4.4 Patente für Arzneimittel – 210
7.4.5 Patente für Gen- und Proteinsequenzen, Antikörper – 215
7.4.6 Patente auf Lebewesen – 219
7.4.7 Patente für Stammzellen – 225

Ergänzende Information Die elektronische Version dieses Kapitels enthält Zusatzmaterial, auf das über folgenden Link zugegriffen werden kann https://doi.org/10.1007/978-3-662-64400-3_7. Die Videos lassen sich durch Anklicken des DOI Links in der Legende einer entsprechenden Abbildung abspielen, oder indem Sie diesen Link mit der SN More Media App scannen.

© Springer-Verlag GmbH Deutschland, ein Teil von Springer Nature 2022
K. Schilling, *Forschen – Patentieren – Lizenzieren*, https://doi.org/10.1007/978-3-662-64400-3_7

> Wenn das so weitergeht mit der Technik, wird der Mensch eines Tages auf sich verzichten können.

Unbekannt

7.1 Voraussetzungen für die Patenterteilung

7.1.1 Übersicht

Erfindungen können durch ein Patent geschützt werden, wenn sie bestimmten Erfordernissen genügen. Im europäischen Patentrecht sind zunächst vier grundlegende Bedingungen festgeschrieben. Eine Erfindung muss

- auf einem beliebigen Gebiet der Technik vorliegen,
- neu sein,
- auf einer „erfinderischen Tätigkeit" beruhen und
- gewerblich anwendbar sein.

Eine Erfindung muss neu, erfinderisch und anwendbar sein.

Weiterhin ist es notwendig, dass die Erfindung in der Patentanmeldung ausreichend beschrieben (offenbart) wird, sodass die Erfindung von einem „Fachmann" nachvollzogen werden kann. Auf diese Punkte wird im Folgenden näher eingegangen. Im Übrigen ist es für die Patentierbarkeit nicht notwendig, dass die Erfindung technisch fortschrittlich, nützlich oder wirtschaftlich verwertbar ist. Insofern stellt ein erteiltes Patent keine Garantie für kommerziellen Erfolg des geschützten Produkts dar.

7.1.2 Technizität

Eine Erfindung nutzt Naturkräfte.

Um in Deutschland und Europa patentfähig zu sein, muss eine Erfindung einen technischen Charakter aufweisen. Sie soll ein technisches Problem zumindest teilweise mit technischen Mitteln lösen. Was unter „technisch" zu verstehen ist, definieren das EPÜ oder das deutsche Patentgesetz ebenso wenig wie den Begriff der Erfindung. Allerdings wurde der Technizitätsbegriff in der deutschen Rechtsprechung mehrfach umrissen und ausgelegt. Wichtig ist demnach im weitesten Sinne, dass bei der Erfindung Naturkräfte beherrscht und ausgenutzt werden.

> **Definition für den Begriff der Erfindung**
> Der deutsche Bundesgerichtshof definiert den Begriff „Erfindung" als „Lehre zum technischen Handeln" (BGH GRUR 65, 533, 534 – Typensatz) mit den folgenden Charakteristika:

- planmäßiges Handeln (BGH GRUR 65, 533, 534 – Typensatz),
- um beherrschbare Naturkräfte zur Erzielung eines kausal übersehbaren Erfolges einzusetzen (Präs. DPMA Bl. 52, 407, 408),
- ohne menschliche Verstandestätigkeit zwischenzuschalten (BGH GRUR 75, 549, 153 – Buchungsblatt),
- wobei der kausal übersehbare Erfolg die unmittelbare Folge des Einsatzes beherrschbarer Naturkräfte ist (BGH GRUR 77, 152, 153 – Kennungsscheibe).

Um das Technizitätskriterium zu erfüllen, reicht es aus, dass ein Teilaspekt der Erfindung auf einem technischen Gebiet liegt. Wegen fehlender Technizität sind zumindest in Europa Computerprogramme als solche von der Patentierbarkeit ausgenommen (▶ Abschn. 7.3). Sie unterliegen im ersten Schritt dem Urheberrecht. Patentierbar ist ein Computerprogramm aber dann, wenn damit ein technisches Problem gelöst wird oder technische Effekte erzielt werden, z. B. eine verbesserte Datenspeicherung oder erhöhte Datentransferraten.

Andererseits kann bei Verwendung technischer Mittel die Wirkung der Erfindung auch nichttechnisch sein und z. B. auf geschmacklichem oder ästhetischem Gebiet liegen. Im Fall „Suppenrezept" (BGH GRUR 1966, S. 249) befasste sich der Bundesgerichtshof mit einem Herstellungsverfahren für eine Tütensuppe. Das Verfahren zielte darauf ab, den Geschmack der Suppe zu verbessern. Der BGH entschied, dass ein Kochrezept ein technisches Verfahren zur Herstellung eines Nahrungsmittels und somit grundsätzlich dem Patentschutz zugänglich ist.

Im deutschen und europäischen Patentrecht findet sich außerdem eine „Negativliste" mit Gegenständen und Tätigkeiten, die aufgrund mangelnder Technizität nicht patentierbar sind. Dies betrifft unter anderem Kunstwerke als ästhetische Formschöpfungen oder wissenschaftliche Theorien (▶ Abschn. 7.2).

Technische Mittel oder technische Wirkung erforderlich

7.1.3 Neuheit

Was patentiert werden soll, muss nach deutschem und europäischem Patentrecht neu sein. Dabei gilt eine Erfindung als neu, wenn sie nicht zum sogenannten Stand der Technik gehört. Der Stand der Technik ist sehr breit gefasst und beinhaltet alle Informationen, die vor dem Anmeldetag der Patentanmeldung öffentlich zugänglich waren. Dabei ist es unerheblich, in welcher Weise – mündlich oder schriftlich -, an welchem Ort oder in welcher Sprache die Veröffentlichung erfolgte. Es spielt auch keine Rolle, ob der Erfinder Kenntnis von der früheren Veröffentlichung hatte oder erlangen konnte. Denn für das „Zugänglichmachen einer Information" ist es ausreichend, dass nur ein einziges Mitglied der Öffentlichkeit theoretisch hätte davon Kenntnis haben können (Rechtsprechung der Beschwerdekammern des EPA T 444/88, T 381/87, T 1081/01). So gehört zum Beispiel eine Master- oder Doktorarbeit, die in einer Hochschulbibliothek ausliegt, zum Stand der Technik, auch wenn sie nachweislich niemand gelesen hat.

> Neuheitsschädlich sind mündliche, schriftliche oder elektronischen Veröffentlichungen.
>
> Stand der Technik = alle veröffentlichten Informationen

Definition

Art. 54(1) und (2) EPÜ: Neuheit
Eine Erfindung gilt als neu, wenn sie nicht zum Stand der Technik gehört. Den Stand der Technik bildet alles, was vor dem Anmeldetag der europäischen Patentanmeldung der Öffentlichkeit durch schriftliche oder mündliche Beschreibung, durch Benutzung oder in sonstiger Weise zugänglich gemacht worden ist.

> Eigene Vorpublikation der Erfinder zerstört Neuheit.

Besonders wichtig für Erfinder*innen aus Hochschulen ist, dass auch eine Veröffentlichung der Erfindung durch die Erfinder*innen selbst als neuheitsschädlich für eine eigene spätere Patentanmeldung gilt (▶ Abschn. 2.4). Wenn die Erkenntnisse in irgendeiner Form – mündlich, schriftlich oder elektronisch – veröffentlicht wurden, gilt diese Publikation genauso als Stand der Technik und beeinträchtigt die Erteilung eines Patents für die Erfindung. Das gilt sowohl für Artikel in einem wissenschaftlichen Journal als auch für Poster oder Vorträge auf Konferenzen. Mit dem Tag ihrer ersten (Online-)Publikation werden die Erkenntnisse dem Stand der Technik zugerechnet. Daran ändert sich auch nichts, wenn die Daten später aus dem Internet entfernt werden, denn alles, was einmal zum Stand der Technik gehörte, bleibt es auch.

Sind die Erfindung oder Teile davon veröffentlicht, ist ein Patentschutz in der Regel nicht mehr möglich. Eine Ausnahme hiervon bietet das Patentrecht in den USA. Dort gibt es nämlich eine sogenannte Neuheitsschonfrist für eigene Publikationen der Erfinder*innen (▶ Abschn. 8.4.6). Eine Neuheitsschonfrist von einem Jahr ist auch beim Schutz durch ein deutsches Gebrauchsmuster möglich. Jedoch können mit einem Gebrauchsmuster keine Verfahren geschützt werden, und sein Schutz beschränkt sich auf Deutschland (▶ Abschn. 9.2).

7.1.4 Erfinderische Tätigkeit

Neuheitsschonfrist in den USA

Damit ein Patent erteilt wird, muss eine Erfindung nicht nur neu, sondern auch erfinderisch sein. In diesem Zusammenhang wird oft davon gesprochen, dass die Erfindung eine „ausreichende Erfindungshöhe" aufweisen muss. Mit diesem Erfordernis sollen einfache Abwandlungen des Stands der Technik „patentfrei" gehalten werden, die der Fachmann im Rahmen seines üblichen Könnens erhalten würde. So verbleibt ein Freiraum für die normale technische Fortentwicklung. Nur darüber hinausgehende „sprunghafte" Leistungen sollen durch ein Patent „belohnt" werden.

> **Definition**
>
> **Art. 56 EPÜ: Erfinderische Tätigkeit**
> Eine Erfindung gilt als auf einer erfinderischen Tätigkeit beruhend, wenn sie sich für den Fachmann nicht in naheliegender Weise aus dem Stand der Technik ergibt.

Aus der Definition der „erfinderischen Tätigkeit" heraus wird verständlich, dass die „Erfindungshöhe" im Laufe eines Patentverfahrens deutlich mehr Diskussionspotenzial birgt als das Gebot der Neuheit.

Zunächst ist zu klären, um wen es sich bei dem fiktiven Fachmann handelt. Generell bezieht sich dieser Begriff auf einen „Durchschnittsfachmann", der über durchschnittliche Kenntnisse und Erfahrungen auf dem Gebiet der betreffenden Erfindung verfügt. Alles, was der Fachmann ausgehend vom Stand der Technik im Rahmen seiner normalen Tätigkeit fortentwickeln würde, wird nicht als erfinderisch angesehen. In Abhängigkeit vom Fachgebiet und der Aufgabenstellung kann der Fachmann eine ganz unterschiedliche Qualifikation besitzen. Im Zusammenhang mit Erfindungen aus Hochschulen, die typischerweise im Bereich neuer Technologien liegen, gilt entsprechend ein „normaler" Hochschulwissenschaftler als „Fachmann" betrachtet, wohingegen Erfinder*innen nicht einfach Bekanntes kombinieren, sondern über das übliche Fachwissen hinaus entwickeln.

Erfinder*innen sind besser als durchschnittliche Fachleute!

Wie bereits ▶ Abschn. 7.1.3 erläutert, umfasst der Stand der Technik alle, in beliebiger Weise veröffentlichten Informationen. Wenn der Durchschnittsfachmann ausgehend vom Stand der Technik und mithilfe seines Fachwissens lediglich übliche Weiterentwicklungen oder Routineversuche durchführen muss, um die Erfindung zu erhalten, wird diese als naheliegend angesehen. In der gängigen Praxis des Europäischen Patentamts wird dem Fachmann zugetraut, dass er verschiedene Aspekte aus maximal zwei unterschiedlichen Ver-

Naheliegende Kombination ist nicht erfinderisch.

öffentlichungen kombinieren kann. Dabei dürfen die beiden zu verknüpfenden Veröffentlichungen aber nicht aus allzu weit auseinanderliegenden Gebieten der Technik stammen.

Verschiedene Anhaltspunkte können darauf hinweisen, dass eine Erfindung auf „erfinderischer Tätigkeit" beruht:

Indizien für erfinderische Tätigkeit

- *Ein überraschender technischer Fortschritt oder eine überraschende technische Wirkung.*
- *Die Überwindung besonderer Schwierigkeiten oder Probleme,* die nur mit überdurchschnittlichen Leistungen des Erfinders oder der Erfinderin zu lösen waren.
- *Die Überwindung von Vorurteilen in der Fachwelt:* Dies wäre zum Beispiel der Fall, wenn andere Fachleute auf dem betreffenden Gebiet, etwa in einem wissenschaftlichen Artikel, zuvor die Meinung vertreten hätten, ein Problem könne gar nicht oder nicht mit den in der Erfindung gezeigten Mitteln gelöst werden.
- *Ein lange bestehendes Bedürfnis:* Kann nachgewiesen werden, dass trotz langjähriger, intensiver Bemühungen der Fachwelt ein bestehendes Bedürfnis nicht befriedigt werden konnte, so gilt dies als Indiz für das Vorliegen einer erfinderischen Tätigkeit.
- *Ein großer wirtschaftlicher Erfolg:* Hier wird davon ausgegangen, dass ein großer Markterfolg auf eine sprunghafte Weiterentwicklung hinweist, zumal wenn der Erfolg auf die technischen Merkmale der Erfindung und nicht auf andere Einflüsse, z. B. Werbung, zurückzuführen ist.

Anhand von ◘ Tab. 7.1 soll verdeutlicht werden, was als erfinderische Tätigkeit und was als „normaler" technischer Fortschritt, also nicht als erfinderisch, angesehen wird.

7.1.5 Gewerbliche Anwendbarkeit

Die gewerbliche Anwendbarkeit stellt nach Technizität, Neuheit und erfinderischer Tätigkeit das vierte Erfordernis für die Patentierbarkeit einer Erfindung dar. Die Erfindung soll „auf irgendeinem gewerblichen Gebiet" hergestellt oder benutzt werden können. Es genügt also bereits die Möglichkeit, dass die Erfindung gewerblich anwendbar ist.

Patent nur für Anwendungen

> **Definition**
>
> **Art. 57 EPÜ: Gewerbliche Anwendbarkeit**
> Eine Erfindung gilt als gewerblich anwendbar, wenn ihr Gegenstand auf irgendeinem gewerblichen Gebiet einschließlich der Landwirtschaft hergestellt oder benutzt werden kann.

Tab. 7.1 Beurteilung der erfinderischen Tätigkeit . (Aus: Richtlinien für die Prüfung im EPA Teil C Kap. IV)

Erfinderisch	Nicht erfinderisch
Verwendung bekannter Maßnahmen	
Bekannte Arbeitsverfahren oder Mittel werden für einen anderen Zweck mit neuer, überraschender Wirkung verwendet.	Die Unterscheidung vom Stand der Technik beschränkt sich auf die Verwendung bekannter Äquivalente oder den Austausch von Stoffen mit äquivalenten Eigenschaften.
Durch die neue Verwendung einer bekannten Vorrichtung oder eines bekannten Mittels lassen sich technische Schwierigkeiten überwinden, die mit normalen technischen Verfahren nicht behebbar waren.	Die Klonierung und Expression eines neuen Gens gelten als nicht erfinderisch, auch wenn diese im Einzelfall sehr arbeitsaufwendig sein können (T386/94).
Kombination von Merkmalen	
Bei der Kombination von Merkmalen unterstützen sich diese in ihrer Wirkung derart, dass ein neues technisches Ergebnis erreicht wird. Die einzelnen Merkmale können dabei vollständig oder teilweise bekannt sein.	Bei der Kombination von Merkmalen entsteht lediglich eine Aneinanderreihung bekannter Vorrichtungen oder Verfahren, wobei sich keine erfinderische funktionelle Wechselwirkung ergibt
Naheliegende Auswahl („Auswahlerfindungen")	
Die Erfindung besteht in der Auswahl bestimmter chemischer Verbindungen o. Ä. aus einer breiten Palette, wobei durch die Auswahl unerwartete Vorteile erzielt werden können.	Es wird lediglich unter einer Reihe gleichartiger Alternativen eine Auswahl getroffen.
Bei der Erfindung handelt es sich um eine spezielle Auswahl bestimmter Verfahrensbedingungen (Temperatur, Konzentration) aus einem bekannten Bereich, wobei durch diese Auswahl unerwartete Wirkungen erzielt werden können.	Bestimmte Parameter (Temperatur, Konzentration) werden aus einer begrenzten Anzahl von Möglichkeiten ausgewählt, wobei das Ergebnis auch durch eine routinemäßige Erprobung erzielt werden kann.

Gewerbliche Tätigkeiten werden als kommerziell oder industriell nutzbare Handlungen verstanden – im Gegensatz zu Handlungen im privaten oder persönlichen Bereich, die nicht durch ein Patent geschützt werden können. Im Allgemeinen wird verlangt, dass in der Patentanmeldung beschrieben wird, in welcher Weise die Erfindung gewerblich anwendbar ist. In vielen Fällen ergibt sich die Anwendbarkeit automatisch aus der Beschreibung oder der Art der Erfindung. Üblicherweise wird dieser Aspekt sehr großzügig zugunsten des Patentanmelders ausgelegt.

Die fehlende gewerbliche Anwendbarkeit wird übrigens als Grund herangezogen, dass ein Perpetuum mobile nicht patentierbar sein kann. Als Perpetuum mobile wird ein Gerät bezeichnet, das – einmal in Gang gesetzt – ohne weitere

> Nur gewerbliche Handlungen sind patentierbar.

Energiezufuhr ewig in Bewegung bleibt und möglicherweise auch noch Arbeit verrichtet. Es verletzt somit ein wichtiges Naturgesetz, den thermodynamischen Hauptsatz. Das Patentrecht schließt Erfindungen von der Patentierbarkeit aus, die angeblich in einer Art und Weise betrieben werden, die eindeutig im Widerspruch zu feststehenden physikalischen Gesetzen stehen. Enthält eine Patentanmeldung Angaben, die darauf schließen lassen, dass es sich bei der Erfindung um ein Perpetuum mobile handelt, so unterstellt das Patentamt mangelnde gewerbliche Ausführbarkeit, da ein solches Gerät seine Funktion nicht erfüllen kann.

Kein Patent für ein Perpetuum mobile

7.1.6 Offenbarung der Erfindung

Ein Patent gilt als Belohnung für Erfindergeist, allerdings muss die Erfindung für die Allgemeinheit nutzbar gemacht werden. Aus diesem Grund ist die Erfindung in der Patentanmeldung gemäß den nachfolgenden Kriterien so gut zu beschreiben, dass sie nach der Veröffentlichung durch das Patentamt von jedem*r Interessierten nachvollzogen werden kann.

- **Ausführbarkeit**

Außer den vier grundlegenden Bedingungen für die Patentierbarkeit muss die Erfindung in der Patentanmeldung so ausführlich beschrieben werden, dass sie ein Fachmann in die Praxis umsetzen kann. Dieses Kriterium der ausreichenden Offenbarung beziehungsweise der Ausführbarkeit einer Erfindung ist in Art. 83 EPÜ verankert.

Nachweis für's Funktionieren erforderlich

> **Definition**
>
> **Art. 83 EPÜ: Offenbarung der Erfindung**
> Die Erfindung ist in der europäischen Patentanmeldung so deutlich und vollständig zu offenbaren, dass ein Fachmann sie ausführen kann.

Grundsätzlich muss mindestens ein Weg zur Ausführung der Erfindung beschrieben werden. Das geschieht in der Patentanmeldung durch die Angabe von Ausführungsbeispielen (▶ Abschn. 5.4.4). Anhand dieser Beispiele soll ein „Fachmann" in die Lage versetzt werden, die Erfindung nachvollziehen und realisieren zu können. Durch die Beschreibung der

7.1 · Voraussetzungen für die Patenterteilung

Erfindung und deren spätere Veröffentlichung durch das Patentamt resultiert eine Erweiterung des Stands der Technik, wofür die Erfinder*innen bzw. deren Rechtsnachfolger mit einem Patent belohnt werden soll. Wie viele Beispiele und welche Belege erforderlich sind, um einen breit gefassten Schutzumfang zu begründen, ist von Fall zu Fall unterschiedlich. Einerseits soll der Schutzumfang eines Patents nicht so eng begrenzt sein, dass Wettbewerber das Patent auf einfache Weise umgehen können. Andererseits muss die Erfindung „deutlich und vollständig" offenbart werden. Stellt sich heraus, dass die Erfindung in einem Teilbereich nicht ausführbar ist, so kann für den dazu formulierten Patentanspruch kein Schutz erhalten werden.

Bereits in der ersten Patentanmeldung sollten daher ausreichende experimentelle Belege für das Funktionieren der Erfindung in der beanspruchten Weise vorliegen. Stellt sich später heraus, dass wichtige Aspekte der Erfindung auf andere Weise besser funktionieren, so kann dies häufig nicht mehr geheilt werden.

Ein Fachmann muss die Erfindung nacharbeiten können.

■ **Reproduzierbarkeit**

Aus dem Kriterium der Ausführbarkeit durch den Fachmann folgt auch, dass die Erfindung reproduzierbar sein muss. Die Erfindung darf also nicht „zufällig" funktionieren, sondern sie muss wiederholbar sein. Zum Beispiel wäre ein mikrobiologisches Verfahren, bei dem Mutationen auftreten, welche die Funktionsweise verändern, nicht patentierbar (Richtlinien für die Prüfung im EPA Teil C Kap. IV4.11).

Eine spätere Erweiterung der Patentanmeldung ist verboten.

■ **Unzulässige Erweiterung**

Des Weiteren muss beachtet werden, dass die Erfindung bereits zum Zeitpunkt der Anmeldung des Patents vollständig offenbart sein muss. Später eingereichte Daten können zwar zur Stützung der eingereichten Patenanmeldung verwendet werden, dürfen diese aber nicht „erweitern". Eine unzulässige Erweiterung oder Änderung der Patentansprüche kann, auch wenn sie vom Patentamt akzeptiert wurde, nach der Erteilung zum Beispiel in einem Einspruchsverfahren zu einem schwerwiegenden Problem werden. Der Patentanmelder muss daher sehr aufpassen, dass der Schutzbereich der Ansprüche nicht (unabsichtlich) durch eine Änderung erweitert wird. Eine unzulässige Erweiterung der ursprünglich eingereichten Fassung der Patentanmeldung würde unter Umständen zur Nichtigkeit beziehungsweise zum Widerruf des Patents führen.

7.2 Ausnahmen von der Patentierbarkeit

7.2.1 Patentverbote im Überblick

Kein Patent für Abstraktes

Selbst wenn eine Erfindung neu und erfinderisch ist und auch sonst alle vorgenannten Anforderungen erfüllt sind, kann es sein, dass hierfür kein Patent erteilt wird. Bestimmte Erzeugnisse und Verfahren sollen nämlich aus ethischen oder anderen Gründen nicht durch ein Patent geschützt werden. Die in diesem Abschnitt genannten Ausnahmen ergeben sich aus dem europäischen Patentrecht, das in gleicher Form für die jeweiligen nationalen Patentgesetze in Deutschland, Österreich und der Schweiz gilt. Viele der festgelegten Patentierverbote finden sich auch außerhalb Europas. Vor allem im Bereich biotechnologischer Erfindungen gibt es jedoch mitunter wesentliche Unterschiede im Patentrecht der einzelnen Länder (▶ Abschn. 8.4).

Nicht patentfähig sind nach den geltenden Regelungen des EPÜ abstrakte Gegenstände, die nicht gewerblich anwendbar sind (Art. 52 EPÜ):
- Entdeckungen,
- wissenschaftliche Theorien,
- mathematische Methoden.

Des Weiteren gelten Ausnahmen bei der Patentierbarkeit für Gegenstände und Verfahren, die nicht technisch sind:
- sogenannte ästhetische Formschöpfungen, die aber gegebenenfalls durch ein Geschmacksmuster geschützt werden können,
- Pläne, Regeln und Verfahren für Spiele oder für geschäftliche Tätigkeiten,
- Programme für Datenverarbeitungsanlagen, das heißt Computerprogramme,
- die Wiedergabe von Informationen.

Kein Patent für „Nichttechnisches"

Diese Ausnahmen folgen demnach daraus, dass die nötigen Voraussetzungen Technizität (▶ Abschn. 7.1.2) und gewerbliche Anwendbarkeit (▶ Abschn. 7.1.5) nicht erfüllt sind.

Einige Arten von Erfindungen sind aus ethischen Gründen vom Patentschutz ausgenommen. Dies betrifft gemäß (Art. 53 EPÜ) Erfindungen, die gegen die öffentliche Ordnung oder die guten Sitten verstoßen.

Vorwiegend ethische Aspekte begründen auch die besonderen Regelungen im Bereich der Lebenswissenschaften. Einschränkungen der Patentierbarkeit gelten für

Kein Patent für Unethisches

- den menschlichen Körper und seine Bestandteile,
- den Umgang mit menschlichen Embryonen und Stammzellen sowie Klonierungsverfahren,

- Pflanzensorten oder Tierrassen sowie biologische Verfahren zur Züchtung von Pflanzen oder Tieren und
- Verfahren zur chirurgischen oder therapeutischen Behandlung des menschlichen oder tierischen Körpers und Diagnostizierverfahren, die am menschlichen oder tierischen Körper vorgenommen werden.

Die genannten Einschränkungen bei der Patenterteilung werden in den nachfolgenden Abschnitten näher erläutert. Besondere Relevanz besitzen die Patentverbote in den Lebenswissenschaften. ▶ Abschn. 7.3 widmet sich ausführlicher den speziellen Regelungen in diesem Bereich.

7.2.2 Erfindung versus Entdeckung

Finden Forschende einen vorher unbekannten zellulären Signalweg oder Mechanismus, so handelt es sich dabei zunächst um eine Entdeckung von bereits Bestehendem. Eine Entdeckung stellt eine reine Erkenntnis dar, die keine unmittelbare technische Wirkung hat. Deshalb ist die Entdeckung nicht patentierbar. Eine patentierbare Erfindung muss nämlich eine Regel zum Handeln geben und eine technische Wirkung haben (▶ Abschn. 7.1.2). Das ist meist der Fall, wenn eine praktische Anwendung für die Entdeckung gefunden wird. Ergibt sich beispielsweise, dass ein neu entdeckter Signalweg relevant für eine bestimmte Erkrankung ist und kann der Signalweg durch einen Wirkstoff reguliert werden, dann könnten dieser Wirkstoff und seine Verwendung als Medikament möglicherweise durch ein Patent geschützt werden (siehe auch ▶ Abschn. 7.3.4).

Signalweg = Entdeckung, Wirkstoff = Erfindung

> **Beispiel: Entdeckung des Penicillins**
> Die Stoffgruppe der Penicilline gehört zu den ältesten bekannten Antibiotika. Entdeckt wurden sie im Jahr 1928 von Alexander Fleming am St. Mary's Hospital in London. Er hatte eine Agarplatte mit Staphylokokken beimpft und stellte nach einigen Wochen fest, dass auf dem Nährboden gleichzeitig ein Schimmelpilz, *Penicillium notatum*, gewachsen war. In der Nähe des Schimmelpilzes waren die Bakterien abgetötet worden. Fleming vermutete, dass die Schimmelpilze einen antibakteriellen Stoff abgeben, den er Penicillin nannte, und er publizierte seine Beobachtungen in einer wissenschaftlichen Zeitschrift („On the antibacterial action of cultures of a penicillium, with special reference to their use in the isolation of B. influenzae." Br J Exp Pathol 10 (31): 226–36, 1929). Fleming machte zwar die „Entdeckung", dass vom Pe-

Ist die Entdeckung nützlich?

nicillin eine bakterientötende Wirkung ausgeht, aber er kam nicht auf die Idee, den Stoff zu isolieren oder dessen antibiotische Wirkung bei Tieren oder Menschen zu testen.

Erst zehn Jahre später untersuchten Howard W. Florey, Ernst B. Chain und Norman Heatley systematisch alle von Mikroorganismen gebildeten Stoffe mit antibakterieller Wirkung. Sie isolierten das von Fleming beschriebene Penicillin und testeten seine Wirkung zunächst an Mäusen, dann beim Menschen. Diese Untersuchungen ermöglichten die Herstellung von Penicillin und dessen Verwendung als Antibiotikum. Somit wurde eine „Lehre zum technischen Handeln" formuliert, die eine Erfindung begründet. Eine Patentierung wäre nun möglich gewesen. Allerdings war inzwischen der Zweite Weltkrieg ausgebrochen, sodass sich die Anstrengungen der damaligen Zeit vor allem darauf richteten, das Antibiotikum in ausreichenden Mengen herzustellen. Dies gelang im Jahr 1944, und gegen Ende des Zweiten Weltkriegs konnte vielen Verwundeten durch die Gabe von Penicillin das Leben gerettet werde. In den darauffolgenden Jahren wurden – allerdings nicht von den ursprünglichen Erfindern – zahlreiche Patente auf neue Penicillinderivate und verbesserte Herstellungsverfahren angemeldet.

- **Wissenschaftliche Theorien**

Bei wissenschaftlichen Theorien handelt es sich um eine allgemeinere und abstraktere Form von Entdeckungen. Sie sind – wie die Entdeckungen – nicht patentierbar, denn es fehlen eine konkrete Handlungsvorschrift und die Verwendung von technischen Mitteln. Sobald es gelingt, aus der Theorie Anwendungen zu generieren, können diese patentfähig sein. Wissenschaftliche Theorien bilden also häufig die Basis für Erfindungen.

Theorie in die Anwendung Beispielsweise ist die Theorie, dass Krebserkrankungen aus wenigen Krebsstammzellen entstehen, nicht patentierbar. Hingegen sind Substanzen, die gezielt gegen solche Krebsstammzellen wirken, zur Behandlung von Krebserkrankungen durch ein Patent schützbar.

7.2.3 Fehlende Technizität

Ein weiteres Kriterium für eine patentfähige Erfindung ist die Technizität. Was Technizität bedeutet, wird festgelegt, indem aufgelistet wird, was nicht technisch ist.

7.2 · Ausnahmen von der Patentierbarkeit

- **Ästhetische Formschöpfungen, Designs**

Als ästhetische Formschöpfungen (*aesthetic creations*) werden Dinge oder Leistungen bezeichnet, die den Sinnesorganen (Augen, Ohren, Tastsinn) einen räumlichen, farblichen oder klanglichen Eindruck vermitteln. Sie sprechen das Schönheitsempfinden des Menschen an, wie zum Beispiel ein elegantes Etikettendesign zur Beschriftung von Laborchemikalien.

Solange derartige Kreationen keine technischen Eigenschaften besitzen, sind sie nicht patentfähig. Eine andere Situation ergibt sich, wenn der ästhetische Effekt mit technischen Mitteln erzielt wird. Ein Schmuckstück mit einer besonderen Form wäre im ersten Schritt nicht patentierbar. Jedoch könnte ein neues technisches Verfahren zur Herstellung dieses Schmuckstücks durch ein Patent geschützt werden. Ebenso ist die bunte Färbung eines Gegenstands zunächst rein ästhetischer Natur. Eine besondere Methode zum Auftragen der Farbe wäre aber patentierbar. Auch der Farbstoff selbst kann natürlich patentfähig sein, wenn er die erforderlichen Bedingungen wie Neuheit etc. erfüllt.

Ästhetische Formschöpfungen sind zwar nicht durch ein Patent, aber möglicherweise durch andere Schutzrechte, wie ein Geschmacksmuster/Design (▶ Abschn. 9.3) oder durch das Urheberrecht (▶ Abschn. 9.5), schützbar.

Designschutz für Ästhetisches

- **Pläne, Regeln, Spiele**

Weiterhin ausgenommen vom Patentschutz sind Pläne, Regeln und Verfahren für Spiele oder für geschäftliche Tätigkeiten. Sie enthalten Anweisungen an den menschlichen Geist und besitzen wie viele der vorgenannten Ausnahmen keinen technischen Charakter. In diese Kategorie fallen beispielsweise Ordnungsanleitungen, wie eine Anleitung zum Ordnen von Schriftzeichen. Ein Verfahren zum Lösen von Kreuzworträtseln ist ein Beispiel für eine gedankliche Tätigkeit.

Spielregeln sind ebenfalls nicht patentfähig, da sie sich an den menschlichen Geist richten. Spiele selbst als Gegenstände können allerdings patentfähig sein, zum Beispiel ein technisches Spielzeug. Brettspiele können in der Regel nicht durch ein Patent, möglicherweise aber durch ein Geschmacksmuster (▶ Abschn. 9.3) geschützt werden.

Zu den Plänen, Regeln und Verfahren für geschäftliche Tätigkeiten gehören beispielsweise Arbeitsanweisungen oder Buchführungsvorschriften. Interessanterweise ist in den USA die Situation in Bezug auf die geschäftlichen Tätigkeiten eine andere. Sogenannte *business methods*, zum Beispiel neue Arten des E-Commerce, können dort durch ein Patent geschützt werden.

Keine Patente für Geschäftsmethoden in Europa

- **Mathematische Methoden**

Bei mathematischen Methoden handelt es sich um eine abstrakte Vorgehensweise. Ein Algorithmus , der ein mathematisches Problem löst, verwendet keine Naturkräfte. Es fehlt demnach der technische Charakter als Voraussetzung für die Patentfähigkeit. Gemäß einer viel beachteten Grundsatzentscheidung des deutschen Bundesgerichtshofs im Jahr 1976 (BGH: „Dispositionsprogramm") stellt ein Algorithmus eine gedanklich-logische Anweisung dar. Diese Anweisung an den menschlichen Geist ist nichttechnischer Natur und daher nicht patentfähig. Wird der Algorithmus allerdings zur Steuerung einer Anlage, z. B. zum Sortieren von Komponenten, verwendet, dann wäre diese Anlage samt „Rechenregel" patentfähig ▶ Abschn. 7.3.

- **Wiedergabe von Informationen**

Besteht eine Erfindung lediglich darin, spezifische Informationen wiederzugeben, zum Beispiel in Form von akustischen Signalen, so ist ein Patentschutz erst einmal nicht möglich. Das gilt dann, wenn es um die reine Wiedergabe besonderer Inhalte geht, die per se keine technischen Eigenschaften besitzen. Im Gegensatz dazu kann die Art und Weise der Wiedergabe sehr wohl durch ein Patent schützbar sein. So ist etwa ein neues Verfahren zum Darstellen von Informationen oder ein neuer Informationsträger mit definierbaren technischen Merkmalen patentfähig. Ein Beispiel wäre ein medizinisches Messgerät, das die gemessene Information in Form einer besonderen Kurve aufzeichnet. Auch bei diesem Punkt zeigt sich also, dass eine genaue Analyse und die Beratung durch einen Experten sinnvoll sind, um herauszufiltern, ob und wenn ja welche Aspekte einer „Idee" patentierbar sind.

- **Computerprogramme**

Software – technisch oder nicht ist die Frage.

Auch die Frage, ob ein Computerprogramm grundsätzlich patentfähig ist, hängt am Kriterium der Technizität. Während Hardware, wie z. B. ein neuer Computerchip, Speicher oder Sensor, durch ein Patent geschützt werden kann, unterliegt der Quellcode einer Software im ersten Schritt dem Urheberrecht, was im Wesentlichen einem Kopierschutz gleichkommt. Erst wenn das dem Computerprogramm zugrunde liegende Konzept eine technische Lösung produziert, wird auch der deutlich stärkere Schutz durch ein Patent möglich. Wenn also z. B. eine Software eine externe Hardware kontrolliert, etwa einen Roboterarm oder ein Fahrzeug, oder computer-interne Prozesse steuert, z. B. die Optimierung von Speicherprozessen, handelt es sich um Verfahren, welche einen technischen Prozess steuern und damit – bei Neuheit und ausreichender Erfindungshöhe – durch ein Patent geschützt werden können.

Aufgrund der großen Bedeutung des Schutzes von Computerprogrammen ist diesem Thema ein eigener Abschnitt gewidmet ▶ Abschn. 7.3.

- **Unethische Erfindungen**

Erfindungen, mit denen verbrecherisches oder unethisches Verhalten bezweckt wird, sollen nicht mit einem Patent belohnt werden. Im Patentrecht spricht man in diesem Zusammenhang von Erfindungen, die gegen die öffentliche Ordnung oder gegen die guten Sitten verstoßen. Diese sind vom Patentschutz ausgenommen. Ein Verstoß gegen die öffentliche Ordnung oder die guten Sitten kann durch die Nutzung der Erfindung hervorgerufen werden oder bereits durch Bekanntwerden der Erfindung bei Veröffentlichung der Patentanmeldung gegeben sein. Zum Beispiel fallen Antipersonenminen ganz eindeutig in diese Kategorie von nicht patentierbaren Erfindungen.

Generell muss berücksichtigt werden, ob für die betreffende Erfindung auch eine legale Nutzung möglich ist. Biologische oder chemische Gifte können, beispielsweise durch einen Kammerjäger, auch legal genutzt werden und sind daher patentfähig. Bekanntermaßen gehen von den meisten als Arzneimittel verwendeten Wirkstoffen schädliche Wirkungen aus. Es wäre daher nicht angemessen, den Patentschutz zu verweigern, nur weil die Möglichkeit des Missbrauchs besteht.

Ist eine legale Nutzung möglich?

Des Weiteren muss berücksichtigt werden, dass die Nutzung mancher Erfindungen in einigen Ländern verboten, in anderen jedoch erlaubt sein kann. Wenn die Verwendung eines patentgeschützten Gegenstands in einem bestimmten Land gesetzlich verboten wäre, könnte das Produkt dort für den Export in andere Länder hergestellt werden, in denen die Verwendung legal ist.

Was die Allgemeinheit unter einem Verstoß gegen die öffentliche Ordnung oder die guten Sitten versteht, ändert sich mitunter im Laufe der Zeit. Gerade im Bereich der Biowissenschaften kann sich aufgrund neuer Erkenntnisse und neuentwickelter Verfahren die Sichtweise der Öffentlichkeit wandeln. Da die Begriffe der „öffentlichen Ordnung" und der „guten Sitten" unbestimmte Rechtsbegriffe darstellen, besteht für die Rechtsprechung durch Gerichte, Beschwerdekammern etc. ein gewisser Spielraum für die Auslegung. Ein schönes Beispiel hierfür sind die aktuellen Regelungen zur Patentierbarkeit von menschlichen Stammzellen ▶ Abschn. 7.4.6.

Ethische Ansichten im Wandel

7.3 Software als Schutzgut

Tilmann Lahann, LL.M. eur. integr., Müller, Altmeyer & Partner, Rechtsanwälte, PartGmbB (Saarbrücken)

7.3.1 Übersicht

Grundsätzlich kann Software rechtlich gesehen unterschiedliche Rechte beinhalten. Wie in den folgenden Absätzen dargestellt kann Software nämlich je nach Ausführung ein Geschäftsgeheimnis darstellen, urheberrechtlich oder durch ein Patent geschützt sein. Häufig kommt es zudem zu Überlappungen der Schutzformen. Das macht insbesondere die vertragliche Gestaltung von Verträgen über die Entwicklung von Software im Rahmen von wissenschaftlichen Kooperationen und/oder Dienstleistungsverträgen zu einer gewissen Herausforderung, weil die unterschiedlichen rechtlichen Vorgaben und Möglichkeiten berücksichtigt werden müssen.

7.3.2 Allgemeine Definition und Bestimmung

Häufig sieht man sich der Herausforderung gegenüber, den Begriff der Software zu definieren, wenn man Kooperationsverträge vor Beginn einer Forschungskooperation verhandelt und regeln möchte, welcher Partner welchen Zugriff auf die zu erwartenden Arbeitsergebnisse haben wird. Eine häufige Definition lautet:

> **Definition**
>
> Software means sequences of instructions to carry out a process in, or convertible into, a form executable by a computer and fixed in any tangible medium of expression.

Software kann in unterschiedlichen „Zuständen" vorliegen, wobei man im Wesentlichen zwischen dem Quellcode oder Source Code, also der in der jeweiligen Programmiersprache in Textform vorliegende und einer kompilierten, also in Maschinensprache übersetzte Version unterscheidet.

Das Deutsche Urhebergesetz[1] (UrhG) kennt nur den Begriff des Computerprogramms. Es spricht nicht von im heuti-

---

1 Urheberrechtsgesetz vom 9. September 1965 (BGBl. I S. 1273), das zuletzt durch Artikel 25 des Gesetzes vom 23. Juni 2021 (BGBl. I S. 1858) geändert worden ist.

7.3 · Software als Schutzgut

gen Sprachgebrauch üblicheren Begriff der Software. Nach § 69a UrhG zählen als Computerprogramme Programme in jeder Gestalt, einschließlich des Entwurfsmaterials.

Wenn und soweit im Folgenden der Begriff der Software verwendet wird, soll dieser rechtlich gesehen keine Festlegung enthalten, ob es sich um urheberrechtliche geschützte Computerprogramme handelt oder das Programm lediglich als Know-How- und Geschäftsgeheimnis geschützt ist.

Urheberrechtlich geschützt sind Computerprogramme einschließlich des Entwurfsmaterials.

7.3.3 Know-How- und Geschäftsgeheimnisschutz

Mit dem in 2019 in Deutschland in Kraft getretene Geschäftsgeheimnisgesetz[2] (GeschGehG), mit dem die EU-Know-How-Schutz-Richtlinie[3] in Deutschland umgesetzt wurde, wurde erstmalig der Schutz von Geschäftsgeheimnissen in Deutschland in einem einzigen Gesetz zusammengefasst und kodifiziert. Als Geschäftsgeheimnis sind Informationen geschützt, die nach § 2 GeschGehG „weder insgesamt noch in der genauen Anordnung und Zusammensetzung ihrer Bestandteile den Personen in den Kreisen, die üblicherweise mit dieser Art von Informationen umgehen, allgemein bekannt oder ohne Weiteres zugänglich" sind, diese Informationen aufgrund der fehlenden allgemeinen Bekanntheit einen Wert darstellen und sie Gegenstand von nach den Umständen angemessenen Geheimhaltungsmaßnahmen sind. Im Detail ungeklärt ist die Frage, was angemessene Geheimhaltungsmaßnahmen sind. Man darf aber davon ausgehen, dass derartige Maßnahmen sowohl technische als auch rechtliche (z. B. die Verwendung von Geheimhaltungsvereinbarungen) Maßnahmen zu umfassen haben. Darüber hinaus fordert das GeschGehG ein berechtigtes Geheimhaltungsinteresse.

Ein Software-Quellcode, der die vorgenannten Kriterien erfüllt, stellt somit ein Geschäftsgeheimnis dar, ist als solches geschützt und kann wirtschaftlich verwertet werden.

Eine Software kann ein Geschäftsgeheimnis sein.

Schwierig ist eine Verwertung, sofern ein Software-Quellcode kein Geschäftsgeheimnis mehr darstellt, beispielsweise nach Veröffentlichung oder nach Weitergabe ohne

---

2 Gesetz zum Schutz von Geschäftsgeheimnissen vom 18. April 2019 (BGBl. I S. 466).
3 Richtlinie (EU) 2016/943 des Europäischen Parlaments und des Rates vom 8. Juni 2016 über den Schutz vertraulichen Know-hows und vertraulicher Geschäftsinformationen (Geschäftsgeheimnisse) vor rechtswidrigem Erwerb sowie rechtswidriger Nutzung und Offenlegung (ABl. L 157 vom 15.6.2016, S. 1).

Geheimhaltungsvereinbarung. Denn in diesem Fall kann der Quellcode praktisch auch ohne Zahlung einer Nutzungsgebühr verwendet werden.

7.3.4 Urheberrechtlicher Schutz

In den Mitgliedstaaten der Europäischen Union kann Software grundsätzlich nach dem Urheberrecht geschützt sein. Dies geht u. a. auf EU-Richtlinien zurück, die auch ins deutsche Urhebergesetz umgesetzt wurde. Es liegt in der EU also eine teilweise Harmonisierung des Urheberrechtschutzes vor.

Im deutschen Urhebergesetz regeln insbesondere die §§ 69a ff UrhG den urheberrechtlichen Schutz von Computerprogrammen. Urheberechtlicher Schutz genießen Computerprogramme, wenn sie ein individuelles Werk als Ergebnis der eigenen geistigen Schöpfung ihres Urhebers sind. Geschützt ist aber nur jegliche Ausdrucksform eines Computerprogramms.

> Software, die ein individuelles Werk darstellt, ist urheberrechtlich geschützt. Das ist in der Regel der Fall.

Die Ideen und Grundsätze, die dem Computerprogramm zugrunde liegen sind hingegen nicht urheberrechtlich geschützt.

7.3.5 Patentschutz für Software

Dr. Kirstin Schilling[1]*, kirstin.schilling@innovectis.de

[1] Patent-/Projektmanagement, INNOVECTIS GmbH, Frankfurt am Main, Deutschland

> Patent für Hardware

Nicht nur an Instituten für Informatik, sondern auch in der Medizintechnik oder der biophysikalischen Messtechnik können neue Entwicklungen vielfach erst mit intelligenter Software realisiert werden. Das Thema der Patentierung von Computerprogrammen oder genauer gesagt von computerimplementierten Erfindungen ist allerdings ein besonderes. Im ersten Schritt besitzen Computerprogramme bzw. Software keine technischen Eigenschaften und sind daher in Europa nicht patentfähig. Im Gegensatz dazu ist „Hardware", die zum Beispiel Baugruppen oder Komponenten von Computern umfasst, aufgrund der technischen Merkmale patentierbar ▶ Abschn. 7.2.3.

Zwar kann ein von einem Computerprogramm gesteuerter Datenverarbeitungsprozess mittels spezieller Schaltkreise durchgeführt werden, und die Ausführung eines Computerprogramms umfasst immer auch physikalische Wirkungen. Das ist aber allein nicht ausreichend, um einem Computerprogramm technischen Charakter zu verleihen (T 1173/97).

Das heißt, allein die Tatsache, dass das Programm auf einem Computer läuft, macht es nicht technisch.

Der Quelltext von Computerprogrammen unterliegt lediglich dem Urheberrecht, ▶ Abschn. 7.3.4 sofern es ein Mindestmaß an Originalität besitzt. Im Vergleich zum Patent bringt das Urheberrecht jedoch eine deutlich schlechtere Rechtsposition mit sich. Zudem sind weder die zugrunde liegende Idee noch das Konzept des Computerprogramms urheberrechtlich geschützt. Wird also dieselbe Idee in einem anderen Computerprogramm mit leichten Abänderungen realisiert, verstößt das nicht gegen das Urheberrecht.

Urheberrecht für Software

Sobald durch das Computerprogramm ein technischer Effekt ausgelöst oder ein technisches Ergebnis erhalten wird, ist ein Patentschutz möglich. Man spricht dann von einer „computerimplementierten Erfindung", die patentierbar ist, wenn sie die notwendigen Bedingungen, wie Neuheit und erfinderische Tätigkeit, erfüllt.

Zum Beispiel wären ein mathematischer Algorithmus oder eine Software als solche nicht schützbar, wohl aber deren Verwendung zur Steuerung eines technischen Prozesses. Solche technischen Effekte können beispielsweise eine höhere Datenübertragungsgeschwindigkeit, eine bessere Auflösung bei der Bildverarbeitung oder eine effektivere Datenkompression sein. Ein bekanntes Beispiel für eine computerimplementierte Erfindung ist das MP3-Verfahren. Dieses in der Arbeitsgruppe um Prof. Dr. Karlheinz Brandenburg entwickelte Komprimierungsverfahren nutzt ein psychoakustisches Modell, um die Größe von Audiodateien zu verringern.

Software mit technischer Wirkung kann patentiert werden.

Zur Überprüfung, ob es sich um ein Computerprogramm oder eine computerimplementierte Erfindung handelt, eignen sich die folgenden Fragen:
- Bewirkt das Computerprogramm einen technischen Effekt?
- Wird durch das Computerprogramm eine technische Aufgabe gelöst?
- Wird durch das Computerprogramm ein physikalischer Zustand eines Gegenstands außerhalb des Computers verändert?

Ist eine dieser Fragen mit Ja zu beantworten, kann von der erforderlichen Technizität ausgegangen werden, und die Erfindung ist möglicherweise patentierbar.

Im Zweifelsfall ist die Prüfung durch eine*n spezialisierte*n Patentanwalt*in angeraten, um nicht leichtfertig eine mögliche Schutzposition zu vergeben.

Im Gegensatz zu Europa ist in den USA die Patentierung von Computerprogrammen auch dann möglich, wenn sie nichttechnisch sind. Das Erfordernis der Technizität spielt in

Software-Patentierung in den USA einfacher

den USA keine große Rolle. Zu den bekannten Softwarepatenten, die in den USA erteilt wurden, gehört zum Beispiel das sogenannte „One-Click-Buy"-Verfahren, das von der Firma Amazon patentiert wurde. Dieses Patent schützt ein Onlineverkaufssystem, bei dem Informationen wie die Kreditkartennummer und die Adresse des Käufers nur einmal eingegeben werden müssen. Bei nachfolgenden Besuchen auf der gleichen Internetseite kann mit nur einem Mausklick bezahlt werden.

Eine Liste mit bekannten Softwarepatenten, die in den USA durchgesetzt wurden, findet sich unter ▶ http://en.wikipedia.org/wiki/List_of_software_patents.

Nutzung von Künstlicher Intelligenz führt zu „computerimplementierten Erfindungen".

Exkurs: Mit Künstlicher Intelligenz zu patentfähigen Erfindungen

Durch die stetig steigende Rechenleistung von Computern und die Entwicklung leistungsfähiger Computerarchitekturen können heutzutage riesige Datenmengen generiert und ausgewertet werden. Die dafür verwendeten Rechenmodelle und mathematischen Algorithmen bilden die Grundlage für die sogenannte Künstliche Intelligenz (KI), das heißt, die Fähigkeit von Computern und Maschinen, intellektuelle Aufgaben zu übernehmen, welche normalerweise nur Menschen zugestanden werden. Werkzeuge, wie maschinelles Lernen (Deep Learning) und neuronale Netze, erlauben es, Gesichter zu erkennen, Sprachen zu lernen oder diagnostische Muster zu erkennen, die von Menschen bisher nicht erfasst werden konnten. Damit ermöglichen sie maschinelle Vorhersagen, medizinische Diagnosen, Risikoanalysen und die Automatisierung komplexer Aufgaben unter menschlicher Aufsicht.

Die KI-basierten Rechenmodellen und mathematischen Algorithmen sind an sich abstrakter Art und daher vom Patentschutz ausgenommen (▶ Abschn. 7.2.3). Wenn sie jedoch zur Lösung einer technischen Aufgabe in einem technischen Gebiet eingesetzt werden, können Patente erteilt werden. Solche Erfindungen, die KI nutzen, fallen unter die Kategorie „computerimplementierten Erfindungen".

Beispiele sind:
- der Einsatz eines neuronalen Netzes in einem Gerät zur Herzfrequenzüberwachung, das der Erkennung von Herzrhythmusstörungen;
- Bereitstellung einer Genotyp-Einschätzung basierend auf einer Analyse von DNA; oder

– Bereitstellung einer medizinischen Diagnose durch ein automatisches System, das physiologische Messungen verarbeitet.

Da etwa seit dem Jahr 2010 die Zahl der Erfindungen, die KI nutzen, stetig steigen, hat das Europäische Patentamt sogar eigens ein Kapitel „Künstliche Intelligenz und maschinelles Lernen" in seine „Richtlinien für die Prüfung" aufgenommen.

Eine interessante Frage, die sich bei der Verwendung Künstlicher Intelligenz zur Generierung von Erfindungen ergibt, ist die der Erfinder- bzw. Rechteinhaberschaft. Tatsächlich werden KI-Technologien derzeit meistens zur Überprüfungen von Ergebnissen oder zur Lösungsfindung für eine definierte Aufgabe eingesetzt. Das heißt, die KI-Modelle und -Algorithmen sind lediglich Werkzeuge, die für die Erfindung genutzt werden, was jedoch unter menschlicher Weisung, Anleitung und Kontrolle geschieht. Erfinder*in ist demnach ein Mensch und keine Maschine; die Rechteinhaberschaft bleibt wie gehabt. Sollte es jedoch zukünftig zu Erfindungen kommen, welche mittels KI-basierter Verfahren ohne menschliches Zutun entstehen, werden die Karten möglicherweise neu gemischt.

7.4 Patente in den Lebenswissenschaften

7.4.1 Übersicht

Für Erfindungen im Bereich der Life Sciences, der Medizin und der Medizintechnik hält das Patentrecht in Europa und den meisten anderen Ländern eine Reihe von Sonderregelungen vor. Die diesbezüglichen Bestimmungen im EPÜ und im deutschen Patentgesetz stimmen weitestgehend überein (◘ Tab. 7.2).

Medizintechnische Geräte, Diagnostika und Arzneimittel für die Anwendung bei einer medizinischen Behandlung, Operation, Diagnose und Therapie können durch ein Patent geschützt werden. Die medizinischen Behandlungsverfahren selbst, Diagnosen und Therapien am menschlichen oder tierischen Körper sind in Europa aber nicht patentierbar. Hiermit soll sichergestellt werden, dass die Tätigkeit von Ärzt*innen nicht durch Patente beeinträchtigt werden. Ärzt*innen sollen bei der Ausübung ihrer ärztlichen Verpflichtungen nicht überlegen müssen, ob sie eventuell gegen Schutzrechte Dritter verstoßen.

Ärztliche Handlungen freigestellt von Patenten

Tab. 7.2 Patentverbote im Bereich Life Sciences

	Patentierbar	Nicht patentierbar
Chirurgie	Medizintechnische Geräte, wie Stents, Katheter, Implantate	Chirurgische Verfahren am lebenden menschlichen oder tierischen Körper
	Kosmetische Verfahren	
Therapie	Stoffe und Stoffgemische als Arzneimittel, *small molecules*, Antikörper, isolierte Nukleotid- oder Aminosäuresequenzen	Therapeutische Verfahren
	Bekannte Stoffe und Stoffgemische zur Behandlung (neuer) medizinischer Indikationen	
Diagnose	Diagnoseverfahren ex-vivo und an isolierten Körperbestandteilen	Diagnostizierverfahren am lebenden menschlichen oder tierischen Körper
	Mess- und Analyseverfahren (ohne Diagnose)	
Biotechnologie	Biotechnologische Verfahren	Biologische Züchtungsverfahren
	Bio- oder gentechnisch hergestellte Mikroorganismen, Pflanzen und Tiere	Pflanzenarten und Tierrassen
	Isolierte Bestandteile des menschlichen Körpers	Der menschliche Körper
	Stammzellen und Verfahren zu ihrer Verwendung	Verwendung menschlicher Embryonen
		Klonen des Menschen

7.4.2 Medizinische Verfahren

Kein Patentschutz für ärztliche Heilverfahren …

Bei Heilverfahren an Mensch und Tier soll eine Monopolisierung durch Patente nicht möglich sein. Denn es würde gegen die „guten Sitten" verstoßen, einen Arzt oder eine Ärztin durch ein Patent daran zu hindern, ihre ärztliche Heilkunst auszuüben. Zudem fehlt das Patenterfordernis der „gewerblichen Anwendbarkeit". Ärztliches Handeln wird nämlich nicht dem gewerblichen Bereich zugeordnet, obwohl Ärzt*innen in der Praxis natürlich schon gewerblich und an Gewinn orientiert arbeiten können.

… aber für Mittel zur Durchführung der Heilverfahren

Gemäß dem europäischen Patentrecht sind chirurgische und therapeutische Verfahren sowie Diagnostizierverfahren an lebenden, menschlichen oder tierischen Körpern vom Patentschutz ausgenommen. Das Patentierungsverbot umfasst jedoch nicht Erzeugnisse und Geräte, die bei Heilverfahren eingesetzt werden (◘ Abb. 7.1).

7.4 · Patente in den Lebenswissenschaften

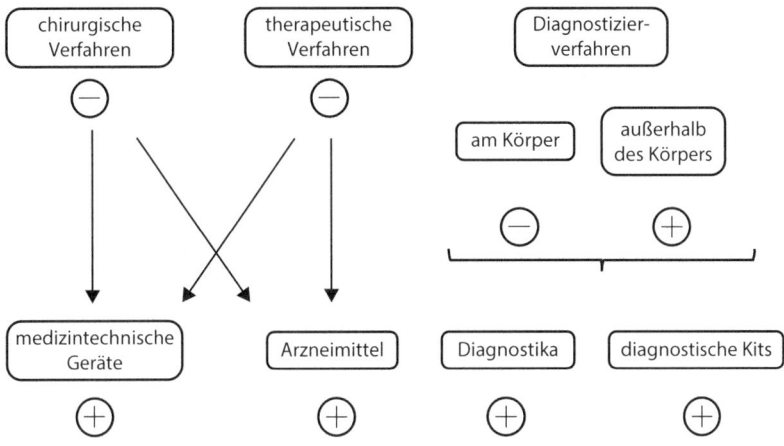

◘ **Abb. 7.1** Patentierbarkeit von medizinischen Verfahren und Produkten

> **Definition**
>
> **Art. 53 EPÜ: Ausnahmen von der Patentierbarkeit**
> Europäische Patente werden nicht erteilt für:
>
> [...]
>
> c) Verfahren zur chirurgischen oder therapeutischen Behandlung des menschlichen oder tierischen Körpers und Diagnostizierverfahren, die am menschlichen oder tierischen Körper vorgenommen werden. Dies gilt nicht für Erzeugnisse, insbesondere Stoffe oder Stoffgemische, zur Anwendung in einem dieser Verfahren.

Die Patentverbote für medizinische Heilverfahren sind üblicherweise an die Präsenz eines Arztes oder einer Ärztin gebunden. Als einfache Regel gilt daher:

> Alle Verfahren, für die ein Arzt oder eine Ärztin hinzugezogen werden muss, sind nicht patentierbar. Verfahrensschritte, die ein Arzt oder eine Ärztin durchführt, bleiben in Patentansprüchen außen vor.

Arzneimittel oder medizintechnische Geräte sind gewerblich herstellbar und daher grundsätzlich patentfähig (siehe folgende Abschnitte). Übrigens gilt auch hier, dass Ärzt*innen bei Verwendung von Stoffen oder Geräten im Rahmen ihrer ärztlichen Tätigkeit keine Patentverletzung begehen können. Nur der gewerbliche Hersteller, also eine Pharmafirma oder ein Medizingerätehersteller, kann in der Regel haftbar gemacht werden.

Nicht überraschend setzt an dieser Stelle die Kritik vieler Patentgegner an, dass nämlich über die Patentierung solcher Heilmittel faktisch die Möglichkeit einer Monopolisierung für Heilverfahren geschaffen wird. In der Tat handelt es sich hierbei um eine Kompromisslösung, die der Staat eingeht, der das Patent gewährt. Einerseits soll ein Patent langjährige und kostenintensive Investitionen für die Neuentwicklung von Medikamenten und medizintechnischen Geräten belohnen. Gerade für Technologien, bei denen ein Missverhältnis zwischen Entwicklungsrisiko und möglichem, zukünftigem Gewinn besteht, möchte der Staat somit Anreize für Forschung und Entwicklung setzen. Andererseits ist die Laufdauer eines Patents zeitlich begrenzt auf im Regelfall 20 Jahre. Und für besondere Notfälle halten sich die meisten Staaten die Möglichkeit vor, unter bestimmten gesetzlich geregelten Bedingungen Zwangslizenzen anzuordnen.

- **Chirurgische Verfahren**

Im patentrechtlichen Zusammenhang wird eine chirurgische Behandlung als Eingriff am lebenden Körper definiert. Wenn die Präsenz eines menschlichen oder tierischen Körpers erforderlich ist beziehungsweise eine Wechselwirkung mit diesen stattfindet, handelt es sich um ein nicht patentfähiges chirurgisches Verfahren. Unter diese Definition fallen einerseits Operationen und minimalinvasive Verfahren, andererseits aber auch nichtblutige Verfahren, zum Beispiel eine Laserbehandlung zur Beseitigung von Sehfehlern oder Bestrahlungstherapien zur Krebsbehandlung.

Eingriffe am lebenden Körper sind nicht patentierbar.

Um dem Patentierungsverbot zu unterliegen, ist es übrigens nicht erforderlich, dass mit dem chirurgischen Verfahren tatsächlich ein Heilungszweck verfolgt wird. Daher sind auch chirurgische Eingriffe zu kosmetischen Zwecken (Schönheitsoperationen), Sterilisationen oder eine künstliche Befruchtung vom Patentschutz ausgenommen. Ebenso gelten endoskopische Verfahren oder die Einführung eines Katheters als chirurgische Eingriffe.

Medizinische Routineeingriffe, zum Beispiel eine Blutentnahme, werden in der Regel nicht als chirurgische Eingriffe gewertet.

Wie bereits erwähnt, können jedoch Geräte oder Erzeugnisse, mit denen chirurgische Verfahren durchgeführt werden, durch ein Patent geschützt werden, zum Beispiel Skalpelle, Katheter oder Implantate (▶ Abschn. 7.3.3).

Hierbei muss aber beachtet werden, dass nicht etwa einzelne Verfahrensschritte, zum Beispiel das Maßnehmen für ein Implantat, einen chirurgischen Eingriff darstellen. Ein solcher Verfahrensschritt dürfte zumindest nicht in die Patentansprüche aufgenommen werden.

Therapeutische Verfahren

Ebenfalls vom Patentschutz ausgenommen sind therapeutische Verfahren; und wie bei den chirurgischen Verfahren genügt ein einziger therapeutischer Schritt, damit das Verbot greift. Als therapeutische Verfahren werden im europäischen Patentrecht Behandlungen verstanden, die zur Heilung und Linderung von Krankheiten oder Störungen des menschlichen oder tierischen Körpers dienen. Weiterhin gelten als solche auch prophylaktische Maßnahmen, wie Impfungen gegen bestimmte Krankheiten.

Verfahren zur Heilung, Linderung oder Prophylaxe sind nicht patentierbar.

Von therapeutischen Verfahren zu unterscheiden sind hingegen kosmetischen Verfahren, sodass in einigen Fällen sozusagen durch die Hintertür ein Patent erhalten werden kann. Falls ein Verfahren neben einer therapeutischen Wirkung auch einen kosmetischen Effekt ausübt, können darauf Patentansprüche gerichtet werden. Ein Verfahren zur Verringerung von Zahnplaque reduziert einerseits die Kariesbildung, was als therapeutischer Effekt zu beurteilen wäre, andererseits führt es zur Aufhellung und Verschönerung der Zähne – ein kosmetischer Effekt, der für ein patentierbares Verfahren spricht.

Kosmetische Verfahren sind patentierbar.

Ob ein Verfahren als therapeutische oder kosmetische Behandlung gewertet wird, hängt nicht zuletzt davon ab, ob ein Arzt oder eine Ärztin anwesend sein muss oder der Eingriff mit einem gesundheitlichen Risiko einhergeht. Während ein therapeutisches Verfahren zwingend von einem Arzt oder einer Ärztin durchgeführt oder zumindest überwacht werden muss, dürfen kosmetische Verfahren auch von nichtärztlichem Fachpersonal ausgeübt werden.

Wie bei den chirurgischen Verfahren muss beachtet werden, dass alle Geräte und Stoffe, die für therapeutische Verfahren eingesetzt werden können, patentierbar sind (▶ Abschn. 7.3.3 und 7.3.4).

Diagnostizierverfahren

Gleichsam als Indiz für eine große wirtschaftliche Bedeutung gibt es zur Frage, wann ein diagnostisches Verfahren ein nicht patentierbares Diagnostizierverfahren darstellt, sehr umfangreiche Rechtsprechung (zum Beispiel die Entscheidungen der großen Beschwerdekammer des EPA, G 1/04 und G 1/07).

Demnach gilt das Patentierungsverbot nur für am menschlichen oder tierischen Körper vorgenommene Diagnostizierverfahren. Dabei muss eine Wechselwirkung mit einem menschlichen oder tierischen Körper stattfinden, die zumindest die Präsenz des Körpers voraussetzt. Das ist nicht der Fall, wenn Diagnoseverfahren in vitro durchgeführt werden. DNA-Mikroarrays zum Beispiel fallen aus diesem Grund nicht unter das Patentverbot.

Patentverbot für Diagnose am Körper

Per Definition müssen bei einem (nicht patentfähigen) Diagnostizierverfahren alle folgenden Schritte in den Patentansprüchen enthalten sein:
1. Untersuchungsphase mit der Sammlung von Daten, zum Beispiel zur Krankheitsgeschichte sowie im Rahmen von medizinischen Tests,
2. Vergleich dieser Daten mit Normwerten,
3. Feststellen einer signifikanten Abweichung der erhaltenen Wert von den Normwerten,
4. Zuordnung der Abweichung zu einem bestimmten Krankheitsbild, das heißt eine deduktive human- oder veterinärmedizinische Entscheidungsphase.

Diagnostizierverfahren in vier Schritten

Fehlt wenigstens einer dieser vier Schritte, handelt es sich nicht um ein Diagnostizierverfahren. Denn Messverfahren und Messgeräte zur Bestimmung chemischer oder physikalischer Daten, zum Beispiel des Blutdrucks, sind durchaus patentierbar – sofern keine chirurgischen oder therapeutischen Schritte erfolgen.

Beispiel für ein nicht patentierbares Verfahren zur Diagnose von Alzheimer (Entscheidung T143/04 der technischen Beschwerdekammer des EPA)
Im Fall der europäischen Patentanmeldung EP 95928139.5 des Beth Israel Hospitals in Boston wurde die Patenterteilung abgelehnt, da das beanspruchte Verfahren alle Merkmale eines Diagnostizierverfahrens am menschlichen oder tierischen Körper aufweist:

» Verfahren zur Diagnose von Alzheimer (Verfahrensschritt (4)) [...] umfassend: Erstellen eines Standards für einen Pupillendurchmesser [...] (Verfahrensschritt (2)) unter Verwendung eines automatisierten Gerätes zur Aufnahme und Messung des Pupillendurchmessers nach Verabreichung eines Neurotransmitter-Mediators [...] (Verfahrensschritt (1)) in einer Menge, die ausreichend ist, um eine Verengung oder Erweiterung der Pupille zu verursachen, wenn das Individuum kein Alzheimer hat [...] (Verfahrensschritt (3)) und Verarbeiten der Messungen in dem automatisierten Gerät zur Bereitstellung eines Vergleichs der Änderungen des Pupillendurchmessers nach Verabreichung mit dem Standard oder mit Änderungen des Pupillendurchmessers, die für Alzheimer charakteristisch sind (Verfahrensschritt (2)).

Messverfahren versus Diagnostierverfahren

Bei einem Diagnostizierverfahren wird durch den Vergleich der Messwerte mit einem Normwert eine Abweichung festgestellt, anhand der eine Diagnose als Basis für das weitere medizinische Vorgehen erfolgt. Dabei ist es unerheblich, ob der Wertevergleich und die Diagnose von einem Arzt oder einem Computer vorgenommen werden. Die persönliche Anwesenheit eines Human- oder Veterinärmediziners ist hier nicht erforderlich. Auch wenn ein automatisiertes Auswerteprogramm nach einem Vergleich von Messwerten oder Bildaufnahmen eine Diagnose ausgibt, handelt es sich um ein Diagnostizierverfahren. Ein grundsätzlich patentfähiges Messverfahren liegt hingegen vor, wenn lediglich Zwischenwerte ausgegeben werden, die für eine Diagnose verwendet werden können. Entscheidend für die Patentierbarkeit ist also, ob das Ergebnis unmittelbar ein Krankheitsbild erkennen lässt.

Beispiele für nicht patentierbare Diagnostizierverfahren:
- Verfahren zur automatischen Bestimmung der Knochendichte aus Röntgenbildern, da hiermit bestimmte Erkrankungen sofort erkennbar sind, zum Beispiel Osteopenie,
- Körperspiegelungen zur Feststellung von Leberschäden.

Beispiele für patentierbare Diagnoseverfahren:
- Verfahren zur Speicherung des zeitlichen Verlaufs der Blutzuckerkonzentration in einem implantierbaren Gerät,
- elektrochemische Bestimmung von Zucker in Körperflüssigkeiten.

(Aus: Volker Vanek, Ute Rehwald, Matthias Nobbe, Medizin + Patente, Herausgeber: Provendis GmbH, 2004)

Als weiterer wesentlicher Aspekt gilt zu beachten, dass Körpergewebe oder -flüssigkeiten nach einer Diagnose dem Körper, dem sie entstammen, nicht wieder zugeführt werden dürfen. Die Durchführung von Diagnosetests an Blutproben kann daher patentiert werden, solange das Blut dem Körper nicht wieder zugeführt wird. Aus diesem Grund ist es zum Beispiel nicht möglich, Dialyseverfahren zu patentieren.

Unabhängig vom Vorliegen oder Nichtvorliegen der oben genannten Phasen eines Diagnostizierverfahrens muss für jeden Verfahrensschritt geprüft werden, ob aus einem anderen Grund ein Patent ausgeschlossen ist. Falls die Beteiligung eines Human- oder Veterinärmediziners notwendig ist, zum Beispiel bei einer Probeentnahme in Schritt 1, würde es sich um ein chirurgisches Verfahren handeln. Wichtig ist, dass solche Verfahrensschritte (zumindest in einer europäischen Patentanmeldung) gestrichen werden.

Mitwirkung eines Arztes ausgeschlossen

7.4.3 Medizinprodukte

Medizinprodukte – nicht (bio)aktiv und patentierbar

Im Gegensatz zu den medizinischen Heilverfahren sind Erzeugnisse und Geräte, Stoffe und Stoffgemische (▶ Abschn. 7.3.4), die hierfür verwendet werden, ausdrücklich vom Patentierungsverbot ausgenommen. Vor dem Hintergrund unterschiedlicher staatlicher Vorgaben für die Marktzulassung und die Verkehrsfähigkeit erfolgt eine klare Abgrenzung von Medizinprodukten auf der einen und von Arzneimitteln auf der anderen Seite. Während Arzneimittel primär pharmakologisch oder biochemisch wirken, werden unter dem Begriff der Medizinprodukte nichtaktive medizinische Gegenstände und Stoffe zusammengefasst. Medizinprodukte, die zu therapeutischen oder diagnostischen Zwecken beim Menschen angewandt werden, üben „lediglich" physikalische oder physikochemische Wirkungen; die gesetzlichen Regelungen sind, zum Beispiel für Deutschland, im Medizinproduktegesetz (MPG) festgelegt.

Beispiele für patentierbare Medizinprodukte :
- Instrumente für chirurgische und therapeutische Verfahren, zum Beispiel Nadeln, Skalpelle, Scheren und Spritzen,
- Implantate, Prothesen, künstliche Organe und Gelenke,
- Herzschrittmacher,
- Hör- und Sehhilfen,
- elektromedizinische Geräte,
- In-vitro-Diagnostika und Diagnostikgeräte.

■ **Biomarker und diagnostische Kits**
Sobald diagnostische Verfahren nicht am lebenden Körper, sondern in vitro durchgeführt werden, fallen sie nicht mehr unter das Patentierungsverbot (▶ Abschn. 7.3.2). Eine wichtige Rolle spielen in diesem Zusammenhang biomarkerbasierte Analysen. Mithilfe natürlich vorkommender Moleküle, Hormone, Peptide oder auch DNA-Sequenzen können die Entstehung, das Stadium oder der Verlauf eines pathologischen Zustands vorhergesagt werden. Dabei wird in der Regel das Vorkommen, die Konzentration oder die Aktivität eines Biomarkers in isolierten Körperflüssigkeiten, wie Blut oder Urin, in Zellen oder Geweben untersucht.

Biomarker zur Prognose und Diagnose

In einem Patent für einen neuen Biomarker richten sich die Patentansprüche üblicherweise auf verschiedene Aspekte der Erfindung:
- den Biomarker selbst, zum Beispiel eine Aminosäure- oder Nukleinsäuresequenz, unter Angabe der Funktion als Biomarker,

- ein diagnostisches Verfahren, zum Beispiel ein Microarray oder ELISA-Assay,
- ein Kit zur Durchführung des Diagnoseverfahrens.

Beispiel für Patentansprüche zu einem Biomarker

Im Zuge der personalisierten Medizin kommt der Verwendung von Biomarkern eine große Bedeutung zu. Ist die Wirksamkeit eines Medikaments an die Konzentration oder Aktivität eines bestimmten Biomarkers geknüpft, wird der diagnostische Biomarker-Test als sogenannten *Companion Diagnostic* durchgeführt. Anhand des Testergebnisses werden Patienten in solche, die ansprechen (Responder), und solche, die nicht ansprechen (Non-Responder), unterteilt. Als berühmtes Beispiel für die sogenannte Companion Diagnostic gilt der HER2-Test, mit dem vorhergesagt werden kann, ob eine Patientin mit Brustkrebs positiv auf das Medikament Herceptin® anspricht. Ein europäisches Patent zu einem solchen Test (EP 2228455 B1 „Diagnose von HER2-positivem Brustkrebs") der Firma Macrogen enthält zum Beispiel folgende unabhängige Ansprüche:

Companion Diagnostic zur Auswahl der Patienten

> 1. Diagnosezusammensetzung für die Diagnose von Brustkrebs, umfassend einen genetischen Marker, wobei es sich bei dem Marker um einen oder mehrere handelt, der bzw. die aus der Gruppe bestehend aus dem zu SEQ ID NO:2 korrespondierenden genomischen DNA-Fragment aus dem Chromosomenbereich 17q12 des menschlichen Genoms und der zu dem genomischen DNA-Fragment komplementären Sequenz ausgewählt ist bzw. sind.
> 2. Microarray für die Diagnose von Brustkrebs, an dem eine Sonde fixiert ist, wobei die Sonde einen einzigen Locus im Chromosom besitzt und es sich dabei um einen oder mehrere handelt, der bzw. die aus der Gruppe bestehend aus
>   (a) dem zu SEQ ID NO:2 korrespondierenden genomischen DNA-Fragment aus dem Chromosomenbereich 17q12 des menschlichen Genoms und
>   (b) der zu dem genomischen DNA-Fragment komplementären Sequenz ausgewählt ist bzw. sind. [...]
> 6. Kit für die Diagnose von Brustkrebs, umfassend: die Zusammensetzung für die Diagnose von Brustkrebs gemäß Anspruch 1 oder das Microarray für die Diagnose von Brustkrebs gemäß einem der Ansprüche 2 bis 5 und Markierungsnachweismittel. [...]

7.4.4 Patente für Arzneimittel

Wie für Medizinprodukte sind auch Patente für Arzneimittel explizit erlaubt. Tatsächlich wird ein umfassender Patentschutz in der Regel als Grundvoraussetzung dafür gesehen, dass die schwindelerregend hohen Investitionen für die klinische Testung neuer Wirkstoffe getätigt werden.

- **Stoffpatent für chemische Verbindungen** (*small molecules*)

Stoffschutz für Blockbuster

Als wertvollstes Schutzrecht gilt das sogenannte Stoff- oder *composition-of-matter*-Patent. Insbesondere für chemische Verbindungen, die als Medikamente eingesetzt werden, gibt es – wie nachfolgend beschrieben – erweiterte Möglichkeiten für einen formalen Stoffschutz.

> **Blockbuster und Patent Cliff am Beispiel von Atorvastatin**
>
> Blockbustermedikamente sind Arzneimittel, deren jährlicher Umsatz mehr als eine Milliarde US-Dollar beträgt. Häufig können für die Laufdauer eines einzigen Basispatents ein sehr hoher Marktanteil und ein vergleichsweise hoher Preis für das betreffende Medikament erzielt werden.
>
> Über mehrere Jahre wurde die Liste der Topseller von dem Cholesterinsenker Atorvastatin angeführt, der von dem US-Pharmakonzern Pfizer unter dem Namen Sortis® in Europa und als Lipitor® in den USA sowie anderen Ländern vertrieben wurde. Nach seiner Zulassung im Jahr 1996 stieg der Umsatz, den Pfizer mit dem Medikament erzielte, stetig an und erreichte den höchsten Wert im Jahr 2006 mit fast 13 Mrd. US$! Doch als im November 2011 der Patentschutz in den USA und ein halbes Jahr später in Europa auslief, fiel der Umsatz innerhalb von neun Monaten um 5,5 Mrd. US$; der gesamte Gewinn des Pharmariesen sank um 19 % (K. Thomas, Pfizer Races to Reinvent Itself, New York Times, 01.05.2012).
>
> In Europa bildete das Patent EP0247633B1 den Basisschutz für den Wirkstoff Atorvastatin. Die zugehörige Anmeldung wurde am 29.05.1987 unter Inanspruchnahme der US-Priorität vom 30.05.1987 eingereicht und am 30.01.1991 erteilt (der ursprüngliche Anmelder, die Warner-Lambert Company, wurde später von Pfizer übernommen). Am Ende der regulären Patentlaufdauer von 20 Jahren (29.05.2007) konnte der Patentschutz außerdem mithilfe eines sogenannten ergänzenden Schutzzertifikats um fünf Jahre verlängert werden. Ein solches Schutzzertifikat (SPC, Supplementary Protection Certificates), das für Arzneimittel und Pflanzenschutzmittel erhältlich ist, soll einen Ausgleich für die staatlich

7.4 · Patente in den Lebenswissenschaften

vorgeschriebenen, langjährigen Zulassungsverfahren gewähren.

Bei dem genannten europäischen Patent handelt es sich um ein klassisches Stoffpatent. Der Wirkstoff Atorvastatin versteckt sich in einer sogenannten Markush-Formel im erteilten Hauptanspruch 1 (◘ Abb. 7.2).

Für die Reste R_1 bis R_4 sowie X sind verschiedene mögliche Reste definiert, zum Beispiel für X: CH_2-, $-CH_2CH_2-$, $-CH_2CH_2CH_2-$ oder $-H_2CH(CH_3)-$, wobei im Fall von Atorvastatin $X = -CH_2CH_2-$ ist.

Eine neue chemische Substanz kann unabhängig von ihrem Verwendungszweck zum Patent angemeldet werden. Bei einem solchen Stoffpatent lautet der Hauptanspruch 1 typischerweise „Stoff A mit der chemischen Struktur XYZ".

Sehr häufig stellt man die chemische Struktur mithilfe einer Markush-Formel dar, bei der variable Reste R1, R2 und so weiter mit einer Liste von möglichen Substituenten definiert werden.

Ziel ist es, einen möglichst breiten Schutzumfang zu erhalten und Umgehungsmöglichkeiten für die Konkurrenz zu minimieren. Im Patentprüfverfahren muss dann mit dem Prüfer ausgehandelt werden, welche Verbindungen tatsächlich ausführbar offenbart sind, etwa anhand der Synthesevorschrift oder durch chemische Charakterisierung. Während einfache routinemäßig einführbare Modifikationen in der Regel mit umfasst werden können, wird der Prüfer für seiner Meinung nach zu weit gehende Strukturvarianten gegebenen-

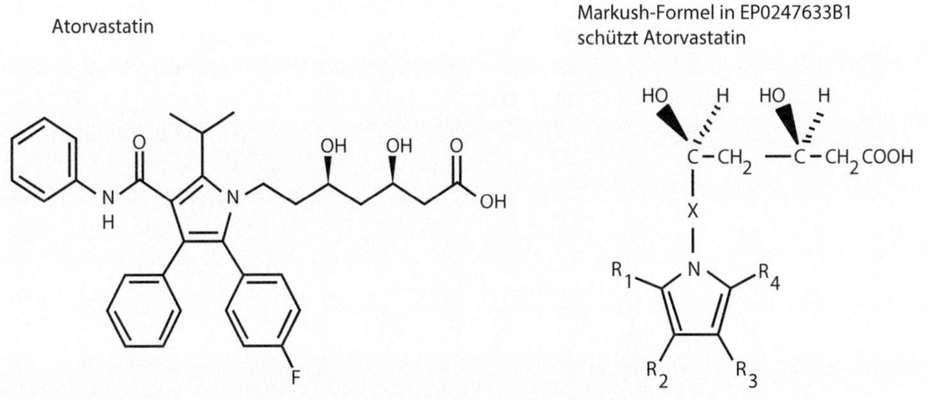

Markush-Formel für breiten Stoffschutz

◘ Abb. 7.2 Chemische Struktur von Atorvastatin (*links*), Markush-Formel aus dem Patent EP 0247633B1 (*rechts*)

falls zusätzliche experimentelle Belege oder eben die Streichung fordern.

- **Auswahlerfindung**

Naturgemäß können mit einer Markush-Formel auf einfache Weise zahlreiche Varianten einer chemischen Struktur dargestellt werden. Interessant wird es dann, wenn sich später herausstellt, dass eine einzelne unter die allgemeine Formel fallende Struktur besondere Zusatzwirkungen zeigt, die ursprünglich nicht bekannt waren. Die Frage, ob alle möglichen Varianten einer bereits publizierten Leitstruktur als offenbart gelten und daher nicht mehr neu sein können, war Gegenstand der sogenannten Olanzapin-Entscheidung des deutschen Bundesgerichtshofs (BGH) im Jahr 2008. In diesem Grundsatzurteil befand der BGH, dass eine unter eine Markush-Formel fallende chemische Verbindung noch nicht grundsätzlich offenbart ist. Erst wenn dem „Fachmann" die konkrete Einzelstruktur ausdrücklich und eindeutig offenbart wird, gilt sie nicht mehr als neu. Diese Auslegung verleitet Patentanmelder dazu, in den Unteransprüchen oder zumindest in der Beschreibung alle möglichen, wichtigen Verbindungen auszuformulieren, was mitunter zu seitenlangen Darstellungen von Strukturformeln führt.

> **Die Olanzapin-Entscheidung (BGH, 16.12.2008 – X ZR 89/07): Streit um die Neuheit**
> Der Wirkstoff Olanzapin (Zyprexa®) zählt zu den atypischen Neuroleptika und wird unter anderem zur Behandlung von Schizophrenie eingesetzt. Im Jahr 2007 hatten Generikaunternehmen das Olanzapin-Patent (EP 454 436) des Pharmaunternehmens Eli Lilly wegen angeblich fehlender Neuheit vor dem Bundespatentgericht (BPatG) erfolgreich nichtig geklagt. Die chemische Struktur von Olanzapin fiel nämlich unter eine von Chakrabarti et al. 1980 publizierte allgemeine Formel (◘ Abb. 7.3).
> Eli Lilly gab jedoch nicht auf. Schlussendlich erkannte der deutsche Bundesgerichtshof (BGH) die Neuheit der Struktur an und bestätigte das Olanzapin-Patent. In seinem Urteil erläuterte der BGH, was nach der bisherigen Rechtsprechung unter Neuheit zu verstehen sei. Maßgeblich ist demnach, ob die konkrete Verbindung „unmittelbar und eindeutig" offenbart wurde und ob ein Fachmann ohne Weiteres in die Lage versetzt wurde, die Einzelverbindung „in die Hand zu bekommen". Wurde eine Einzelverbindung nicht ausdrücklich genannt, so muss sie sich dem Fachmann regelrecht aufdrängen, wenn er die allgemeine Formel liest.

In dem behandelten Fall erkannte der BGH nicht, dass ein Fachmann die Olanzapinstruktur aus der allgemeinen Formel in der Vorveröffentlichung von Chakrabarti et al. mitliest, und hob daher die Nichtigkeit des Patents auf.

Jede Variante muss genannt sein.

- **Medizinische Indikation**

Wird für eine bekannte Substanz, beispielsweise ein Herbizid, erstmals eine medizinische Verwendung gefunden, so erlaubt das europäische Patentrecht einen sogenannten zweckgebundenen Stoffschutz über die Formulierung „Stoff AB zur Anwendung als therapeutischer Wirkstoff".

Medizinische Indikation als zweckgebundener Stoffschutz

Die früher gebräuchliche Formulierung als Verwendungsanspruch (*Swiss type claim*) ist im europäischen Recht nicht mehr erlaubt. Denn formal liest sich der Anspruch „Verwendung von AB als Therapeutikum" wie ein therapeutisches Verfahren, das – wie zuvor beschrieben – dem Patentierungsverbot unterliegt.

Der Patentinhaber erhält mit dem Schutz für medizinische Indikationen also einen eingeschränkten Stoffschutz. Falls bereits Synthese- oder Herstellungsverfahren für diesen Stoff patentgeschützt sind, so muss er für die Herstellung zunächst eine Lizenz erwerben (▶ Abschn. 5.2).

- **Zweite und weitere medizinische Indikationen**

Schließlich ist es möglich, für einen bekannten Wirkstoff weitere medizinische Anwendungen (Indikationen) zu beanspruchen. In diesem Fall erfolgt eine Einschränkung auf die

Kriterium für weitere Indikation: andere technische Lehre

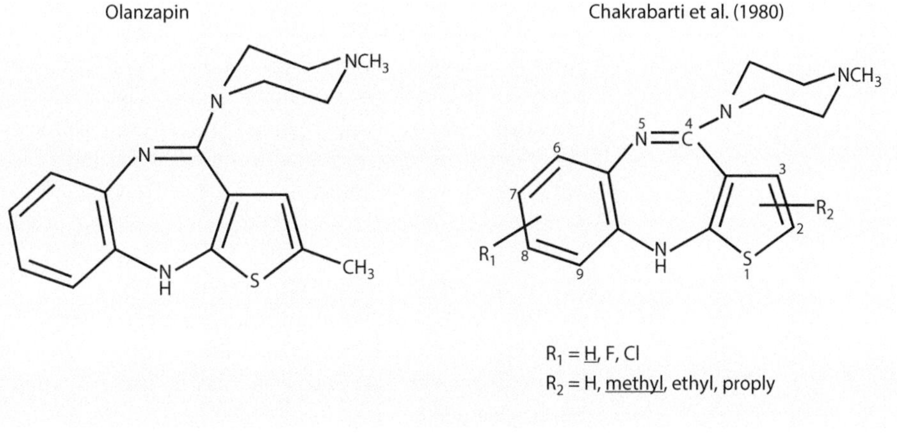

$R_1 = \underline{H}, F, Cl$
$R_2 = H, \underline{methyl}, ethyl, proply$

Abb. 7.3 Strukturvergleich im Olanzapin-Verfahren. Für R1 = H und R2 = methyl ergibt sich aus der von Chakrabarti et al. (1980) publizierten Markush-Formel die Olanzapinstruktur

Behandlung einer bestimmten Krankheit. Wenn für ein bekanntes Schmerzmittel eine therapeutische Wirkung bei Hauterkrankungen nachgewiesen werden kann, wäre ein Anspruch auf „Stoff AZ zur Behandlung von Hauterkrankungen" zu richten. Hierbei muss die beanspruchte Indikation selbstverständlich gegenüber dem Stand der Technik neu und erfinderisch sein.

- **Noch mehr Patentschutz für bekannte Stoffe**

Patentschutz für Patientenkollektive, Applikationsformen oder Dosierungen

Vor allem Pharma- oder Biotechfirmen, die ein Patent für einen bestimmten Wirkstoff sowie entsprechende Herstellungsverfahren besitzen, werden bestrebt sein, ihren Patentschutz im Rahmen eines *Lifecycle-Management* zu verlängern. Neben neuen Indikationen kann es beispielsweise erfinderisch sein, neue Formulierungen eines bekannten Arzneistoffs zu verwenden oder diesen für bestimmte Patientenkollektive einzusetzen. In diesen Fällen muss nachgewiesen werden, dass bestimmte überraschende (erfinderische) Wirkungen eintreten, zum Beispiel eine verbesserte Pharmakologie. Sogar veränderte Applikationsformen, etwa subkutane gegenüber intramuskulärer Verabreichung, oder Dosierungsschemata können neu und erfinderisch sein, wenn neue technische Wirkungen oder Effekte hervorgerufen werden.

> **Die Entscheidung *Dosage regime* (G 2/08)**
> Eine neue Dosierungsanleitung für einen bekannten Wirkstoff kann patentiert werden, selbst wenn die Anwendung des gleichen Wirkstoffs zur Behandlung derselben Krankheit bereits bekannt ist – so entschied die Große Beschwerdekammer des EPA am 19.02.2010 bezüglich einer Patentanmeldung der Abbott Respiratory LLC. In diesem Fall war schon zuvor die Anwendung von Nikotinsäure zur Behandlung von Hyperlipidämie bekannt gewesen. Allein die als neu und erfinderisch bewertete Behandlungsanordnung „einmal täglich vor dem Schlafengehen" wurde als patentierbar angesehen. Der in diesem Zusammenhang relevante Anspruchstext lautete: „[...] Verwendung von Nikotinsäure [...] zur Herstellung eines Medikaments mit verzögerter Wirkstoffabgabe in der Behandlung von Hyperlipidämie durch einmalige orale Verabreichung vor dem Schlafengehen [...]."
> Die Große Beschwerdekammer gelangte zu der Einschätzung, dass eine neue Dosierungsanleitung eines bekannten Arzneimittels als eine spezifische neue Anwendung gesehen werden könne.
> Diskutiert wurde auch die Frage, ob eine solche Dosierungsanleitung als nicht patentierbarer therapeutischer

Verfahrensschritt zu werten ist. Die Beschwerdekammer führte jedoch aus, dass durch die Vorgabe einer konkreten Dosierungsanleitung der Arzt nicht in seiner ärztlichen Freiheit eingeschränkt sei, da er hinsichtlich der Dosierung ohnehin an die Vorgaben der zuständigen Behörden gebunden ist.

- **Naturstoffe**

Ein Patent kann auch für einen in der Natur vorkommenden Stoff erteilt werden. Im Jahr 1977 entschied das deutsche Bundespatentgericht in einem Präzedenzfall, dass Antamanid – ein Peptid aus dem grünen Knollenblätterpilz – patentiert werden kann. Das Patent wird jedoch nur dann gewährt, wenn vorher nicht bekannt war, dass der Stoff in der Natur existiert. Allein die Beschreibung beziehungsweise die Entdeckung reicht ebenfalls noch nicht. Erst derjenige, der einen Naturstoff als Erster isoliert, reinigt oder chemisch herstellt, kann als Belohnung ein Patent erhalten (▶ Abschn. 7.2.2).

Naturstoff: entdeckt oder erfunden?

Um dem Kriterium der gewerblichen Anwendbarkeit zu genügen, muss formal ein Anwendungszweck benannt werden, beispielsweise die Wirkung als Fluoreszenzfarbstoff oder Frostschutzmittel. Dennoch ist der Stoffschutz für einen neu isolierten Naturstoff absolut. Das bedeutet, ein Patent schützt den Stoff als solchen und nicht nur den angegebenen Verwendungszweck. Falls später eine neue Anwendung für diesen Naturstoff gefunden wird, so wäre ein entsprechendes Verwendungspatent abhängig von dem Stoffpatent.

7.4.5 Patente für Gen- und Proteinsequenzen, Antikörper

Sequenzen von Nukleinsäuren und Proteinen sowie andere biologische Materialien können unter bestimmten Voraussetzungen patentiert werden, selbst wenn sich natürlicherweise vorkommen und somit auch als Entdeckungen gewertet werden könnten.

- **Sequenzen von Genen und Proteinen**

Ausgelöst durch die Möglichkeiten zur Entschlüsselung der Erbinformation bis hin zur Sequenzierung ganzer Organismengenome wurden vor allem in den USA zahlreiche Patente angemeldet und erteilt, die Ansprüche auf neu gefundene Sequenzbereiche von Genen, Proteinen oder Abschnitten davon erhoben.

Auf europäischer Ebene wurde als Reaktion auf die rasanten Fortschritte der Genomsequenzierung eine gesonderte

Biologisches Material ist patentierbar.

Richtlinie zur Patentierung von biotechnologischen Erfindungen (EU-Richtlinie 98/44/EG) vorgegeben. Im Rahmen dieser Richtlinie ist grundsätzlich festgehalten, dass biologisches Material patentierbar sein kann – wenn es mithilfe eines technischen Verfahrens aus seiner natürlichen Umgebung isoliert oder hergestellt wird. Als biologisch gilt das Material, das genetische Information enthält und sich selbst reproduzieren oder in einem biologischen System reproduziert werden kann. Folglich ist biologisches Material – ähnlich wie ein Naturstoff – auch dann patentierbar, wenn es bereits in der Natur vorhanden war.

Selbstverständlich müssen die notwendigen Erfordernisse für die Patentierbarkeit gegeben sein. Das heißt, die Sequenz darf vorher nicht bekannt gewesen sein, und ein besonderes Augenmerk liegt auf der „gewerblichen Anwendbarkeit". In der Patentanmeldung muss erklärt werden, wozu das biologische Material genutzt werden soll. Die bloße Entdeckung einer zuvor unbekannten Gen- oder Proteinsequenz reicht für eine Patenterteilung nicht aus.

> Bei Gen- und Proteinsequenzen muss eine Funktion angegeben werden.

Der praktische gewerbliche Nutzen einer Proteinsequenz und damit auch der zugehörigen Gensequenz kann beispielsweise durch die (plausible) Angabe einer der folgenden Funktionen belegt werden:
- molekulare Funktion, das heißt eine biochemische Aktivität, zum Beispiel als Kinase oder Protease,
- zelluläre Funktion, zum Beispiel zur Induktion von Apoptose oder Differenzierung,
- biologische Funktion, zum Beispiel Schmerzentstehung oder Immunantwort,
- diagnostische Anwendung, beispielsweise als Sonde für die Diagnose einer Krankheit (zum Beispiel in Form von Microarrays) oder als Biomarker (zum Beispiel microRNAs).

Der Hauptpatentanspruch für ein neu gefundenes Enzym könnte beispielsweise lauten: „Ein Polynukleotid, das zu mindestens 90 % identisch zu der Nukleinsäuresequenz nach SEQ NO: 1 ist und in vivo eine Pentosetransportfunktion aufweist." Im Anhang der zugehörigen Patentanmeldung werden dann die entsprechenden Sequenzprotokolle (SEQ NO: 1 et cetera) beigelegt.

> Alle Sequenzen bekannt?

Aufgrund der umfangreichen Gen- und Genomsequenzierungen ist es praktisch kaum noch möglich, Sequenzen zu identifizieren, die noch nicht in einer Sequenzdatenbank abgelegt wurden und daher als neu gelten. Selbst wenn neue Gensequenzen isoliert wurden, sind in der Regel Homologe aus anderen Organismen bekannt, sodass unmittelbar infrage steht, ob die Gensequenz tatsächlich als erfinderisch gilt.

Als Indiz für die erfinderische Tätigkeit spräche hier, wenn zum Beispiel eine neue Sequenz nur mit außergewöhnlichen, nicht standardmäßigen Maßnahmen gewonnen werden konnte oder besondere Schwierigkeiten zu überwinden waren.

Des Weiteren ist es möglich, modifizierte Gen- oder Proteinsequenzen zu patentieren. Typische Beispiele sind:
- modifizierte siRNA- oder microRNA-Sequenzen als Diagnostika oder Therapeutika,
- modifizierte Gensequenzen für die Gentherapie,
- synthetische, inhibitorische Peptide zur Behandlung bestimmter Erkrankungen.

Wenn eine Nukleinsäure- oder Aminosäuresequenz bereits bekannt ist, besteht noch immer die Möglichkeit, einen eingeschränkten Patentschutz für neue (und erfinderische) Verwendungen oder neue medizinische Indikationen zu erhalten.

Beispiel: TALE – Aminosäuresequenzen zur Erkennung von DNA-Sequenzen
Krankheitserreger der Bakteriengattung *Xanthomonas* befallen bevorzugt Kulturpflanzen wie Paprika oder Tomaten. Ihnen gelingt es, mithilfe der TALE-Proteine (TALE = *transcription activation-like effector*) hochspezifisch bestimmte Gene der Wirtszellen zu erkennen und diese zu aktivieren. Den Code für die Bindung der Proteine an die Nukleinsäuresequenzen entschlüsselte im Jahr 2009 die Forschergruppe um Prof. Ulla Bonas von der Martin-Luther-Universität Halle-Wittenberg. Sich wiederholende Sequenzen von 34 Aminosäuren enthalten jeweils an den Positionen 12 und 13 zwei Aminosäuren, die spezifisch eine Nukleotidbase erkennen. Zum Beispiel bindet die Abfolge Histidin-Glycin an Thymin. Aufgrund dieser Entdeckung ergeben sich in der Praxis viele wichtige kommerziell nutzbare Anwendungen. Werden die TALE-Sequenzen nämlich an Nukleasen gekoppelt, bilden sie ein effektives Werkzeug für gezielte Eingriffe in das Erbgut von Pflanzen, Tieren oder Menschen – ohne erkennbare Rückstände von Selektionsmarkern, Viren etc. zu hinterlassen. Einsatzmöglichkeiten finden sich vor allem in der grünen Gentechnik, aber auch für die Gentherapie und natürlich in der Grundlagenforschung.

Vor der wissenschaftlichen Publikation ihrer Ergebnisse in der Zeitschrift *Science* (Boch et al., Science 2009; 326(5959):1509–1512) haben die Erfinder eine Patentanmeldung eingereicht. In den USA wurde im April 2013 das erste Patent erteilt (US 8420782), wobei Hauptanspruch 1 wie folgt lautet:

> „1. A nucleic acid molecule encoding a non-naturally occurring fusion protein comprising an artificial transcription activator-like (TAL) effector repeat domain of contiguous repeat units 33 to 35 amino acids in length and a domain with endonuclease activity, wherein the repeat domain is engineered for recognition of a predetermined nucleotide sequence, and wherein the fusion protein recognizes the predetermined nucleotide sequence."

Der Schutzbereich umfasst demnach ein Fusionsprotein aus einem nichtnatürlichen TALE-Protein und einer Endonuklease, dessen Funktion in der Erkennung vorbestimmter Nukleinsäuresequenzen liegt. Die folgenden Unteransprüche spezifizieren die entsprechenden Erkennungssequenzen und Codes (hier nicht gezeigt).

Weitere Erteilungsverfahren in Europa und in anderen Ländern sind anhängig. Zahlreiche Lizenzen zur Anwendung der Technologie wurden, unter anderem an Bayer CropScience, Monsanto oder DuPont Pioneer, vergeben. Informationen zur TALE-Technologie und dessen Vermarktung finden sich unter ▶ http://2blades.org/tal-effector-code.php.

Antikörper

Antikörper, die beispielsweise zur therapeutischen Behandlung genutzt werden können, sind als biologisches Material patentierbar. Einige Besonderheiten ergeben sich jedoch aufgrund der Tatsache, dass es kaum möglich ist, Antikörper in ihrer Struktur eindeutig zu beschreiben und in technische Merkmale zu fassen. Damit – wie für ein Patent gefordert – die Erfindung der Öffentlichkeit zugänglich gemacht wird, muss der Antikörper bei einer anerkannten Hinterlegungsstelle (International Depositary Authority, IDA) deponiert werden, wenn die Sequenz nicht eindeutig angegeben werden kann (▶ Abschn. 5.4.4).

Zudem ergeben sich aus der Rechtsprechung des EPA einige besondere Aspekte hinsichtlich der erfinderischen Tätigkeit bei monoklonalen Antikörpern gegen bekannte Antigene. Grundsätzlich wird nämlich davon ausgegangen, dass Herstellungsverfahren für monoklonale Antikörper Routineverfahren darstellen. Wenn ein bekanntes Antigen zur Suche nach alternativen Antikörpern verwendet wird, so gelten diese aufgrund der wahrscheinlich anderen Struktur möglicherweise als neu, jedoch nicht als erfinderisch – es sei denn, die neuen Antikörper weisen zusätzlich gegenüber den bereits bekannten Antikörpern überraschende Eigenschaften auf.

Bekanntes Antigen und neuer Antikörper

Bei der Entscheidung T 645/02 der technischen Beschwerdekammer des EPA ging es um eine Patentanmeldung der Universität Tübingen (EP0787743). Die zugrunde liegende Erfindung betraf einen monoklonalen Antikörper, der spezifisch an einen humanen Stammzellfaktor-(SCF-)Rezeptor bindet und der zur Diagnose oder Therapie bei Leukämie oder Lymphomen genutzt werden kann. Der beantragte Hauptanspruch 1 lautete:

> Monoklonaler Antikörper, der spezifisch an einen humanen Stammzellfaktor-(SCF-)Rezeptor bindet, dadurch gekennzeichnet, daß er von Hybridomzellen produziert und freigesetzt wird, die unter der Nummer DSM ACC 2247 bei der Deutschen Sammlung von Mikroorganismen und Zellkulturen GmbH, DSM, gemäß dem Budapester Vertrag hinterlegt sind und die Bezeichnung A3C6E2 tragen.

Da zuvor bereits monoklonale Antikörper bekannt waren, die spezifisch an den SCF-Rezeptor des Typs IgG2A binden, entschied die Prüfungsabteilung zunächst, das Patent aufgrund mangelnder Erfindungshöhe nicht zu erteilen. Jeder Fachmann – so die Argumentation – hätte mit dem bekannten Antigen und Routineverfahren alternative Antikörper herstellen können. Die Universität Tübingen beschwerte sich, und die zuständige Beschwerdeabteilung des EPA ließ sich überzeugen, dass eine besondere, überraschende Wirkung von dem neuen Antikörper ausgeht. Denn dieser zeigte eine höhere Inhibition des Liganden am Rezeptor (99,99 % gegenüber 98,7 %) und eine erhöhte Affinität für seinen Liganden (98,7 % gegenüber 94 %). Zudem war als Immunogen zur Herstellung des Antikörpers eine Zelllinie verwendet worden, von der nicht bekannt war, dass sie natürlicherweise den SCF-Rezeptor exprimiert. Ein Fachmann hätte daher keine Veranlassung gehabt, diese Zelllinie zu benutzen. Das Patent wurde erteilt.

7.4.6 Patente auf Lebewesen

Seit den 1980er-Jahren werden Fortschritte im Bereich der Biotechnologie gerade in Europa häufig von Diskussionen über ethische und gesellschaftliche Gesichtspunkte begleitet. Insbesondere die Patentierung von „Leben" ruft damals wie heute zahlreiche Kritiker auf den Plan, die in einem Patent für höhere Lebensformen eine Herabwürdigung derselben sehen.

Mit der bereits erwähnten EU-Richtlinie 98/44/EG wurden EU-weit einheitliche Regelungen vorgegeben, mit der eine

Technischer Fortschritt mit ethischen Grenzen

Balance zwischen ethischen Überlegungen und Bedenken einerseits sowie einem Anreiz für Innovationen und Investitionen andererseits geschaffen werden sollte. Denn, so die Begründung: „Die erforderlichen Investitionen zur Forschung und Entwicklung sind insbesondere im Bereich der Gentechnik hoch und risikoreich und können nur bei angemessenem Rechtsschutz rentabel sein."

Zweckgebundener Schutz und Hinterlegung

- **Mikroorganismen und Zellen**

Wie Nuklein- und Aminosäuresequenzen fallen Viren, Bakterien, Hefen, Mikroalgen und andere Mikroorganismen sowie natürliche eukaryotische Zellen und Zelllinien unter die Definition des patentierbaren biologischen Materials , „das genetische Information enthält und sich selbst reproduzieren oder in einem biologischen System reproduziert werden kann". Allerdings muss auch hier ein nützlicher Verwendungszweck angegeben werden, zum Beispiel:
— Hepatitis-C-Virus und HIV für Blutuntersuchungen und zur Entwicklung von Impfstoffen und Therapien,
— Bakterien zur Bioremediation (biologische Entgiftung von Ökosystemen),
— genmodifizierte Hefe zur Herstellung von Bioethanol,
— genmodifizierte Mikroalgen zur Produktion von ungesättigten Fettsäuren.

Da die Merkmale des zu patentierenden Organismus beziehungsweise der Zellen nicht vollständig in den Patentansprüchen beziehungsweise in Textform offenbart werden können, ist es vorgeschrieben, den betreffenden Stamm oder die Zelllinie bei einer anerkannten Hinterlegungsstelle zu deponieren (▶ Abschn. 5.4.4).

Patent für das Verfahren und den genutzten Mikroorganismus

- **Mikrobiologische Verfahren**

Mikrobiologische Verfahren und deren Erzeugnisse werden im europäischen Patentrecht explizit als patentierbar hervorgehoben. In der Regel kombiniert man in der Patentanmeldung unabhängige Patentansprüche auf das mikrobiologische Verfahren sowie den zugehörigen Mikroorganismus. Hier sind einige Beispiele, worauf die entsprechenden Patentansprüche gerichtet werden können:
— Verfahren zum mikrobiologischen Abbau von Kohlenwasserstoffen in Böden oder Gewässern sowie ein Pilzstamm zur Durchführung des Verfahrens,
— mikrobiologisches Verfahren zur Herstellung eines Antibiotikums, *Streptomyces*-Stamm zur Durchführung des Verfahrens sowie das Antibiotikum selbst zur Verwendung bei Infektionen,

- mikrobiologisches Verfahren zur selektiven Verminderung des Zuckergehalts von Lebensmitteln, Hefestamm zur Durchführung des Verfahrens und Lebensmittel, das mit dem Verfahren hergestellt wurde.

Biologisch versus biotechnisch

Pflanzen und Tiere

Von Zeit zu Zeit findet sich in den Medien eine empörte Berichterstattung zum Patentschutz von höheren Lebewesen, wie beispielsweise der unten beschriebenen Krebsmaus. Dennoch gilt, dass Tierrassen und Pflanzensorten grundsätzlich vom Patentschutz ausgenommen sind. Neue Pflanzensorten, die mittels klassischer Züchtungsverfahren hergestellt wurden, können auf nationaler Ebene oder EU-weit geschützt werden. Der Züchter oder Entdecker muss hierzu Sortenschutz beim Bundessortenamt oder beim Gemeinschaftlichen Sortenamt in Angers (Frankreich) beantragen.

Woher kommt dann die öffentliche Aufregung über patentierte Krebsmäuse, „Schweinepatente" (▶ Abschn. 8.3.1) etc.? Gemäß der aktuellen Rechtsprechung in Europa können Verfahren zur gentechnischen Erzeugung von Pflanzen und Tieren patentiert werden, wenn das Verfahren nicht auf eine Pflanzensorte oder Tierrasse beschränkt ist. Zudem gilt das Prinzip, dass mit einem Verfahrenspatent auch das mit dem Verfahren erzeugte Produkt geschützt wird. Das Patent gibt es also nicht für die Pflanze oder das Tier als solche, sondern für das gentechnischen Verfahren und das damit hergestellte Erzeugnis, nämlich die gentechnisch veränderte Pflanze oder das gentechnisch veränderte Tier.

Beispiele für patentierbare, gentechnisch veränderte Pflanzen oder Tiere sind:

Organismus als Verfahrensprodukt

- herbizidresistente Sojabohne,
- „Goldener Reis" (eine Reissorte, die viel Provitamin A enthält),
- genetisch veränderte Algen und Hefen, die der Atmosphäre CO_2 entziehen,
- Krankheitsmodelle für Forschungszwecke, zum Beispiel Knock-out-Mäuse,
- Spendertiere für Xenotransplantationen,
- milchproduzierende Tiere, die in der Milch Arzneimittel erzeugen.

Die „Harvard-Krebsmaus"

Als erstes Beispiel für ein patentiertes Säugetier verursachte die „Harvard-Krebsmaus" Ende der 1980er-Jahre in vielen Ländern heftige Diskussionen. Wissenschaftler der Harvard-Universität hatten menschliche Brustkrebsgene in einen

Mausembryo eingepflanzt. Die so generierte „OncoMouse" besitzt eine höhere Neigung, Tumore zu entwickeln, und eignet sich daher als Modell zur Testung von Krebsmedikamenten.

Die unabhängigen Ansprüche des Patents EP0169672 lauteten unter anderem:

> 1. Eine Methode zur Produktion eines transgenischen, nichthumanen Säugetiers mit erhöhter Wahrscheinlichkeit der Entwicklung von Neoplasmen, worin die genannte Methode die chromosomatische Einbringung einer aktivierten Onkogensequenz in das Genom eines nichthumanen Säugetiers umfaßt. [...]
> 17. Ein transgenisches nichthumanes Säugetier, dessen Keim- und somatische Zellen eine aktivierte Onkogensequenz als Resultat einer chromosomalen Einbringung in das Genom des Tieres oder das Genom eines der Vorfahren des genannten Tieres enthalten, worin das genannte Onkogen je nach Wahl weiter nach den Ansprüchen 3–10 definiert wird. [...]

Vom EPA wurde das Patent der Harvard-Universität letztendlich erteilt, mit der Begründung, dass dieses Verfahren nicht auf eine Mausart festgelegt ist.

- **Züchtungsverfahren**

Weiterhin ausgenommen vom Patentschutz sind biologische Züchtungsverfahren. Als solche gelten Verfahren, die vollständig auf natürlichen Phänomenen, also geschlechtliche Kreuzung und Selektion, beruhen. Ein Beispiel wäre ein Selektivzuchtverfahren für Pferde, bei dem Tiere, die besondere Merkmale aufweisen, zur Zucht und zur Zusammenführung ausgewählt werden (Beispiel aus den Richtlinien für die Prüfung des Europäischen Patentamts).

In den letzten Jahren befasste sich die Rechtsprechung des EPA häufig mit der Frage, wann ein Züchtungsverfahren im Wesentlichen biologisch und daher nicht mit einem Patent schützbar ist. Zwei wichtige Grundsatzentscheidungen der Großen Beschwerdekammer des EPA, die G 2/07 („Brokkoli") und die G 1/08 („Tomaten"), definieren aktuell die Kriterien für das Patentierbare.

Kein Patentschutz bei geschlechtlicher Kreuzung und Selektion

Sobald ein Züchtungsverfahren für Pflanzen oder Tiere Schritte der geschlechtlichen Kreuzung und Selektion umfasst, ist es nicht patentierbar. Dies gilt auch für Züchtungsverfahren, die durch die Auswahl selektiver, molekularer Marker, unterstützt werden. Die Marker selbst können jedoch schützbar sein

(Biomarker). Bei Vorhandensein von gentechnischen Verfahrensschritten ist ebenfalls entscheidend, ob der Vorgang auf einer „natürlichen Kreuzung" beruht. Findet eine Rekombination ganzer Genome und eine natürliche Durchmischung von Genen statt, greift das Patentierungsverbot.

Patentausschluss für im Wesentlichen biologische Züchtungsverfahren: G 2/07 („Brokkoli") und G 1/08 („Tomate")

Im „Brokkoli"-Fall ging es um ein europäisches Patent auf ein Verfahren zur Züchtung von Brokkoli mit erhöhtem Gehalt an krebshemmenden Glycosinolaten. Das von der Patentinhaberin, der Firma Plant Bioscience, beanspruchte Verfahren umfasste einen sexuellen Kreuzungsschritt sowie zwei weitere technische Schritte zur Selektion. Bei letzteren wurden molekulare Marker zur Selektion von solchen Hybriden eingesetzt, die den genetischen Hintergrund für erhöhte Konzentrationen an den betreffenden Glycosinolaten anzeigen.

Auch der Fall „Tomate", der gemeinsam mit dem „Brokkoli"-Fall behandelt wurde, betraf ein Züchtungsverfahren mit klassischen Kreuzungs- und technischen Verfahrensschritten. Das zugrunde liegende europäische Patent des israelischen Landwirtschaftsministeriums schützte ein Verfahren zur Herstellung von Tomaten mit reduziertem Wassergehalt. Neben klassischen, sexuellen Kreuzungsschritten enthielt das Verfahren einen technischen Schritt zur Selektion von Tomaten mit verringertem Fruchtwassergehalt. Diese Selektion erfolgte nach verlängerter Konservierung der reifen Frucht aufgrund der Faltung der Fruchthaut oder nach erhöhtem Trockengewicht.

In ihren Entscheidungen zu den beiden Fällen kam die Große Beschwerdekammer des EPA zu dem Schluss, dass Verfahren, die auf geschlechtlicher Kreuzung von Tieren oder Pflanzen und anschließender Selektion beruhen, als im Wesentlichen biologische Züchtungsverfahren unter das Patentverbot nach Art. 53(b) des EPÜ fallen.

Wie so häufig im Zusammenhang mit Patenten muss bei kritischen Züchtungsverfahren sehr sorgfältig auf die richtige Formulierung der Patentansprüche geachtet werden. Möglich sind Ansprüche, die sich auf Selektionsmarker oder nichtgeschlechtliche Kreuzungsverfahren richten (zum Beispiel die Aufzucht von Pflanzen aus Samen). Hingegen sind Verfahrensschritte zur geschlechtlichen Kreuzung und Selektion tunlichst zu vermeiden.

Patentschutz für Selektionsmarker

- **Der Mensch**

Aufgrund ethischer Überlegungen sind besonders solche Patente umstritten, die im Zusammenhang mit dem Menschen stehen. Dabei unterscheiden sich schon innerhalb der europäischen Länder die moralischen Wertvorstellungen über ethisches Handeln im Grenzbereich zwischen der Würde des Menschen und dem Streben nach medizinischem Fortschritt.

Kein Patent auf den Menschen, aber auf seine Teile

Weltweiter Konsens – und im europäischen Patentrecht festgeschrieben – ist ein Patentverbot für den menschlichen Körper in den einzelnen Phasen seiner Entstehung und Entwicklung sowie die bloße Entdeckung seiner Teile. Allerdings kann ein isolierter Bestandteil des menschlichen Körpers patentiert werden, selbst wenn er mit dem natürlichen Bestandteil identisch ist. Patentierbar sind zum Beispiel isolierte Gewebe oder Zellen, die mit technischen Verfahren isoliert und ex-vivo behandelt werden, um als Therapeutika eingesetzt zu werden.

Quasi-Stoffpatent auf Verfahrensprodukt

Zellpräparat als Produkt des Herstellungsverfahrens „Product-by-Process"

Bei den meisten Medikamenten handelt es sich um kleine Moleküle, welche möglichst an ein spezielles Zielmolekül andocken und den gestörten Signalweg reparieren. Zellen hingegen bestehen aus Millionen von Proteinen und anderen Inhaltsstoffen. Als Zelltherapeutikum eingesetzt können sie lösliche Faktoren freisetzen oder je nach Typ komplexe Aufgaben übernehmen.

An der Klinik für Kinder- und Jugendmedizin des Universitätsklinikums Frankfurt am Main haben Forschende herausgefunden, dass bestimmte aus Knochenmarkspenden isolierte Zellen, die sogenannten mesenchymalen Stromazellen (MSC), besonders positive immunmodulierende Effekte ausüben, wenn sie nach einem speziellen Verfahren generiert werden. Schon vorher war bekannt, dass MSCs bei Leukämiepatienten, die nach einer Stammzelltransplantation lebensgefährliche Abstoßungsreaktionen erleiden („Graft-versus-Host-Disease"), das überaktive Immunsystem bändigen können. Allerdings variierte die Wirksamkeit der aus unterschiedlichen Spendern isolierten Zellen. Die mangelnde Reproduzierbarkeit erschwerte den Nachweis einer zuverlässigen Therapie und damit die Zulassungsfähigkeit durch klinische Studien. Das Forscher-Ehepaar Dr. Selim Kuci und Dr. Zyrafete Kuci entdeckte im Labor, dass durch das „Poolen" von Vorläuferzellen mehrerer Knochenmarksspender ein Präparat mit verbesserten immunsuppressiven Eigenschaften erzeugt werden kann. Gemeinsam mit Prof. Dr. Peter Bader, stellv. Direktor der Kinderklinik, und Prof. Dr. Halvard

Bönig vom DRK-Blutspendedienst konnten eine höhere Wirksamkeit des Präparats bei GvHD-Patienten nachgewiesen und der Herstellungsprozess standardisiert werden. Letzteres ist besonders wichtig, denn somit kann mit den natürlicherweise variierenden Zellen eine Zellbank erstellt werden, aus der wiederum mehrere Tausend zuverlässig und gleich wirkender Präparate generiert werden können.

Da die mit dem neuen Herstellungsverfahren generierten MSCs die typischen Eigenschaften und Marker von MSCs besitzen, konnte das Präparat als solches nicht patentgeschützt werden. Allerdings besteht die Möglichkeit von sogenannten „Product-by-Process"-Ansprüche, wenn – wie in diesem Fall – ein Erzeugnis eines patentfähigen Verfahrens nicht vollständig strukturell beschrieben werden kann und die Umschreibung wesentlich vom Herstellungsverfahren bestimmt wird. Die Patentansprüche zum Schutz des MSC-Produkts richten sich dementsprechend auf das Herstellungsverfahren und umfassen damit implizit des Zellpräparat als Verfahrensprodukt:

EP2975118B1 „Generation of a mesenchymal stromal cell bank from the pooled mononuclear cells of multiple bone marrow donors"

▶ https://worldwide.espacenet.com/patent/search/family/051224728/publication/EP2975118B1?q=pn%3DEP2975118B1

Die Goethe-Universität und der DRK-Blutspendedienst haben die Patentfamilie inzwischen an die Firma medac aus Wedel bei Hamburg exklusiv lizenziert. Nachdem das Zellpräparat bereits seit 2016 unter einer vorläufigen Zulassung („Hospital-Exemption") zur Behandlung von GvHD-Patienten eingesetzt werden darf, startete im Juni 2021 eine europaweite Zulassungsstudie.

Im Interview beschreibt Prof. Bader die Entwicklungsgeschichte dieses besonderen MSC-Präparats ◘ Abb. 7.4.

7.4.7 Patente für Stammzellen

Das europäische Patentrecht und die aktuelle Rechtsprechung geben explizite Vorgaben, welche Erfindungen im Zusammenhang mit der Reproduktion von menschlichem Leben patentierbar sind. Neuentwicklungen in diesem Bereich fallen nämlich zum Teil unter das Patentverbot für Erfindungen, deren Verwertung gegen die öffentliche Ordnung und die guten Sitten verstößt. Gemäß Regel 28 EPÜ sind Eingriffe, die sich auf die Modifizierung von menschlichem Leben richten, vollständig vom Patentschutz ausgenommen. Bei der Reproduktion von Tieren ist die Patentierung erlaubt, sofern ein

☐ **Abb. 7.4** Patentierte Zellen – vom Labor in die Klinik, Interview mit Prof. Dr. Peter Bader, stellv. Direktor der Klinik für Kinder- und Jugendmedizin und Leiter des Schwerpunkts Stammzelltransplantation, Immunologie und Intensivmedizin am Universitätsklinikum Frankfurt am Main (▶ https://doi.org/10.1007/000-3wf)

Patentverbot für Modifizierung von Menschen

medizinischer Nutzen für Mensch oder Tier im Forschungsbereich, bei der Vorbeugung, der Diagnose oder der Therapie erzielt werden kann.

Als Verstoß gegen die guten Sitten gelten die folgenden Verfahren (Regel 28 EPÜ):
- Verfahren zum Klonen von menschlichen Lebewesen,
- Verfahren zur Veränderung der genetischen Identität der Keimbahn des menschlichen Lebewesens,
- die Verwendung von menschlichen Embryonen zu industriellen oder kommerziellen Zwecken,
- Verfahren zur Veränderung der genetischen Identität von Tieren, die geeignet sind, Leiden dieser Tiere ohne wesentlichen medizinischen Nutzen für den Menschen oder das Tier zu verursachen, sowie die mithilfe solcher Verfahren erzeugten Tiere.

Stammzellen als isolierte Teile des menschlichen Körpers können im ersten Schritt patentiert werden. Dies gilt jedoch nur dann, wenn für ihre Gewinnung keine Embryonen zerstört werden mussten (Regel 28c EPÜ). Patentierbar sind beispielsweise:
- hämatopoetische Stammzellen zur Behandlung von Leukämie,
- CD6-depletierte Stammzellen zur Toleranzinduktion gegenüber Transplantaten,

- induzierte pluripotente Stammzellen zur Krankheitsbehandlung und
- Verfahren zu ihrer Herstellung.

Induced pluripotent stem cells – **eine Technologie eröffnet neue Forschungs- und Anwendungsfelder**
Der Umgang mit Stammzellen wirft vor allem dann ethische Probleme auf, wenn für ihre Herstellung Embryonen zerstört werden müssen. Umso erfreulicher war die Entdeckung von Prof. Shinya Yamanaka von der Universität Kyoto in Japan, dass ausgereifte differenzierte Zellen in das Stadium von pluripotenten Stammzellen zurückversetzt werden können. In einem vergleichsweise einfachen Experiment zeigte der japanische Forscher, dass hierfür lediglich ein Set von vier Transkriptionsfaktoren (Oct3/4, c-Myc, Klf4 und Sox2) notwendig ist. Die reprogrammierten Zellen werden als *induced pluripotent stem cells* (iPSC) bezeichnet; sie fallen nicht unter das Patentverbot für embryonale Stammzellen in Europa. Bereits sieben Monate bevor die wissenschaftliche Publikation in der Zeitschrift *Cell* erschien (Takahashi & Yamanaka, Cell 2006, 126(4): 663–76.) hatte die Universität Kyoto die Erfindung zum Patent angemeldet. Aus der ersten Patentanmeldung sind zahlreiche Patente in aller Welt hervorgegangen. Der Hauptanspruch des am 03.08.2011 erteilten Patents EP1970446 lautet:

» Kernumprogrammierungsfaktor für eine somatische Zelle, welcher umfasst a) ein Gen oder Genprodukt der Oct-Familie; b) eine Gen oder Genprodukt der Klf-Familie; und c) ein Gen oder Genprodukt der Myc-Familie und/oder ein Cytokin.

Inzwischen wurden von der Universität Kyoto sowie anderen Firmen und Einrichtungen viele weitere Patente zur iPSC-Technologie eingereicht. Das EPA hat sogar eine eigene Klassifikationsuntergruppe für Patentschriften zum Thema *„Artificially induced pluripotent stem cells"* definiert (C12 N 5/0696), in der etwa 6000 Treffer zu finden sind.

Die heutigen kommerziellen Anwendungsfelder liegen hauptsächlich im Angebot von iPSC-Produkten für die Forschung, besonders für Medikamenten-Screenings. Die als *disruptive* Technologie bezeichneten iPSC haben jedenfalls ein völlig neues Forschungsfeld eröffnet. Die Hoffnungen für die Zukunft richten sich auf ihren Einsatz im Feld der regenerativen Medizin. Im Jahr 2013 startete in Japan die weltweit erste klinische Studie mit iPSCs zur Therapie bei altersbedingter Makuladegeneration. Sechs Patienten wurde ein Netzhautimplantat eingepflanzt, das aus reprogrammierten

> Hautzellen bestand. Inzwischen haben die Hoffnungen auf einen weit verbreiteten klinischen Einsatz von iPSCs jedoch gravierende Dämpfer bekommen. Eine Reihe von Problemen, vor allem Sicherheitsbedenken aufgrund von krebserzeugenden Effekten, behindern derzeit weitere klinische Entwicklungen der iPSC-Technologie.

- **Embryonale Stammzellen**

Besonders große Erwartungen setzen Forscher auf menschliche embryonale Stammzellen, weil sie sich, anders als ausdifferenzierte Zellen, in verschiedene menschliche Zelltypen wie Muskel- oder Gehirnzellen weiterentwickeln können. Mit ihrer Hilfe könnte es daher gelingen, neue Gewebe oder Organe zu züchten (therapeutisches Klonen) und möglicherweise degenerative Erkrankungen, wie Parkinson oder Alzheimer, zu heilen. Demgegenüber standen und stehen zumindest im deutschsprachigen Raum grundlegende Bedenken für den Fall, dass die embryonalen Stammzellen durch Zerstörung von Embryonen gewonnen wurden. Aus diesen ethischen Gründen ist die Verwendung von menschlichen Embryonen zu industriellen oder kommerziellen Zwecken laut Regel 28c EPÜ eindeutig vom Patentschutz ausgenommen.

Kein Patent für kommerzielle Nutzung von Embryonen

Die konkrete Auslegung dieser Regel wurde öffentlichkeitswirksam in jahrelangen Rechtsstreitigkeiten um das sogenannte „Brüstle-Patent" ausgetragen. In einem viel beachteten und weitreichenden Urteil entschied der Europäische Gerichtshof (EuGH) am 18.10.2011 unter anderem über die Fragen, was als Embryo zu definieren ist und ob eine Verwendung für die wissenschaftliche Forschung unter „industrielle und kommerzielle Zwecke" fällt (C-34/10).

Ein Embryo ist eine befruchtete Eizelle.

Ausgangspunkt für diese Entscheidung war ein im Jahr 1997 angemeldetes und im Jahr 1999 erteiltes Patent des Erfinders Professor Oliver Brüstle von der Rheinischen Friedrich Wilhelms-Universität Bonn. In dem Patent ging es um Herstellungsverfahren von neuronalen Vorläuferzellen und deren Nutzung zur Therapie neuraler Defekte. Greenpeace hatte dagegen im Jahr 2004 Klage erhoben.

Als menschlicher Embryo gilt gemäß EuGH-Urteil a) jede menschliche Eizelle vom Stadium ihrer Befruchtung an, b) jede unbefruchtete menschliche Eizelle, in die ein Zellkern aus einer ausgereiften menschlichen Zelle transplantiert worden ist, und c) jede unbefruchtete menschliche Eizelle, die durch Parthenogenese zur Teilung und Weiterentwicklung angeregt worden ist. Zudem unterliegt auch die Verwendung menschlicher Embryonen zu Zwecken der wissenschaftlichen Forschung dem Patentausschluss, und nur die Verwendung zu therapeutischen oder diagnostischen Zwecken, die auf den menschlichen Embryo zu dessen Nutzen anwendbar ist, kann – so der EuGH – Gegenstand eines Patents sein kann.

Im November 2012 urteilte der BGH in diesem Fall (X ZR 58/07 – Neurale Vorläuferzellen II) und bekräftigte, dass die Gewinnung von Stammzellen auf Kosten der Zerstörung eines potenziellen menschlichen Lebens gegen den Schutz der Menschenwürde verstoße. Demnach ist die Verwendung von menschlichen embryonalen Stammzellen patentierbar, solange bei ihrer Gewinnung keine Embryonen zerstört worden sind. Während die embryonalen Stammzellen in den 1990er-Jahren nämlich nur aus überzähligen Embryonen aus künstlichen Befruchtungen oder aus abgetriebenen Föten gewonnen werden konnten, besteht mittlerweile auch die Möglichkeit, embryonale Stammzellen aus Nabelschnurblut oder aus Stammzellen erwachsener Menschen zu isolieren.

In Patentansprüchen, die Stammzellen zum Gegenstand haben, können daher entweder embryonale Stammzellen ausgenommen werden wie beispielsweise in Anspruch 13 des Patents EP1370641: „Kombinationspräparat, enthaltend Stammzellen und CD6-depletierte Stammzellen, zur zeitlich abgestuften Anwendung, zur Toleranzinduktion gegenüber Transplantaten und/oder zur Behandlung von Blut-, Immun-, und/oder Krebserkrankungen, wobei menschliche embryonale Stammzellen ausgenommen sind."

Oder entsprechende Patentansprüche werden dahingehend eingeschränkt, dass humane embryonale Stammzellen, bei deren Gewinnung Embryonen zerstört worden sind, nicht umfasst sind.

Keine Zerstörung von Embryonen

Kein Patent für reproduktives, aber gegebenenfalls für therapeutisches Klonen

Stammzellbehandlung von Herzinfarktpatienten
Am Universitätsklinikum Frankfurt am Main wurde ein Verfahren entwickelt, bei dem Herzinfarktpatienten mit körpereigenen Stammzellen aus ihrem Rückenmark behandelt werden. Die Forschergruppen um Prof. Dr. Andreas Zeiher und Prof. Dr. Stefanie Dimmeler hatten herausgefunden, dass durch die Infusion von speziellen Stammzellen aus dem Blut oder Rückenmark die Herzfunktion nach einem Infarkt deutlich verbessert werden kann. Einerseits wird die Durchblutung des Herzinfarktareals erhöht, wodurch später eine verbesserte Pumpleistung des Herzens resultiert. Andererseits werden nach der Stammzelltherapie Faktoren freigesetzt, die verhindern, dass noch lebende Herzmuskelzellen im Infarktareal sterben.

Da therapeutische Verfahren vom Patentschutz ausgenommen sind (▶ Abschn. 7.4.2) wurde von der Johann Wolfgang Goethe-Universität Frankfurt am Main ein Verfahren zur in-vitro Testung und Auswahl der zur Behandlung

> geeigneten Vorläuferstammzellen zum Patent angemeldet. Im europäischen Verfahren wurde der folgende Hauptanspruch zum Patent erteilt (EP1673629B1):
>
> » 1. In-vitro-Verfahren zur Stratifizierung von Patienten mit kardiovaskulären Erkrankungen für eine geplante Zelltherapie auf Basis von Knochenmarks-Vorläuferzellen (BMP) und/oder Blut-abgeleiteter zirkulierender Vorläuferzellen (BDP) zur Steigerung der Perfusion von ischämischem Gewebe bzw. zur Regeneration von Gewebeverlust, wobei das Verfahren folgende Schritte umfasst:
>   a) Isolieren von BMP und/oder BDP mittels zellspezifischer Oberflächenmarker aus einer Probe und
>   b) Überprüfung der kardiovaskulären Funktionalität der isolierten BMP und/oder BDP mittels eines geeigneten Migrationstests.
>
> Zur Weiterentwicklung und Durchführung von klinischen Studien gründeten die Forscher ein Spin-off namens T2Cure. Eine erste klinische Studie mit 200 Patienten an 17 Herzkliniken in Deutschland und der Schweiz (REPAIR-AMI) verlief erfolgreich, und inzwischen wurde auch eine klinische Phase-III-Studie (BAMI) abgeschlossen. Das Zellpräparat ist zur Behandlung von schweren Durchblutungsstörungen der Beine (Thrombangiitis obliterans) sowie zur Behandlung bei großem frischem Herzinfarkt zugelassen.

- **Klonen des Menschen**

Verfahren zum Klonen von menschlichen, aber nicht von tierischen Lebewesen, sind generell vom Patentschutz ausgenommen. Hierbei besteht weltweiter Konsens über das Verbot des reproduktiven Klonens von Menschen, also dem Erzeugen eines vollständig *geklonten* Menschen. Entsprechend groß war der Aufschrei in der Öffentlichkeit, als der chinesische Forscher He Jiankui im November 2018 behauptete, die Gene von zwei Babys manipuliert und sie so vor Aids geschützt zu haben. Wissenschaftler*innen auf der ganzen Welt kritisierten derartige Versuche an Menschen als verantwortungs- und skrupellos, denn Neben- und Spätfolgen sind noch nicht absehbar und schwer zu kontrollieren.

Beim therapeutischen Klonen oder Forschungsklonen geht es hingegen nicht um die Reproduktion oder Fortpflanzung, sondern um Grundlagenforschung der wissenschaftlich relevanten Prozesse. Längerfristiges Interesse ist es, Gewebe oder Organe aus embryonalen Stammzellen zu entwickeln und diese zu therapeutischen Zwecken einsetzen zu können. In diesem Zusammenhang muss gleichfalls beachtet werden, dass die Isolierung von Zellen aus dem menschlichen Körper sowie das Rückführen derselben ohnehin als chirurgische Eingriffe unter Patentverbot stehen (▶ Abschn. 7.4.2). Sofern die kritischen Verfahrensschritte außen vor bleiben, können Patentansprüche beispielsweise auf die Herstellung und Präparation von Stammzellen für zelltherapeutische Behandlungen sowie auf das Verfahrensprodukt (product-by-process) oder – falls Neuheit besteht – auf die Zellpräparation selbst als Therapeutikum gerichtet werden.

Der Weg zum Patent

Inhaltsverzeichnis

8.1 Patenterteilungsverfahren – 235
8.1.1 Die Anmeldung – 235
8.1.2 Das Prüfverfahren – 238
8.1.3 Tipps für die Beantwortung von Prüfbescheiden – 243

8.2 Patente und Kosten – 245
8.2.1 Besondere Situation an Hochschulen – 245
8.2.2 Deutsches Patent – 246
8.2.3 Europäisches Patent – 247
8.2.4 PCT-Patentanmeldung – 250
8.2.5 Typischer Ablauf von Patentverfahren – 253

8.3 Streit ums Patent – 255
8.3.1 Einspruch und Beschwerde – 255
8.3.2 Nichtigkeits- und Verletzungsverfahren – 258
8.3.3 Ideenklau durch Dritte – 261

8.4 Hochschulerfindungen und das US-Patentrecht – 264
8.4.1 Einleitung – 264
8.4.2 Das US-Patentgesetz – 264
8.4.3 Die grundsätzliche Rolle von Hochschulen bei US-Patentanmeldungen – 266
8.4.4 Wer ist Erfinder in den USA? – 267
8.4.5 Anmeldestrategien in den USA – 268
8.4.6 Neuheitsschonfrist und Stand der Technik unter dem AIA – 269

© Springer-Verlag GmbH Deutschland, ein Teil von Springer Nature 2022
K. Schilling, *Forschen – Patentieren – Lizenzieren*, https://doi.org/10.1007/978-3-662-64400-3_8

8.4.7	Besonderheiten des US-Anmelde- und Prüfungsverfahrens – 270	
8.4.8	Patent Marking – 271	
8.4.9	Probleme bei der allgemeinen Patentfähigkeit von Life-Science-Patenten – § 101, „Prometheus" und „Myriad" – 271	
8.4.10	Angriffe auf die Anmeldung/das Patent – 272	
8.4.11	Durchsetzung von Patenten in den USA – 273	

> **Wenn ich 1000 Ideen hätte und nur eine sich als gut erweisen würde, wäre ich zufrieden.**

Alfred Nobel (1833–1896), schwedischer Chemiker und Erfinder

8.1 Patenterteilungsverfahren

8.1.1 Die Anmeldung

Um ein Patent zu bekommen, muss der oder die Eigentümer*in der Erfindung einen Antrag auf Patenterteilung stellen und ein Erteilungsverfahren durchlaufen.

- **Ein Patent pro Land**

Für jeden Staat, in dem ein Patent wirksam sein soll, muss auch ein Patent erteilt worden sein. Je nach gewünschter geografischer Reichweite ist es daher erforderlich, mehrere Patenterteilungsverfahren zu durchlaufen. In fast allen Ländern der Welt können nationale Prüfverfahren angestrengt werden, die zu einem für das jeweilige Land rechtswirksamen Patent führen, beispielsweise in Deutschland, Österreich oder der Schweiz, aber auch in den USA, Brasilien, China etc. In Europa gibt es außerdem für inzwischen 38 europäische Staaten die Möglichkeit, mit nur einem zentralen Patentverfahren ein europäisches Patent zu erhalten (▶ Abschn. 8.2.3). Ein internationales Patent in dieser Form existiert hingegen nicht. Mit dem sogenannten PCT-Prüfverfahren (▶ Abschn. 8.2.4) kann lediglich ein zentrales Anmeldeverfahren gestartet und ein vorläufiger Prüfbericht erhalten werden. Anschließend müssen einzelne nationale oder regionale Prüfverfahren durchlaufen werden, bevor die jeweiligen Patente erteilt werden können.

Bei den einzelnen Prüfverfahren kommt es nicht selten vor, dass mit der gleichen ursprünglichen Patentanmeldung der Schutzumfang der erteilten Patentansprüche in verschiedenen Ländern unterschiedlich ausfällt oder dass in einem Land ein Patent erteilt wird, in einem anderen Land hingegen nicht. Denn obwohl die Grundvoraussetzungen für eine Patenterteilung, wie Neuheit und Erfindungshöhe, in allen Ländern übereinstimmen, bestehen mitunter besondere nationale Regelungen oder Auslegungen darüber, wofür ein Patent erteilt werden kann. Zudem kann auch die Person des Patentprüfers eine nicht unerhebliche Rolle spielen.

Die Sprache der Patentanmeldung hängt vom gewählten Verfahren ab. Eine deutsche Patentanmeldung muss beispiels-

Mehrere Patente für eine Erfindung

weise in deutscher Sprache eingereicht werden (oder zumindest muss eine deutsche Übersetzung nachgereicht werden). Die möglichen Verfahrenssprachen für eine europäische Patentanmeldung sind Englisch, Deutsch oder Französisch. Einmal ausgewählt, bleibt die Sprache für den Verlauf des Patenterteilungs- und eventuell späterer Einspruchsverfahren etc. bestehen.

- **Anmeldetag**

Der erste Anmeldetag ist der Prioritätstag.

Nachdem die Patentanmeldung fertiggestellt ist, wird sie zusammen mit den erforderlichen Anmeldeformularen, die unter anderem Daten zum Anmelder und zu den Erfinder*innen enthalten, beim Patentamt eingereicht. Typischerweise starten deutsche Hochschulen mit einer europäischen oder einer deutschen Patentanmeldung. Die Einreichung erfolgt meist elektronisch und wird in der Regel vom Patentanwalt erledigt. Alle Kosten für die Patentverfahren, wie Anmeldegebühren und die Patentanwaltskosten, werden von der Hochschule als Anmelderin getragen (▶ Abschn. 8.2).

Der Tag der ersten Einreichung einer Patentanmeldung für eine Erfindung markiert ein wichtiges Datum – den sogenannten Prioritätstag.

First-to-File- oder First-Inventor-to-File-Prinzip

Mit dem Prioritätstag wird der Zeitrang der Patentanmeldung festgelegt, denn im europäischen Patentrecht gilt das First-to-File-Prinzip : Demjenigen, der als Erster eine Patentanmeldung beim Amt einreicht, dem steht das Patent zu. Alles, was vor dem Prioritätstag bekannt war (Stand der Technik), kann der Patenterteilung im Wege stehen. Publikationen am und nach dem Prioritätstag spielen dagegen im Erteilungsverfahren keine Rolle. Wissenschaftler*innen müssen daher darauf achten, dass wissenschaftliche Publikationen zu einer Erfindung (Paper, Poster, Vortrag etc.) erst am oder nach dem Anmeldetag der Patentanmeldung öffentlich werden.

Auch wenn das First-to-File-Prinzip weltweit die größte Verbreitung findet, gibt es eine wichtige Ausnahme. In den USA gilt nämlich das sogenannte First-Inventor-to-File-Prinzip. Der kleine, aber wichtige Unterschied zum First-to-File-Prinzip besteht darin, dass Erfinder*innen zum Beispiel nach eigenen wissenschaftlichen Publikationen noch zwölf Monate Zeit für eine Patentanmeldung verbleibt. Grundsätzlich besitzt nach dem First-Inventor-to-File-Prinzip der*die erste Erfinder*in Anspruch auf ein Patent, auch wenn jemand anderes vor ihm*ihr eine Patentanmeldung einreicht. Diese zusätzliche Zeitspanne von 12 Monaten, die Erfinder*innen ab Entstehung der Erfindung bis zum Einreichen der Patentanmeldung gewährt wird, bezeichnet man als *Grace Period* oder Neuheitsschonfrist (Neuheitsschonfrist; ▶ Abschn. 8.4).

Mit Priorität in die Welt

Patentschutz in nur einem Land macht für die meisten Erfindungen wenig Sinn. Je nach Technologiebereich und Branche sollte zumindest in den wichtigsten Märkten (Europa, USA, Japan bzw. China) Patentschutz bestehen. Gemäß einer internationalen Vereinbarung, der Pariser Verbandsübereinkunft zum Schutz des gewerblichen Eigentums (PVÜ) bleiben nach der ersten Patentanmeldung zwölf Monate Zeit, um Patentverfahren in weiteren Ländern zu starten. Innerhalb dieser Jahresfrist kann der Anmelder den Zeitrang der ersten Anmeldung für Nachanmeldungen beanspruchen. Wurde zum Beispiel am 01.07.2014 eine deutsche Patentanmeldung eingereicht, so sind bis zum 01.07.2015 Patentanmeldungen zu derselben Erfindung in den USA, Japan oder anderen Ländern möglich. Fällt das Fristende auf einen Wochenend- oder Feiertag verschiebt sie sich bis zum nächsten Werktag. Diese Nachanmeldungen, welche die Priorität einer früheren Anmeldung beanspruchen, werden im Patentverfahren so behandelt, als wären sie am Tag der früheren (Prioritäts-)Anmeldung eingereicht worden.

Das Prioritätsrecht

Das Prioritätsrecht gilt generell als einer der Eckpfeiler der Pariser Verbandübereinkunft (PVÜ). Sein Hauptzweck besteht darin, dem Patentanmelder zu ermöglichen, internationalen Schutz für seine Erfindung zu erlangen. Der Anmelder muss so nämlich nicht gleichzeitig alle nationalen Anmeldungen einreichen, sondern ihm steht ein Zeitraum von zwölf Monaten bis zum Ablauf der Prioritätsfrist zur Verfügung.

Eine Priorität begründen können Patentanmeldungen in allen Vertragsstaaten des PVÜ (2020 waren das 176 Staaten), Gebrauchsmusteranmeldungen oder auch *provisional patent applications* in den USA (▶ Abschn. 8.4.5). Innerhalb von zwölf Monaten nach dem ersten Anmeldetag, dem Prioritätstag, besteht die Möglichkeit, weitere Patentanmeldungen zu derselben Erfindung einzureichen und hierfür die Priorität der ersten Anmeldung zu beanspruchen. Das heißt, im Prüfverfahren gilt bei der Beurteilung der Neuheit und Erfindungshöhe das Prioritätsdatum als Stichtag.

Allerdings darf die Priorität nur für *dieselbe* Erfindung in Anspruch genommen werden. Falls in der Nachanmeldung neue Aspekte beziehungsweise neue Patentansprüche beschrieben werden, die über den Gegenstand der ursprünglichen Patentanmeldung hinausgehen, erhalten diese einen neuen Zeitrang. Es kann also vorkommen, dass eine Patentanmeldung mehrere Anmeldetage besitzt. Um den Laien voll-

Zwölf Monate Zeit für Nachanmeldungen

ständig zu verwirren, können für eine Patentanmeldung außerdem mehrere Prioritäten in Anspruch genommen werden. Dabei beginnt die zwölfmonatige Prioritätsfrist am frühesten Prioritätstag an zu laufen.

Beispiel: Am 01.07.2013 wurde eine deutsche Patentanmeldung zu einer neuen Verbindung XY eingereicht. Wenig später stellt sich heraus, dass XY als Medikament zur Behandlung von Multipler Sklerose geeignet ist, und am 01.12.2013 wird eine entsprechende zusätzliche deutsche Patentanmeldung eingereicht. Vor Ablauf der Prioritätsfrist für die erste Anmeldung, nämlich am 01.07.2014, reicht der Anmelder eine PCT-Patentanmeldung ein, in der die Prioritäten der beiden vorhergehenden deutschen Patentanmeldungen beansprucht werden, also der Stoff XY (absoluter Stoffschutz) plus dessen Verwendung zur Behandlung von Multipler Sklerose (medizinische Indikation).

Übrigens ist es nicht erlaubt, eine Kette von Prioritäten zu bilden. Es darf nur die Priorität einer Anmeldung beansprucht werden, die nicht selbst schon auf die Priorität einer anderen, noch früheren Anmeldung zurückgreift. Schließlich könnte sonst der wirksame Anmeldetag für eine Patentanmeldung nach Bedarf verschoben werden.

8.1.2 Das Prüfverfahren

Antrag auf Prüfung notwendig

Das bloße Einreichen einer Patentanmeldung führt noch nicht automatisch zu einem Patenterteilungsverfahren. Hierzu ist es in der Regel erforderlich, Anmeldegebühren zu bezahlen und einen kostenpflichtigen Recherche- beziehungsweise Prüfantrag zu stellen. In Europa wurden die Vorschriften für das zentrale europäische Patentprüfverfahren und für nationale Prüfverfahren weitgehend harmonisiert. Die nachfolgend dargestellten Schritte orientieren sich am europäischen Prüfverfahren vor dem EPA, sie unterscheiden sich aber nicht wesentlich von den nationalstaatlichen Verfahren in den einzelnen europäischen Ländern (◘ Abb. 8.1).

- **Eingangsprüfung**

Beim Eintreffen einer Patentanmeldung wird zunächst überprüft, ob alle Anforderungen für die Zuerkennung des Anmeldetags beziehungsweise des Prioritätstags erfüllt sind. Hierzu gehört beispielsweise, dass alle notwendigen Angaben zum Anmelder gemacht wurden und die Anmeldung eine Beschreibung der Erfindung enthält.

8.1 · Patenterteilungsverfahren

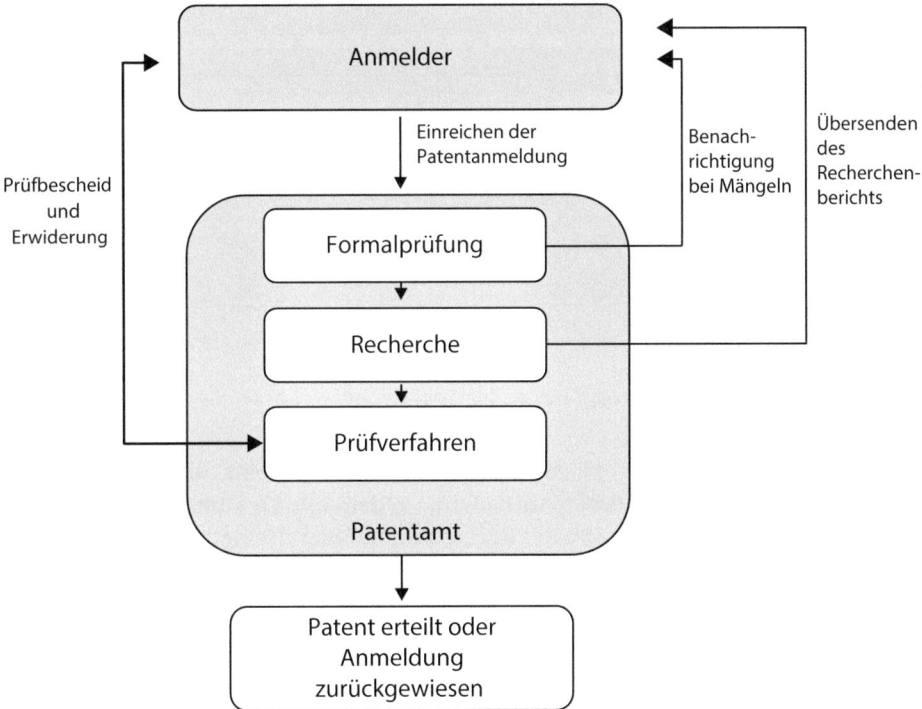

Abb. 8.1 Fließschema Patentprüfverfahren

- **Formalprüfung**

Steht der Anmeldetag fest, folgt die Formalprüfung. Falls etwa die Zeichnungen nicht den formalen Vorgaben (Schwarz-Weiß, Schriftgröße etc.) genügen, wird der Anmelder aufgefordert, solche Mängel innerhalb einer bestimmten Frist zu beseitigen. Übrigens: Wenn in einer Patentanmeldung der Eindruck vermittelt wird, dass eine Erfindung patentgeschützt werden soll, die im Widerspruch zu den Naturgesetzen steht (wie ein Perpetuum mobile), so erfolgt bereits an dieser Stelle die Zurückweisung.

- **Recherche**

Hat der Anmelder ordnungsgemäß eine Recherchegebühr bezahlt, führt das Amt eine Recherche durch. Zunächst wird geprüft, ob alle Patentansprüche unter das Dach einer einzigen Erfindung fallen, also ob die Patentanmeldung einheitlich ist. Falls das Amt befindet, dass zwei oder mehr Erfindungen in einer Anmeldung enthalten sind, wird es den Anmelder auffordern, weitere Recherchegebühren nachzubezahlen (siehe auch ▶ Abschn. 5.4.5).

Eine Erfindung pro Recherche(gebühr)

Tab. 8.1 Wichtige Kategorien von Entgegenhaltungen

X	Dokument von höchster Bedeutung, das für sich allein die Neuheit und Erfindungshöhe infrage stellt (hochrelevant)
Y	Dokument von besonderer Bedeutung, das in Verbindung mit anderen Dokumenten gegen eine ausreichende Erfindungshöhe spricht (sehr relevant)
A	Dokument, das den begleitenden Stand der Technik wiedergibt (nicht relevant)
P	Dokumente, die innerhalb der Prioritätsfrist liegen (vorerst nicht relevant)

Nach einigen Monaten erhält der Anmelder den Recherchenbericht, in dem alle Dokumente angegeben sind, die von der Rechercheabteilung als relevant für die Beurteilung von Neuheit und Erfindungshöhe angesehen werden. Die Dokumente werden nach ihrer Wichtigkeit und Art in Kategorien eingeteilt und mit Buchstaben gekennzeichnet (Tab. 8.1).

Für europäische Patentanmeldungen wird beispielsweise ein Erweiterter Europäischer Recherchenbericht (EESR) erstellt, der neben einer Auflistung der Entgegenhaltungen eine Stellungnahme des Patentprüfers enthält. Diese Stellungnahme entspricht inhaltlich bereits dem Prüfbescheid, den der Anmelder gegebenenfalls in einem späteren Prüfverfahren erwidern muss.

18 Monate nach dem Anmeldetag wird der Recherchenbericht gemeinsam mit der Patentanmeldeschrift vom Europäischen Patentamt veröffentlicht. Auch in anderen Patentverfahren (in Deutschland, USA etc.) kann jedermann nach der Offenlegung der Patentakte den Recherchenbericht und den aktuellen Stand des Prüfungsverfahrens einsehen – am einfachsten über die elektronische Akte im Internet, zum Beispiel beim EPA über das Europäische Patentregister (► Abschn. 6.6).

Tipp

Der Recherchenbericht bietet dem Anmelder eine gute Grundlage, auf dessen Basis er entscheiden kann, ob er die Patentanmeldung weiterverfolgen möchte – in diesem Fall muss durch Zahlung der Prüfungsgebühr das Prüfverfahren gestartet werden.

Prüfverfahren

Im Verlauf des Prüfverfahrens wird mit dem Patentprüfer verhandelt, ob und in welchem Umfang ein Patent erteilt werden kann. Jedem Patentverfahren wird ein Prüfer (formal sogar drei) zugewiesen, der sicherstellen soll, dass die Erfindung die notwendigen Anforderungen (Neuheit, Erfindungshöhe etc.) erfüllt. Das Prüfverfahren läuft im Wesentlichen schriftlich ab: Der Patentprüfer erstellt einen Prüfbescheid, auf den der Anmelder innerhalb einer festgelegten mehrmonatigen Frist antworten muss. Diese Frist kann allerdings in den meisten Fällen kostenpflichtig um einige Monate verlängert werden.

In vielen Fällen stellt der Patentprüfer zunächst fest, dass der in der Patentanmeldung beanspruchte Gegenstand nicht neu und/oder erfinderisch sei. Er bezieht sich dabei auf die in der Recherche gefundenen Dokumente und zeigt auf, an welcher Stelle die Merkmale der Erfindung bereits offenbart waren (mangelnde Neuheit) oder hierdurch nahegelegen haben (mangelnde Erfindungshöhe). Formal kommt es vor allem auf den Hauptanspruch 1 an – dieser muss neu und erfinderisch sein!

Aus strategischen Gründen reichen Patentanmelder meist einen möglichst breit gefassten Anspruch 1 ein. Dieser darf später nicht mehr erweitert, sondern nur noch eingeschränkt werden. Insofern gehört es zum Kalkül, dass der Prüfer „meckert" und eine Einschränkung des Hauptanspruchs fordert. Vielfach gibt der Prüfer sogar Hinweise, ob die Kombination mit Merkmalen der Unteransprüche zu einer Patenterteilung führen könnte.

Der Patentanwalt wird nun im Namen des Anmelders und in der Regel mit Unterstützung der Erfinder*innen in einer schriftlichen Erwiderung argumentieren, dass die Sichtweise des Prüfers nicht korrekt ist. Falls die Argumente des Prüfers allerdings nachvollziehbar und nicht widerlegbar scheinen, muss der Hauptanspruch wohl oder übel eingeschränkt werden. Der Hauptanspruch wird dadurch spezifiziert, dass Merkmale aus den Unteransprüchen oder der Beschreibung in den Anspruch 1 aufgenommen werden. Je länger daraufhin der Anspruch 1 gerät, das heißt, je mehr spezifische Merkmale den Hauptanspruch einschränken, umso enger fällt der Schutzbereich aus.

Typischerweise durchläuft ein Patentprüfverfahren zwei bis drei Runden beziehungsweise ergehen zwei bis drei Prüfbescheide. Falls notwendig, kann der Anmelder beantragen, dass eine mündliche Verhandlung stattfindet, sodass der Anmelder, sein Patentanwalt und gegebenenfalls ein*e Erfinder*in ihre Argumente persönlich vorbringen und mit dem Prüfer diskutieren können. Schlussendlich entscheidet der Prüfer, ob ein Patent erteilt oder die Patentanmeldung zurückgewiesen wird.

Schriftliches Prüfverfahren nach Prüfantrag

Ergebnis der Prüfung: Erteilung oder Zurückweisung

◘ Abb. 8.2 Patenturkunden für ein deutsches und ein europäisches Patent

▪ Patenterteilung

Gelangt der Patentprüfer zu dem Schluss, dass eine Patentanmeldung allen Erfordernissen für die Erteilung genügt oder eben nicht, so wird er dies dem Anmelder mitteilen. Gegen den Ausgang des Prüfverfahren kann der Patentanmelder bzw. -inhaber innerhalb einer bestimmten Frist Beschwerde einlegen, wenn – nach seiner Meinung zu Unrecht – die ursprünglich eingereichten Patentansprüche nicht in vollem Umfang erteilt wurden (▶ Abschn. 8.3.1).

Patentschutz gilt 20 Jahre ab Anmeldetag.

Nachdem die Erteilungsgebühren gezahlt sind, veröffentlicht das Amt einen Hinweis auf das Patent sowie die zugehörige Patentschrift (▶ Abschn. 5.4.1) und sendet dem Anmelder eine Patenturkunde zu (◘ Abb. 8.2). Die gerahmten Patenturkunden schmücken hin und wieder die Bürowände erfolgreicher Erfinder*innen, wobei die Urkunden von US- oder japanischen Patenten mit ihren goldenen Schleifen besonders dekorativ wirken. Noch erfreulicher ist es, wenn die Schutzrechte bereits verwertet wurden und eine Meilensteinzahlung an die Patenterteilung gekoppelt ist, so dass ggf. eine Erfindervergütung ausgezahlt wird (▶ Abschn. 11.4.3).

Die Laufdauer des Patents beträgt insgesamt 20 Jahre ab Anmeldetag. Wann das Patent erteilt wurde, spielt also für die Laufdauer keine Rolle. Vielmehr gilt mit der Erteilung der Patentschutz rückwirkend ab dem ersten Anmeldetag, das heißt eine vor der Patenterteilung begangene Patentverletzung kann rückwirkend bis zum Prioritätstag geahndet werden. Nach der Veröffentlichung des Erteilungsbeschlusses folgt eine mehrmonatige Frist, innerhalb der Dritte Einspruch vor dem Patentamt gegen das Patent einlegen können (▶ Abschn. 8.3.1). Für nationale, Patente (in Deutschland, USA, China etc.) muss der Patentinhaber weiterhin jährlich Aufrechterhaltungsgebühren bezahlen, damit das Patent rechtskräftig bleibt.

8.1.3 Tipps für die Beantwortung von Prüfbescheiden

Die Erfinder*innen sind typischerweise als Expert*innen auf dem Gebiet der Erfindung in die Beantwortung von Prüfbescheiden eingebunden. Auf den ersten Blick erscheint es mitunter verwunderlich, welche Entgegenhaltungen der Patentprüfer aufruft, da diese mutmaßlich nur wenig mit der eigenen Erfindung zu tun haben. Das liegt daran, dass sich der Prüfer bei der Beurteilung anderer Patentschriften nicht die Beispiele/Ergebnisse, sondern die beanspruchten Merkmale in den Patentansprüchen anschaut.

Welche Merkmale enthält Anspruch 1?

Bei der Prüfung auf Neuheit wird beurteilt, ob zum maßgeblichen Zeitpunkt (dem Anmeldetag) alle technischen Merkmale der unabhängigen Ansprüche (vor allem von Anspruch 1) in einem anderen Dokument beschrieben waren . Entscheidend ist hier, wie die Erfindung im Anspruch definiert ist. Wenn alle Merkmale in einem anderen Dokument schon beschrieben wurden, gilt der Anspruch als neuheitsschädlich vorweggenommen. Hier hilft es meist, weitere Merkmale aus den Unteransprüchen oder der Beschreibung in den Anspruch 1 aufzunehmen, um die Erfindung zu spezifizieren. Das Kriterium der Neuheit kann also vergleichsweise einfach erfüllt werden.

> **Einengung des Hauptanspruchs 1 im Prüfverfahren**
> Hauptanspruch 1 lautet: „Stoff xy zur Behandlung von neurodegenerativen Erkrankungen."
>
> Unteranspruch 2 lautet: „Stoff gemäß Anspruch 1, wobei die neurodegenerative Erkrankung die Alzheimer Erkrankung ist."

> Im Prüfverfahren wird eine wissenschaftliche Publikation D1 entgegengehalten, in der Stoff xy in einem Mausmodell für Multiple Sklerose positiv getestet wurde.
>
> Um Neuheit herzustellen, könnte der Hauptanspruch 1 wie folgt eingeschränkt werden: „Stoff xy zur Behandlung der Alzheimer Erkrankung." Die Behandlung weiterer neurodegenerativer Erkrankungen, wie Multiple Sklerose oder auch Parkinson-Erkrankung, wäre nun nicht mehr umfasst.

Allerdings reicht Neuheit nicht aus. Die Erfindung darf für einen Fachmann nicht nahegelegen haben; sie muss auch erfinderisch sein. Die Frage, ob eine erfinderische Tätigkeit gegeben ist, stellt sich erst dann, wenn Neuheit vorliegt. Dabei muss beachtet werden, dass nicht etwa rückschauend geurteilt wird. Denn es kann vorkommen, dass eine Erfindung zum Zeitpunkt der Patentanmeldung durchaus überraschend war, während sie bei aktueller Betrachtung als naheliegend erscheint. Und schließlich müssen auch die übrigen Erfordernisse (ausreichende Offenbarung, Klarheit etc.) erfüllt sein (▶ Abschn. 7.1).

Sehr überzeugend: bessere Ergebnisse als bisher

Der folgende Ablauf kann dazu dienen, den Umgang mit einem Prüfbescheid zu erleichtern:

1. *Eigene Anmeldung:* Zuerst legt man sich die eigene Anmeldung zurecht und prüft Anspruch 1 Wort für Wort.
2. *Prüfbescheid:* Anschließend liest man die Stellungnahme des Prüfers. Die Erfinder*innen konzentrieren sich im Wesentlichen auf die Beanstandungen zur Neuheit und Erfindungshöhe. Um Mängel bei der Klarheit und anderen Formalien kümmert sich in der Regel der Patentanwalt.
3. *Entgegenhaltungen:* Gelesen werden sollten die vom Prüfer in der Stellungnahme genannten Entgegenhaltungen beziehungsweise alle mit X oder Y bezeichneten Dokumente. Dabei sucht man sich die vom Prüfer explizit genannten Stellen und prüft die Argumentation des Prüfers.
4. *Erwiderung:* Gesucht werden Gegenargumente!
   - Zur Neuheit: Welche Aspekte unterscheiden die eigene Erfindung von den Entgegenhaltungen? Gibt es Unterschiede im Aufbau oder der Verfahrensweise oder auch unterschiedliche mechanistische Effekte? In vielen Fällen finden sich Abweichungen, da Wissenschaftler*innen fast nie (zufällig) genau das Gleiche tun.
   - Zur Erfindungshöhe: Inwiefern ist die eigene Erfindung vor dem Hintergrund der Entgegenhaltung überraschend? Gab es technische Schwierigkeiten bei der Realisierung der Erfindung, die nicht routinemäßig ge-

löst werden konnten, sondern besondere Anstrengungen erforderten? Besonders hilfreich sind experimentelle Daten, die zeigen, dass mit der Erfindung bessere Ergebnisse als im Stand der Technik erzielt werden können.

Als überzeugendes Argument für das Vorliegen von erfinderischer Tätigkeit gilt ein bestehendes Vorurteil in der Fachwelt. Falls also in wissenschaftlichen Publikationen beschrieben ist, dass ein Problem grundsätzlich nicht lösbar ist (aber nun mit der Erfindung gelöst werden kann), so gilt dies als Beleg für eine erfinderische Tätigkeit.

Änderung der Ansprüche: Wenn ein Einengen des Hauptanspruchs nicht vermeidbar erscheint, spezifiziert man diesen, soweit es unbedingt erforderlich ist. Dabei sollte darauf geachtet werden, dass die wichtigsten Ausführungsformen tatsächlich noch in den Schutzumfang fallen.

8.2 Patente und Kosten

8.2.1 Besondere Situation an Hochschulen

Es ist ein Dilemma! Einerseits sollen Patentanmeldungen möglichst frühzeitig eingereicht werden, um der Konkurrenz zuvorzukommen (oder publizieren zu können). Andererseits kann im Frühstadium einer neuen Technologie noch gar nicht abgeschätzt werden, ob tatsächlich ein kommerziell erfolgreiches Produkt entwickelt werden kann und sich die hohen Kosten für die Patentierung rentieren.

Hochschulerfindungen – große Chancen & Risiken

Bei der Entwicklung und der schutzrechtlichen Sicherung neuer Technologien an Hochschulen muss selbstverständlich den besonderen Umständen Rechnung getragen werden, die sich in einigen Punkten deutlich von denen in einem privaten Unternehmen unterscheiden:

1. Die Erfindungen/Technologien aus Hochschulen befinden sich häufig in einem – aus Marktsicht – sehr frühen Entwicklungsstadium. Dennoch ist es aufgrund der Publikationsfreiheit (bzw. des Publikationsdrucks) der Wissenschaftler in der Regel erforderlich, sehr schnell und frühzeitig eine Patentanmeldung einzureichen.
2. Nicht die Hochschule wird in der Regel die neue Technologie vermarkten, sondern ein Lizenznehmer oder Käufer. Da der spätere Wert der Technologie beziehungsweise die Schutzrechtsstrategie des späteren Lizenznehmers/Käufers nicht bekannt ist, muss möglichst lange die Möglichkeit einer weltweiten Patentierung offengehalten werden.

3. Das Patentbudget der meisten Hochschulen ist vergleichsweise eng bemessen. Typischerweise versucht man daher, innerhalb der ersten zwei bis drei Jahre einen Verwertungspartner zu finden, auch wenn diese Zeitspanne zumeist nicht ausreicht, die Technologie ausreichend weiterzuentwickeln und eine starke Schutzrechtsposition (ein erteiltes Patent) zu erlangen.

Nachfolgend werden die Patentverfahren vorgestellt, mit denen es Hochschulerfinder*innen vermutlich am häufigsten zu tun bekommen: Das deutsche, das europäische und das PCT-Patentverfahren. Als Fachexpert*innen sind sie in die Vorbereitung der Anmeldeunterlagen und die Beantwortung der Prüfbescheide eingebunden. Zudem müssen die Erfinder*innen in manchen Verfahren Unterschriften leisten, zum Beispiel zur Bevollmächtigung des Patentanwalts im PCT-Patentverfahren.

8.2.2 Deutsches Patent

Deutsches Patent aus einer deutschen oder europäischen Patentanmeldung

Ein deutsches Patent ist erhältlich, indem eine deutsche Patentanmeldung beim Deutschen Patent- und Markenamt (DPMA) erteilt oder ein europäisches Patent in Deutschland validiert wird (zu letzterem Fall siehe ▶ Abschn. 8.2.3).

Falls mit der Anmeldung beim DPMA Prüfantrag gestellt wurde, dauert es bis zur Erteilung (oder Zurückweisung) in der Regel drei bis fünf Jahre. Allerdings kann sich der Anmelder auch Zeit lassen. Bis spätestens sieben Jahre nach Einreichung der Anmeldung muss Prüfung beantragt werden, sonst gilt die Anmeldung als zurückgezogen.

Zu den Vorteilen einer deutschen Patentanmeldung zählen definitiv die relativ geringen Amtsgebühren für die Anmeldung (40 € bei elektronischer Anmeldung und zehn Patentansprüchen, jeder weitere Anspruch kostet 20 € extra) und das Prüfverfahren (350 €). Die Patentkosten werden daher in erster Linie durch die Kosten für den Patentanwalt bestimmt. Als nachteilig bei Patentanmeldungen von Hochschulen kann sich allerdings erweisen, dass die Patentschrift und das Verfahren in deutscher Sprache ausgeführt werden, sodass bei internationalen Verwertungspartnern eine Bewertung erschwert wird. Es besteht jedoch die Möglichkeit, englisch- oder französischsprachige Anmeldungen beim DPMA zu hinterlegen und eine deutsche Übersetzung nachzureichen. Seit April 2014 gilt hierfür eine verlängerte Frist von maximal 15 Monaten ab Prioritätsdatum und der Anmeldetag kann für die Inanspruchnahme einer Priorität genutzt werden, selbst wenn die Übersetzung nicht fristgerecht eingereicht wird und die Anmeldung daraufhin als zurückgenommen gilt (Gesetz zur Novellierung patentrechtlicher Vorschriften und anderer Gesetze des gewerblichen Rechtsschutzes vom 24.10.2013).

Weitere Kosten entstehen auch für die Aufrechterhaltung der Patentanmeldung oder des Patents. Jährlich ist eine Gebühr fällig, die sich von 70 € im dritten Jahr nach der Anmeldung bis auf 1940 € im 20. Jahr erhöht.

8.2.3 Europäisches Patent

In Europa können Anmelder in einem zentralen Erteilungsverfahren ein europäisches Patent erhalten. Als Sprache für den Anmeldetext sowie die Verfahren vor dem EPA muss der Anmelder eine der drei Amtssprachen – Deutsch, Englisch oder Französisch – auswählen. Nachdem eine Anmelde- und Recherchegebühr (1475 € bei online-Anmeldung und bis 15 Ansprüche) gezahlt wurde, erhält man den sogenannten Erweiterten Europäischen Recherchenbericht (EESR) mit dem Rechercheergebnis sowie einer Stellungnahme des Prüfers. Anhand dieses Berichts und der Kommentare des Prüfers kann der Anmelder abschätzen, ob und in welchem Umfang vermutlich ein Patent erteilt wird. Um das Prüfverfahren zu starten, muss aber noch eine Prüfgebühr (1700 €) entrichtet werden – der EESR wird daraufhin zum Bescheid, den der Anmelder zu erwidern hat.

Zentrales Erteilungsverfahren in Europa

> **Exkurs: Das Europäische Patentübereinkommen (EPÜ)**
> Das Europäische Patentübereinkommen wurde mit dem Ziel geschaffen, ein zentrales und einheitliches Patenterteilungsverfahren in Europa zu ermöglichen. Außerdem sollten die Anforderungen, die für eine Patenterteilung erfüllt werden müssen, europaweit harmonisiert werden. Am 07.10.1977 trat das Abkommen für die ersten sieben Unterzeichnerländer, darunter Deutschland und die Schweiz, in Kraft. Seitdem sind weitere Länder beigetreten, sodass heute mit einer einzigen europäischen Anmeldung ein Patent für insgesamt 38 Staaten erhalten werden kann.
>
> Das EPÜ regelt einheitlich für alle Vertragsstaaten, welche Anforderungen für eine Patenterteilung erfüllt sein müssen und wie das Prüfverfahren sowie weitere Verfahren vor dem EPA (Einspruch, Beschwerde) durchgeführt werden. Den Text des EPÜ gibt es parallel in allen drei Amtssprachen: Englisch, Deutsch und Französisch. Zu Beginn des Erteilungsverfahrens legt der Anmelder mit dem Anmeldetext, der in einer dieser drei Sprachen eingereicht werden muss, die Verfahrenssprache fest.

Im Jahr 2000 wurde das EPÜ zuletzt überarbeitet, was einen großen Aufwand bedeutete, da alle Mitgliedsländer zustimmen mussten. Erst am Ende des Jahres 2007 trat das aktuell gültige EPÜ 2000 in Kraft.

Zusätzlich finden sich in einer Ausführungsordnung zum EPÜ zahlreiche Regeln, in denen die Vorschriften des EPÜ konkretisiert werden, z. B. genaue Formvorschriften für den Anmeldetext. In einer gesonderten Gebührenordnung wird die Höhe der Kosten für Anmeldung, Recherche, Einspruch etc. festgelegt. Praktischerweise können sowohl Ausführungsordnung, als auch Gebührenordnung mit deutlich geringerem Aufwand als das EPÜ geändert werden – sie müssen lediglich vom Verwaltungsrat des EPÜ beschlossen werden.

Mehr Informationen zum EPÜ gibt es unter ▶ http://www.epo.org/law-practice/legal-texts/epc_de.html.

EP-Patent zerfällt in nationale Patente

Das Prüfverfahren erfolgt zentral beim Europäischen Patentamt und endet mit der Zurückweisung oder der Erteilung eines europäischen Patents. Sobald nun dieses Patent erteilt wurde, zerfällt es in ein Bündel nationaler Patente. Zunächst werden Erteilungsgebühren (960 €) fällig, und die Patentansprüche müssen in die drei Verfahrenssprachen Deutsch, Englisch und Französisch übersetzt werden. Außerdem muss sich der Patentinhaber nun entscheiden, in welchen Mitgliedsstaaten das Patent wirksam (validiert) werden soll. Hierfür entstehen – nicht überraschend – weitere Kosten, denn die Mitgliedsländer stellen unterschiedliche Übersetzungsanforderungen. Je nach vorherrschender Übereinkunft müssen die gesamte Patentschrift oder zumindest die Patentansprüche in die jeweilige Landessprache übersetzt werden. Jahrelange Bemühungen, diese Übersetzungskosten zu verringern, zerschellen offensichtlich immer wieder an nationalstaatlichen Interessen beziehungsweise dem Selbsterhaltungstrieb der nationalen Patentämter. Immerhin haben inzwischen eine Reihe europäischer Staaten das Londoner Übereinkommen unterzeichnet, in dem sie teilweise auf ihre Rechte verzichten, Übersetzungen in die Landessprache zu verlangen. Bei der Validierung eines europäischen Patents in Deutschland und der Schweiz genügt es beispielsweise, wenn die Patentschrift auf Französisch oder Englisch vorliegt (die Patentansprüche werden ohnehin in alle drei Amtssprachen übersetzt). Österreich verlangt hingegen weiterhin, dass die gesamte Patentschrift in deutscher Sprache vorliegt.

Schließlich sind auch die Jahresgebühren nicht zu vernachlässigen. In jedem einzelnen Staat, für den das Patent validiert wurde, müssen die jährlich ansteigenden Beträge entrichtet werden, um das Patent am Leben zu halten.

Europäisches Einheitspatent
Zusätzlich zum europäischen Patent gibt es künftig für Anmelder in Europa die Möglichkeit, ein „europäisches Patent mit einheitlicher Wirkung" zu erhalten. Dieses Einheitspatent soll für seinen Inhaber vor allem niedrigere Kosten und Vereinfachungen mit sich bringen. Während das klassische europäische Patent nach der Erteilung in den gewünschten Mitgliedsstaaten validiert werden muss, gilt das Einheitspatent automatisch für alle Mitgliedsstaaten – das sind vorerst 24 EU-Mitgliedsländer (exklusive Spanien, Polen und Kroatien), die an der sogenannten „verstärkten Zusammenarbeit" teilnehmen. Großbritannien hat im Zuge des Brexit im Juli 2020 seine Zustimmung widerrufen. Um weitere europäische Länder zu umfassen, zum Beispiel die Schweiz, muss das Einheitspatent mit den jeweiligen nationalen Patenten kombiniert werden.

Auf Dauer sollen mit dem Einheitspatent Kosten eingespart werden, indem keine Übersetzungen mehr angefertigt werden müssen. Stattdessen genügen automatisch generierte maschinelle Übersetzungen der Patentschriften oder -ansprüche. Hierzu hat das EPA gemeinsam mit Google eine spezielle Software entwickelt: Patent Translate. Außerdem muss nur „eine" Jahresgebühr für alle Mitgliedsländer bezahlt werden. Es wird jedoch vermutet, dass diese Gebühr vergleichsweise hoch ausfallen wird, da die einzelnen nationalen Patentämter jeweils einen Anteil an dieser Gebühr einfordern.

Als rechtliche Grundlage haben die teilnehmenden Mitgliedsstaaten bereits die Einheitspatentverordnung (EPatVO) sowie die Einheitspatentübersetzungsverordnung (EPatÜbersVO) unterzeichnet. Und um das „Patentpaket" zu vervollständigen, soll nun zusätzlich zu den bestehenden Einrichtungen noch eine einheitliche Gerichtsbarkeit geschaffen werden: das Einheitliche Patentgericht (EPG, siehe ▶ Abschn. 8.3.2). Damit das „Patentpaket" in Kraft treten kann, muss das Übereinkommen über ein einheitliches Patentgericht (EPGÜ) von mindestens 13 Mitgliedsstaaten, einschließlich Deutschland und Frankreich, ratifiziert werden. Nachdem Deutschland schließlich im Dezember 2020 als letzter europäischer Staat, dessen Ratifizierung erforderlich war, den Weg frei gemacht hat, wird mit dem Start des Einheitspatents Anfang 2022 gerechnet (Stand Februar 2021).

Einheitspatent für 24 EU-Länder

8.2.4 PCT-Patentanmeldung

Zentrale Patentanmeldung für 154 Länder

Option für spätere Länderauswahl

Erfindungen aus Hochschulen befinden sich oft in einem frühen Entwicklungsstadium – mit einem langen Weg bis zum marktreifen Produkt. Erst im Verlauf der Weiterentwicklung der Technologie und in Gesprächen mit möglichen Lizenznehmern wird sich herausstellen, ob und in welcher Form die Erfindung verwertet werden kann. Um möglichst lange offenzuhalten, in welchen Ländern der Welt Patentverfahren angestrengt werden sollen, bietet sich die PCT-Patentanmeldung an. Eine nach dem Internationalen Patentübereinkommen (Patent Cooperation Treaty, PCT) eingereichte Patentanmeldung ermöglicht eine internationale Anmeldung, die für sehr viele Länder gültig ist. Derzeit sind diesem Übereinkommen 154 Staaten beigetreten. Nur wenige wirtschaftlich bedeutende Länder, wie Argentinien oder Venezuela, fehlen im Kreis der PCT-Mitgliedsstaaten.

Im PCT-Verfahren wird jedoch kein internationales Patent erteilt – es handelt sich vielmehr um ein zentrales Anmeldeverfahren (◘ Abb. 8.3). Der Anmelder erhält einen Recherchenbericht (International Search Report, ISR), um die Patentfähigkeit seiner Erfindung abschätzen zu können. Die eigentliche Prüfung und Patenterteilung können erst später in den einzelnen Ländern erfolgen. Mit einer PCT-Patentanmeldung „kauft" sich der Anmelder im Wesentlichen Zeit. Denn er muss erst 30 Monate (oder 31 Monate für Europa) nach Erstanmeldung entscheiden, in welchen Mitgliedsländern oder Regionen Patentverfahren durchgeführt werden sollen.

Internationaler Recherchenbericht zur Einschätzung der Chancen für ein Patent

Eine PCT-Patentanmeldung kann bei fast allen zugelassen Patentämtern, wie dem EPA oder dem DPMA, eingereicht werden. In der Praxis wird die PCT-Anmeldung oft innerhalb des Prioritätsjahres als Nachanmeldung zu einer früheren nationalen Anmeldung eingereicht (▶ Abschn. 8.1.1). Nach

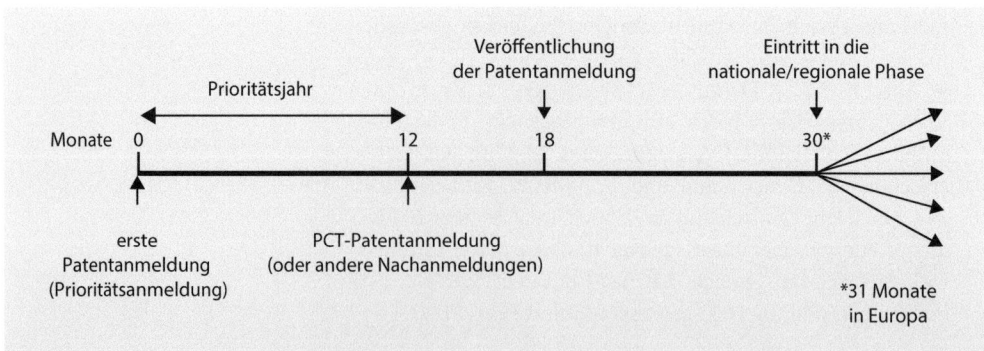

◘ Abb. 8.3 Zeitlicher Ablauf von Patentverfahren

Zahlung einer vergleichsweise hohen Anmeldegebühr (ca. 1225 €) und Recherchegebühr (ca. 1875 €) erhält der Anmelder einen Internationalen Recherchenbericht und einen schriftlichen Bescheid zur Patentierbarkeit. Dieser Bericht entspricht dem EESR im europäischen Verfahren: Es werden relevante Entgegenhaltungen aufgeführt. Außerdem wird festgestellt und kommentiert, inwiefern die Anmeldung als neu, erfinderisch sowie gewerblich anwendbar angesehen wird. Der Anmelder kann sich nun überlegen, wie er vor dem Hintergrund dieses Berichts die Chancen für eine Patenterteilung einschätzt.

Eine Antwort auf den Internationalen Recherchenbericht muss der Anmelder nicht geben. Er kann jedoch – wenn ihm das sinnvoll erscheint – die Patentansprüche eingrenzen. Auch ein vorläufiges Prüfverfahren ist möglich, nachdem eine Prüfgebühr (1830 €) entrichtet wurde. Am Ende des PCT-Verfahrens steht ein internationaler vorläufiger Prüfungsbericht, der als nicht bindende Gutachten an alle Patentämter versandt wird, bei denen der Anmelder Patentverfahren weiterführen möchte.

Der Scheidepunkt – Nationalisierung/Regionalisierung der PCT-Patentanmeldung

30 Monate nach der ersten (prioritätsbegründenden) Patentanmeldung kommt für viele Patentverfahren der Tag der Entscheidung. Falls eine PCT-Patentanmeldung eingereicht wurde, endet nämlich zu diesem Zeitpunkt die Frist für die Einleitung der nationalen oder regionalen Phase. Nun muss endgültig festgelegt werden, in welchen der PCT-Mitgliedsländer Patentverfahren durchgeführt werden sollen. In einigen Fällen, zum Beispiel für eine europäische Patentanmeldung, bleibt ein Monat länger Zeit (also 31 Monate nach Prioritätsdatum). Sollen zum Beispiel Patentanmeldungen in den USA, in Japan und China weitergeführt werden, so muss die PCT-Patentanmeldung in die entsprechende Landessprache übersetzt und dort eingereicht werden. Aufgrund der Übersetzungskosten sowie der Gebühren für die Anmeldung und Beauftragung der ausländischen Patentanwälte kann dieser Schritt je nach Anzahl der gewünschten Länder sehr teuer werden. Für alle Länder, in denen bis zu dieser Frist keine Anmeldungen eingereicht wurden, gibt es später keine Möglichkeit mehr, ein Patent zu der betreffenden Erfindung erteilt zu bekommen.

In den ausgewählten Ländern starten anschließend entsprechende nationale oder regionale Patenterteilungsverfahren:

Verschiedene Patenterteilungsverfahren mit unterschiedlichem Schutzumfang

- *Europäische Patentanmeldung:* Wurde die PCT-Patentanmeldung ursprünglich beim EPA eingereicht, so wird der internationale vorläufige Prüfungsbericht zum ersten Prüfbescheid, mit dem sich der Anmelder auseinandersetzen muss. Es beginnt nun das bereits beschriebene europäische Prüfverfahren. Nach Erteilung des europäischen Patents muss dieses in den gewünschten EPÜ-Mitgliedsländern validiert werden (▶ Abschn. 8.2.3).

— *US-Patentanmeldung:* Der internationale vorläufige Prüfungsbericht dient als Grundlage für das Prüfverfahren. Wurde der Bericht beim EPA erstellt, so führt der Prüfer in der Regel eine eigene zusätzliche Recherche durch, bei der nicht selten völlig andere Dokumente entgegengehalten werden. Das Ergebnis des Erteilungsverfahrens kann sich daher deutlich von dem im europäischen Verfahren unterscheiden.

— *Japanische Patentanmeldung:* Der japanische Patentprüfer bekommt ebenfalls den internationalen vorläufigen Prüfungsbericht mitgeteilt. Aber auch hier kann eine eigene zusätzliche Recherche neuen, dem Anmelder vorher nicht bekannten Stand der Technik ergeben, sodass der Umfang der Erteilung von dem in anderen Ländern variiert.

— In einigen Ländern, zum Beispiel Malaysia oder Singapur, verläuft das Prüfverfahren hingegen einfacher. Falls bereits ein US- oder ein europäisches Patent erteilt wurde, kann der Anmelder mit den dort erteilten Ansprüchen unmittelbar ein Patent für diese Staaten erhalten.

> **Nationalisierung/Regionalisierung der PCT-Patentanmeldung**
> Aufgrund der hohen Kosten stellt der Eintritt in die nationalen/regionalen Phasen für Hochschulen einen kritischen Meilenstein dar. Die Entscheidung, ob und wo Patentanmeldungen weiterverfolgt werden, hängt im Wesentlichen davon ab, ob 1) bereits ein Lizenz- oder Verwertungspartner für ihre Erfindung gefunden wurde, 2) wie das Verwertungspotenzial aufgrund der Erfahrung (Entwicklungsstadium, Reaktion und Einschätzung potenzieller Verwertungspartner etc.) der vergangenen 2½ Jahre eingeschätzt wird und 3) welchen Umfang das Patentbudget der Hochschule besitzt.
> Für alle Länder und Regionen, in denen die Hochschule kein Schutzrecht weiterverfolgen möchte, ist sie verpflichtet, den Erfinder*innen die Übernahme anzubieten. Falls die Erfinder*innen die Einschätzung der Hochschule nicht teilen und von dem Wert und der Patentierbarkeit der Erfindung in den betreffenden Ländern überzeugt sind, können sie die Rechteübertragung (ihres Erfinderanteils) von der Hochschule auf den eigenen Namen verlangen. In der Praxis machen allerdings nur sehr wenige davon Gebrauch.

Weitere Informationen zum PCT-Patentverfahren sind erhältlich unter ▶ http://www.wipo.int/ oder ▶ http://www.epo.org/applying/international/guide-for-applicants/.

8.2.5 Typischer Ablauf von Patentverfahren

Für Hochschulforschende, die zum ersten Mal mit dem Thema Patente konfrontiert werden, erscheint dieses Thema mitunter recht trocken (wegen der gesetzlichen Vorschriften) und unübersichtlich (wegen der verschiedenen, langjährigen Verfahren). Die an Hochschulen am häufigsten verwendete Patentstrategie verläuft allerdings nach einem klassischen Schema (◘ Abb. 8.4). Die Kosten für die Patentverfahren (siehe auch vorherige Abschnitte) übernimmt die Hochschule als Rechteinhaberin.

Um die Publikationsfreiheit der Wissenschaftler*innen an Hochschulen nicht über Gebühr einzuschränken, wird versucht, möglichst zügig eine Patentanmeldung zu vielversprechenden Erfindungen einzureichen und damit ein frühes Prioritätsdatum zu sichern. Typischerweise startet man mit

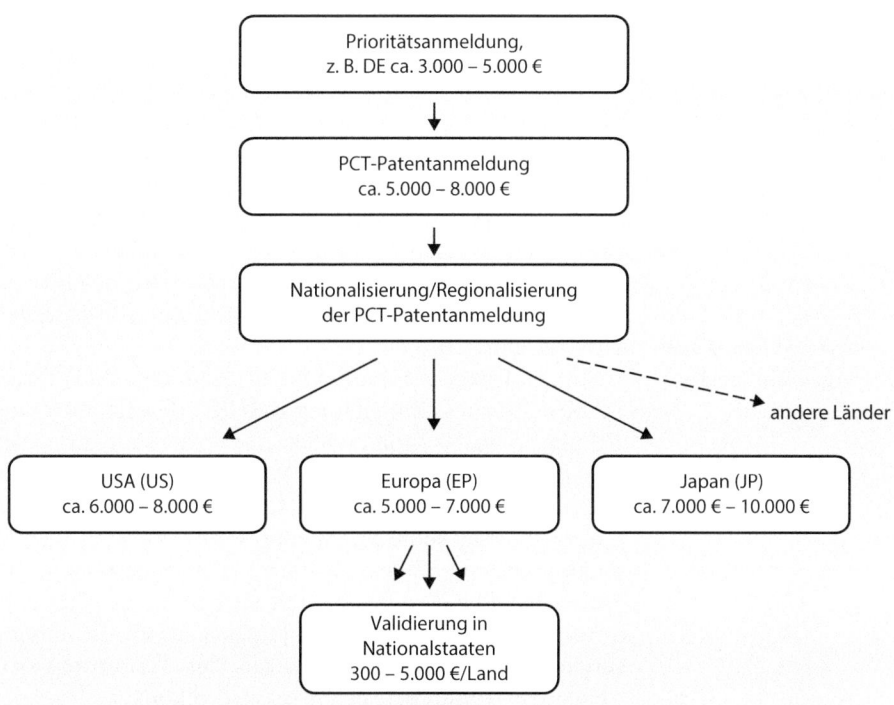

◘ Abb. 8.4 Typischer Ablauf und Kosten von Patentverfahren

einer deutschen oder einer europäischen Patentanmeldung. Damit ist auch der Verpflichtung deutscher Hochschulen gemäß ArbnErfG Genüge getan, dass nach der Inanspruchnahme einer Erfindung mindestens eine deutsche Patentanmeldung von der Hochschule eingereicht werden muss. Nach der ersten Patentanmeldung können die Wissenschaftler*innen ihre Ergebnisse in der Regel publizieren, denn für das Erteilungsverfahren sind nur Publikationen vor dem Anmeldetag relevant.

Innerhalb des ersten Jahres, des Prioritätsjahres, ergeht der erste Prüfbescheid oder der EESR, sodass ein Eindruck gewonnen werden kann, ob und in welcher Breite ein Patent erteilbar ist. Falls die patentamtliche Recherche sowie erste Kontaktierungen von möglichen Lizenznehmern nicht allzu negativ ausgefallen sind, wird die Hochschule wahrscheinlich eine PCT-Patentanmeldung einreichen. Diese bekommt als Nachanmeldung den Zeitrang (die Priorität) der ersten Patentanmeldung zuerkannt. Mit der PCT-Anmeldung kann 30 bzw. 31 Monate die Option einer weltweiten schutzrechtlichen Sicherung offengehalten werden. Die Kosten für die Patentverfahren werden in die Zukunft verschoben. Nach Einreichung der PCT-Anmeldung kann überlegt werden, ob die erste Patentanmeldung in Deutschland oder Europa fallengelassen wird, da aus der PCT-Patentanmeldung im weiteren Verlauf erneut ein europäisches beziehungsweise deutsches Patent mit einem um ein Jahr späteren Anmeldetag erreicht werden kann.

Hohe Patentkosten ab der nationalen Phase

Übrigens ist eine PCT-Patentanmeldung nicht immer das Mittel der Wahl, denn das PCT-Verfahren verursacht vergleichsweise hohe Kosten. Eine PCT-Patentanmeldung macht wenig Sinn bei Erfindungen, deren kommerzielle Verwertung auf einige wenige Länder begrenzt ist. Ein Beispiel wäre eine Erfindung, die den elektronischen Personalausweis betrifft, der nur in Deutschland eingesetzt wird. In solchen Fällen würde man Nachanmeldungen direkt in den betreffenden Ländern einreichen.

Strategische und finanzielle Überlegungen entscheiden über Länderauswahl.

Einen kritischen Zeitpunkt erreicht das PCT-Verfahren 18 Monate nach Einreichung der PCT-Nachanmeldung beziehungsweise 30 Monate nach der ersten Patentanmeldung. Jetzt muss endgültig festgelegt werden, in welchen Ländern ein Patent erteilt werden soll. Da für jedes einzelne ausgewählte Land Anmeldegebühren, Patentanwalts- und vor allem Übersetzungskosten anfallen, entstehen recht hohe Kosten für den Patentanmelder. Die Hochschule wird ihr finanzielles Engagement in der Regel davon abhängig machen, ob mindestens vergleichbar hohe Einnahmen aus der Verwertung der betreffenden Technologie erwartet werden können.

Die Auswahl der Länder, in denen ein Patent angestrebt wird, hängt dann im Wesentlichen davon ab, wo das patentierte Produkt später verkauft werden soll und wie die Kosten (für Patentierung, Durchsetzung des Patents usw.) im Vergleich zum Nutzen und möglichen Lizenzeinnahmen eingeschätzt werden. Bei einer Entscheidung für die Weiterverfolgung der Schutzrechte werden in der Regel mindestens eine europäische und eine US-Patentanmeldung eingereicht. Je nach Branche und Vermarktungsstrategie finden sich weitere bedeutende Märkte in Japan, Südkorea oder den BRICS-Staaten. In den ausgewählten Ländern finden sodann eigene Patenterteilungsverfahren statt (siehe ▶ Abschn. 8.2.3 zur europäischen und ▶ Abschn. 8.2.5 zur PCT-Patentanmeldung), und es werden in jedem Jahr Gebühren für die Aufrechterhaltung fällig.

Insgesamt handelt es sich bei der Patentierung von Erfindungen um sehr kosten- und zeitaufwendige Verfahren. Nachvollziehbar besteht das Ziel der Hochschulen darin, baldmöglichst Lizenzeinnahmen zu generieren, um die Kosten und das finanzielle Risiko in Grenzen zu halten.

8.3 Streit ums Patent

8.3.1 Einspruch und Beschwerde

Im Patenterteilungsverfahren hat es der Patentanmelder ausschließlich mit dem Patentamt zu tun. Obwohl das Patentverfahren ab etwa 1½ Jahre nach dem Anmeldetag für die Öffentlichkeit einsehbar ist, können Dritte kaum auf den Ausgang des Verfahrens Einfluss nehmen. Die einzige Möglichkeit besteht darin, dass dem Amt mögliche relevante Dokumente zur Kenntnis gebracht werden (Einwendungen Dritter). Der Prüfer muss aber diese Eingabe nicht berücksichtigen.

Einwendungen Dritter im Prüfverfahren

- **Einspruchsverfahren**

Sobald ein Patent erteilt wurde, ändert sich diese Situation grundlegend. Die Freude über ein erteiltes Patent kann also für den Inhaber schnell dadurch getrübt werden, dass ein Dritter Einspruch erhebt. Nachdem vom Patentamt der Hinweis auf eine Patenterteilung veröffentlicht wurde, beginnt die Frist, innerhalb der Dritte mit einem Einspruch aktiv gegen das Patent vorgehen können. Für ein europäisches Patent beträgt die Einspruchsfrist neun Monate; für deutsche Patente wurde die Einspruchsfrist zum 01.04.2014 von zuvor drei Monaten auf nun ebenfalls neun Monate verlängert. Falls jemand der Meinung ist, dass das Patent zu Unrecht erteilt wurde, kann er in einem Einspruchsverfahren versuchen nachzuweisen, dass die Erfindung nicht die notwendigen An-

Aktive Angriffsmöglichkeit von Dritten: Einspruch vor dem Patentamt

forderungen erfüllt. Typischerweise wird solch ein Einspruch von Wettbewerbern erhoben, die das Patent mit einem ihrer Produkte verletzen würden oder in sonst einer Weise durch das Patent in Handlungen eingeschränkt werden. Seltener werden – wie im nachfolgenden Beispiel – Einspruchsverfahren von Organisationen, Verbänden oder auch Privatpersonen geführt.

> **Sammeleinspruch gegen das „Schweinepatent"**
> Im Jahr 2008 erzeugte das sogenannte „Schweinepatent" (EP 1651777) sehr viel öffentliche Aufmerksamkeit und Unmut sowohl unter deutschen Tierschützern als auch unter Agrarverbänden und Landwirten. Das ursprünglich von der Firma Monsanto angemeldete Patent bezog sich auf ein Verfahren, mit dem besonders schnell wachsende und ertragreiche Mastschweine ausgewählt werden können. Hierbei erfolgt die Selektion anhand einer natürlich vorkommenden Variante des Leptin-Rezeptor-Gens. Wie für Verfahrenspatente üblich richteten sich auch Patentansprüche auf das Verfahrensprodukt, also die anhand der Genvariante ausgewählten Schweine (▶ Abschn. 7.4.6) – daher der Name „Schweinepatent". Nachdem das EPA die Patenterteilung bekannt gegeben hatte (Patentinhaberin war inzwischen die US-Firma Newsham Choice Genetics), legten etwa 50 Verbände, darunter Greenpeace und der Deutsche Bauernverband, außerdem die hessische Landesregierung sowie über 5000 Privatpersonen einen Sammeleinspruch gegen das Patent ein. Vor allem die Bauern fürchteten, dass nun ihre Schweine, die zufällig die betreffende Genvariante tragen, unter das Patent fallen würden.
> Die Firma Newsham Choice Genetics wehrte sich erst gar nicht gegen die Argumente der Einsprechenden, sondern teilte mit, dass sie kein Interesse mehr an dem Schutzrecht habe. Das Patent wurde widerrufen, ohne dass die Einspruchsabteilung eine Entscheidung getroffen hatte.

Erneute Prüfung der Patentierungsanforderungen

■ **Einspruchsgründe**

Als Argumente gegen ein erteiltes Patent können Einsprechende neue Dokumente vorbringen, die dem Patentamt bis dato nicht bekannt waren und möglicherweise die Patentierbarkeit infrage stellen. Falls also dem Patentprüfer versehentlich ein Poster oder Vortrag eines Erfinders entgangen sein sollte, in dem schon vor dem Tag der Patentanmeldung wichtige Daten zu der Erfindung veröffentlicht wurden, und ein Konkurrent entdeckt solche Vorveröffentlichungen, wird er vermutlich Einspruch erheben, wenn er von dem Patent betroffen ist. Außerdem kann ein Einspruch darauf gestützt werden, dass die Erfindung nicht ausreichend genau und nachvollziehbar beschrieben wurde oder dass das Patent im Prüfverfahren inhaltlich über den ursprünglich eingereichten Anmeldetext hinaus erweitert wurde.

Der Patentinhaber hat die Möglichkeit, auf die Argumente des Einsprechenden zu antworten. Schlussendlich ergeht – häufig in einer mündlichen Verhandlung – der Beschluss, ob das Patent aufrechterhalten, eingeschränkt oder widerrufen wird.

Für Einsprechende besteht ein wichtiger Vorteil des Einspruchsverfahrens darin, dass dieses recht kostengünstig vor dem Patentamt geführt werden kann. Die Einspruchsgebühr beim EPA beträgt 815 €, beim DPMA 200 €. Nach Ablauf der Einspruchsfrist müssen hingegen die einzelnen nationalen Patente vor den zuständigen ordentlichen Gerichten nichtig (also ungültig) geklagt werden – was mit deutlich höheren Kosten verbunden ist.

- **Beschwerde**

Die Entscheidung aus dem Einspruchsverfahren kann anschließend noch im Beschwerdeverfahren angefochten werden, und zwar innerhalb einer bestimmten Frist (zwei Monaten nach der Entscheidung der Beschwerdekammer beim EPA) und nur von der Partei, die durch die Einspruchsentscheidung „beschwert" wurde. Das heißt, der Patentinhaber darf Beschwerde einlegen, wenn die Patentansprüche im Einspruchsverfahren eingeschränkt oder das Patent widerrufen wurde.

Im Einspruchsverfahren kann auch der einsprechende Dritte beschwert sein, nämlich dann, wenn sein Anliegen im Einspruchsverfahren nicht (in allen Punkten) erfolgreich war.

Beim EPA sind alle Entscheidungen der Technischen Beschwerdekammern, die sogenannten T-Entscheidungen, in einer gesonderten Datenbank recherchierbar. Sie dienen als Orientierung bei der Auslegung des Patentrechts in strittigen Fällen. Kommt es zu divergierenden Entscheidungen oder sollen Rechtsfragen von grundsätzlicher Bedeutung geklärt werden, kann als dritte und letzte Instanz die Große Beschwerdekammer berufen werden. Mit ihrer sogenannten G-Entscheidung urteilt die Große Beschwerdekammer nur über die Rechtsfrage und verweist hinsichtlich der Sachentscheidung zurück an die Technische Beschwerdekammer.

In Deutschland übernimmt nach einem Einspruchsverfahren vor dem DPMA das Bundespatentgericht (BPatG) als zweite Instanz die Durchführung von Beschwerdeverfahren. Als letzte Instanz zur Überprüfung der vorherigen Entscheidungen ist der Bundesgerichtshof (BGH) zuständig.

Beschwerde bei ungünstiger Entscheidung („Beschwer")

> **Tipp**
>
> Solange Einspruchs- oder Beschwerdeverfahren laufen, gilt ein Patent nicht als rechtskräftig erteilt. Diese Verfahren haben eine aufschiebende Wirkung und verhindern das Eintreten der formellen Rechtskraft des Patents.

8.3.2 Nichtigkeits- und Verletzungsverfahren

Nichtigkeitsverfahren nach rechtskräftiger Patenterteilung

Auch nach Ablauf der Einspruchsfrist für ein erteiltes Patent (und somit rechtskräftiger Erteilung) gibt es für Dritte die Möglichkeit, das Patent anzufechten. In Deutschland darf jedermann gegen ein für Deutschland rechtsgültiges Patent Nichtigkeitsklage erheben. Hierbei kann es sich einerseits um ein direkt beim DPMA ausgestelltes Patent handeln oder um eines, das als europäisches Patent mit Wirkung für Deutschland erteilt wurde. Infolge des Nichtigkeitsverfahrens wird das Patent entweder als von Anfang an ungültig erklärt oder teilweise beschränkt, oder aber es wird in vollem Umfang bestätigt.

Die Klage gegen ein deutsches Patent wird in erster Instanz vor dem Bundespatentgericht (BPatG) in München ausgetragen, in zweiter Instanz (Berufung) ist der Bundesgerichtshof (BGH) zuständig. Dabei muss – verglichen mit einem Einspruchsverfahren – die Kriegskasse des Klägers beziehungsweise des beklagten Patentinhabers deutlich praller gefüllt sein. Die Gerichts- und Anwaltsgebühren hängen nämlich vom Streitwert ab und sind von der jeweils unterliegenden Partei (gegebenenfalls auch anteilig) zu tragen. Bei einem Streitwert von 500.000 € beispielsweise summieren sich die Kosten für ein erstinstanzliches Gerichtsverfahren sowie die Anwälte der eigenen und der Gegenseite auf etwa 50.000 €. Dennoch sind die in Deutschland fälligen Beträge im internationalen Vergleich recht niedrig (▶ Abschn. 8.4.10), sodass sich Nichtigkeitsklagen in Deutschland großer Beliebtheit erfreuen.

Nichtigkeit auch bei widerrechtlicher Entnahme

- **Nichtigkeitsgründe**

Für eine Nichtigkeitsklage können wie auch im Einspruchsverfahren die folgenden Gründe geltend gemacht werden: mangelnde Neuheit, Erfindungshöhe oder Offenbarung sowie unzulässige Erweiterung des Schutzbereichs. Darüber hinaus ist es möglich, die Nichtigkeit eines Patents aufgrund widerrechtlicher Entnahme zu fordern. Dies bedeutet, dass die Erfindung nicht durch den*die Erfinder*in beziehungsweise deren Rechtsnachfolger zum Patent angemeldet wurde, sondern von jemand anderem „gestohlen" wurde. Eine widerrechtliche Entnahme kann jedoch nur derjenige beanstanden, dem das Patent entwendet wurde (siehe auch ▶ Abschn. 8.3.3).

- **Verletzungsverfahren**

In der Praxis findet man die Nichtigkeitsklage gegen ein Patent meist als Folge einer Verletzungsklage. Wenn ein mutmaßlicher Patentverletzer verklagt wird, so stellt dieser häufig erst einmal das Patent infrage. Solange das Nichtigkeitsverfahren läuft, wird üblicherweise das Verletzungsverfahren ausgesetzt, denn zuerst muss klar sein, ob das Patent überhaupt Bestand hat. Für Verletzungs- und Nichtigkeitsklagen sind in Deutschland unterschiedliche Gerichte zuständig. Während die Nichtigkeit eines Patents, wie bereits erwähnt, vor dem Patentgericht verhandelt wird, müssen Verletzungsverfahren in erster Instanz vor den Landesgerichten ausgefochten werden (die Berufung erfolgt vor dem OLG, die Revision vor dem BGH).

Auf die Verletzungs- folgt die Nichtigkeitsklage.

Bei einer Patentverletzung ist es unerheblich, ob der Patentverletzer wissentlich (mit Vorsatz) oder unwissentlich (fahrlässig) gehandelt hat. Niemand kann sich also damit herausreden, dass er nichts von einem Patent gewusst hätte. In Deutschland ist nämlich jedermann verpflichtet, sich über den Schutzrechtsbestand zu informieren. Auch Irrtümer über den Schutzbereich schließen die Fahrlässigkeit nicht aus. Normalerweise erstellen große Unternehmen, die dies ernst nehmen, ein *freedom-to-operate* -Gutachten, bevor sie ein Produkt auf den Markt bringen oder ein Verfahren anwenden. Damit soll sichergestellt werden, dass keine Schutzrechte Dritter verletzt werden.

- **Folgen für den Verletzer**

Bei einer Patentverletzung hat der Inhaber des Patents zunächst einen Anspruch darauf, dass die patentverletzende Handlung künftig eingestellt wird. Dieser Unterlassungsanspruch besteht auch bei drohender erstmaliger Patentverletzung und kann – für Eilige – im Rahmen einer einstweiligen Verfügung durchgesetzt werden. Außerdem müssen gegebenenfalls die vom Verletzer hergestellten, patentierten Erzeugnisse vernichtet werden.

Unterlassungsanspruch und Schadensersatz

Weiterhin steht dem Patentinhaber bei nachgewiesener Patentverletzung ein Anspruch auf Schadensersatz zu. Dabei kommen folgende drei Berechnungsarten infrage:
- unmittelbarer Schaden und entgangener Gewinn des Patentinhabers,
- Herausgabe des Verletzergewinns,
- angemessene Lizenzgebühr.

Verletzer muss seine „Betriebsgeheimnisse" offenlegen.

In diesem Zusammenhang besonders schmerzhaft für patentverletzende Firmen kann der Anspruch auf Auskunftserteilung und Rechnungslegung sein. Um die Höhe des

Schadensersatzes ermitteln zu können, muss der Patentverletzer nämlich gegenüber dem Patentinhaber, also in der Regel seinem Wettbewerber, Informationen zu Lieferanten, Vertriebskosten und so weiter offenlegen.

Aber auch für den Patentinhaber ist ein Verletzungsprozess nicht ohne Risiko, denn die Gerichtskosten zahlt der jeweils Unterlegene. Sollte sich zudem herausstellen, dass ein im Rahmen einer einstweiligen Verfügung erwirkter Unterlassungsanspruch nicht gerechtfertigt war, zum Beispiel weil der Angeklagte nicht verletzt oder das Patent nicht rechtsbeständig war, so ist der Kläger dem vermeintlichen Verletzer gegenüber schadensersatzpflichtig.

> **Einheitliches Patentgericht: Zuständig für Nichtigkeit und Patentverletzung**
>
> Mit der hehren Absicht, die Kosten für Patentinhaber in Europa zu senken, haben 24 EU-Staaten (exklusive Spanien, Polen und Kroatien) beschlossen, ein europäisches Einheitspatent zu ermöglichen. Während ein klassisches europäisches Patent nach der Erteilung in ein Bündel nationaler Patente zerfällt, soll das Einheitspatent nach der Erteilung automatisch für alle teilnehmenden Staaten gelten (▶ Abschn. 8.2.3). Konsequenterweise ist gleichfalls die Schaffung eines zentralen Gerichts geplant. Dieses neue Patentgericht soll sowohl über Streitfragen zur Beständigkeit (Nichtigkeit) als auch zur Verletzung von Einheitspatenten entscheiden – im Gegensatz zu Streitigkeiten um nationale Patente, bei denen zum Beispiel in Deutschland getrennte Gerichte für Nichtigkeits- und Verletzungsverfahren zuständig sind. Für Patentinhaber bietet das neue System daher die Möglichkeit, zentral gegen Patentverletzer vorzugehen. Andererseits besteht aber auch das Risiko, dass das Patent mit einem zentralen Nichtigkeitsverfahren zerstört wird.
>
> Der Hauptsitz des EU-Patentgerichts soll sich in Paris befinden. Darüber hinaus waren in London und München lokale Kammern geplant, die für die Bereiche Chemie, Pharma und Life Sciences, respektive Mechanik und Sprengstoff zuständig sind. Nachdem Großbritannien im Juli 2020 aufgrund des Brexits entschieden hat, sich nicht am Einheitspatent zu beteiligen, wird der Sitz in London vermutlich anderweitig vergeben. Damit der Gerichtshof seine Arbeit aufnehmen kann, ist aktuell nur noch die Unterschrift Deutschlands unter dem entsprechenden Abkommen (Übereinkommen über ein einheitliches Patentgericht, EPGÜ) erforderlich, die sich allerdings aufgrund anhängiger Klagen vor dem deutschen Bundesverfassungsgericht verzögert.

8.3.3 Ideenklau durch Dritte

In Bereichen hochkompetitiver Forschung kann es vorkommen, dass gleichzeitig in zwei oder sogar mehreren Forschungslaboren die gleiche Erfindung gemacht wird. Einerseits lebt wissenschaftlicher Fortschritt vom Austausch unter den Forschenden, andererseits besteht das Risiko, dass Ideen von der Konkurrenz aufgegriffen werden.

- **Doppelerfindung**

Wie es der Zufall will, können zwei Forschende unabhängig voneinander zu denselben Erkenntnissen gelangen. Wahrscheinlich werden sich die Experimente und Daten im Detail unterscheiden, aber Ansatz oder *erfinderische Idee* können durchaus übereinstimmen. Bei einer Doppelerfindung erhält (zumindest in Europa) derjenige das Patent, der zuerst eine Patentanmeldung beim Patentamt einreicht. Ein Patent für zwei Erfinder*innen könnte es theoretisch geben, wenn beide die Patentanmeldung am gleichen Tag einreichen, was allerdings sehr selten vorkommt. Der*die spätere Erfinder*in geht also bezüglich eines Patents leer aus; unter Umständen behält er*sie ein Vorbenutzungsrecht (siehe unten).

Bei gleichzeitiger Erfindung „gewinnt" der erste Anmelder.

- **Falsche*r Patentanmelder*in oder Patentinhaber*in (widerrechtliche Entnahme)**

Ein Fall von widerrechtlicher Entnahme liegt vor, wenn jemand seine Idee oder seine Erfindung vor Patentanmeldung anderen mitteilt und dieser oder dessen Firma ein Patent auf die Erfindung anmeldet. Weil das in der Praxis gar nicht so selten vorkommt, findet sich in diesem Buch recht häufig die Empfehlung, eine Erfindung bis zur Patentanmeldung geheim zu halten. Das Stillschweigen ist einerseits wichtig, um die Neuheit einer Erfindung bis zum Anmeldetag sicherzustellen, andererseits aber eben auch, um zu verhindern, dass unberechtigte Dritte die Erfindung auf eigenen Namen patentieren. Die Geheimhaltung kann eine unberechtigte Patentanmeldung zwar nicht verhindern, es kann aber eventuell nachgewiesen werden, dass die Erfindung geklaut wurde. Nicht nur neugierige Firmenvertreter sind verdächtig, sondern ebenso Reviewende von wissenschaftlichen Zeitschriften, Gutachter*innen von Projektanträgen oder kooperierende Wissenschaftler*innen. Mitunter ist eine widerrechtliche Entnahme sehr schwierig nachzuweisen, da immer auch eine unabhängige Doppelerfindung vorliegen kann. Selbst eine Geheimhaltungsvereinbarung bietet nur einen begrenzten Schutz, vor allem wenn mündliche Informationen weitergegeben werden. Besser wird es immer sein, erst nach Patentanmeldung mit Dritten darüber zu sprechen (▶ Abschn. 2.4).

Begrenzter Schutz durch Geheimhaltungsvereinbarung

Das Recht auf ein Patent gebührt dem*der Erfinder*in oder deren Rechtsnachfolgern (in einem Arbeitsverhältnis zum Beispiel dem Arbeitgeber). Im ersten Schritt geht das Patentamt davon aus, dass eine Patentanmeldung von dem rechtmäßigen Inhaber eingereicht wurde. Man bezeichnet dies als Fiktion der Berechtigung. Denn in der Praxis wäre es für das Amt mit einem relativ großen zeitlichen und finanziellen Aufwand verbunden, wenn für jede Patentanmeldung zuerst die Berechtigung des Anmelders geprüft werden müsste.

Widerruf/Übertragung des Patents auf den wahren Eigentümer

Falls ein Patent von einem Nichtberechtigten angemeldet wurde, muss die Initiative von dem *wahren* Rechteinhaber ausgehen. Läuft das Patentierungsverfahren noch, muss der Berechtigte zunächst vor Gericht seinen Anspruch auf das Patent einklagen. Mit der rechtskräftigen Entscheidung kann er anschließend bei dem jeweiligen Patentamt selbst eine Patentanmeldung zu seiner Erfindung einreichen und erwirken, dass die frühere Anmeldung als zurückgenommen gilt, oder er kann die bestehende Anmeldung in seinem Namen fortführen.

Wurde bereits ein Patent erteilt, gibt es für den Berechtigten ebenfalls noch Möglichkeiten, an sein Schutzrecht zu kommen. Zum einen kann er, zumindest in Deutschland, mit einem Einspruchs- beziehungsweise Nichtigkeitsverfahren das zu Unrecht erteilte Patent widerrufen lassen (§§ 7(2), 22(1) PatG). Vor dem EPA kann der Einspruchsgrund der widerrechtlichen Entnahme nicht geltend gemacht werden.

Bis zum Ablauf von drei Monaten ab Erteilung eines deutschen Patent ist ein Einspruch vor dem DPMA möglich; anschließend muss das Patent in einer Nichtigkeitsklage angefochten werden (▶ Abschn. 8.3.2). Wurde das Patent widerrufen, hat der Berechtigte einen Monat Zeit, eine eigene Patentanmeldung einzureichen. Dieser Nachanmeldung wird der Zeitrang der früheren unberechtigten Anmeldung zuerkannt. Durch die fiktive Rückdatierung können neuheitsschädliche Offenbarungen, die nach dem früheren widerrechtlichen Anmeldetag publiziert wurden, die Patenterteilung nicht stören.

Vindikationsklage

Zum anderen besteht die Möglichkeit, den unrechtmäßigen Patentinhaber vor einem ordentlichen Gericht zu verklagen und die Übertragung des Patents zu verlangen (§ 8 PatG).

Der Herausgabeanspruch eines Eigentümers bei widerrechtlicher Entnahme wird von Juristen als Vindikation bezeichnet. Der wahre Rechteinhaber kann mit einer Vindikationsklage erwirken, dass ihm der Anspruch auf das Patent, also zum Beispiel eine Patentanmeldung, beziehungsweise das Patent selbst übertragen wird. Dabei werden zwei Fälle unterschieden: Wenn der Nichtberechtigte in gutem Glauben gehandelt hat, dass er der rechtmäßige Inhaber ist, so muss die Vindikationsklage aus Bestandsschutzgründen bis spätestens zwei Jahre nach Patenterteilung erhoben werden. Wenn der Beklagte jedoch wusste oder hätte wissen müssen, dass ihm oder dem Verkäufer des Patents dieses Recht nicht zustand, so handelte er bösgläubig. In diesem Fall gilt der Übertragungsanspruch auch nach Ablauf der Zweijahresfrist nach Patenterteilung.

Wenn nur ein Teil der Patentanmeldung oder des Patents widerrechtlich entwendet wurde beziehungsweise wenn der Unberechtigte einen eigenen Erfindungsanteil hinzugefügt hat, so kann der Geschädigte zumindest einen Anspruch auf einen Mitinhaberanteil geltend machen. Falls noch kein Patent erteilt wurde, kommt eventuell eine Teilung der Anmeldung infrage.

Beweislast beim Kläger

Grundsätzlich muss der Kläger im Prozess gegen einen Nichtberechtigten beweisen, dass er der wahre Rechteinhaber ist und dass der Nichtberechtigte durch den Erfinder Kenntnis von der Erfindung erlangt hat. Denn der Beklagte könnte auch durch einen anderen, unabhängigen Doppelerfinder in den Erfindungsbesitz gelangt sein.

- **Falsche*r oder nicht genannte*r Erfinder*in**

Das Erfinderpersönlichkeitsrecht wird im Patentrecht sehr wichtig genommen. Wie bereits an anderer Stelle beschrieben, steht jeder*m Erfinder*in die Nennung ihres*seines Namens gegenüber dem Patentamt zu (▶ Abschn. 3.1.2). Innerhalb einer bestimmten Frist (beim EPA sind es 16 Monate ab Erstanmeldetag) ist der Patentanmelder verpflichtet, alle Erfinder*innen zu benennen. Geschieht das nicht, liegt ein Mangel vor, der schlimmstenfalls dazu führen kann, dass die Patentanmeldung als zurückgenommen gilt. Einen Mangel stellt auch dar, wenn die falschen oder nicht alle Erfinder*innen genannt wurden. Der Patentanmelder oder – nach Erteilung – der Patentinhaber kann allerdings die Erfinderbenennung berichtigen, das heißt, die Namen der Erfinder*innen können richtig gestellt oder es können fehlende Erfinder*innen nachbenannt werden.

Erfinderbenennung kann berichtigt werden.

Nur, welche Handhabe bleibt, wenn sich der Rechteinhaber, zum Beispiel ein früherer Arbeitgeber, weigert, alle Erfinder*innen anzugeben?

Grundsätzlich geht das Patentamt davon aus, dass der Anmelder die Erfinder*innen korrekt benennt. Das Amt prüft also nicht von sich aus, ob diese Angaben richtig sind. Um zu seinem Recht zu kommen, muss der*die Erfinder*in daher vor Gericht seinen*ihren Erfinderstatus bestätigen lassen. Mit einer entsprechenden rechtskräftigen Entscheidung kann sodann beim Patentamt die Benennung als Erfinder*in erwirkt werden (siehe hierzu beispielsweise Singer/Stauder, Europäisches Patentübereinkommen (Kommentar), 2. Auflage 2000).

aktive Benutzung am Anmeldetag

- **Vorbenutzungsrecht**

Nach dem First-to-File-Prinzip steht in Europa nur demjenigen ein Patent zu, der als Erster eine Patentanmeldung eingereicht hat. Wurde das Patent erteilt, kann der Inhaber jedem Dritten verbieten, die geschützte Erfindung zu nutzen. Aber was geschieht, wenn ein anderer die gleiche Erfindung zuvor gemacht hat, diese aber nicht zum Patent angemeldet hatte? Nach deutschem Patentrecht besitzt der*die zweite Erfinder*in möglicherweise ein Vorbenutzungsrecht (§ 12 PatG). Voraussetzung hierfür ist, dass er*sie die Erfindung bereits am Anmeldetag der Patentanmeldung besessen hat und dass er*sie die Erfindung bereits *in Benutzung genommen hat oder die dazu erforderlichen Veranstaltungen getroffen hatte*. Es genügt nicht, die Erfindung gemacht zu haben. Sie muss bereits realisiert worden sein, oder zumindest muss die Benutzung vorbereitet gewesen sein. Zudem ist der*die Vorbenutzer*in nur berechtigt, die Erfindung für den eigenen Betrieb zu nutzen, und darf dieses Recht nicht auf andere übertragen.

8.4 Hochschulerfindungen und das US-Patentrecht

Dr. Jan B. Krauß, Patentanwalt und European Patent Attorney, Anwaltskanzlei Boehmert & Boehmert, München

8.4.1 Einleitung

Das vorliegende Kapitel soll eine kurze Übersicht über wesentliche Grundzüge des US-Patentrechts geben, die besonders für den Hochschulerfinder und die Verwertung von Hochschulerfindungen von Relevanz sind, wobei der Schwerpunkt auf Erfindungen aus dem Bereich der Life Sciences liegt. Die meisten Regelungen sind aber natürlich auch für andere Technikgebiete anwendbar.

Common Law – Gerichtsurteile sind entscheidend.

Tendenz zur Harmonisierung des Internationalen Patentrechts

8.4.2 Das US-Patentgesetz

Grundsätzlich stammt das Recht in den USA aus der angelsächsischen Rechtstradition und somit aus dem Common Law. Für Patente führt dies in der Praxis jedoch zu erstaunlich geringen Unterschieden, da auch in Europa viele Rechtsfragen ausschließlich auf Basis der Rechtsprechung gehandhabt werden. Erhebliche Unterschiede bestehen jedoch z. B. im Vertragsrecht und bei der Durchsetzung der Schutzrechte, also dem Gerichtssystem. Ähnlich zur europäischen Situation kennen die USA ein eigenes Patentgesetz, den U. S. Patent Act (35 USC), mit den Paragrafen 1 bis 376. Für die Praxis sind die Regelungen ab § 100 interessant, insbesondere §§ 101 bis 105, welche die Patentfähigkeit betreffen, oder §§ 200 bis 212, die durch den Bayh-Dole Act (▶ Abschn. 8.4.3) eingeführt wurden. Zudem gibt es Regeln in Titel 37 der Code of Federal Regulations (CFR) sowie das Manual of Patent Examining Procedure (MPEP) zur Prüfung am US-Patentamt. Für die Life Sciences wichtig sind auch verschiedene durch das US-Patentamt erlassene Richtlinien, zum Beispiel für Fragen der allgemeinen Patentfähigkeit (§ 101) und der Patentfähigkeit von DNA-Sequenzen. Das US-Recht kennt keine Gebrauchsmuster (*utility models*).

Das US-Patentgesetz gibt es bereits seit 1790, es ist aber natürlich mehrfach novelliert worden. Neben dem bereits erwähnten Bayh-Dole Act ist insbesondere der 2011 erlassene Leahy-Smith America Invents Act (AIA) von aktueller Bedeutung, der schrittweise bis März 2013 umgesetzt wurde und einige grundlegende Änderungen in das System eingeführt hat. Die Effekte des AIA sind extrem umfangreich und teilweise (selbst für die US-Praktiker) noch gar nicht absehbar; eine Diskussion im Detail (z. B. der Übergangsregeln des AIA) würde daher den Rahmen dieses Kapitels sprengen. Eine Idee hinter dem AIA ist jedoch, für eine weitere Harmonisierung der internationalen Praxis zu sorgen. Die wichtigsten Änderungen durch den AIA betreffen 1) den relevanten Stand der Technik, inklusive der Abschaffung des reinen First-to-Invent-Prinzips des US-Patentrechts, wonach immer dem ersten Erfinder das Patent zuerkannt werden sollte. Dabei sind die Neuheitsschonfrist (*grace period*) und der veränderte Umfang der für die Anmeldung relevanten Dokumente (ausländische Anmeldungen, *provisional* Anmeldungen, Vorbenutzungen (*prior use*) und die Abschaffung der „Hilmer-Doktrin") zu nennen. Weiterhin sind 2) die Abschaffung der Interference-Verfahren, 3) die Abschaffung des *best-mode*-Erfordernisses bei der Patentierung und 4) die Einführung erleichterter Angriffe auf die Anmeldung (durch Einwendungen Dritter) und auf das Patent (durch die *inter-partes reexamination*) zu erwähnen. Die Effekte dieser Änderungen werden – wo erforderlich – in den folgenden Abschnitten noch genauer diskutiert.

8.4.3 Die grundsätzliche Rolle von Hochschulen bei US-Patentanmeldungen

Eine Erfindung gehört zuerst dem Erfinder.

Für den deutschen Erfinder spielt das Rechtsverhältnis zwischen einer US-Universität zu ihren Erfindern natürlich erst einmal keine Rolle. Anders kann die Situation dann sein, wenn gemeinsame Erfindungen mit Erfindern einer US-Hochschule gemacht werden. Eine entsprechende Untersuchung zeigte, dass bei den deutschen Patenten etwa 20 % *cross-border inventions* vorlagen, wobei dann der ausländische Erfinder mit größter Wahrscheinlichkeit aus den USA stammte. Probleme können dabei z. B. dadurch entstehen, dass 35 USC § 184 erfordert, dass aus Gründen des Schutzes von Staatsgeheimnissen für eine *invention made in this country* zuerst eine US-Patentanmeldung eingereicht werden muss, für die dann für Auslandsanmeldungen eine Freistellung (*foreign filing license*) erlangt werden muss. Falls diese Regelung versehentlich übersehen wurde, ist dies jedoch normalerweise ein heilbarer Mangel. Ähnliche Regelungen gibt es auch für andere Länder (z. B. China, Frankreich, Russland, Indien, Großbritannien), im Übrigen auch für Staatsbürger (oder *residents*), die sich im Ausland aufhalten.

Bayh-Dole Act verschafft Universitäten Verwertungsrecht.

Es gibt in den USA kein Arbeitnehmererfindungengesetz. Somit kann eine Erfindung dem Erfinder selbst gehören, auch wenn er Arbeitnehmer ist, aber auch durch entsprechende Arbeitsverträge auf die Universität übergegangen sein. So stellte der US Supreme Court in dem Fall Stanford vs. Roche – zum Nachteil der Hochschule – fest, dass das Recht an der Erfindung zuerst beim Erfinder liegt und vertragliche Verpflichtungen zur Übertragung nachrangig sind. Dies gilt auch für den Fall, dass der Erfinder in einem öffentlich geförderten Labor tätig ist und damit dem 1980 erlassenen Bayh-Dole Act unterfällt, der von zentraler Bedeutung für öffentlich geförderte Erfindungen in den USA (und somit besonders für Hochschulen) ist.

Wesentliche Punkte des Bayh-Dole Act sind die Möglichkeit für Non-Profit-Organisationen, insbesondere Universitäten, Rechte an öffentlich geförderten Erfindungen zu behalten, und die entsprechende Anmeldung von Patenten auf solche Erfindungen durch die Universitäten. Dadurch sollte eine Förderung der gewerblichen Verwertung solcher geförderten Erfindungen, gerade durch eine verstärkte Lizenzvergabe an kleine Unternehmen durch die Universitäten (Start-up-Förderung), erreicht werden. Zudem wurden „automatische" nichtexklusive Lizenzen an der Erfindung für die

Regierung und *march-in rights* (die in der Praxis nur sehr selten angewendet werden) etabliert. Für die Universitäten in den USA ermöglichte der Bayh-Dole Act somit erst die effektive Verwertung von Erfindungen. Das daraus entstandene Technologietransfer-Geschäft an den US-Universitäten diente letztendlich als Vorbild für die entsprechenden Änderungen auch im deutschen Gesetz.

8.4.4 Wer ist Erfinder in den USA?

§ 101 des US-Patentgesetzes stellt fest, dass grundsätzlich der Erfinder ein Patent für seine Erfindung erhalten soll. Dies bleibt auch nach der Einführung des AIA und der Abschaffung des alten § 102(f) so. In den USA setzt sich der Prozess einer Erfindung aus zwei Schritten zusammen, der *conception* des Gegenstands der Ansprüche und der *reduction to practice*, was der praktischen Umsetzung der beanspruchten Erfindung entspricht. Bei der Bestimmung der Erfindereigenschaft geht es nur um die *conception*, also ist/sind die Person/en zu ermitteln, die die Idee der Patentansprüche hatte/n. Die *conception* wird dabei als „the formation of a definite and permanent idea of the complete and operative invention in the mind of the inventor" definiert und muss dabei vollständig sein und alle Merkmale des Anspruchs einschließen.

Der Erfinder „konzipiert" die Erfindung.

Beispiele für Erfinder sind somit Personen, die eine Idee zu mindestens einem der Ansprüche hatten; dabei können mehrere Personen zusammenarbeiten. Keine Erfinder sind z. B. Personen, die lediglich die Erfindung in die Praxis umsetzen, lediglich begleitende Experimente ausführen, Vorgesetzte der Erfinder oder Personen, die lediglich ein offensichtliches Element zu der Erfindung beigesteuert haben. Weiterhin müssen die Erfinder gemeinsam und koordiniert an der Erfindung gearbeitet haben. Die Erfindereigenschaft ist eine rechtliche Position, wird durch tatsächliche Handlungen erworben und ist somit grundlegend anders als z. B. die Festlegung einer Mitautorenschaft. So spielen Teamaspekte oder der generelle wissenschaftliche Hintergrund keine Rolle (▶ Abschn. 3.1.2).

Fehler bei der Benennung von Erfindern können recht einfach korrigiert werden, solange dies ohne Betrugsabsicht (*deceptive intent*) geschieht. Falls jedoch absichtlich getäuscht wird, ist das Patent nichtig. Dies bleibt sogar dann so, wenn die richtigen Erfinder nachträglich festgelegt werden können, da ein erschlichenes Patent ungültig bleibt.

8.4.5 Anmeldestrategien in den USA

Provisional application für einen frühen Anmeldetag

Das US-Patentgesetz kennt auch nach der Einführung des AIA grundsätzlich zwei Arten der Patenanmeldung: die *provisional* und *non-provisional patent application* . Während *non-provisional applications* entweder direkt beim US-Patentamt (USPTO) eingereichte Anmeldungen oder nationale Phasen aus PCT-Anmeldungen sein können, werden *provisional applications* immer direkt beim USPTO eingereicht; danach ist auch eine Umwandlung in eine *non-provisional application* möglich (wenn auch dies fast nie sinnvoll ist).

Obwohl der Mechanismus der *provisional application* eigentlich recht einfach ist, ranken sich immer wieder erhebliche Missverständnisse um diese Art der Anmeldung, insbesondere darum, warum, wie und wann eine *provisional application* sinnvoll ist. Rechtlich ist eine *provisional application for patent* nach § 111(b) eine „echte" nationale US-Patenanmeldung. Diese Anmeldung erlangt unter verschiedenen erleichterten formellen Bedingungen (es müssen keine Ansprüche eingereicht werden, eine fremdsprachliche Anmeldung ist möglich) die Etablierung eines frühen US-Anmeldetags, der später für andere Anmeldungen in Anspruch genommen werden kann und bisher weitere vorteilhafte Effekte erzeugte. Auch kann nach Anmeldung ein „Patent Pending" auf entsprechenden Produkten verwendet werden.

Nach der Anmeldung, die unter verringerten Gebühren möglich ist, wird nach Erfüllung der Erfordernisse ein Anmeldetag zugeteilt (sowie eine *foreign filing license* erteilt). Danach bleibt das Recht aus der Anmeldung zwölf Monate „aktiv" und erlischt anschließend automatisch (das hat mit dem „normalen" Prioritätsrecht im Übrigen nichts zu tun), falls die Anmeldung nicht umgewandelt wird. Aus der *provisional application* kann jedoch ein Prioritätsrecht für andere Anmeldungen (z. B. für eine PCT-Anmeldung) abgeleitet werden.

Formal heißt die Anmeldung *„provisional"*, jedoch sind insbesondere die Anforderungen an die Vollständigkeit und Ausführbarkeit der Beschreibung der Erfindung zu denen einer normalen Patentanmeldung identisch. Da zudem verschiedene andere rechtliche Folgen (Erfindereigenschaft und Prioritätsrecht) von den Ansprüchen abhängen, ist (und war) auch die Einreichung ohne Ansprüche nicht ohne Weiteres zu empfehlen.

Strategisch richtig wurde und wird eine *provisional application* immer so früh wie möglich eingereicht, d. h. parallel zu einer Erstanmeldung außerhalb der USA (z. B. in Deutschland). Dadurch lässt sich auch die Neuheitsschonfrist für eigene Vorveröffentlichungen noch vor den anderen Anmeldetag ausdehnen. Vor dem AIA hatte die *provisional application* zudem den Effekt, dass durch ihren Anmeldetag eine ausländische Anmeldung frühestmöglich als Stand der Technik gegenüber anderen US-Anmeldungen gelten konnte. Dieses Problem wurde durch den AIA abgeschafft, da jetzt auch ausländische Anmeldungen berücksichtigt werden. Insofern dienen die *provisional applications* jetzt „nur noch" der Erlangung eines möglichst frühen *effective filing date*, also eines Prioritätsdatums.

8.4.6 Neuheitsschonfrist und Stand der Technik unter dem AIA

Wie oben erwähnt, steuerte der der AIA das US-Patentsystem in Richtung auf das uns bekannte First-to-File-System, wobei auch der für die Patentfähigkeit relevante Stand der Technik geändert wurde. So gelten jetzt weltweite Vorbenutzungen als Stand der Technik . Unter den früheren Regelungen konnten alle patenthindernden Ereignisse oder Publikationen von Dritten, die innerhalb eines Jahres vor dem ersten US-Anmeldetag lagen, durch ein früheres Erfindungsdatum („Zurückschwören") irrelevant werden. Der AIA erlaubt dieses jetzt nur noch für bestimmte erfinderbasierte Veröffentlichungen und bestimmt den *effective filing date* als relevant, der auch Prioritätsdaten außerhalb der USA umfasst. Auch gibt es keine Besonderheiten bei ausländischen PCT-Anmeldungen mehr, die nicht in Englisch veröffentlicht wurden. Zudem wurden Regelungen im Fall von widerrechtlicher Entnahme (*derivation*) eingeführt.

Während somit die generelle Situation und Handhabung des Stands der Technik Europa recht ähnlich ist, gibt es dennoch wichtige Unterschiede. Zunächst ist die Bezeichnung „First to File" nicht ganz korrekt, da nach dem neuen § 102 des US-Patentgesetzes für eine Patentfähigkeit die „erste Veröffentlichung" (*first to publicly disclose*) eine sehr wichtige Rolle spielt. Die Neuheitsschonfrist gilt dann, wenn diese direkt oder indirekt durch einen Erfinder, z. B. als Paper, im Rahmen einer Forschungskooperation (für Hochschulen natürlich besonders wichtig) oder durch den Arbeitgeber, erfolgte. Dies führt dazu, dass tatsächlich manche die „Strategie" von frühen Veröffentlichungen als defensive Maßnahme propagieren, was jedoch effektiv die Möglichkeit für ausländische Nachanmeldungen beseitigt.

Neuheitsschonfrist für erfinderbasierte Veröffentlichungen.

Völlig ungeklärt ist auch, wie und was veröffentlicht werden muss, damit eine verlässliche defensive Wirkung eintritt. Muss die Veröffentlichung z. B. *enabling* sein? Was passiert mit Abwandlungen? Grundsätzlich ist somit wohl anzuraten, diese neue „Strategie" nicht anzuwenden, sondern zunächst eine (z. B. *provisional*) Anmeldung einzureichen und (eigentlich wie bisher) die Neuheitsschonfrist lediglich für Notfälle in Anspruch zu nehmen.

Ein weiterer wichtiger Unterschied ist, dass der Stand der Technik ab dem *effective filing date* in den USA sowohl für die Analyse der Neuheit als auch der erfinderischen Tätigkeit herangezogen wird. Das US-Recht kennt auch nach der Einführung des AIA keine „älteren Rechte", also Stand der Technik, der aufgrund von Nachveröffentlichung nur für die Neuheit relevant wäre. Dieses Problem hat sich mit der Einführung des AIA durch den breiteren Stand der Technik sogar noch verschärft.

8.4.7 Besonderheiten des US-Anmelde- und Prüfungsverfahrens

Erfindererklärung bei US-Patentanmeldung

Durch den AIA wurde auch das Anmeldeverfahren in den USA etwas verändert. Es ist z. B. nicht mehr erforderlich, dass der Erfinder Anmelder ist. Jedoch muss weiterhin eine Erfindererklärung eingereicht werden. Von Interesse für Hochschulerfinder ist außerdem die Verbilligung von Amtsgebühren über den *small-entity*-Status (50% Ermäßigung). Neu eingeführt ist der Status der *micro entity* (75% Ermäßigung). Als *small entity* gelten grundsätzlich Firmen mit insgesamt bis zu 500 Mitarbeitern, aber auch Non-Profit-Organisationen, einschließlich Hochschulen. Der Status geht jedoch verloren, wenn das Patent an eine *no small entity* lizenziert oder übertragen wird. Dies kann sogar für eine Lizenz an die Regierung gelten. Wenn sich der Status ändert, muss dieser Wechsel umgehend schriftlich angezeigt werden. Für eine *micro entity* qualifizieren sich *small entities*, die weniger als vier *non-provisional*-Anmeldungen eingereicht haben, Geringverdiener oder eine Einrichtung unter dem Higher Education Act sind (Universitäten). Davon ausgenommen sind somit z. B. *Research Foundations* oder Technologietransferbüros, was aber nur dann ein Problem ist, wenn diese selbst (und nicht die Universitäten) die Rechte an den Anmeldungen halten.

Relevante Dokumente müssen dem US-Patentamt vorgelegt werden.

Der Verlauf des US-Patentprüfungsverfahrens unterscheidet sich von den europäischen Verfahren insbesondere dadurch, dass bei den Life Sciences die Erfindung fast immer als uneinheitlich bemängelt wird (*per restriction requirement*) –

8.4 · Hochschulerfindungen und das US-Patentrecht

wobei dies dem Prüfer natürlich auch erlaubt, seinen Arbeitsaufwand gering zu halten –, relativ enge Fristen gelten (drei Monate ab Datum des Bescheids, gegen Gebühr kann bis zu sechs Monate verlängert werden) und nur eine limitierte Anzahl von Bescheiden ergeht (normalerweise drei), wobei im letzten Bescheid schon nicht mehr voll diskutiert werden kann. Falls bis dahin das Verfahren nicht abgeschlossen ist, muss eine (recht teure) *continued examination* (RCE) beantragt werden. Als Vorteil wird das Patent bei Verzögerung der Prüfung durch das Amt in seiner Laufzeit automatisch verlängert. Leider ist die technische Ausbildung vieler US-Prüfer gerade in aufwendigeren Gebieten nicht besonders gut; eine sorgfältige Aufbereitung technischer Sachverhalte durch die Beteiligten hilft hier weiter und spart viel Geld.

Ein für die Praxis weiterer Unterschied ist die Verpflichtung des Anmelders (und der Erfinder), alle für die Patentierung relevanten Informationen (z. B. Stand der Technik) beim US-Patentamt vorzulegen (*duty of disclosure*). Dies erfolgt normalerweise durch ein *information disclosure statement* (IDS); dieses Erfordernis gilt bis zur Erteilung des Patents. Ein Verstoß kann zum Verlust des Patents aufgrund von *inequitable conduct* führen, eine Konsequenz, die es im europäischen Verfahren so nicht gibt. Gerade eigene Vorveröffentlichungen sollten daher besonders sorgfältig auf ihre Relevanz hin überprüft werden.

8.4.8 Patent Marking

35 USC § 287(a) erforderte bisher, dass für einen vollen Schadensersatz patentierte Produkte mit einer Markierung *patented* oder *patent pending* sowie einer Nummer versehen sein mussten. Der AIA erleichtert diese Erfordernisse über die Möglichkeit, lediglich einen Verweis auf eine Internetseite anzubringen.

8.4.9 Probleme bei der allgemeinen Patentfähigkeit von Life-Science-Patenten – § 101, „Prometheus" und „Myriad"

Auch in den USA ist die Patentierung von allgemeinen Naturgesetzen und natürlichen Phänomenen nicht möglich. Natürlich basieren aber alle Erfindungen auf Naturgesetzen und wenden diese an. In Europa müssen Erfindungen „Lehren zum technischen Handeln" sein; dieses Kriterium der Techni-

Kein Patent für natürliche Phänomene

zität fehlt in den USA. Das der Entscheidung „Prometheus" des US Supreme Court zugrunde liegende Problem war somit die Frage der „Distanz" zwischen natürlichen Phänomenen und einer Erfindung. Das Gericht war der Meinung, dass mit den Ansprüchen nur ein Naturgesetz beschrieben wurde (die im Patienten vorliegenden Wirkstoffdosierungen) und das „Drumherum" der Patentansprüche lediglich nicht patentfähiges Beiwerk betraf („patent claims must recite, significantly more, than a law of nature"). Insofern blieb nach der Meinung des US Supreme Court nichts Patentrelevantes außer dem Naturgesetz selbst übrig, wodurch das Patent die Erfordernisse nach § 101 (*utility*) nicht erfüllte.

Während „Prometheus" lediglich ein Verfahren zur personalisierten Behandlung einer Erkrankung betraf, wurde im Fall „Myriad" die obige Frage anschließend auch auf aus der Natur isolierten Verbindungen (hier: DNA) ausgeweitet. Diese seien möglicherweise auch nur natürliche Phänomene, eine Patentierung als Stoff sei daher nicht möglich. Die sich seitdem auch auf Basis des weiteren case law für die Life-Science-Industrie – und insbesondere die Diagnostik – ergebenden Konsequenzen müssen als desaströs bezeichnet werden. Die Rechtsunsicherheit ist hoch, sowohl die Prüfer als auch die Gerichte agieren in diesen Fällen uneinheitlich. Der Anmelder zahlt die Zeche, die Kosten einer US-Patentanmeldung sind massiv angestiegen.

Ein Problem in den USA ist auch die enge Auslegung des Forschungsprivilegs, das in Europa großzügiger ist. Das Argument der Behinderung der Forschung durch Patente auf Naturgesetze ist dort somit von erheblich größerer Relevanz als z. B. in Deutschland.

8.4.10 Angriffe auf die Anmeldung/das Patent

Erhöhte Amtsgebühren für Angreifer

Grundsätzlich waren in den USA Angriffe auf die Anmeldung bisher nur beschränkt möglich. Durch den AIA hat sich das verbessert, da es jetzt die Möglichkeit echter Eingaben Dritter (auch anonym) gibt. Nach der Erteilung waren vor allem durch die *presumption of validity* eines erteilten Patents effektive Angriffe bisher eigentlich nur durch ein Gerichtsverfahren möglich, was sehr aufwendig war. Das USPTO lässt sich jedoch die jetzt mögliche „Übernahme" von gerichtsähnlichen Tätigkeiten durch das sogenannte „PTAB" (Patent Trial and Appeal Board) mit kräftigen Gebühren vergüten. Die gerichtsähnliche Funktion des PTAB ist zudem nicht unumstritten (so im *US v. Arthrex, Inc.* – Fall des US Supreme Court vom Juni 2021).

Drei der Möglichkeiten, *inter-partes review*, *post-grant review* und ein spezielles Programm für *business method patents* (wird hier nicht behandelt), sind durch den AIA neu eingeführt, die sogenannte *ex parte reexamination* gab es vorher auch schon. Bei der jetzigen *ex parte reexamination* werden Unterlagen eingereicht, danach ist der Angreifer nicht mehr am Verfahren beteiligt. Günstigerweise führt das Verfahren zu keiner Blockade von vorgebrachten Argumenten in anderen späteren Verfahren (*estoppel*). Der *post-grant review* scheint dem Einspruchsverfahren ähnlich, so kann er nur neun Monate nach der Erteilung erhoben werden. Jedoch sind die möglichen Gründe für einen *post-grant review* viel breiter als im Einspruch. Zudem ist das Verfahren recht aufwendig und führt zu breiten *estoppels* für den Angreifer. Nach Ablauf der neun Monate steht dem Angreifer der *inter-partes review* zur Verfügung, der dann aber nur noch auf Argumente basierend auf schriftlichem Stand der Technik beschränkt ist. Der *inter-partes review* ersetzt die vorherige *inter-partes reexamination* und führt nur zu relativ geringen *estoppels*. Jedoch sind auch hier die zu zahlenden Gebühren sehr hoch, aber immer noch viel billiger als entsprechende Streitverfahren. Insgesamt ist ein entsprechender Angriff strategisch sehr gut zu überlegen.

8.4.11 Durchsetzung von Patenten in den USA

Der AIA hat die Grundzüge des US-Verletzungsverfahrens – auch für Hochschulen – nicht verändert; so sind insbesondere die Kosten im Vergleich zu europäischen Verfahren immer noch viel teurer, insbesondere aufgrund des aufwendigen Beweissicherungsverfahrens (*discovery*), das ungefähr die Hälfte der Kosten verursacht. Nach einer Studie der American Intellectual Property Law Association (AIPLA) von 2020 liegen die Kosten bei zwischen 2,3 und 4 Mio. US-Dollar, also etwa 15-mal höher als für ein entsprechendes deutsches Verfahren. Was der AIA möglicherweise bewirken wird, ist eine erhöhte Zahl von ausgesetzten Verfahren, wenn das Patent vor dem USPTO angegriffen wird. Sehr beliebt sind in letzter Zeit Verfahren vor der International Trade Commission (ITC), da diese sehr schnell und recht billig eine Entscheidung bringen. Die ITC kann jedoch „nur" über den Stopp eines Imports von patentverletzenden Produkten in die USA entscheiden, was aber natürlich in vielen Fällen der wesentlichste Punkt eines Patentstreits ist.

Sehr teure Streitverfahren

Weitere Arten geistigen Eigentums

Inhaltsverzeichnis

9.1 Übersicht – 276

9.2 Gebrauchsmuster – das kleine Patent – 276

9.3 Designschutz – 280

9.4 Marke – 283

9.5 Urheberrecht – 286

> Wenn es einen Weg gibt, etwas besser zu machen: Finde ihn!

Thomas Alva Edison (1847–1931), Erfinder der Glühbirne

9.1 Übersicht

Viele kommerziell erhältliche Produkte sind nicht durch ein einzelnes Patent geschützt. Bei Autos, Smartphones oder Parfüm sind oft ganze Bündel von Patenten und/oder anderen Schutzrechten relevant, sodass die Nachahmung der geschützten Produkte durch Dritte möglichst erschwert wird. Außer den technischen Wirkungen kann auch das Erscheinungsbild mit einem sogenannten Geschmacksmuster geschützt sein, zum Beispiel das Design einer Autofelge, die Form eines Smartphones oder die eines Parfümflakons. Zudem kann eine Marke zum Wert eines Produkts beitragen, indem sie einen hohen Wiedererkennungswert erzeugt und ein besonderes Vertrauen in die Produktqualität beim Konsumenten oder Kunden hervorruft.

Neben dem Patent werden das Gebrauchsmuster, das Design und die Marke ebenfalls als gewerbliche Schutzrechte bezeichnet. Bei der kommerziellen Verwertung von Forschungsergebnissen aus Hochschulen spielen sie im Vergleich zum Patent allerdings eine eher untergeordnete Rolle. Etwas gesondert steht das Urheberrecht – es gilt als ein Persönlichkeitsrecht, das allein dem Schöpfer von Texten, Kunstwerken, Musik und auch wissenschaftlichen Werken zusteht.

Um einen kleinen Überblick über die wichtigsten Möglichkeiten zur schutzrechtlichen Sicherung von geistigem Eigentum zu geben und die jeweiligen Besonderheiten und die Abgrenzung von Patenten zu verdeutlichen, werden diese Schutzformen im Folgenden kurz beschrieben.

Hierbei ist zu beachten, dass an dieser Stelle nicht alle Schutzrechtsformen behandelt werden. Für neue Pflanzensorten ist es zum Beispiel möglich, Sortenschutz zu erlangen; und die Oberflächengestaltung von Mikrochips kann durch Halbleiterschutz gesichert werden.

9.2 Gebrauchsmuster – das kleine Patent

Wie mit einem Patent können mit einem Gebrauchsmuster technische Erfindungen geschützt werden. Das Gebrauchsmuster (*utility model*) wird als „kleines Patent" oder „kleiner Bruder des Patents" bezeichnet. Die Schutzvoraussetzungen sind denen des Patents sehr ähnlich.

Gewerbliche Schutzrechte und Urheberrecht

9.2 · Gebrauchsmuster – das kleine Patent

Gebrauchsmusterschutz ist in Deutschland, aber auch in Österreich und einigen anderen Ländern wie Dänemark, Frankreich oder Japan erhältlich. In der Schweiz und den USA gibt es keinen Gebrauchsmusterschutz.

Die nachfolgenden Erläuterungen beziehen sich der Einfachheit halber nur auf die Besonderheiten des Gebrauchsmusters in Deutschland. Gebrauchsmusterfähige Erfindungen unterliegen in Deutschland ebenso wie die patentfähigen Erfindungen dem Gesetz über Arbeitnehmererfindungen. Alle in (▶ Abschn. 3.2) beschriebenen Regelungen sind daher auch für Gebrauchsmuster anzuwenden.

■ Anmeldung

Der wichtigste Grund, ein Gebrauchsmuster zu beantragen, besteht darin, dass hierdurch recht schnell ein wirksames Schutzrecht erlangt werden kann. Im Gegensatz zum Patent wird das Gebrauchsmuster zunächst nur formal, aber nicht inhaltlich geprüft. Es tritt daher schon nach relativ kurzer Zeit – einige Wochen bis Monate nach dem Anmeldetag – in Kraft. Allerdings kann der Inhaber sich nicht so sicher sein, dass sein ungeprüftes Schutzrecht auch Bestand hat (siehe unten „Löschungsverfahren").

Vorteil: schneller Schutz

■ Was kann geschützt werden?

Durch ein Gebrauchsmuster schützbare, technische Erfindungen können Gegenstände oder Stoffe sein, also Maschinen, chemische Erzeugnisse, Materialien und so weiter. Anders als beim Patent gibt es jedoch keinen Schutz für Verfahren, zum Beispiel Herstellungs-, Mess- oder Screeningverfahren. Auch neue Verwendungen oder Anwendungen gelten als Verfahren und sind deshalb nicht als Gebrauchsmuster schützbar.

Nachteil: kein Verfahrensschutz

> Medizinische Indikationen sind als Gebrauchsmuster schützbar

> Interessanterweise hat der Bundesgerichtshof in einer Entscheidung im Jahr 2005 bekundet, dass die Verwendung bekannter Stoffe für eine neue medizinische Indikation als Gebrauchsmuster geschützt werden kann (BGH X ZB 7/03). Demnach weisen Verwendungsansprüche dieser Art „jedenfalls Elemente von Erzeugnisansprüchen auf". Dies zeigt sich auch in der Formulierung der Patentansprüche für neue medizinische Indikationen bekannter Stoffe: „Stoff X zur Behandlung von […]." Insofern handelt es sich hier nicht um einen Verfahrensschutz, sondern um einen zweckgebundenen Erzeugnisschutz (▶ Abschn. 7.3.4).

Schutzvoraussetzungen

Gleiche Schutzvoraussetzungen wie für Patente

Grundsätzlich werden an das Gebrauchsmuster die gleichen Anforderungen wie an ein Patent gestellt: Die zu schützende Erfindung muss neu, erfinderisch und gewerblich anwendbar sein (▶ Abschn. 7.1).

Vorteil: Neuheitsschonfrist sechs Monate

Ein wichtiger Unterschied des Gebrauchsmusters im Vergleich zum Patent besteht darin, dass für das Gebrauchsmuster eine Neuheitsschonfrist gewährt wird: Hat der Anmelder beziehungsweise der*die Erfinder*in die Erfindung bereits publiziert, kann immer noch ein Gebrauchsmuster erhalten werden, wenn dieses innerhalb einer Frist von sechs Monaten angemeldet wird. Alle Publikationen des Anmelders selbst oder dessen Rechtsvorgängers (den Erfinder*innen), die innerhalb von sechs Monaten vor der Anmeldung erschienen sind, werden für die Beurteilung der Neuheit nicht berücksichtigt. Das gilt auch für Veröffentlichungen Dritter, die auf diesen Vorpublikationen des Anmelders beruhen. Publikationen anderer, die unabhängig vom Anmelder auf die Erfindung gekommen sind, werden aber sehr wohl berücksichtigt und stehen der später eingereichten Anmeldung als Stand der Technik entgegen.

Vorteil: mündliche Offenbarung nicht neuheitsschädlich

Ein weiterer Unterschied zum Patent ergibt sich durch die etwas andere Definition des Stands der Technik. Bei der Erteilung eines Gebrauchsmusters gilt nur als relevanter Stand der Technik, was schriftlich offenbart oder durch Benutzung im *Inland* der Öffentlichkeit zugänglich gemacht wurde. Falls eine Erfindung also nur mündlich verbreitet wurde (was in der Praxis wohl eher selten vorkommt), so würde dies einem Gebrauchsmuster nicht entgegenstehen. Für ein Patent ist hingegen jegliche Form der Veröffentlichung auch im Ausland, egal ob schriftlich, mündlich oder durch Benutzung, schädlich.

Löschungsverfahren

Prüfung bei Löschungsantrag durch Dritte

Ob das Gebrauchsmuster die notwendigen Voraussetzungen hinsichtlich Neuheit und Erfindungshöhe erfüllt, wird erst geprüft, wenn jemand einen schriftlichen Löschungsantrag stellt. In diesem Fall findet meist eine mündliche Verhandlung vor dem DPMA statt. Wird über ein Gebrauchsmuster ein Verletzungsstreit geführt, weil der Inhaber des Gebrauchsmusters einen Dritten auf Verletzung seines Schutzrechts verklagt hat, so kann der mutmaßliche Verletzer zunächst einen Antrag auf Löschung des Gebrauchsmusters stellen. Das Verletzungsverfahren wird dann in der Regel bis zur Entscheidung über die Löschung ausgesetzt.

Schutzdauer

Schutzdauer bis zehn Jahre

Ein Gebrauchsmuster ist zunächst drei Jahre ab dem Anmeldetag gültig. Der Schutz kann nach drei, sechs und acht

Jahren bis maximal zehn Jahre verlängert werden. Hierfür sind jeweils Aufrechterhaltungsgebühren zu zahlen. Die Laufdauer des Gebrauchsmusters ist daher im Vergleich zum 20 Jahre geltenden Patent deutlich kürzer.

- **Kosten**

Zumindest die amtlichen Gebühren sind für ein Gebrauchsmuster niedriger als für ein Patent. Zum einen fallen keine Kosten für die Recherche oder die Prüfung des Schutzrechts an, zum anderen sind die Aufrechterhaltungsgebühren niedriger als die Jahresgebühren für ein Patent. Die aktuellen Gebühren sind über die Homepage des DPMA einsehbar. Die Rechnung des Patentanwalts zur Gebrauchsmusteranmeldung kann allerdings ähnlich hoch wie für eine Patentanmeldung ausfallen, da der Inhalt (Beschreibung, Ansprüche, Beispiele) praktisch identisch ist. Das Gebrauchsmuster kann schließlich als Grundlage für Patentanmeldungen im Ausland dienen (bei Inanspruchnahme der Priorität), und es muss im Ernstfall, das heißt in einem Löschungsverfahren, den gleichen Anforderungen wie ein Patent genügen.

- **Strategischer Einsatz des Gebrauchsmusters**

Wie eine Patentanmeldung begründet auch eine Gebrauchsmusteranmeldung eine sogenannte Priorität, die durch eine spätere Patentanmeldung in Anspruch genommen werden kann. Das bedeutet, innerhalb eines Jahres nach Gebrauchsmusteranmeldung darf eine Patentanmeldung eingereicht werden, die den gleichen Anmeldetag wie die Gebrauchsmusteranmeldung zuerkannt bekommt (▶ Abschn. 8.1.1).

Gebrauchsmuster als Prioritätsgrundlage

Andersherum kann auch die Priorität einer Patentanmeldung für ein Gebrauchsmuster genutzt werden, wenn zum Beispiel unverhofft eine frühere Publikation der Erfinder*innen auftaucht und die sechsmonatige Neuheitsschonfrist in Anspruch genommen werden soll.

Viel häufiger wird jedoch eine weitere Möglichkeit genutzt, um auf die Priorität einer früheren Patentanmeldung zurückzugreifen: die sogenannte Abzweigung. Die Abzweigung eines Gebrauchsmusters ist auch nach Ablauf der zwölfmonatigen Prioritätsfrist möglich, nämlich bis zwei Monate nach dem Untergang einer Patentanmeldung, der Erteilung eines Patents oder dem Abschluss eines Einspruchsverfahrens. Der Zeitrang der zugrunde liegenden Patentanmeldung gilt dann auch für das abgezweigte Gebrauchsmuster.

Gebrauchsmuster als Abzweigung von der Patentanmeldung

- **Woran erkennt man ein Gebrauchsmuster?**

In Deutschland ist ein Gebrauchsmuster üblicherweise mit der Kennzeichnung „DGBM" (für Deutsches Bundes-Gebrauchsmuster) versehen.

> **Gebrauchsmuster versus Patent**
>
> Das Gebrauchsmuster kann schneller und etwas kostengünstiger als ein Patent erlangt werden. Es besteht jedoch auch eine größere Gefahr, dass es angegriffen und gelöscht wird. Ein wichtiger Vorteil des Gebrauchsmusters ist die sechsmonatige Neuheitsschonfrist für Vorveröffentlichungen des Anmelders. Allerdings muss beachtet werden, dass ein Gebrauchsmuster nicht für Verfahren erteilt wird und dass die Laufdauer maximal zehn Jahre beträgt.

9.3 Designschutz

Besticht ein Produkt nicht durch seine technische Funktion, sondern durch ein außergewöhnliches Aussehen, kann es möglicherweise durch ein Design (englisch *design patent* oder *industrial design*) vor Nachahmern geschützt werden. In der Praxis findet man das Design – wie der Name schon sagt – besonders häufig für Design- und Gebrauchsgegenstände, wie Möbel, Küchenutensilien oder Geräteteile. Das Schutzrecht sichert konkrete Gegenstände oder Formen, die das ästhetische Geschmacksempfinden ansprechen. Denn wie in ▶ Abschn. 7.2.3 beschrieben, können ästhetische Formschöpfungen nicht durch ein Patent geschützt werden. Bis zum 2014 in Kraft getretenen Designgesetz wurde das Design als „Geschmacksmuster" bezeichnet. Auf europäischer Ebene heißt sein Pendant jedoch weiterhin Geschmacksmuster, genauer gesagt Gemeinschaftsgeschmacksmuster. Beide Begriffe, Design und Geschmacksmuster, meinen den gleichen Typ von Schutzrecht.

Design oder Geschmacksmuster

Seinen Ursprung hatte das Geschmacksmuster oder Design vermutlich in Frankreich, wo es seit dem 18. Jahrhundert bei der Gestaltung und dem Druck von Stoffen wirtschaftliche Bedeutung erlangte. Die frühere Bezeichnung „Geschmacksmuster" rührt daher, dass ein solches ursprünglich in Form eines „Musters" bei dem jeweils zuständigen Amt eingereicht werden musste. Inzwischen mutet der Begriff Geschmacksmuster etwas veraltet an, was zur Umbenennung des Schutzrechts und des zugehörigen Gesetzes in „Design" respektive „Designgesetz" führte.

Das Recht auf ein eingetragenes Design steht dem Schöpfer oder dessen Rechtsnachfolger zu. Wurde ein Geschmacksmuster im Rahmen eines Arbeitsvertrags entworfen, so gehört es grundsätzlich dem Arbeitgeber, falls nichts anderes vereinbart wurde. Das Gesetz über Arbeitnehmererfindungen (ArbnErfG) findet für Geschmacksmuster also keine Anwendung. Eine gesonderte Vergütung für angestellte Schöpfer*innen eines Geschmacksmusters gibt es in der Regel nicht.

- **Was kann geschützt werden?**

Geschmacksmuster schützen zweidimensionale Muster, wie Stoffdesigns, oder dreidimensionale Gegenstände, wie einen Stuhl, eine Flasche oder auch ein Ersatzteil. Nicht geschützt werden können unter anderem Naturprodukte, zum Beispiel Felle, oder unbewegliche Gegenstände, zum Beispiel Gebäude.

Designschutz in 2D oder 3D

- **Anmeldung**

Um ein Geschmacksmuster für Deutschland zu erhalten, muss beim DPMA ein Antrag auf Eintragung eingereicht werden. Auf entsprechenden Formblättern des DPMA sind Angaben zum Anmelder sowie Abbildungen des zu schützenden Gegenstands abzugeben. Entscheidend sind dabei die Abbildungen. Es muss klar sein, was das geschützte Design ist. Wenn zum Beispiel eine Vase geschützt werden soll, darf auf der Abbildung keine Blume mitdargestellt sein. Üblicherweise wird das Geschmacksmuster innerhalb von drei bis vier Monaten registriert. Ob die Geschmacksmusteranmeldung die erforderlichen Schutzvoraussetzungen (siehe unten) erfüllt, wird zunächst nicht geprüft.

Zudem ist wichtig, dass der Geschmacksmusterschutz immer nur für eine konkrete Ausgestaltungsform gilt. Das heißt, wenn zum Beispiel ein neuer Sessel unterschiedliche Farben haben soll, müssen entsprechend mehrere Geschmacksmuster registriert werden. Beim Schutz von Abwandlungen, die von einem Grundmuster ausgehen, ist es jedoch möglich, kostengünstigere Sammelanmeldungen einzureichen.

Für jede Farbe ein Geschmacksmuster

Wie für andere gewerbliche Schutzrechte gilt auch das Geschmacksmuster nur für die Länder, in denen es registriert wurde. Innerhalb einer Prioritätsfrist von sechs Monaten nach der ersten Anmeldung kann es auf weitere Länder ausgeweitet werden. Für die EU gibt es die Möglichkeit, mit einer Anmeldung ein Gemeinschaftsgeschmacksmuster für alle EU-Staaten zu erhalten. Außerdem kann über einen Geschmacksmusterantrag nach dem Haager Musterabkommen gleichzeitig Designschutz für die derzeit 74 Vertragsstaaten (einschließlich Deutschland und Schweiz) erreicht werden.

Schutzvoraussetzungen

Voraussetzung: neu und eigentümlich

Um Designschutz zu erhalten, muss ein Design oder ein Modell neu und eigentümlich sein. Als neu gilt, wenn vor dem Anmeldetag kein identisches oder nur in unwesentlichen Merkmalen unterscheidbares Design oder Modell bekannt war. Ähnlich wie für ein Gebrauchsmuster gibt es für die Anmeldung eines Geschmacksmusters eine Neuheitsschonfrist, allerdings von zwölf Monaten, sodass bei einer vorherigen Offenbarung des Designs durch den Inhaber oder den*die Schöpfer*in selbst noch immer Schutz erlangt werden kann. Die zweite Voraussetzung, die Eigenart, besitzt ein Gegenstand, wenn sich sein Gesamteindruck von dem bestehender Designs unterscheidet.

Nichtigkeitsverfahren

Nichtigkeitsverfahren im Streitfall

Ob die Schutzvoraussetzungen erfüllt sind, wird bei der Eintragung noch nicht geprüft. Erst wenn es zum Streit mit einem Dritten, in der Regel mit einem mutmaßlichen Verletzer kommt, kann in einem Nichtigkeitsverfahren festgestellt werden, ob das Design wirklich neu und eigentümlich ist. Bis Ende 2013 waren hierfür in Deutschland Zivilgerichte zuständig. Seit dem 01.01.2014 ist vorgeschrieben, dass über den Bestand eines eingetragenen Designs in erster Instanz das DPMA entscheidet.

Schutzdauer

25 Jahre Laufdauer

Die erste Schutzperiode für ein Design dauert fünf Jahre. Sie kann viermal bis maximal 25 Jahre verlängert werden.

Links

— Informationen zum Designschutz finden sich für Deutschland beim DPMA (▶ https://www.dpma.de/designs/index.html), für die Schweiz beim IGE (▶ https://www.ige.ch/de/etwas-schuetzen/design.html) oder beim Österreichischen Patentamt (▶ https://www.patentamt.at/designs/designs-service/design-national/).

— Informationen für das Gemeinschaftsgeschmacksmuster der EU gibt es über die Homepage des HABM (Harmonisierungsamt für den Binnenmarkt) (▶ http://oami.europa.eu/ows/rw/pages/index.de.do) und für ein internationales Geschmacksmuster bei der WIPO (World Intellectual Property Organization) (▶ http://www.wipo.int/designs/en/).

— Eine Recherche nach registrierten Designs ist zum Beispiel möglich beim DPMA (▶ http://register.dpma.de) oder bei der WIPO (▶ https://www3.wipo.int/designdb/hague/en/).

9.4 Marke

Eine große wirtschaftliche Bedeutung besitzt der Markenschutz. Eine Marke *(trademark)* dient dazu, Waren oder Dienstleistungen wiedererkennbar zu machen, sodass aus einem anonymen Produkt ein unverwechselbarer Markenartikel entsteht. Mit einer berühmten Marke erhält ein Produkt oder eine Dienstleistung einen nicht zu unterschätzenden Wettbewerbsvorteil. Hierzu trägt bei, dass die Marke im Unterschied zu den anderen beschriebenen Schutzrechten zeitlich unbegrenzt aufrechterhalten werden kann.

> **Der Wert berühmter Marken**
> Marktforschungsinstitute ermitteln jährlich den Wert berühmter Marken. Nach Schätzung der Firma Interbrand hielt im Jahr 2020 die Marke Apple ihre langjährige Spitzenreiterposition mit einem Wert von über 322 Mrd. US$. Auf den Plätzen 2 und 3 folgen die Marken Amazon und Microsoft, die im Corona-Jahr 2020 mit Werten von 200 Mrd. US$ respektive 166 Mrd. US§ beide einen gewaltigen Sprung von über 50 % im Vergleich zum Vorjahr hinlegten und Google (165 Mrd. US$) auf Platz 4 verwiesen. Als teuerste Marke eines deutschstämmigen Unternehmens wird auf Platz 8 Mercedes-Benz mit rund 49 Mrd. US$ geführt.
> (Aus: Best Global Brands 2020, Interbrand)

Aber nicht nur Unternehmen, sondern auch Universitäten und andere Institutionen lassen ihren Namen als Marke schützen (◘ Abb. 9.1). Weiterhin werden Werktitel, beispielsweise Titel für Bücher, Filme oder Computerprogramme, durch Marken gegen mögliche Nachahmer gesichert. Übrigens kann auch die geografische Herkunft aus einem bestimmten Ort, einer Gegend oder einem Land geschützt werden. Beim DPMA findet sich hierzu ein Verzeichnis von der „Aachener Weihnachtsleberwurst" bis zum „Westfälischen Pumpernickel".

Markenschutz für Namen oder Titel

◘ Abb. 9.1 Wort-Bild-Marke der Johann Wolfgang Goethe-Universität Frankfurt (DE 3020130130022)

Was kann geschützt werden?

Wort- und Bildmarke

Als Marke geeignet sind Wörter, Buchstaben, Zahlen, Logos, sogar Farben, Töne oder Gerüche. Die häufigsten Formen sind allerdings Wort-, Bild- oder kombinierte Wort-Bild-Marken.

Anmeldung

Eine Marke kann nicht pauschal registriert werden. Es muss vielmehr aufgelistet werden, für welche Waren und Dienstleistungen die Marke verwendbar sein soll. Diese Auflistung richtet sich nach einer internationalen Nizza-Klassifikation. Klasse 42 bezeichnet zum Beispiel wissenschaftliche und technologische Dienstleistungen.

Die Anmeldung zur Eintragung einer Marke wird in Deutschland beim DPMA eingereicht. Ähnlich wie ein Patent wird auch die Marke auf ihre Schutzfähigkeit geprüft, wobei verschiedene Anforderungen erfüllt sein müssen (siehe unten).

> **Marke ohne Eintragung**
>
> Unter besonderen Voraussetzungen kann Markenschutz auch ohne Eintragung entstehen. Dies ist der Fall, wenn die Marke schon sehr lange und intensiv genutzt wurde oder wenn sie eine ganz außerordentliche Bekanntheit besitzt. Grundsätzlich empfiehlt sich jedoch die Registrierung, da hierdurch die Rechtsposition des Inhabers gestärkt wird.

Neben einer nationalen Markenanmeldung kann durch eine Anmeldung beim Europäischen Markenamt, dem Harmonisierungsamt für den Binnenmarkt (HABM) in Alicante, Spanien, eine Gemeinschaftsmarke erhalten werden, die für die gesamte EU gilt. Auch eine internationale Markenregistrierung ist möglich. Sie gilt für alle Mitgliedsstaaten des Madrider Markenabkommens, einschließlich Deutschland, Österreich und der Schweiz.

Schutzvoraussetzungen

Unterscheidungs- und Kennzeichnungskraft

Um als Marke eingetragen zu werden, muss diese eine Unterscheidungskraft gegenüber anderen Marken (für diese Waren- und Dienstleistungsgruppen) besitzen. Beste Chancen besitzen fantasievolle Wörter oder Bilder. Je eher die Marke den Inhalt oder Merkmale der Ware beschreibt, umso unwahrscheinlicher ist die Registrierung. Für die Öffentlichkeit beziehungsweise andere Wettbewerber besteht nämlich ein Freihaltebedürfnis für Angaben, die zur Bezeichnung einer Ware dienen. Der Begriff „Apple" zum Beispiel ist im Zusammenhang mit Computern als Marke schützbar, jedoch nicht für

9.4 · Marke

Produkte aus Äpfeln. Außerdem dürfen Marken den Konsumenten nicht irreführen und keine Hoheitszeichen, zum Beispiel Staatsflaggen, enthalten. Und Marken dürfen ebenso wie Patente nicht gegen die guten Sitten und die öffentliche Ordnung verstoßen.

- **Schutzdauer**

Ab dem Anmeldetag ist eine Marke zunächst zehn Jahre geschützt. Werden pünktlich Verlängerungsgebühren bezahlt, kann die Laufdauer um jeweils zehn Jahre verlängert werden. Im Gegensatz zu den anderen gewerblichen Schutzrechten ist der Schutz einer Marke zeitlich nicht befristet.

Laufdauer unbegrenzt

Neben der Zahlung der Aufrechterhaltungsgebühren muss allerdings noch beachtet werden, dass die die Marke stets im Einsatz bleibt. Das heißt, die Marke muss im Zusammenhang mit dem Produkt oder der Dienstleistung verwendet werden. Ansonsten kann, zum Beispiel in einem Löschungsverfahren, die Einrede der mangelnden Benutzung geltend gemacht werden.

- **Löschungsverfahren**

In bestimmten Fällen kann eine eingetragene Marke auch wieder gelöscht werden. Wenn diese nämlich ähnlich oder sogar identisch zu einer älteren Marke ist, so kann der Inhaber der älteren Marke innerhalb von drei Monaten nach der Veröffentlichung der neu eingetragenen Marke Widerspruch einlegen. Auch später kann die Marke auf Antrag gelöscht werden: zum einen mit einem Antrag auf Löschung durch Dritte, wenn fehlende Schutzanforderungen, zum Beispiel täuschende oder beschreibende Angaben oder mangelnde Benutzung (siehe oben), glaubhaft gemacht werden, zum anderen auf Antrag des Inhabers selbst oder von Amts wegen, zum Beispiel wenn Verlängerungsgebühren nicht bezahlt wurden.

- **Woran erkennt man eine Marke?**

Eingetragene Marken sind üblicherweise mit dem Registrierhinweis ® gekennzeichnet.

- **Links**
  - Informationen zum Markenschutz gibt es bei den nationalen Patentämtern in Deutschland unter ▶ https://www.dpma.de/marken/index.html, in Österreich unter ▶ https://www.patentamt.at/marken/ und der Schweiz unter ▶ https://www.ige.ch/de/etwas-schuetzen/marken.html.
  - Näheres zu Gemeinschaftsmarken der EU findet man beim HABM (Harmonisierungsamt für den Binnenmarkt) (▶ http://oami.europa.eu/ows/rw/pages/index.de.do) und

zur internationalen Marke bei der WIPO (▶ http://www.wipo.int/madrid/en/)

Über die genannten Internetseiten sind gleichfalls Informationen und Zugang zu den Datenbanken erhältlich, in denen nach bereits registrierten Marken recherchiert werden kann.

9.5 Urheberrecht

Eine besondere Rolle unter den Schutzrechten spielt das Urheberrecht. Es betrifft Werke der Literatur, der Kunst und der Wissenschaft und ist für Forschende vor allem im Hinblick auf ihre wissenschaftlichen Publikationen relevant.

- **Was kann urheberrechtlich geschützt sein?**

Texte, Musik und Computerprogramme

Das Urheberrecht gilt für Sprachwerke, wie Texte, Gedichte, Reden, Liedtexte und auch wissenschaftliche Artikel sowie wissenschaftliche und technische Darstellungen in Form von Plänen, Tabellen oder Abbildungen. Außerdem können Musikwerke, egal ob Schlager oder Kinderlied, und Computerprogramme urheberrechtlich geschützt sein. Für Computerprogramme ist unter besonderen Voraussetzungen, nämlich wenn damit eine technische Wirkung erzielt wird, auch ein Patentschutz möglich (▶ Abschn. 7.3). In der Praxis stellt das Patent zum Schutz einer Software ein stärkeres (weil geprüftes) Schutzrecht dar, das aber mit höheren Kosten für Patentverfahren erkauft werden muss.

Nicht durch das Urheberrecht geschützt sind Fakten, Naturgesetze und wissenschaftliche Theorien. Sie erfüllen ebenso wie reine Erkenntnisse, Untersuchungsergebnisse oder Messdaten in der Regel nicht das nachfolgend beschriebene Erfordernis der „Schöpfungshöhe".

- **Schutzvoraussetzungen**

Schöpfungshöhe erforderlich.

Die Grundvoraussetzungen für das Vorliegen des Urheberrechts sind gegeben, wenn das Werk
— Ergebnis eigener geistiger Schöpfung ist,
— in wahrnehmbarer Form manifestiert ist (eine Rede genügt; reine Ideen sind jedoch ausgeschlossen) und
— eine gewisse individuelle Schöpfungshöhe oder Gestaltungshöhe aufweist (eine bloße handwerkliche Leistung genügt nicht).

Anders als bei den gewerblichen Schutzrechten ist die Frage der Neuheit nicht relevant. Wichtiger ist hier die Werkqualität.

Je origineller, kreativer oder fantasievoller ein Werk ist, desto breiter greift sein Schutzbereich.

Im Gegensatz zu den bereits beschriebenen Schutzrechten entsteht das Urheberrecht automatisch bei der Schaffung des Werks; es muss also nicht bei einem Amt angemeldet oder registriert werden.

Urheber*innen können entscheiden, ob und in welcher Form ihr Werk veröffentlicht wird. Außerdem besitzen sie das alleinige Recht, ihr Werk zu verwerten, zu vervielfältigen und auszustellen.

Urheber*innen können – wie auch Erfinder*innen – nur natürliche Personen sein. Das Urheberrecht ist als Persönlichkeitsrecht nicht auf andere übertragbar. Der*die Autor*in einer wissenschaftlichen Publikation bleibt immer Urheber*in (▶ Abschn. 3.1.1).

Anders sieht es mit dem Nutzungsrecht aus. Dieses ist auf andere übertragbar, zum Beispiel kann der Autor eines Artikels einem Verlag die Veröffentlichung seines Artikels erlauben. Für diejenigen, die in einem Arbeitsverhältnis stehen, gilt, dass dem Arbeitgeber die Nutzungsrechte an Werken zustehen, die im Rahmen des Dienstverhältnisses entstanden sind. Hier darf also der Arbeitgeber über die Verwertung urheberrechtlicher Werke seiner Angestellten befinden. Eine gesonderte Entlohnung für sein Werk steht den Urheber*innen in der Regel nicht zu – im Gegensatz zu Arbeitnehmererfinder*innen, die (zumindest in Deutschland) eine gesetzlich geregelte, gesonderte Vergütung erhalten, wenn sie eine verwertbare Erfindung im Rahmen ihres Arbeitsverhältnisses gemacht haben.

> Urheberrecht ist ein Persönlichkeitsrecht.

> Nutzungsrecht gegebenenfalls beim Arbeitgeber

Wissenschaftler*innen als Urheber*innen wissenschaftlicher Publikationen

Wenn Hochschulforschende wissenschaftliche Artikel auf Basis ihrer Ergebnisse oder Erfahrungen geschrieben haben, so besitzen sie automatisch das Urheberrecht für dieses „Werk". Das Gleiche gilt für Hausarbeiten, Bachelor-, Master- und Doktorarbeiten. Die Urheber*innen können entscheiden, ob und in welcher Form das Werk publiziert wird. Bei mehreren beteiligten Autor*innen müssen alle der Veröffentlichung zustimmen.

Ob jemand ein urheberrechtlich geschütztes Werk geschaffen hat oder daran beteiligt war, bemisst sich an dem schöpferischen Beitrag. Wurden lediglich Messreihen erstellt oder Daten erhoben, liegt in der Regel noch keine ausreichende Gestaltungshöhe für einen urheberrechtlichen Schutz vor. Eine technische Assistentin, die auf Anweisung fotometrische Messdaten erhebt, übt daher lediglich technische Hilfsleistungen aus. Um eine ausreichende Gestaltungshöhe zu besitzen, müssen wissenschaftliche Daten zunächst „schöpferisch" (zum Beispiel in einem Artikel) verarbeitet werden. Die Grenzen sind jedoch fließend, denn Grafiken, Diagramme und Zeichnungen unterliegen wiederum dem Urheberschutz.

Auch wenn die Autor*innen stets Urheber*innen einer wissenschaftlichen Publikation bleiben, müssen sie unter bestimmten Bedingungen Dritten Nutzungsrechte einräumen. Wichtig sind zum Beispiel arbeitsrechtliche Bestimmungen, die gegebenenfalls im Dienstvertrag verankert sind, oder Vereinbarungen mit Firmen im Rahmen einer Forschungskooperation, bei der die Publikationsfreiheit eingeschränkt werden kann.

Bei einer wissenschaftlichen Publikation in wissenschaftlichen Zeitschriften wie beispielsweise *Science* und *Nature* behalten die Autor*innen stets den Urheberstatus. Allerdings räumen sie der Zeitschrift üblicherweise mit einer *license to publish* ein exklusives Nutzungsrecht ein. Bei einer Open-Access-Zeitschrift werden weitergehende Nutzungsrechte zugestanden. Die Zeitschrift *PLOS Medicine* fordert beispielsweise eine *Creative Commons Attribution License* (CCAL) von ihren Autor*innen. Jedermann darf somit *PLOS Medicine*-Artikel herunterladen, verwenden, verteilen oder modifizieren, solange die Originalautor*innen und die Quelle zitiert werden.

Laufdauer: bis 70 Jahre nach dem Tod

- **Laufdauer**

Das Urheberrecht entsteht mit der Schöpfung des Werks und überdauert sogar den Tod der Urheber*innen. In Deutschland und Österreich endet der Urheberschutz 70 Jahre nach dem Tod des Urhebers oder der Urheberin; in der Schweiz sind es bei Computerprogrammen 50 Jahre nach dem Tod des*der Urheber*in und sonst ebenfalls 70 Jahre. Wie schon beschrieben, ist das Urheberrecht zwar persönlich mit dem*der Urheber*in verknüpft, aber die Nutzungsrechte können übertragen und sogar vererbt werden. Ist die Urheberschaft unbekannt, endet der Schutz 70 Jahre nach Veröffentlichung.

- **Wie erkenne ich ein urheberrechtlich geschütztes Werk?**

Um ein urheberrechtlich geschütztes Werk kenntlich zu machen, wird üblicherweise das Copyright-Zeichen © verwendet. Es wird vor den Namen des Urhebers oder der Urheberin gesetzt. Diese Kennzeichnung ist zum Beispiel in den USA zwingend vorgeschrieben, im deutschsprachigen Raum ist sie nicht unbedingt notwendig.

- **Links**
  - Deutschland, Österreich und die Schweiz verfügen jeweils über ein Urheberrechtsgesetz, das den Umgang mit dem geistigen Eigentum von Urhebern regelt. Informationen finden Sie bei den nationalen Patentämtern in Deutschland (▶ http://www.dpma.de/), Österreich (▶ http://www.patentamt.at/) und der Schweiz (▶ http://www.ige.ch/).
  - Unter den derzeit 178 Mitgliedsstaaten der „Berner Übereinkunft zum Schutz von Werken der Literatur und Kunst" werden Urheberrechte auch über die Grenzen der Staaten hinweg anerkannt. Informationen hierzu sind erhältlich unter ▶ http://www.wipo.int/copyright/en/.

Verwerten

Inhaltsverzeichnis

Kapitel 10   Patent – was nun? – 293

Kapitel 11   Lizenzieren oder Verkaufen – 319

Kapitel 12   Gründung eines Spin-offs – 355

Patent – was nun?

Inhaltsverzeichnis

10.1 Möglichkeiten der Patentverwertung – 294

10.2 Suche nach einem Verwertungspartner – 299
10.2.1 Strategische Vorgehensweise – 299
10.2.2 Das Technologieangebot – 300
10.2.3 Bewertung von Technologie-Angeboten aus Sicht eines Biotechnologieunternehmens am Beispiel Qiagen – 301
10.2.4 Wie und wo finden sich Lizenznehmer? – 304

10.3 Weiterentwicklung der Technologie – 306

Ergänzende Information Die elektronische Version dieses Kapitels enthält Zusatzmaterial, auf das über folgenden Link zugegriffen werden kann https://doi.org/10.1007/978-3-662-64400-3_10. Die Videos lassen sich durch Anklicken des DOI Links in der Legende einer entsprechenden Abbildung abspielen, oder indem Sie diesen Link mit der SN More Media App scannen.

© Springer-Verlag GmbH Deutschland, ein Teil von Springer Nature 2022
K. Schilling, *Forschen – Patentieren – Lizenzieren*, https://doi.org/10.1007/978-3-662-64400-3_10

> „Es gibt nichts Törichteres im Leben als das Erfinden. Ich bin jetzt fünfunddreißig Jahre alt und habe der Welt noch nicht für fünfunddreißig Pfennige genützt."

James Watt (1736–1819), englischer Erfinder der Dampfmaschine

10.1 Möglichkeiten der Patentverwertung

Leider ist ein erteiltes Patent noch keine Garantie für kommerziellen Erfolg. Um erfolgreich vermarktet werden zu können, muss mit dem Patent ein wirtschaftlicher Nutzen erzielbar sein. Bestenfalls ermöglicht es einem Unternehmen Wettbewerbsvorteile, etwa dadurch, dass Kosten reduziert oder Marktanteile gewonnen werden. Auch das Patentamt geht davon aus, dass sich für den Inhaber eines Patents ein Mehrwert ergibt. Mit jedem Jahr der Aufrechterhaltung steigen die Jahresgebühren. Sie erhöhen sich beispielsweise beim Europäischen Patentamt von 490 € ab dem dritten Jahr bis zu 1640 € für das zehnte und jede weitere Jahr.

In der Praxis warten Hochschulen meistens nicht so lange, bis tatsächlich ein Patent erteilt wurde. Sobald eine Patentanmeldung beim Patentamt eingereicht ist, kann die Suche nach einem Verwertungspartner beginnen. Bevor im Folgenden die Fragen adressiert werden, wie ein Verwertungspartner gefunden und die folgenden Abläufe gestaltet werden können, sollen zunächst kurz die am weitesten verbreiteten Formen der Kommerzialisierung von Hochschulerfindungen aufgezeigt werden (◘ Abb. 10.1).

- **Lizenzierung**

Bei der Lizenzierung bleibt die Hochschule Eigentümerin.

Bei einer Vielzahl der Fälle, in denen Hochschulpatente erfolgreich verwertet werden, erfolgt eine Auslizenzierung an ein Unternehmen. Im Gegensatz zu einem Verkauf bleibt die Hochschule bei einer Lizenzvergabe Eigentümerin der Patentrechte. Der Lizenznehmer erhält die Berechtigung, die Schutzrechte wirtschaftlich zu nutzen, und zahlt dafür Lizenzgebühren, etwa in Form von Meilensteinzahlungen oder einer Umsatzbeteiligung. Die Höhe der Zahlungen und die Bedingungen, unter denen sie erfolgen, werden in einem Lizenzvertrag festgeschrieben. Dieser Vertrag, den die Hochschule als Lizenzgeber mit dem Lizenznehmer abschließt, enthält darüber hinaus weitere Vereinbarungen, beispielsweise zum Umgang mit den Schutzrechten oder Haftungsklauseln. Näheres zu Lizenzverträgen findet sich in ▶ Abschn. 11.4.

10.1 · Möglichkeiten der Patentverwertung

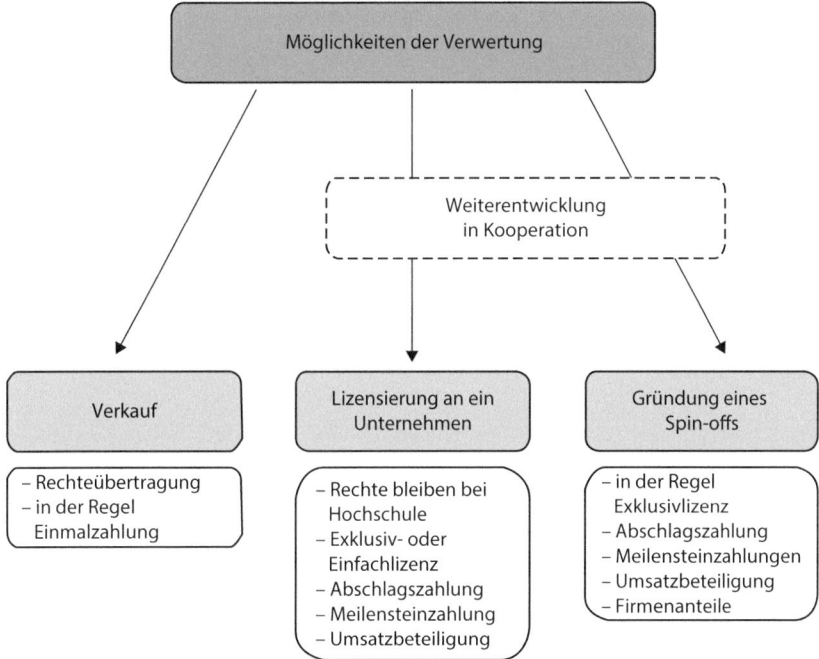

☐ Abb. 10.1   Häufigste Formen der Patentverwertung an Hochschulen

- **Verkauf von Schutzrechten**

Wie ein Haus oder ein Boot können auch die Rechte an Patenten ihren Eigentümer wechseln. In diesem Fall spricht man vom Verkauf und der Übertragung der Patentrechte. Die konkreten Konditionen der Übertragung werden ähnlich einem Lizenzvertrag zwischen der Hochschule und dem Käufer frei ausgehandelt. Das heißt, ein Kaufvertrag kann Meilensteinzahlungen, Umsatzbeteiligungen etc. enthalten. Viele Hochschulen bevorzugen jedoch die Lizenzierung ihrer Patente, um Möglichkeiten für die Verwertung etwa durch Vergabe mehrerer Lizenzen optimal nutzen zu können.

Vor allem bei einem Rechteverkauf an kleine Firmen und Spin-offs besteht ein hohes Risiko, dass der neue Rechteinhaber zahlungsunfähig wird. Mit dem Untergang der Firma können meist keine weiteren Verwertungseinnahmen aus den betreffenden Schutzrechten erzielt werden, und eine Rückübertragung der Rechte auf die Hochschule ist kaum möglich.

Verkauft und weg?

Verkauf an Patent-Trolle

Als Patent-Troll wird ein Unternehmen bezeichnet, das selbst keine eigenen Produkte herstellt, jedoch vermehrt Patente ankauft. In den USA findet man hierfür die Bezeichnungen *Non-Practicing Entity* (NPE) oder *Patent Assertion Entity* (PAE). Ein Patent-Troll nutzt den Besitz seiner Patente dazu, andere Firmen, die das Schutzrecht verletzen, auf ihr Vergehen hinzuweisen und ggf. zu verklagen. Im Jahr 2012 ging sogar die Mehrzahl aller Patentverletzungsklagen in den USA, nämlich 61 %, von PAEs aus (Chien, Colleen V., Patent Assertion Entities, December 10, 2012). Um die Aktivitäten der Patent-Trolls in den USA zu erschweren, wurden dann 2012 mit dem „America Invents Act" zwei wichtige neue Verfahren zur Anfechtung der Gültigkeit eines Patents verabschiedet: das „Inter Parties Review"-Verfahren (IPR) und das Post-Grant-Review-Verfahren (PGR) zur Außerkraftsetzung von kürzlich (innerhalb der letzten neun Monate) erteilten Patenten.

Oft werden möglichst weitgefasste Patente von Patent-Trollen erworben. Besonders gefragt sind Patente zum Schutz von Technologien, die häufig verwendet werden, jedoch so allgemeine Rechte betreffen, dass sie von vielen Firmen ohne rechtliche Grundlage genutzt werden. Mit diesen Patenten setzt der Patent-Troll die „Patentverletzer" unter Druck, ihnen eine Lizenz für das Patent abzukaufen.

Da ein Patent nur das negative Recht einräumt, anderen die Nutzung der Erfindung zu verbieten, kann der Patent-Troll, ohne je ein Produkt auf den Markt gebracht zu haben, Kapital aus gekauften Patenten schlagen. Dieses Geschäftsmodell, ein Patent lediglich mit dem Ziel zu erwerben, Lizenzeinnahmen zu generieren, wird zwar häufig kritisiert, es verstößt jedoch nicht gegen das Patentrecht oder andere gesetzliche Bestimmungen.

Hochschulen haben in der Regel kein Interesse, ihre Schutzrechte an Patent-Trolle zu veräußern. Aus ihrem gemeinnützigen Anspruch heraus ergibt sich vielmehr die Verpflichtung, Technologien zum gesellschaftlichen Nutzen einzusetzen. Viele Hochschulen verankern daher in ihren Leitlinien zum Technologietransfer die Verpflichtung der Lizenznehmer zur Realisierung der lizenzierten Technologie. Auch durch die Vergabe von Einzellizenzen kann sichergestellt werden, dass eine Technologie breite Anwendung findet und nicht von einem einzigen Unternehmen zur Blockade genutzt wird.

10.1 · Möglichkeiten der Patentverwertung

- **Weiterentwicklung**

Erfindungen aus Hochschulen befinden sich üblicherweise in einem frühen Entwicklungsstadium. Meist sind weitere Entwicklungsschritte und Testungen erforderlich, um ein marktfähiges Produkt zu erhalten. Vor einer Lizenzierung oder einem Kauf möchte das interessierte Unternehmen möglicherweise prüfen, ob die Technologie funktioniert (*proof of principle*) oder ob die Ergebnisse reproduzierbar sind. Diese Weiterentwicklung der Technologie kann entweder der Verwertungspartner (Lizenznehmer) allein übernehmen, oder die Erfinder*innen werden im Rahmen einer Kooperation eingebunden (▶ Kap. 4 und ▶ Abschn. 10.3). Typische Beispiele sind Evaluationsstudien zu einem Biomarker oder die Prototypentwicklung eines neuen Messgeräts. Für die Zeit der Testung bzw. der Kooperation reserviert das Unternehmen die betreffenden Schutzrechte in Form einer Lizenzoption (▶ Abschn. 11.4.5).

Lizenzoption schafft Zeit für Testungen.

- **Gründung eines Spin-off**

Um eine besondere Form der Patentverwertung handelt es sich, wenn die Erfinder*innen ein Spin-off gründen mit dem Ziel, die geschützte Technologie selbst weiterzuentwickeln und/oder zu vermarkten. Hierbei erfolgt ebenfalls eine Lizenzierung oder ein Verkauf der Schutzrechte der Hochschule an das neu gegründete Unternehmen. Zudem besteht die Möglichkeit, dass die Hochschule sich an dem Spin-off beteiligt, zum Beispiel indem sie die Schutzrechte einbringt oder Anteile an dem Unternehmen erwirbt. Wie das nachfolgende Beispiel der Firma Google, einem Spin-off der Stanford University in den USA zeigt, finden sich dabei je nach Fall Mischformen von Lizenzierung und Beteiligung.

> **Google Inc. – ein Spin-off der Stanford University in Kalifornien, USA**
> Die Gründer des Internetgiganten Google, Larry Page und Sergey Brin, legten an der Universität Stanford den Grundstein für ihren unternehmerischen Erfolg. Als Doktoranden entwickelten sie den als PageRank bekannten Suchalgorithmus, der von der Stanford University zum Patent angemeldet wurde. Nachdem die Internetportale AltaVista und Excite die Lizenzierung der Schutzrechte zu dem geforderten Preis (ca. 1 Mio. US$) abgelehnt hatten, gründeten Page und Brin 1998 kurzerhand selbst eine Firma – Google Inc. Die Stanford University gewährte Google eine weltweite Exklusivlizenz

> und erhielt im Gegenzug eine Unternehmensbeteiligung, die im Jahr 2005 für 336 Mio. US$ veräußert wurde. Außerdem erhält die Stanford University von Google eine jährliche Umsatzbeteiligung. Im Jahr 2010 lag diese bei etwa 400.000 US$ (Savva & Taneri, The Role of Equity, Royalty and Fixed Fees in Technology Licensing to University Spin-Offs, SSRN 2013).
> Die Bedingungen des Lizenzvertrags zwischen Google und der Stanford University sind nachzulesen unter: ▶ http://contracts.onecle.com/google/stanford.lic.2003.10.13.shtml. Lediglich die Höhe der vereinbarten Zahlungen wurde unkenntlich gemacht.

■ **Weitere Verwertungsformen**

Eigene Vermarktung durch die Hochschule

Genauso vielfältig wie die Ideen der Erfinder*innen sind die Möglichkeiten ihrer kommerziellen Verwertung. Typischerweise stellt eine Hochschule keine Produkte her, sodass die Lizenzierung oder der Verkauf von Patentrechten an Privatunternehmen die übliche Form der Vermarktung darstellt. Grundsätzlich kann eine Hochschule ihre Patentrechte aber auch selbst vermarkten, zum Beispiel indem „exklusiv" eine neu entwickelte und patentierte Dienstleistung, etwa eine neue Analysemethode, angeboten wird.

Einwerbung von Drittmitteln

Wie schon mehrfach erwähnt spielt der professionelle Umgang mit IP-Rechten durch Hochschulen insbesondere bei der Zusammenarbeit mit Unternehmen eine wichtige Rolle. Neben wissenschaftlichen Publikationen gelten Patente als Beleg für das Vorhandensein von Know-how in einem bestimmten Anwendungsfeld. Dies mag der Grund sein, warum bei der Beantragung bestimmter öffentlicher Fördermittel das Bestehen und/oder Entstehen von Patentanmeldungen als Pluspunkt gewertet wird. Für Firmen kann das Vorliegen einer patentgeschützten neuen Technologie die Basis für ein Kooperationsprojekt darstellen.

Patente als PR-Mittel

Nicht unerwähnt soll an dieser Stelle bleiben, dass die Anzahl eingereichter Patentanmeldungen vor allem bei technischen Hochschulen und Universitäten mitunter als Nachweis besonders innovativer und praxisnaher Forschung herangezogen wird. Bei verschiedenen Rankings (z. B. dem CHE-Ranking) und statistischen Erhebungen werden Kennzahlen zur „Patentierungsaktivität" erhoben.

Natürlich erlaubt allein die Anzahl keine Aussage über die Qualität von Patentanmeldungen. Selbst die Erteilung eines Patents kann nicht unbedingt als Beleg für dessen Nützlichkeit dienen, da streng genommen nur mit dem wirtschaftlichen Erfolg der Wert einer Erfindung beziffert werden kann. Allerdings gibt die Zahl der eingereichten Patentanmeldungen oder Patente einer Institution einen Hinweis darauf, welcher Stellenwert der praktischen Anwendung der Forschungsergebnisse beigemessen wird.

10.2 Suche nach einem Verwertungspartner

10.2.1 Strategische Vorgehensweise

Es liegt im Interesse der Hochschule wie auch der Hochschulerfinder*innen, eine neue patentgeschützte Technologie bestmöglich zu vermarkten. Sobald eine Patentanmeldung eingereicht wurde, startet in der Regel die Suche nach einem oder mehreren Verwertungspartnern. Real bleiben dafür häufig nur 2½ Jahre Zeit – so lange nämlich, bis typischerweise die Kosten für die Patentierung (durch die Nationalisierung der Patentanmeldung) in die Höhe schnellen (▶ Abschn. 8.2). Viele Hochschulen setzen voraus, dass die Nationalisierungskosten bereits von einem Lizenznehmer (mit)getragen werden. Zumindest sollte an diesem Punkt eine wohlbegründete Aussicht auf zukünftige Verwertungseinnahmen bestehen, damit sich die zu erwartenden Patentkosten amortisieren.

Countdown: 2½ Jahre

Jede einzelne Erfindung bringt Besonderheiten im Hinblick auf die technischen Eigenschaften, die möglichen Anwendungsbereiche und den Entwicklungsstand mit sich. Daher ist es notwendig, für jeden Fall eine eigene Entwicklungs- und Vermarktungsstrategie zu entwickeln. Typischerweise erfolgt dies in enger Abstimmung zwischen den Erfinder*innen und den Mitarbeiter*innen der Technologietransferstelle. In Bezug auf die technischen Aspekte kommt den Erfinder*innen die Hauptrolle zu. Sie können in der Regel am überzeugendsten ihre Erfindung und deren Vorteile präsentieren. Und falls eine Weiterentwicklung erforderlich ist, sind die Erfinder*innen wahrscheinlich die erste Adresse. Für den rechtlichen und administrativen Rahmen sorgen die Mitarbeiter*innen der Technologietransferstelle; sie koordinieren einen professionellen und möglichst effizienten Ablauf, angefangen vom Technologieangebot über die Verhandlungen der Konditionen des Lizenzvertrags bis hin zur Abwicklung und Überwachung des Lizenzvertrags.

*Enge Zusammenarbeit von Erfinder*innen und Technologietransfer*

Als erste Schritte bei der Vermarktung einer Erfindung wird man in der Regel
- ein Technologieangebot erstellen sowie
- mögliche Verwertungspartner identifizieren und kontaktieren.

Zu diesen beiden wichtigen Aspekten geben die nachfolgenden Abschnitte einige grundlegende Hinweise.

10.2.2 Das Technologieangebot

Auf den Nutzen kommt es an!

Die Formulierung ihrer wissenschaftlichen Ergebnisse als Angebot an die Wirtschaft empfinden viele Forschende zunächst als ungewohnt. Hier geht es weniger um die Erläuterung wissenschaftlicher Fragestellungen oder die Darstellung technischer/biologischer Mechanismen. Vielmehr muss herausgestellt werden, welcher mögliche kommerzielle Nutzen sich aus der Erfindung ergeben kann. Wissenschaftler*innen sollten sich darüber im Klaren sein, dass keine Firma für eine Weiterentwicklung oder für Lizenzen bezahlen wird, wenn sie nicht von ausreichenden Einnahmen durch die Vermarktung der Erfindung überzeugt ist.

Zur Kontaktierung von potenziellen Lizenznehmern werden in der Regel ein- bis zweiseitige Technologieangebote (auch Exposé, Factsheet oder *technology offers*) verwendet. Typischerweise ist ein Technologieangebot wie folgt aufgebaut:
1. Ein plakativer Titel
   - Worum geht es? (Wirkstoff, Biomarker, Messgerät, Analyseverfahren)
   - Für welches Anwendungsgebiet? (medizinische Indikation, Branche, Technikfeld)
2. Zusammenfassung der Technologie
   - Hintergrund (Was ist derzeit State of the Art? Wo liegen ungelöste Probleme?)
   - Technologiebeschreibung (Was ist das Neue? Welche Ergebnisse wurden erzielt? – soweit diese nicht geheim gehalten werden sollten)
   - Optional eine einfach zu erfassende Abbildung als Eye-catcher
3. Nutzen der Technologie (im Vergleich zu herkömmlichen Produkten und Verfahren)
   - Welche Vorteile bietet die Technologie, zum Beispiel hinsichtlich Preis, Qualität, Effizienz, Wettbewerbern, Konkurrenzprodukten?

4. Mögliche Anwendungsbereiche (Wo und wofür kann die Erfindung vorteilhaft eingesetzt werden?)
5. Projektstand (*proof of concept*, Prototyp, Patientendaten)
6. Allgemeine Informationen (gewünschte Form der Zusammenarbeit: Kooperation, Lizenzvergabe etc.; Patentstatus, Kontaktdaten)

Beim Schreiben des Technologieangebots sollte auf eine schnell zu erfassende und gut verständliche Darstellung geachtet werden. Große Firmen erhalten jährlich Hunderte von Technologieangeboten, sodass möglicherweise nur wenig Zeit bleibt, den zuständigen Bearbeiter von den Vorteilen der neuen Technologie zu überzeugen.

Kurze und übersichtliche Präsentation

■ **Datenbanken für Technologieangebote**

Beispiele von Technologieangeboten aus Hochschulen oder Forschungseinrichtungen finden sich in Datenbanken, die von Technologietransferorganisationen angeboten werden. Eine zentrale Datenbank mit Technologieangeboten deutscher Hochschulen bietet die Transferallianz (*Invention Store* unter ▶ https://www.inventionstore.de/). Die Suche kann hier über Schlagwörter, geordnet nach Sachgebieten oder nach Hochschulen, erfolgen. Nicht zuletzt finden sich auf den Internetseiten der Technologietransferstellen der Hochschulen beziehungsweise der Patentverwertungsagenturen die jeweils aktuellen Technologieangebote.

10.2.3 Bewertung von Technologie-Angeboten aus Sicht eines Biotechnologieunternehmens am Beispiel Qiagen

Dr. Jürgen M. Schneider
  Patentanwalt, European Patent Attorney, Canadian & U.S. Patent Agent
  Qiagen, Vice President, Global IP & IP Litigation

> QIAGEN ist der weltweit führende Anbieter von Probenvorbereitungs- und Testtechnologien. Diese Technologien dienen der Gewinnung wertvoller molekularer Informationen aus biologischem Material. Probentechnologien werden eingesetzt, um DNA, RNA und Proteine aus biologischen Proben wie Blut oder Gewebe zu isolieren und für die Analyse vorzubereiten. Testtechnologien werden eingesetzt, um solche isolierten Biomoleküle sichtbar und einer Auswertung

Hunderte Technologieangebote erreichen Qiagen pro Jahr.

zugänglich zu machen. Weitere Informationen über Qiagen sind unter ▶ http://www.qiagen.com/ verfügbar. Technologieangebote können an bd@qiagen.com gerichtet werden.

Bedingt durch seine Geschichte – Qiagen wurde am 29.11.1984 von einem Wissenschaftlerteam der Düsseldorfer Heinrich-Heine-Universität gegründet – ist Qiagen sehr eng mit der Forschungsszene verbunden und kooperiert mit ihr auf vielfältige Weise. Qiagen erreichen pro Jahr im Durchschnitt 400 bis 500 Technologietransferanfragen von Universitäten, Firmen und Privatpersonen, die neue Technologien und Biomarker zur Lizenzierung oder gemeinschaftlichen Entwicklung anbieten. Diese werden nach einem ersten Review in internationalen Teams analysiert und bewertet.

Im oben genannten ersten Schritt werden mehr als die Hälfte der erhaltenen Vorschläge ausgesiebt – sei es aufgrund technischer und/oder sprachlicher Unverständlichkeit, der Verwendung von Produkten des Wettbewerbs oder mangelnder Übereinstimmung mit der Qiagen-Strategie (z. B. Therapeutika, Herzklappen, genetisch veränderte Organismen). Ob die eingereichten Vorschläge in einem nächsten Schritt eingehender geprüft werden, hängt entscheidend von der Form und Qualität der vom Technologiepartner bereitgestellten Informationen ab.

Biomarker für Unmet Medical Need gesucht

Folgende Punkte erleichtern Qiagen die tiefere Bewertung der Technologie:
– die Verwendung der englischen Sprache(!),
– eine kurze Übersicht über bestehende Technologien und die klare Angabe der Vorteile der eigenen Technologie,
– eine kurze Darstellung der Relevanz dieser Vorteile (welche der bisher ungelösten Kundenprobleme/medizinischen Fragen mit der neuen Technologie adressiert werden können; insbesondere für Biomarker ist dieser Punkt – Unmet Medical Need genannt – sehr wichtig),
– Informationen zum patentierten oder unpatentierten Stand der Technik – falls bei Einreichung vorhanden.

Unerlässlich sind jedoch folgende Angaben:
– ob die Ergebnisse der Hochschule/dem Anbieter selbst gehören oder aber im Rahmen einer Kooperation entstanden sind,
– welche Art der Zusammenarbeit mit Qiagen angestrebt wird

Zu Beginn keine vertraulichen Informationen schicken.

Zum Selbstschutz des Anbieters sollte die auf ein bis zwei Seiten Text begrenzte Kurzinformation des Anbieters an Qiagen keine vertraulichen Informationen erhalten. Diese Balance zwischen notwendiger Geheimhaltung und zur Analyse benötigter technischer Substanz zu finden, ist nicht immer leicht. Jedoch geht Qiagen in diesem frühen Stadium fast nie auf Angebote ein, die vor der Bereitstellung grundlegender technischer Informationen zuerst den Abschluss eines förmlichen Geheimhaltungsvertrags zwischen den Parteien verlangen. Oft ist hier die Hinterlegung einer Prioritätsanmeldung oder aber auch eine sinnvoll gestaffelte Vorgehensweise ein Ausweg.

Folgende Bewertungspunkte fließen auf Seiten Qiagens üblicherweise in die Analyse von Angeboten ein:

Umfangreiche Bewertung durch Qiagen

1. Technologie
   - Ist die Technologie eine signifikante Verbesserung einer bei Qiagen eingesetzten Technologie/eines vermarkteten Produkts? Wie gut passt die Technologie/das Produkt zu Qiagen? (Qiagen ist tätig in molekularer Diagnostik, angewandter Testung [Forensik, Veterinärdiagnostik und Lebensmitteltestung] und Life-Science-Forschung.)
   - Lassen sich die Kosten der Weiterentwicklung später refinanzieren, z. B. durch höhere Preise, die ein Kunde für das verbesserte Produkt zahlen würde, oder niedrigere Herstellkosten?
   - Wie hoch ist die Erfolgswahrscheinlichkeit im Falle einer Entwicklung der vorgeschlagenen Lösung? Gibt es bereits einen Prototypen? Ist die vorgeschlagene Lösung abhängig von Patenten des Wettbewerbs, gibt es eigene Patente in den USA und in Europa?
2. Biomarker
   - Welche klinische Relevanz hat der Biomarker? Welche Entscheidung könnte ein Arzt aufgrund des Nachweises des Biomarkers treffen?
   - Wie viele Patienten müssten auf diesen Biomarker getestet werden, wie häufig muss getestet werden (einmaliger Test oder die Überwachung einer Behandlung/Entwicklung einer Krankheit)?
   - Gibt es signifikante Vorteile zu existierenden Untersuchungsmöglichkeiten?
   - Wie komplex ist der vorgeschlagene Test (einzelner Biomarker oder Signatur von vielen Biomarkern)?
   - Wie hoch ist die Erfolgswahrscheinlichkeit einer Entwicklung des Biomarkers? Gibt es bereits Patientenstudien?

Der nächste Schritt nach einer erfolgreichen Bewertung des Angebots durch das Qiagen-Team ist die Diskussion mit dem Anbieter über eine mögliche Zusammenarbeit. Hierbei sind die notwendigen Investitionen beider Seiten und die Verteilung der Früchte aus der Zusammenarbeit wichtige Themen. Qia-

Lizenz und/oder Kooperation zur Weiterentwicklung

gen wird intern einen Geschäftsplan erstellen, aufgrund dessen die Wirtschaftlichkeit der Zusammenarbeit beurteilt wird. Die Kooperationsformen sind hierbei nicht festgelegt. Je nach Technologie/Biomarker besteht eine große Flexibilität seitens Qiagen. Mögliche Formen der Zusammenarbeit reichen von einer einfachen Lizenznahme über eine ausschließliche Lizenz bis hin zu einer gemeinschaftlichen Entwicklung. Hierbei achtet Qiagen selbstverständlich sowohl auf die wirtschaftliche Nachhaltigkeit des diskutierten Kooperationsmodells als auch auf eine der Investitionssumme angemessenen Risikoverteilung. Hohe Anfangsinvestitionen sind schwierig, wenn ein hohes Realisierungsrisiko mit niedrigen Gewinnmöglichkeiten vorliegt. Hier müssen sich beide Seiten aufeinander zubewegen.

10.2.4 Wie und wo finden sich Lizenznehmer?

Falls die Erfinder*innen selbst die Entwicklung und Vermarktung der Erfindung (durch Gründung eines Spin-offs) in Angriff nehmen, erübrigt sich die Frage nach einem Lizenzpartner. In allen anderen Fällen müssen zur Verwertung einer Erfindung ein oder mehrere geeignete Partner gefunden werden, welche über die nötigen Kompetenzen, die finanziellen Mittel und den Willen verfügen, die Erfindung als Produkt zu realisieren und zu vermarkten. Wie im gesamten Verwertungsprozess kommt es bei der Identifizierung und Kontaktierung möglicher Verwertungspartner auf eine gute Zusammenarbeit zwischen den Erfinder*innen und den Fachleuten der Technologietransferstelle an.

Persönlicher Kontakt von Vorteil

- **Kontakte der Erfinder**

Häufig wissen die Erfinder*innen recht genau, welche Firmen Interesse an einer Lizenzierung ihrer Erfindung haben könnten. Mitunter bestehen persönliche Kontakte zu F&E-Abteilungen der entsprechenden Firmen, die entweder über frühere Kooperationsprojekte, wissenschaftliche Veranstaltungen, wie Kongresse, oder frühere Mitarbeiter des Hochschulinstituts entstanden sind. Laut dem *Inventor's Guide* des Stanford University Office of Technology Licensing werden über 70 % aller Lizenzen an Unternehmen vergeben, die den Erfinder*innen bekannt waren.

- **Netzwerk der Technologietransferstelle**

Recherche nach Firmen und Ansprechpartnern

Falls den Erfinder*innen im relevanten Anwendungsfeld keine Firmen bekannt sind oder ergänzend zu den Kontakten der

Erfinder*innen, unterstützt die Technologietransferstelle beim Herausfinden potenzieller Interessenten. Typischerweise besteht ein Netzwerk von Kontakten, vor allem zu größeren Firmen, zu früheren Verwertungspartnern und zu in der Region angesiedelten Unternehmen.

In der Praxis erweist sich vor allem bei größeren Firmen als Hürde, einen geeigneten Ansprechpartner zu identifizieren. Viele Unternehmen, wie im zuvor beschriebenen Beispiel der Firma Qiagen, haben dieses Problem des „effizienten Managements von Technologieangeboten" erkannt und eigens Internetportale eingerichtet, über die Technologieangebote abgegeben werden können. Aber auch Verbände und Organisationen können eine Quelle für Kontakte zu Verwertungspartnern sein. So findet sich beispielsweise auf der Internetseite des Verbands der forschenden Pharma-Unternehmen (vfa) eine Liste der Mitgliedsfirmen mit Angaben zu möglichen Kooperationsfeldern und Kontaktdaten zu den Lizenz- und Business-Development-Verantwortlichen (▶ http://www.vfa.de/de/verband-mitglieder/biotech-partnering). Bei kleineren Firmen gestaltet sich die Suche nach einem Ansprechpartner meist einfacher. Denn aufgrund der flacheren Hierarchien gelingt häufig ein direkter Kontakt zu den Entscheidungsträgern.

Eine direkte und persönliche Form, mit potenziellen Lizenznehmern in Kontakt zu kommen, bietet sich auch auf sogenannten Partnering-Veranstaltungen (siehe Links am Ende des Abschnitts). Diese finden entweder als eigenständiges Event oder begleitend zu einer Konferenz oder Messe statt. Jeder Teilnehmer kann im Vorfeld der Veranstaltung sein Profil und gegebenenfalls Technologie- oder Kooperationsangebote registrieren. Anschließend werden über diese Plattform Gesprächsanfragen abgegeben und Termine für fünf- bis 30-minütige Gespräche vereinbart. Der Anbieter einer neuen Technologie kann daher mit mehreren potenziellen Lizenznehmern an einem Ort mögliches Interesse und Kooperationsformen ausloten. Allerdings sollten Erfinder*innen bzw. Technologietransfermitarbeiter*innen darauf achten, keine sensiblen Daten preiszugeben, denn die Gespräche finden nicht unter Geheimhaltung statt.

Vor allem bei Erfindungen in einem frühen Entwicklungsstadium kommt es eher selten vor, dass Lizenznehmer „Schlange stehen". Möglicherweise zeigen Firmen freundliches Interesse, möchten jedoch weitere Untersuchungen abwarten. Ein ausschlaggebendes Kriterium stellt für viele Unternehmen das Vorliegen von aussagekräftigen Daten, etwa

Networking, Partnering & Co.

Zu früh!?

Patientendaten bei Wirkstoffen oder Biomarkern, oder eines funktionierenden Prototyps dar. Je nach Überzeugungskraft der vorliegenden Ergebnisse oder auch der strategischer Ausrichtung einer Firma kann es zu einem gemeinsamen Kooperationsprojekt kommen (▶ Abschn. 4.1).

Findet sich vorerst kein Interessent, ist es an den Erfinder*innen (mit Unterstützung der Technologietransfer-Stelle) nach Finanzierungsmöglichkeiten zur Weiterentwicklung der Technologie zu suchen (▶ Abschn. 10.3).

Solange die Entwicklung einer Erfindung vorangeht und positive Ergebnisse erzielt werden, ist es wichtig, nicht aufzugeben und immer wieder nach neuen Möglichkeiten der Verwertung zu suchen. Nicht selten wechselt die strategische Ausrichtung (und das Personal) von Unternehmen innerhalb weniger Monate. Daher kann es Sinn machen, bei Vorliegen neuer Daten nochmals an potenzielle Interessenten heranzutreten.

■ Partnering-Veranstaltungen und Messen
- Eine wichtige Partnering-Veranstaltung im Life-Science-Bereich ist die BIO International Convention (USA) mit One-on-One Partnering (▶ http://convention.bio.org/) – bei der Veranstaltung 2020 fanden selbst unter den Bedingungen der Corona-Epidemie über 26.000 Meetings statt. Das Pendant in Europa ist die BIO-Europe (▶ https://informaconnect.com/bioeurope/)
- Darüber hinaus gibt es zahlreiche kleinere und spezialisierte Partnering-Veranstaltungen, wie z. B. die Medtech & Pharma (▶ http://www.medtech-pharma.de), die alle zwei Jahre in München stattfindet, oder die Biovaria (▶ https://www.biovaria.org/), die von dem Wissens- und Technologietransfer-Unternehmen Ascenion in München organisiert wird.
- Wichtige Messen im Biotechnologie-, Pharma- und Life Science-Bereich sind die Medica in Düsseldorf (▶ http://www.medica.de/), die Biotechnica in Hannover (▶ www.biotechnica.de) und die Analytica in München (▶ http://www.analytica.de/).

10.3 Weiterentwicklung der Technologie

Bei der Mehrzahl der Erfindungen aus Hochschulen handelt es sich um Technologien, die recht weit vom Markt entfernt sind. Das heißt, bis zu einem marktreifen Produkt oder einer

Dienstleistung sind umfangreiche Entwicklungsarbeiten und damit einhergehend hohe Investitionen erforderlich. Bereits zu Beginn der Verwertungsphase kann sich rasch Ernüchterung einstellen, wenn Firmen zwar Interesse an der Technologie bekunden, sich aber bezüglich eines Investments zurückhaltend geben. Häufig können bestimmte Erwartungen an den Entwicklungsstand noch nicht erfüllt werden. Denn bevor sie sich finanziell engagieren, möchten viele Firmen zumindest eine Art *proof of concept* sehen. Zum Beispiel sollten bei neuen Biomarkern erste Patientenstudien vorliegen (▶ Abschn. 10.2.3), und ein wichtiges Kriterium bei neuen Vorrichtungen ist ein funktionsfähiger Prototyp.

Findet sich aufgrund fehlender Ergebnisse oder Studien kein Verwertungspartner, bleibt vorerst nur der Weg, dass die Erfinder*innen ihre Technologie selbst weiterentwickeln. Für Hochschulwissenschaftler*innen kann dies in zweierlei Hinsicht schwierig sein. Einerseits ist die Aufgabenstellung wissenschaftlich weniger anspruchsvoll, sodass die Ergebnisse schwieriger oder mit geringerem Impact publiziert werden können. Andererseits fehlen häufig Mittel zur Finanzierung von „Entwicklungsprojekten".

In der Praxis lässt sich das Problem der Publizierbarkeit meistens gut lösen. Insbesondere Doktorand*innen, die im Rahmen ihrer Doktorarbeit eine zum Patent angemeldete Erfindung gemacht haben, sind gerne bereit, ein bis zwei Jahre als Postdoc an *ihrem* Thema weiterzuarbeiten. Dies gilt auch oder vor allem dann, wenn das Projekt in die Gründung eines Spin-offs mündet. Der Vorteil für Nachwuchsforschende besteht darin, dass sie wertvolle Erfahrungen über die Laborbench hinaus sammeln und Kontakte zu möglichen künftigen Arbeitgebern knüpfen können.

Ein größeres Problem stellt meist die Finanzierung der Weiterentwicklung dar. Denn die typische staatliche Forschungsförderung, etwa durch die Deutsche Forschungsgemeinschaft (DFG), unterstützt in erster Linie Grundlagenforschung. Private Förderer wie Unternehmen oder Risikokapitalgeber steigen typischerweise erst in späteren Entwicklungsstadien ein, zum Beispiel in Form der Finanzierung eines Spin-offs (▶ Abschn. 12.3). Dieses Problem der fehlenden Finanzierung bei der Weiterentwicklung neuer Technologien wird gemeinhin als Finanzierungs- oder Entwicklungslücke (*funding or innovation gap*) bezeichnet (◘ Abb. 10.2).

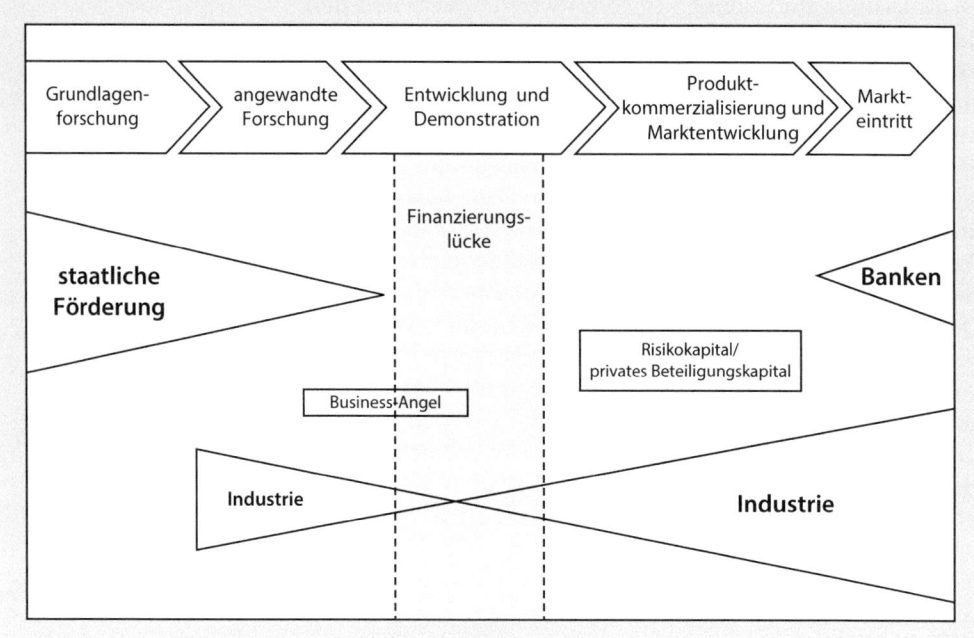

◘ Abb. 10.2 Finanzierungslücke bei der Weiterentwicklung neuer Technologien

- **Der Finanzierungsweg von der Invention zur Innovation**
  Dr. Martin Raditsch, Geschäftsführer Innovectis GmbH, Frankfurt am Main, Deutschland

TRL – Der Reifegrad entscheidet.

Was ist eine Innovation und wie unterscheidet sich diese von der Invention, die einem Patent zu Grunde liegt? Eine der bis heute anerkannten Definitionen hierfür stammt vom bekannten österreichischen Ökonom Joseph Schumpeter, der als Harvard-Professor die Idee der innovationsbasierten Ökonomie vertrat. Er unterscheidet zwischen Invention und Innovation.

TRL1-9: Von der Idee zum erfolgreichen Produkt

Inventionen, Erfindungen im Technologiereifegrad TRL 1-3 [1], sind bloße Ideen und Konzepte mit einem weiten Weg zur Markteinführung, Innovationen sind deren Umsetzung bzw. deren Verwertung im Markt mit einem Reifegrad von TRL 8-9. Eine Invention ist beschränkt auf die Ideenfindung, erst die in Form von Innovationen vermarkteten Inventionen sind für die Wirtschaft relevant. Schumpeters Messlatte ist der wirtschaftliche Effekt und seine Einheit der Gewinn, der sich damit erzielen lässt.[2] Schumpeters dritte Phase für den

10.3 · Weiterentwicklung der Technologie

Innovationsprozess, die Diffusion folgt der Ideengenerierung und dessen Vermarktung. In der Diffusion verbreiten sich die Innovationen und setzen sich am Markt durch.[3] Wichtig für die Phase vor und während nach der Patentierung ist die Verwirklichung einer noch nicht erprobten Idee, also die Demonstrierung dessen, ob die Idee ausführbar ist.[2]

Definition des Technologischen Reifegrades[3]

(in Anlehnung an die TRL-Definition der NASA ▶ http://esto.nasa.gov/files/trl_definitions.pdf)

Dargestellt in Klammern ist die Definition speziell für Pharma-Entwicklungen (in Anlehnung an: „The TRL Scale as a Research & Innovation Policy Tool", EARTO Recommendations, 30 April 2014).

TRL 1: Beobachtung und Beschreibung des Funktionsprinzips (Überprüfung der wissenschaftlichen Wissensbasis) Die wissenschaftliche Grundlagenforschung ist abgeschlossen. Grundlegende Prinzipien sowie die Umrisse des Prozesses sind festgelegt.

TRL 2: Beschreibung des Technologiekonzepts und/oder der Anwendung einer Technologie (Entwicklung von Hypothesen und Versuchsplänen) Theorie und wissenschaftliche Grundlagen fokussieren auf spezifische Anwendungsbereiche, um das technologische Konzept zu definieren. Anwendung und Durchführungskriterien wurden formuliert. Entwicklung von analytischen Methoden zur Simulation oder Untersuchung der Anwendung.

TRL 3: Nachweis der Funktionstüchtigkeit einer Technologie, „Proof-of-Concept" (Identifizierung von Zielmolekülen/Kandidaten und Charakterisierung von vorläufigen Kandidaten) Prüfung (experimenteller Beleg) des Konzeptes. Forschung und Entwicklung wurde mit den ersten Laboruntersuchungen gestartet. Nachweis der generellen Machbarkeit durch Laborversuche ist erfolgt.

Übergang von der Forschung zur Entwicklung

TRL 4: Versuchsaufbau im Labor (Optimierung des Kandidaten und Nachweis von Aktivität und Wirksamkeit in vivo ohne GLP) Eigenständiger Prototypenbau, Implementierung und Test, Integration der technischen Elemente. Versuche mit komplexen Aufgabenstellungen oder Datensätzen.

**TRL 5: Versuchsaufbau in Einsatzumgebung (Fortgeschrittene Charakterisierung des Kandidaten und Beginn der GMP-Prozessentwicklung) Versuchsaufbau wird intensiv in relevanter Umgebung erprobt. Wesentliche Technikelemente wurden mit den unterstützenden Elementen verbunden. Prototypenimplementierung entspricht der Zielumgebung und Schnittstellen.

TRL 6: Prototyp in Einsatzumgebung (GMP-Pilotchargenproduktion, IND-Einreichung und klinische Phase 1-Studie) Prototypenimplementierung mit realistischen komplexen Problemen. Teilweise integriert in existierende Systeme. Begrenzte Dokumentation verfügbar. Technische Machbarkeit im aktuellen Anwendungsbereich komplett nachgewiesen.

TRL 7: Prototyp im Einsatz (Scale-up, Beginn der GMP-Prozessvalidierung und klinische Phase 2-Studie) Demonstration des Versuchsaufbaus im betrieblichen Umfeld. System ist beinahe maßstabsgetreu zum betrieblichen Umfeld. Die meisten Funktionen für Demonstration und Test sind vorhanden. Gut integriert mit dem Sicherheits- und Hilfssystem. Begrenzte Dokumentation verfügbar.

TRL 8: Qualifiziertes System mit Nachweis der Funktionstüchtigkeit im Einsatzbereich (GMP-Validierung, klinische Phase-3-Studie und FDA-Zulassung) Systementwicklung beendet. Vollständige Integration in die betriebliche Hardware und Softwaresysteme. Großteil der Benutzerdokumentation, Ausbildungsdokumentation und Wartungsdokumentation sind verfügbar. Das System wurde funktionsgeprüft in simulierten und Betriebsszenarien. Verifizierung und Validierung abgeschlossen.

TLR 8-9: Markteinführung und -erfolg

TRL 9: Qualifiziertes System mit Nachweis des erfolgreichen Einsatzes (Aktivitäten nach der Zulassung) Das gegenwärtige System wurde intensiv demonstriert und getestet in seiner Betriebsumgebung. Dokumentation vollständig abgeschlossen. Erfolgreiche Betriebserfahrungen.

In der Grundlagenforschung wird häufig die wissenschaftliche Basis geschaffen, auf der Ideen mit Praxisbezug entstehen. Deren Konzept muss nun für eine erfolgreiche Patentierung und spätere Umsetzung mit Beispielen belegt werden, um das dahinterliegende Prinzip zu bestätigen („Proof-of- Principle", TRL2). In einem weiteren Schritt sollte nun das Konzept hinsichtlich des anvisierten Marktes mit einem Demonstrator, Prototypen oder mit sonstigen Überprüfungen des Konzepts unter marktähnlichen Bedingungen belegt werden („Proof-of-Concept", TRL3). Nach dem „Proof-of-Concept" erfolgt die Entwicklungsphase TRL4 bis zur Markteinführung TRL8.

10.3 · Weiterentwicklung der Technologie

Betrachtet man sich nun die Finanzierung der verschiedenen Phasen, so fällt auf, dass sowohl die Grundlagenforschung, als auch die wissenschaftlichen Anstrengungen im Bereich des „Proof-of-Principles", bisweilen auch noch zum „Proof-of-Concept" durch staatliche Forschungsförderung an öffentlichen Hochschulen und Forschungseinrichtungen getragen werden. Mit jedem weiteren Entwicklungsschritt nimmt die Verfügbarkeit öffentlicher Gelder ab. Die Wirtschaft ist in diesem Stadium jedoch eher selten bereit, die Invention zu übernehmen und in eine Innovation zu überführen. Die technologischen Risiken sind noch zu hoch und die wirtschaftlichen Chancen noch nicht klar abzuschätzen. In dieser Phase werden viele Inventionen aus Mangel an Entwicklungsgeldern aufgegeben. Das bis dato ausgegebene Forschungsinvestment verpufft. Nun könnte man sagen, nur die besten Inventionen werden sich am Markt durchsetzen und zu Innovationen werden, somit käme dies einem natürlichen Ausleseprozess gleich. Was jedoch, wenn der Finanzierungsprozess oder gar die Kultur eines jeweiligen Landes nicht die erfolgreichen sondern die risikoärmeren oder inkrementellen Inventionen und somit den sicheren jedoch kleineren Gewinn bevorzugt? Die Wirtschaft erfährt einen kontinuierlichen Zustrom an kleineren Innovationen oder Verbesserungen mit geringem technologischem Risiko, aber eben auch mit geringerem Zukunftspotenzial. Bei den sogenannten Technologiesprüngen wird dann solch eine Gesellschaft unterrepräsentiert sein und über die Zeit die Technologieführerschaft verlieren. Werden Erfindungen jedoch nach Ihrem wirtschaftlichen Potenzial bewertet und mit ausreichend Finanzierung versorgt, können technologische Hürden überwunden und wahre Innovationen auf den Markt gelangen, die eine Gesellschaft wirtschaftlich überdurchschnittlich wachsen lassen.

Kurz zusammengefasst: Wenn Forschung finanziert wird, muss auch die Entwicklung finanziert werden, sonst verpufft ein Großteil des Forschungsinvests, ohne die Wirtschaftskraft einer Gesellschaft zu stärken.

Die Lücke zwischen Forschungsförderung der Inventionsgenerierung und der industriellen Entwicklung von Innovationen wird unter anderem durch Wagniskapitalgeber (Venture Capital Funds) abgedeckt. Gründer von kleinen Firmen (Start-ups) versuchen, mit Wagniskapital ausgestattet, die hochrisikoreiche Weiterentwicklung voranzutreiben, in der Hoffnung, das technologische Risiko mit geringerem finanziellen Aufwand zu verkleinern und mit dem dann erreichten Entwicklungssprung auch einen Sprung der Wertentwicklung zu erzielen, der sich in einer überdurchschnittlichen Wertsteigerung der Firma niederschlägt. Investoren, die Wagniskapital als Eigenkapital (Private Equity) in Start-ups investieren und durch eine Vielzahl von Investitionen ihr Chancen/Risiko Verhältnis zu verbessern wollen, sind jedoch in Europa und Deutschland weitaus weniger vertreten als zum Beispiel in den USA. Viele Investoren

Finanzierung entscheidet die Zukunft

Finanzierungsspezialisten für jede Phase

spezialisieren sich auf verschieden Phasen der Technologiereife und Marktentfernung.

Sogenannte Frühphasen Investoren investieren an der Grenze zum „Proof-of-Concept" mit Preseed- und Seed-Investments, später kommen Follow-up-Investoren zu dem sogenannten Investorensyndikat als Gesellschafter hinzu und mit steigendem Kapitalbedarf in Richtung Markteinführung beteiligen sich finanzstarke global-agierende Investmentfunds.

Eine wirtschaftliche Risikominimierung durch staatliche Unterstützung ist möglich und fördert vor allem in der Frühphase eines Projektes durch Förderung, Kredite und Eigenkapitalbeteiligung von staatlichen oder öffentlich-privaten-Institutionen (z. B. durch KfW oder HTGF). Auch VC-Funds können ihr Investmentrisiko z. B. durch das Investment des Europäischen Investment Funds (EIF) verringern.

Investments kombinieren

Eine Form der sehr frühen Beteiligung an Chancen und Risiken von Inventionen sind sogenannte Technologietransferfunds, die schon vor dem Transfer einer Invention in eine Ausgründung die Entwicklungsarbeiten in einem sehr frühen Stadium (TRL 3 bis 5) finanziell wie auch intellektuell unterstützen, und bei Erfolg die Technologien an Startups und Industriepartner auslizenzieren oder übertragen. Vor allem diese Form hilft, Technologien mit einem früheren Reifegrad weiterzuentwickeln und in die nächste Investitionsphase zu überführen.

Weitere Möglichkeiten der Finanzierung früher Entwicklungsprojekte sind Private Public Partnerships im vorwettbewerblichen Bereich, frühe Kollaborationen mit Industriepartnern oder Verbundprojekte mit Industriepartnern und Forschungsinstitutionen. In der Praxis hat sich auf dem langen Weg zum Markt ein Mix aus diesen Instrumenten bewährt.

Für alle Instrumente gilt auf alle Fälle, dass Assets in Form von Schutzrechten als Wertindikator bzw. sogar als Gegenwert der Finanzierung für Investoren und Förderinstitutionen wichtig bis unabdingbar sind.

Literatur

▶ [1]www.ptj.de/lw_resource/datapool/systemfiles/cbox/2373/live/lw_file/definition_des_technologischen_reifegrades.pdf

[2]Matis, Herbert; Bachinger, Karl 2004 „Skript zur Vorlesungsreihe „Wirtschafts- und Sozialgeschichte" (S 6)

[3]Emese Borbély, MEB, May 30–31, 2008 – 6th International Conference on Management, Enterprise and Benchmarking Budapest, Hungary 401 „J. A. Schumpeter und die Innovationsforschung" (S. 401 -410)

10.3 · Weiterentwicklung der Technologie

Je nach Art und Branche der Technologie gibt es verschiedene Möglichkeiten, die Weiterentwicklung einer Technologie voranzutreiben. Dabei muss berücksichtigt werden, welcher Projektumfang erforderlich ist und an welcher Stelle die Arbeiten durchgeführt werden können. Im Interview erläutert Dr. Martin Raditsch, Geschäftsführer der Innovectis GmbH, der Technologietransfer-Tochter der Goethe-Universität Frankfurt am Main, die auf die jeweiligen Erfordernisse angepassten Optionen zur Finanzierung der Weiterentwicklung
◘ Abb. 10.3.

- **Weiterentwicklung am eigenen Institut**

Bestehen ausreichende Kompetenzen, Infrastruktur und Kapazität, können die anstehenden Arbeiten zur Weiterentwicklung am eigenen Institut durchgeführt werden. An manchen Hochschulen stehen hierfür gesonderte Mittel zur Verfügung, zum Beispiel im Zusammenhang mit der Unterstützung von Firmenausgründungen. Darüber hinaus gibt es verschiedene regionale oder nationale Förderprogramme für Machbarkeitsstudien oder Prototypentwicklung.

Eigene Weiterentwicklung – wenn möglich

◘ Abb. 10.3 Finanzierungsmöglichkeiten zum Weiterentwickeln von Erfindungen, Interview mit Dr. Martin Raditsch, Geschäftsführer der Technologietransfergesellschaft Innovectis GmbH (▶ https://doi.org/10.1007/000-3wg)

Förderlinie "WIPANO – Weiterentwicklung von Erfindungen" des BMWi

Das Programm „WIPANO – Wissens- und Technologietransfer durch Patente und Normen" des Bundesministeriums für Wirtschaft und Technologie hat unter anderem zum Ziel, die Verwertung von Forschungsergebnissen aus der Wissenschaft in Unternehmen zu fördern (▶ https://www.innovation-beratung-foerderung.de/INNO/Navigation/DE/WIPANO/wipano.html).

Unterstützung für Validierungs- und Machbarkeitsstudien

Patentgeschützte Technologien sollen weiterentwickelt werden, um die Vermarktungschancen zu erhöhen. Die maximale Förderung beträgt derzeit 84.000 € für ein Jahr, wobei zusätzlich eine Eigenbeteiligung der Hochschule von 30 % vorgesehen ist. Eine weitere Grundvoraussetzung ist die Zusammenarbeit mit einer Patentverwertungsagentur. Im Rahmen der Projekte können auch Aufträge an externe Dienstleister gefördert werden.

Programm VIP+ des BMBF

Mit der Fördermaßnahme „Validierung des technologischen und gesellschaftlichen Innovationspotenzials wissenschaftlicher Forschung – VIP+" „(kurz:VIP+) des Bundesministeriums für Bildung und Forschung (BMBF) sollen Wissenschaftlerinnen und Wissenschaftler aus Hochschulen sowie aus öffentlichen Forschungseinrichtungen unterstützt werden, frühzeitig ihre Forschungsergebnisse hinsichtlich technischer Umsetzbarkeit, Erschließung neuer Anwendungsbereiche sowie wirtschaftlicher Potenziale zu überprüfen.

Die Projektförderung beträgt bis zu 500.000 € pro Vorhaben und Jahr für einen Zeitraum von bis zu 3 Jahren (d. h. insgesamt maximal 1.500.000 €). Voraussetzung ist die Einbindung eines Innovations-Mentors mit wirtschaftlichem Know-how. Besonders attraktiv ist: Es handelt sich um eine themenoffene Fördermaßnahme und die Anträge können fortlaufend gestellt werden.

Weitere Informationen finden sich unter: ▶ https://www.bmbf.de/de/vip-technologische-und-gesellschaftliche-innovationspotenziale-erschliessen-563.html

- **Kooperation innerhalb der Hochschule oder mit Gruppen anderer staatlicher Forschungseinrichtungen**

Soll ein Prototyp zur Demonstration konstruiert oder eine optimierte Auswertesoftware entwickelt werden, finden sich eventuell Fachleute in Fachbereichen der Physik oder der

10.3 · Weiterentwicklung der Technologie

Ingenieurwissenschaften. Bei Tierversuchen oder Patientenstudien bietet sich die Zusammenarbeit mit klinischen Instituten an. Hierbei sollte berücksichtigt werden, dass der Kooperationspartner nicht im gleichen Umfang wie die Erfinder*innen vom Erfolg des Projekts, das heißt von einer kommerziellen Vermarktung, profitieren würde. Denn nur die im Patent genannten Erfinder*innen besitzen einen Anspruch auf Erfindervergütung aus Verwertungseinnahmen. Je nachdem, welche Ergebnisse im Rahmen der Weiterentwicklung geschaffen werden, könnten allerdings zusätzliche Patentanmeldungen entstehen oder das generierte Know-how als solches mitvermarktet werden.

Wo gibt es Fördermittel für Kooperationen?
Förderprogramme des Bundes sowie der einzelnen Bundesländer in Deutschland sind recherchierbar unter:
▶ http://www.foerderinfo.bund.de/
Eine Übersicht zu aktuellen Förderprogrammen im Bereich Biotechnologie und Life Sciences gibt es hier:
▶ https://www.bio-pro.de/datenbanken/foerderungen,
▶ http://v-b-u.org/F%C3%B6rderprogramme.html

■ **Public Private Partnership**
Sind größere Geldsummen für die nächsten Entwicklungsschritte erforderlich und spezielle Kompetenzen gefragt, lohnt sich die Suche nach einem spezialisierten Partner im Rahmen sogenannter Public-Private-Partnership-Programme. Hier werden Risikokapital und gegebenenfalls Infrastruktur, Know-how etc. gemeinschaftlich von einem öffentlichen Träger sowie einem oder mehreren Privatunternehmen zur Verfügung gestellt. Typischerweise sind diese Programme auf ein konkretes Gebiet spezialisiert, etwa für die Weiterentwicklung von Wirkstoffen in die präklinische Phase bis möglicherweise hin zur ersten/zweiten klinischen Phase. Ein Beispiel hierfür ist das IMI-Programm (IMI = Innovative Medicines Initiative) der EU, das Kooperationsprojekte im Bereich Drug Discovery zwischen Industrie und Academia fördert (▶ http://www.imi.europa.eu/).

Teure Wirkstoffentwicklung
Besonders hohe Investitionen sind erforderlich, wenn die Entwicklung eines Wirkstoffs bis zu dessen Zulassung als Medikament vorangetrieben werden soll. Im Jahr 2003 schätzte Joe DiMasi von der Tufts University in Boston,

USA, die durchschnittlichen Kosten bis zur Zulassung eines *small molecule* als Medikament bereits auf 802 Mio. US$ (DiMasi et al., J. Health Econ. 22, 151–185, 2003). Hierbei wurde davon ausgegangen, dass die Wahrscheinlichkeit, dass ein Molekül erfolgreich aus der klinischen Testung hervorgeht, bei 21,5 % liegt. Berücksichtigt man auch Phasen vor dem Start der klinischen Testung, so sinkt die Erfolgsrate weiter bis in den niedrigen, einstelligen Bereich.

Der lange Weg hin zu einem zugelassenen Medikament beginnt nicht selten in akademischen Forschungslaboren. Ihre Stärke liegt im Finden neuer Signalwege und Targets, die bei pathophysiologischen Prozessen eine Rolle spielen. Auch neue Wirkstoffkandidaten und Leitstrukturen für Wirkstoffe werden an Universitäten und Universitätskliniken entwickelt. Allerdings ist in diesem Stadium das Risiko des Scheiterns recht hoch. Daher interessieren sich viele Pharmafirmen erst bei Vorliegen überzeugender Ergebnisse in Tiermodellen, manchmal sogar erst ab der klinischen Phase II für neue Wirkstoffkandidaten. Eine Finanzierungslücke besteht etwa im Bereich der Assay-Entwicklung, der Leitstrukturoptimierung und pharmakologischer Studien.

Kompetenter Partner für Wirkstoffentwicklung

Einrichtungen wie das Lead Discovery Center (LDC) in Dortmund versuchen hier, einen Brückenschlag zu führen. Das LDC unterstützt Projekte zur Weiterentwicklung von *small molecules* bis zum Nachweis der Wirksamkeit (*proof of concept*) im Tiermodell. Die Projektideen stammen hauptsächlich aus Max-Planck-Instituten, aber auch aus Universitäten. Finanziert werden die Projekte unter anderem aus öffentlichen Mitteln und Geldern von kooperierenden Unternehmen, wobei die Kooperationspartner und Teilhaber an den späteren Lizenzeinnahmen partizipieren (▶ http://www.lead-discovery.de/).

- **Kooperation mit Unternehmen**

Die Formen der Zusammenarbeit von Wissenschaft und Unternehmen sowie ihrer Finanzierung sind vielfältig. Soll staatliche Förderung außen vor bleiben oder findet sich keine geeignete, bleibt die Möglichkeit einer bilateralen Zusammenarbeit, wobei dem Unternehmen eine Option eingeräumt wird, nach Projektende eine (meist exklusive) Lizenz zu erwerben. In diesem Fall übernimmt der mögliche Lizenznehmer die Projektfinanzierung.

Von öffentlicher Hand geförderte Kooperationen zwischen Hochschulen und Firmen finden sich auf regionaler, nationaler und auf europäischer Ebene. Wie in ▶ Kap. 4 beschrieben,

10.3 · Weiterentwicklung der Technologie

sollte hierbei der Umgang mit IP-Rechten und deren Verwertung sehr genau geregelt werden.

- **Pharmafirmen bieten Partnering-Plattformen**

Auf der Suche nach neuen *opportunities* bieten viele Pharmafirmen Partnering-Programme, Kooperationen oder sogar finanzielle Förderung im Bereich Drug Discovery und Development an. Häufig halten die Unternehmen spezielle Partnering-Plattformen auf ihrer Homepage bereit, über die akademische Forschergruppen Kooperations- oder Lizenzangebote einreichen können. Meist werden bestimmte Indikationsgebiete vorgegeben, für die eine Kooperation gewünscht wird.

Zum Beispiel unterstützt die Grants4Targets-Initiative der Firma Bayer HealthCare die Validierung von Zielmolekülen (*small molecules*, Antikörpern oder rekombinanten Proteinen) in ausgewählten Indikationsbereichen mit zwei verschiedenen Fördertypen (Support Grants 5000 bis 10.000 €, Focus Grants 10.000 bis 125.000 €). Bayer erhält im Gegenzug besondere Konditionen zur Lizenzierung (▶ https://innovate.bayer.com/programs/grants4targets-pharmaceuticals).

Partnering für den nächsten Blockbuster

Lizenzieren oder Verkaufen

Inhaltsverzeichnis

11.1 Übersicht – 320

11.2 Geheimhaltungsvereinbarung – 321

11.3 Materialaustauschvereinbarung (MTA) – 325

11.4 Der Lizenzvertrag – 328
11.4.1 Arten von Lizenzen – 328
11.4.2 Rechtliche Bestimmungen – 329
11.4.3 Finanzielle Konditionen – 333
11.4.4 Termsheet – 339
11.4.5 Optionsvertrag – 341
11.4.6 Lizenz ohne Patent – 341
11.4.7 Literatur zum Thema Patentlizenzverträge – 343

11.5 Verwertungsformen für Software – 343
11.5.1 Einleitung – 343
11.5.2 „Übertragung" von Know-How und Geschäftsgeheimnissen – 344
11.5.3 *Open Source Licensing* – 345
11.5.4 Digitale Geschäftsmodelle – 346
11.5.5 Bewertung von Software bei Beteiligungen von Investoren – 347
11.5.6 Faktoren bei Lizenzverhandlungen über Software – 348

11.6 Bewertung einer Technologie – 350
11.6.1 Faktoren für die Bewertung – 350
11.6.2 Quantitative Bewertung – 353

© Springer-Verlag GmbH Deutschland, ein Teil von Springer Nature 2022
K. Schilling, *Forschen – Patentieren – Lizenzieren*, https://doi.org/10.1007/978-3-662-64400-3_11

> **„Man muss Ideen die Chance geben, sich zu verwirklichen."**
>
> Thomas Alva Edison (1847–1931), Erfinder der Glühbirne

Lizenz zur Nutzung oder vollständige Rechtübertragung

CDA und MTA – Regeln für den Austausch von Informationen und Material

11.1 Übersicht

Da Hochschulen in der Regel keine technologischen Produkte herstellen und vertreiben, sind sie bestrebt, ihre Patentrechte an neu entwickelten Technologien an Unternehmen auszulizenzieren oder zu verkaufen. Findet sich ein Interessent, muss festgelegt werden, zu welchen Konditionen die Lizenzierung beziehungsweise der Verkauf erfolgen soll. Hierzu wird ein Lizenz- oder Kaufvertrag geschlossen (▶ Abschn. 11.4). Mit einem Lizenzvertrag erlaubt die Hochschule als Rechteinhaberin (Lizenzgeber) einem Lizenznehmer die wirtschaftliche Nutzung der patentgeschützten Technologie. Als Kompensation erhält sie Lizenzgebühren und/oder andere Zahlungen vom Lizenznehmer. Bei der Lizenzvergabe bleibt die Hochschule Eigentümerin der Patentrechte. Hingegen findet bei einem Verkauf eine vollständige Übertragung der Rechte statt, das heißt, die Schutzrechte wechseln den Besitzer.

Im Vorfeld von Verhandlungen zu einem Lizenz- oder Kaufvertrag werden häufig Vereinbarungen getroffen, die dem Interessenten eine Bewertung der Technologie erlauben sollen und für eine begrenzte Zeit den Rahmen für den Austausch von Informationen, Daten und eventuell Materialien setzen. Mit einer Geheimhaltungsvereinbarung (Non-Disclosure Agreement, NDA, oder Confidential Disclosure Agreement, CDA) können vertrauliche Informationen über eine Technologie ausgetauscht werden, ohne dass damit Nutzungsrechte eingeräumt werden. Worauf Wissenschaftler*innen dabei achten sollten, ist in ▶ Abschn. 11.2 erläutert. Wenn Materialien, zum Beispiel Reagenzien, Antikörper oder Zelllinien, ausgetauscht werden, empfiehlt es sich, eine Materialaustauschvereinbarung (Material Transfer Agreement, MTA) zu treffen. Ein Materialtransfer kann auch kostenpflichtig sein, das heißt die Nutzung der Materialien kann gegen die Zahlung einer Gebühr gewährt werden. Wichtige Aspekte hierzu stehen in ▶ Abschn. 11.3.

Je nach Konstellation können vor Abschluss eines Lizenz- oder Kaufvertrags auch andere vorvertragliche Regelungen getroffen werden:
- *Evaluierungsvereinbarung*: In ihrem Rahmen erfolgen Vorversuche, ohne dass ein kommerzielles Nutzungsrecht erlaubt wird. Die Vereinbarung betrifft neben einem Informationsaustausch auch die Weitergabe von Materia-

lien oder Produkten. Entsprechend werden im Wesentlichen Regelungen wie bei einer Geheimhaltungsvereinbarung und einer Materialaustauschvereinbarung aufgenommen.
— *LOI (Letter Of Intent)*: Die Parteien bekunden ihr Interesse beispielsweise an einer Kooperation.
— *Options- und Entwicklungsvereinbarung*: Sie erfolgt zum Beispiel im Rahmen einer gemeinsamen Kooperation. Ein LOI kann auch als einseitige Erklärung erfolgen, wenn eine zum Beispiel eine Hochschule gegenüber einem geplanten, aber noch nicht gegründeten Spin-off die Gewährung einer Exklusivlizenz zusichert.
— *Termsheet*: Hier werden die verhandelten Konditionen für einen Lizenzvertrag oder eine andere Verwertungsvereinbarung festgehalten.

> Die Hochschule ist Rechteinhaberin.

Bei allen Formen von Verwertungsverträgen ist zu beachten, dass die Rechte an Erfindungen (oder generell die IP-Rechte) von Hochschulwissenschaftler*innen in der Regel der Hochschule gehören (▶ Kap. 3). Die Vergabe von Nutzungsrechten kann daher nur durch die Hochschule und nicht durch die Hochschulerfinder*innen erfolgen. Das heißt, die Hochschule unterschreibt und schließt alle Verwertungsverträge ab. Typischerweise ist für die Verhandlung und den Abschluss dieser Verträge die Technologietransferstelle zuständig, häufig in Zusammenarbeit mit der Rechtsabteilung der Hochschule.

11.2 Geheimhaltungsvereinbarung

Für viele Hochschulwissenschaftler*innen ist der freie wissenschaftliche Austausch ein hohes Gut. Geheimniskrämerei und das Zurückhalten von Informationen stehen nicht hoch im Kurs, denn der wissenschaftliche Fortschritt lebt vom freizügigen Umgang mit Ideen, sei es auf Kongressen oder in wissenschaftlichen Publikationen. Wenn sich Hochschulwissenschaftler*innen an einer Schnittstelle zur wirtschaftlichen Nutzung ihrer Forschungsergebnisse bewegen, kann die allzu freizügige Überlassung von Daten und Informationen allerdings zum eigenen Nachteil gereichen. Unternehmen betreiben die Geheimhaltung der eigenen wirtschaftlichen, strategischen und technischen Daten aus existenziellen Gründen, um gegenüber Wettbewerbern zu bestehen. Sie werden sensible Daten daher nur mitteilen, wenn dies zum Beispiel im Rahmen einer Kooperation unbedingt erforderlich ist und wenn der Informationsempfänger zur Geheimhaltung verpflichtet ist.

> Information in der Einbahnstraße

Vertrauliche Gespräche unter NDA!

Klassischerweise befinden sich Hochschulwissenschaftler*innen in der Situation, dass sie über Informationen oder auch Expertise verfügen, die für andere, zum Beispiel ein Unternehmen, von Interesse sein können. Anders als beim Austausch unter akademischen Wissenschaftler*innen versuchen Unternehmen vor allem Informationen zu gewinnen, wobei sich Gegenleistungen mitunter auf das Minimale beschränken. Bei derartiger Einseitigkeit ist Vorsicht geboten. Das Instrument der Geheimhaltungsvereinbarung (Confidential Disclosure Agreement, CDA , oder Non-Disclosure Agreement NDA ,) kann hier gute Dienste leisten und bietet sich insbesondere bei folgenden Gelegenheiten an:

— *Gespräche oder Präsentationen über geheimes Know-how beziehungsweise Erfindungen vor Patentanmeldung*: Wenn eine Patentanmeldung geplant ist, sollte bis zum Tag der Einreichung der Anmeldung nicht mit Dritten darüber gesprochen werden. Falls die Preisgabe der Informationen an unbeteiligte Personen unbedingt erforderlich sein sollte, ist eine Geheimhaltungsvereinbarung dringend erforderlich. Sonst ist die Neuheit der Erfindung und somit eine spätere Patenterteilung gefährdet.

— *Gespräche mit Dritten (zum Beispiel mit potenziellen Lizenznehmern, nach Patentanmeldung)*: Erst 18 Monate nach dem Anmeldetag wird eine Patentanmeldung vom Patentamt veröffentlicht. Die Anmeldeschrift enthält Informationen, etwa hinsichtlich des beanspruchten Schutzbereichs, die über den Inhalt wissenschaftlicher Publikationen hinausgehen. Daher werden vor der Veröffentlichung der Patentakte die diesbezüglichen Dokumente, wie die Anmeldeschrift, Recherchenberichte oder Prüfbescheide, nur unter Geheimhaltung an Dritte weitergegeben.

Darüber hinaus sind potenzielle Lizenznehmer meist an zusätzlichem Know-how und Daten interessiert, die entweder nicht in die Patentanmeldung aufgenommen wurden oder die nach Patentanmeldung erzielt wurden.

— *Gemeinsame Entwicklung oder Weiterentwicklung von patentgeschützten und nicht patentgeschützten Technologien*: Bei der Anbahnung einer Kooperation oder gemeinsamen Weiterentwicklung einer Technologie wird die Geheimhaltung der ausgetauschten Informationen vereinbart, um das Risiko zu vermindern, dass eine Partei lediglich Informationen sammelt, um sie für eigene Zwecke zu nutzen.

> **Tipp**
>
> Eine Geheimhaltungsvereinbarung ist für die beteiligten Parteien mit einem gewissen Aufwand verbunden. Sie stellt insofern einen ersten Prüfstein für ein ernsthaftes Interesse der Gegenseite dar.

- **Tipps für den Abschluss einer Geheimhaltungsvereinbarung**

Eine Geheimhaltungsvereinbarung (Confidential Disclosure Agreement, CDA, oder Non-Disclosure Agreement NDA,) wird grundsätzlich in Form eines schriftlichen Vertrags fixiert. Hochschulwissenschaftler*innen erhalten Standardvorlagen für CDAs in der Regel bei Ihrer zuständigen Technologietransferstelle, der Drittmittel- oder der Rechtsabteilung. Falls der Standardtext geändert werden soll oder die Vereinbarung der Gegenseite verwendet werden soll, muss eine Prüfung durch die verantwortliche Stelle erfolgen. *Einseitig oder gegenseitig?*

Eine Geheimhaltungsvereinbarung kann entweder alle oder einzelne Vertragsparteien zur Vertraulichkeit verpflichten. Bei der (Weiter-)Entwicklung und Verwertung von neuen Technologien sind einseitige Geheimhaltungsvereinbarungen eher selten anzutreffen. Soll eine Technologie verkauft oder auslizenziert werden, werden im ersten Schritt dem potenziellen Käufer oder Lizenznehmer vertrauliche Informationen übermittelt. Im Verlauf der Gespräche und Verhandlungen gibt der Lizenznehmer möglicherweise ebenfalls Informationen über strategische Planungen und eigene Entwicklungen preis, die nicht für die Konkurrenz oder die Öffentlichkeit gedacht sind. *Inhalt der Geheimhaltungsvereinbarung*

Geheimhaltungsvereinbarungen sind meist kurz gehalten; sie umfassen in der Regel zwei bis fünf Seiten. Viele Hochschulen geben Mustervereinbarungen vor, die – wenn sie unverändert akzeptiert werden – zügig abgeschlossen werden können. Auf folgende Aspekte sollten Wissenschaftler*innen besonders achten:

- *Definition der Vertragsparteien:* Dies sind die Hochschule (nicht der*die Wissenschaftler*in) und das Unternehmen sowie eventuell die Technologietransferfirma oder PVA.
- *Zweck und Gegenstand der Geheimhaltungsvereinbarung (purpose):* Diese kurze Vorbemerkung umreißt und limitiert präzise den Grund des Informationsaustauschs, zum Beispiel die Bewertung einer neuen Technologie (*evaluation*). Wissenschaftler sollten sicherstellen, dass an dieser Stelle keine Festlegung oder implizite Zusage (zum Beispiel zur Auslizenzierung) erfolgt, die eigentlich noch offen-

gehalten werden sollte. Im Streitfall wird diese Passage von nicht technisch ausgebildeten Juristen zur Auslegung der Intention der Parteien herangezogen.
- *Definition der geheim zu haltenden Information:* Üblicherweise müssen geheim zu haltende Informationen als solche gekennzeichnet werden. Das heißt, bei Weitergaben von Informationen und Ergebnissen sind diese mit einem Vermerk wie „confidential" zu versehen.

> **Tipp**
>
> Achtung bei der mündlichen Weitergabe von Informationen. Wegen der schwierigen Nachweisbarkeit dessen, was gesagt wurde und was nicht, sollten mündlich mitgeteilte Informationen „verschriftlicht" werden. Eine Möglichkeit ist das Aufsetzen eines Protokolls, das innerhalb einer bestimmten Frist nach dem Zusammentreffen von den beteiligten Parteien zu unterschreiben ist.

- *Kreis der Verpflichteten*: Der Projektleiter muss sicherstellen, dass alle Mitarbeiter unter Geheimhaltung stehen. Freie Mitarbeiter, wie Stipendiaten oder Studenten ohne Vertrag mit der Hochschule, müssen eine gesonderte Geheimhaltungsvereinbarung unterzeichnen.
- *Festlegung, welche Nutzung der Informationen erlaubt und welche nicht erlaubt ist*: In der Regel wird die Nutzung nur für Bewertungs- und Evaluierungszwecke zugelassen. Ausgeschlossen werden kommerzielle Nutzungsrechte oder das Einräumen einer Lizenzoption.
- *Haftungs-und Gewährleistungsausschluss*: Üblicherweise übernehmen Hochschulen keine Gewähr/Haftung für die Richtigkeit und Vollständigkeit der Ergebnisse oder dafür, dass eine Eignung für bestimmte Zwecke besteht. Außerdem akzeptieren Hochschulen üblicherweise keine festgelegte, unmittelbare Vertragsstrafe. Zu hoch ist das Risiko, dass im Wissenschaftsbetrieb Informationen ungewollt publik werden.
- *Dauer der Geheimhaltung*: im Regelfall drei bis fünf Jahre.
- *Anzuwendendes Recht und Gerichtsstand*: Unter anderem aufgrund des hohen Kostenrisikos bei einem Rechtsstreit bestehen Hochschulen – soweit möglich – auf der Anwendung inländischen Rechts und der Zuständigkeit inländischer Gerichte.

— *Unterschrift*: Hierbei ist zu beachten, dass Hochschulwissenschaftler*innen (auch Professor*innen) in der Regel keine Berechtigung oder Vollmacht besitzen, im Namen der Hochschule eine Geheimhaltungsvereinbarung zu unterschreiben. Sie zeichnen den Vertrag als Projektleiter*in, um bestimmte Verpflichtungen, zum Beispiel zu Beschränkungen ihrer Publikationsfreiheit „zur Kenntnis" zu nehmen. Im eigenen Interesse sollte die zuständige Abteilung der Hochschule (Technologietransferstelle oder Rechtsabteilung) eingeschaltet werden.

Wissenschaftler*innen unterschreiben „zur Kenntnis", aber nicht autorisiert für die Hochschule

> **Tipp**
>
> Die meisten Module und Formulierungen einer Geheimhaltungsvereinbarung sind Standards. Hochschulwissenschaftler*innen sollten aus fachlicher Sicht prüfen, dass die Beschreibung des Zwecks und Gegenstands der Geheimhaltungsvereinbarung und die Definition der geheim zu haltenden Informationen möglichst spezifisch eingegrenzt werden, sodass weitergehende Ansprüche vermieden werden.

11.3 Materialaustauschvereinbarung (MTA)

Im Rahmen von Kooperationen kann es notwendig und gewünscht sein, dem Kooperationspartner Materialien zum Zwecke der Testung oder von Forschung und Entwicklung zur Verfügung zu stellen. Aber auch unabhängig von einer Kooperation können Institutionen oder Firmen an der Nutzung bestimmter Materialien interessiert sein und diese mittels eines MTAs lizenzieren. Typischerweise handelt es sich um den Transfer bestimmter Reagenzien, chemischer Substanzen, Plasmide, Antikörper, Zelllinien etc. Mithilfe einer Materialaustauschvereinbarung (Material Transfer Agreement, MTA) wird festgelegt, was der Empfänger (*recipient*) mit den Materialen anstellen darf und welche Rechte der Lieferant (*provider*) und der Empfänger hinsichtlich möglicher neuer Ergebnisse besitzen sollen.

MTA für chemische oder biologische Materialien

Wie im Fall der Geheimhaltungsvereinbarung sind auch bei MTAs in der Regel die Technologietransferstelle oder die Rechtsabteilung zuständig. Hier erhalten Wissenschaftler Standardvorlagen und Unterstützung bei der Verhandlung dieser Verträge.

Grundsätzlich kommen an Hochschulen mehrere Konstellationen infrage: der Transfer zwischen akademischen Institutionen, der Transfer von der Hochschule in die Indust-

Einfacher Austausch: Academia – Academia

rie und umgekehrt. Zwischen akademischen Institutionen und bei Kollaborationen erfolgt der Transfer meist kostenfrei bzw. gegen eine Aufwandserstattung. Die Materialien können aber auch gegen eine Lizenzgebühr an Dritte weitergegeben werden, zum Beispiel für an Forschungsgruppen anderer Hochschulen eigene Forschungszwecken. Oder eine Vertriebsfirma erhält eine kommerzielle Lizenz zum Verkauf der Materialien. In jedem dieser Fälle sind unterschiedliche Vertragskonditionen anzuwenden.

> Materialaustausch in Kollaborationen ist kostenlos.

Der Austausch von Materialien zwischen Hochschulen und anderen *Non-Profit*-Einrichtungen ist meist unkompliziert. Während MTAs zwischen akademischen Institutionen in den USA zum Standard gehören, findet man sie in Deutschland bislang selten. Hierzulande gehört es eher zum „guten Ton", dass Forschungsmaterialien unter Wissenschaftlern frei von Formalitäten oder Verpflichtungen ausgetauscht werden. Der Abschluss eines MTA empfiehlt sich zumindest dann, wenn patentgeschützte Materialien weitergereicht werden sollen. Sollte es nämlich zu einer Auslizenzierung kommen, können die Rechte zur Weitergabe der Materialien an Dritte eingeschränkt sein.

Bei einem Materialtausch mit einem Unternehmen ist – schon aus Haftungsgründen – ein MTA unerlässlich. Im Rahmen von Kooperationen, insbesondere wenn diese öffentlich gefördert sind, ist in der Regel eine Bedingung, dass sich die Partner das für die geplanten Forschungsarbeiten erforderliche Material kostenlos zur Verfügung stellen.

Grundsätzlich sollten in einem MTA folgende Aspekte berücksichtigt werden:

— *Definition des „Materials"*: Besonders wichtig ist, was als „Material" definiert wird. Vorsicht ist angebracht, wenn nicht nur das transferierte Material, sondern auch zukünftige Modifikationen und Derivate davon in die Definition eingeschlossen werden – selbst wenn es sich hierbei um neue Ideen des Hochschulwissenschaftlers handelt. Falls neu entwickeltes Material als Eigentum der Firma eingestuft wird, besitzt diese die Rechte an den Forschungsergebnissen. Dem Wissenschaftler könnte untersagt sein, seine Ergebnisse weiterzuverwenden, zu publizieren oder Kooperationspartnern zu Verfügung zu stellen.

— *Erlaubte Verwendung*: Typischerweise sollen die ausgetauschten Materialien zu Forschungszwecken verwendet werden. Hierzu ist eine explizite Festlegung notwendig. Des Weiteren wird festgeschrieben, wer die Materialien wo und wie lange nutzen darf.

— *Geheimhaltung*: Wenn eine Firma zusätzlich zu dem transferierten Material Informationen, etwa hinsichtlich der Anwendung, zur Verfügung stellt, soll möglicherweise die Weitergabe der Informationen an Dritte verboten werden. Diese Informationen können jedoch unter Umständen für die Interpretation der Ergebnisse relevant sein. Wird einer Geheimhaltung zugestimmt, könnte dies dazu führen, dass die Ergebnisse niemals publiziert werden dürfen.

— *Verzögerte Publikation*: Typischerweise wird eine Firma verlangen, alle geplanten Publikationen vor ihrer Veröffentlichung zu prüfen, ob darin Ergebnisse enthalten sind, die mit bereit gestellten Materialien erzielt wurden. Je nach Vereinbarung behalten sich Firmen eine Frist von zwei bis drei Monaten vor, um eventuell eine Patentanmeldung einreichen zu können. Hiervon sind neben wissenschaftlichen Artikeln und Postern auch Master- und Doktorarbeiten betroffen, da diese normalerweise von der Hochschule veröffentlicht werden. Mögliche Verzögerungen bei Publikationen sollten gegebenenfalls eingeplant werden.

— *Kontrolle über entstehende IP-Rechte*: Besonderes Augenmerk sollte dem Umgang mit entstehenden IP-Rechten gelten. Es empfiehlt sich zu verhindern, dass die Rechte an den Ergebnissen automatisch (und kostenlos) auf den Partner übergehen. Häufig versuchen Firmen, eine einfache (kostenlose) Nutzungslizenz an zukünftigen Ergebnissen eingeräumt zu bekommen. Eine spätere kommerzielle Verwertung von IP-Rechten wird hierdurch stark eingeschränkt, da somit eine exklusive Lizenzvergabe oder ein Verkauf der Rechte an Dritte unterbunden ist.

> Achtung bei der Gewährung von Nutzungsrechten an entstehendem IP!

— *Haftung und Gewährleistung*: Ähnlich wie bei den entsprechenden Regelungen in Geheimhaltungsvereinbarungen wird darauf verwiesen, dass das transferierte Material ausschließlich zu Forschungszwecken zu nutzen ist. Haftung und Gewährleistung werden in der Regel ausgeschlossen beziehungsweise maximal limitiert. Gegebenenfalls sollten spezielle Bestimmungen und Anweisungen zum Umgang mit dem Material festgelegt werden.

— *Überschneidung mit bestehenden Vereinbarungen*: MTAs von Firmen enthalten möglicherweise Vorschriften, die mit Pflichten aus anderen Vereinbarungen kollidieren. Zum Bespiel kann es bei Untersuchungen an dem erhaltenen Material notwendig sein, Reagenzien zu verwenden, die unter einem anderen MTA stehen. Eine solche Konstellation kann dazu führen, dass zwei oder mehr Parteien die Rechte an einer Erfindung zugesagt bekommen.

— *Vertragsdauer, Recht, Gerichtsstand, Unterschrift*: Für diese Punkte gilt in der Regel das bereits für Geheimhaltungsvereinbarungen beschriebene (▶ Abschn. 11.2).

> **Tipp: Kommerzielle MTAs**
>
> Bei kommerziellen MTAs werden Materialien gegen eine Nutzungsgebühr an Dritte weitergegeben. Meist handelt es sich bei den lizenzierten Materialien um Forschungstools, die entweder für eigene Forschungszwecke weitergegeben werden, oder kommerzielle Anbieter von Forschungstools nehmen das Material in ihre Vertriebsliste auf. Zusätzlich zu den genannten Punkten sind hier die finanziellen Konditionen zu regeln. Dabei kann es sich je nach Art der Nutzung um eine Einmalzahlung, Meilensteine und/oder eine Umsatzbeteiligung handeln. Auch wenn die Höhe der Zahlungen in der Regel deutlich unter denjenigen der Patentlizenzverträge liegen, gelten hierbei ebenfalls die im nachfolgenden Kapitel ▶ Abschn. 11.4 aufgeführten Aspekte für Lizenzverträge.

11.4 Der Lizenzvertrag

11.4.1 Arten von Lizenzen

Exklusiv oder nicht?

Bei einer Lizenzvergabe unterscheidet man zwischen einer einfachen, nichtausschließlichen Lizenz und einer ausschließlichen, exklusiven Lizenz. Eine nichtexklusive Lizenz oder Einfachlizenz (*single license*) kann der Rechteinhaber beliebig oft und an mehrere Marktteilnehmer vergeben. Bei einer Exklusivlizenz (*exclusive license*) hingegen wird nur eine einzige Lizenz erteilt, was dem Lizenznehmer quasi ein Monopol einräumt. In diesem Fall darf auch der Lizenzgeber die auslizenzierte Erfindung/Technologie nicht mehr nutzen. Eine weitere Variante besteht darin, eine Alleinlizenz (*sole license*) zu vergeben. Hier verpflichtet sich der Lizenzgeber, keine weiteren Lizenzen zu vergeben; er darf aber selbst seine Technologie weiter nutzen.

Darüber hinaus besteht die Möglichkeit, eine Lizenz zu begrenzen:

- *Territoriale Beschränkung*: zum Beispiel nur in den USA oder in Europa.
- *Beschränkung der Anwendung*: zum Beispiel bei einer Lizenz zu Forschungs- und Entwicklungszwecken, zur Herstellung oder zum Vertrieb.
- *Beschränkung der Anwendungsgebiete*: beispielsweise im Bereich Pharma auf unterschiedliche Indikationen.
- *Zeitliche Beschränkungen:* häufig zum Beispiel bei Forschungslizenzen.

Wo? Wofür? Wie lange?

Wird der Nutzungsbereich beschränkt, können also mehrere Exklusivlizenzen zu einer Erfindung/Technologie vergeben werden.

Beispiel für mehrere Exklusivlizenzen
Patienten mit der Bluterkrankheit Hämophilie B leiden erblich bedingt an einem Mangel des Gerinnungsfaktors FIX. Durch die verzögerte Blutgerinnung treten bei den Patienten, die auch als „Bluter" bezeichnet werden, je nach Schwere der Krankheit spontane Blutungen auf. Wissenschaftler haben vor einigen Jahren eine neue Variante des Gerinnungsfaktors FIX gefunden, bei der durch drei einzelne ausgetauschte Nukleotide eine erhöhte Aktivität auftritt. Diese FIX-Variante und deren Verwendung zur Behandlung von Hämophilie B wurden durch ein Patent geschützt.

Bei der Patentverwertung ist von Vorteil, dass unterschiedliche Therapieansätze infrage kommen. Möglich ist beispielsweise eine Substitutionstherapie, bei der das rekombinant hergestellte FIX-Protein dem Patienten verabreicht wird, oder eine Gentherapie, bei der die neue FIX-Variante mit einem geeigneten Vehikel permanent in das Genom des Patienten beziehungsweise dessen Körperzellen eingebracht wird. Für den Patentinhaber ergibt sich so die Möglichkeit, für beide Bereiche jeweils eine Exklusivlizenz zu vergeben: 1) eine Exklusivlizenz für die Anwendung des modifizierten FIX-Proteins, 2) eine Exklusivlizenz für die gentherapeutische Anwendung des modifizierten FIX-Gens.

Lizenzverträge sind frei verhandelbar!

Im Folgenden sind einige wichtige rechtliche und finanzielle Bausteine von Lizenz- und Kaufverträgen beschrieben. Dabei wird nicht bezweckt, einen umfassenden Überblick über alle möglichen Konstellationen oder Bedingungen zu geben. Vielmehr soll ein Eindruck von den typischen Bestimmungen in Lizenzverträgen zu Hochschulerfindungen vermittelt werden. Letztendlich bringt jede Erfindung eigene Rahmenbedingungen mit, die berücksichtigt werden müssen, und grundsätzlich ist jeder Lizenzvertrag frei verhandelbar.

11.4.2 Rechtliche Bestimmungen

In der Praxis ähneln sich die Texte von Lizenz- oder Kaufverträgen von und mit Forschungseinrichtungen sehr, und sie sind fast immer aus den nachfolgend beschriebenen Bausteinen aufgebaut.

- **Präambel**

Die Präambel begründet den Vertrag.

Als Einleitung zum Vertrag beschreibt die Präambel die Absichten der Vertragsparteien beziehungsweise den Zweck des Lizenzvertrags. Sie wird zur Auslegung des Vertrags herangezogen, falls es später zu Streitigkeiten kommt oder wenn der Vertrag angepasst werden muss, weil zum Beispiel eine veränderte Geschäftsgrundlage besteht. Zu einer Störung oder sogar dem Wegfall der Geschäftsgrundlage kann es kommen, wenn beispielsweise nur eine eingeschränkte Patenterteilung erfolgt. Daher sollte die Formulierung der Präambel gut überlegt sein.

> **Beispiel für eine Präambel**
> Der Lizenzgeber befasst sich seit … mit Forschung und Entwicklung im Bereich …, ohne selbst eine Fertigung zu betreiben. Der Lizenznehmer ist bereits seit Jahren auf diesem technischen Gebiet durch Herstellung und Vertrieb von … tätig, verfügt also über umfassendes Know-how. Er will zur Erweiterung seines Herstellungs- und Fertigungsprogrammes die – bisher nicht praktisch ausgewerteten – zum Schutzrecht angemeldeten Forschungs- und Entwicklungsergebnisse des Lizenzgebers in dem o. g. Bereich nutzbar machen.
> (Aus: Bartenbach, Der Lizenz- und Know-how-Vertrag, Verlag Dr. Otto Schmidt, 2012, S. 812.)

- **Definitionen**

In der Regel stehen zu Anfang des Vertrags einige wichtige Festlegungen zu folgenden Punkten:
- *Vertragsgegenstand*: Er wird beispielsweise definiert durch die entsprechenden Patente oder Schutzrechte.
- *Lizenzumfang*: Art der Lizenz (Forschungslizenz, kommerzielle Lizenz etc.); einfach oder exklusiv; weltweit oder regional begrenzt; sachliche Begrenzung, zum Beispiel auf eine bestimmte Indikation oder Anwendungsbereich; zeitliche Begrenzung oder Option auf spätere Nutzung.
- *Bezugsbasis für Lizenzgebühren*: Häufig wird als Basis für die Berechnung der Lizenzgebühren der Nettoverkaufspreis (*net sales price*) verwendet. Dabei kommt insbesondere den abzugsfähigen Positionen eine große Bedeutung zu. Als Nettoverkaufspreis gilt der unabhängigen Dritten in Rechnung gestellte Bruttoverkaufspreis für Lizenzprodukte abzüglich z. B. der Kosten für Transport, Versicherung und auf den Verkauf entfallende Steuern. Des Weiteren möchte der Lizenznehmer häufig weitere Positionen geltend zu machen, wie den Käufern eingeräumte Rabatte. Für den Lizenzgeber empfiehlt es sich in diesen Fällen, eine Obergrenze für Abzugspositionen zu vereinbaren.

- **Rückbehalt einer Forschungslizenz**

In der Regel sind Hochschulerfinder*innen darin interessiert, weiterhin im Bereich der Erfindung zu forschen und die Erfindung für ihre Forschungsarbeiten und für die Lehre zu nutzen. Aus diesem Grund muss darauf geachtet werden, dass ein einfaches, nicht kommerzielles Nutzungsrecht für Forschung und Lehre bei der Hochschule verbleibt. Möglicherweise kann dieses Nutzungsrecht auf Kooperationen, zumindest mit anderen öffentlichen Forschungseinrichtungen, ausgedehnt oder zusätzlich an die Person des Erfinders bzw. der Erfinderin gebunden werden, sodass bei einem Standortwechsel die Forschungsarbeiten an einer anderen Hochschule fortgesetzt werden können.

Forschungslizenz für Weiterentwicklung festhalten.

- **Hilfestellung bei Umsetzung der lizenzierten Technologie**

Die Erfinder*innen besitzen in der Regel weitreichende Erfahrung und Kenntnisse im Umgang mit der neuen Technologie. Dieses Know-how steckt sozusagen in den Köpfen der Erfinder*innen und kann weder der Patentanmeldung noch anderen, wissenschaftlichen Publikationen entnommen werden. Grundsätzlich besteht für den Lizenzgeber die Verpflichtung, dem Lizenznehmer die Ausübung des Lizenzrechts zu ermöglichen. Hierzu gehört neben der Übergabe von relevanten Daten, Versuchsprotokollen etc. auch die Pflicht des Lizenzgebers (und somit der Arbeitnehmererfinder), bei Bedarf technische Beratungen oder Schulungen durchzuführen. Allerdings hat der Lizenznehmer hierfür die Kosten zu tragen (Bartenbach, Der Patentlizenz- und Know-How-Vertrag, 2012). Es empfiehlt sich daher, im Lizenzvertrag die Konditionen für solche Hilfestellungen möglichst genau zu definieren oder wenigstens Obergrenze für den zeitlichen Aufwand festzulegen. Alternativ kann die Unterstützung der Wissenschaftler auch mit separaten Beraterverträgen geregelt werden.

Umfang der wissenschaftlichen Beratung regeln.

- **IP-Regelungen**

In einem Lizenzvertrag vereinbaren Lizenzgeber und Lizenznehmer in der Regel, wer für die Patentverfahren und für Streitigkeiten rund um die Vertragsschutzrechte verantwortlich sein und vor allem wer dafür bezahlen soll (▶ Abschn. 11.4.3). Typischerweise übernimmt bei einer einfachen Lizenz der Lizenzgeber die Federführung und die Kosten für die Verfolgung, Aufrechterhaltung und Verteidigung der Vertragsschutzrechte. Im Fall einer Exklusivlizenz liegt die Zuständigkeit hingegen häufig beim Lizenznehmer. Zusätzlich findet sich standardmäßig eine Verpflichtung zur gegenseitigen Information und Unterstützung, zum Beispiel bei Kenntnis einer Patentverletzung, sowie der einvernehmlichen Abstimmung der Parteien bei Streitfällen mit Dritten.

Aktive Nutzung fördern.

- **Zwang zur Benutzung**

Natürlich liegt es im Interesse von Hochschule und Erfinder*innen, dass die neue Technologie tatsächlich realisiert und vermarktet wird. Daher soll möglichst verhindert werden, dass der Lizenznehmer die Schutzrechte nur „in die Schublade" steckt oder lediglich dazu verwendet, anderen die Nutzung zu verbieten („Sperrpatent", *blocking patent*).

Eine mögliche Maßnahme besteht darin, einen Benutzungszwang zu vereinbaren. Auch das Festlegen einer Mindestlizenzgebühr kann zumindest indirekt unterstützen, dass eine aktive kommerzielle Vermarktung angestrebt wird. Falls lange Entwicklungszeiten notwendig sind, zum Beispiel bei einer klinischen Testung, empfiehlt es sich, einen realisierbaren Zeitplan festzulegen bzw. regelmäßige Reporting-Verpflichtungen bei Abweichungen vom Zeitplan vorzugeben. Eine weitere Möglichkeit besteht darin, ein Sonderkündigungsrecht für den Lizenznehmer zu vereinbaren, wenn ein bestimmter Meilenstein nicht innerhalb einer vorgegebenen Zeitspanne erreicht wird.

- **Ausstiegsszenarien**

Bei einer Lizenzvereinbarung sollte präzise geregelt werden, unter welchen Bedingungen die Partner den Vertrag kündigen dürfen und welche Folgen diese Kündigung haben soll. Beispielsweise kann ein Sonderkündigungsrecht vereinbart werden, wenn ein vereinbarter Zeitplan zur Weiterentwicklung oder Benutzung (siehe oben) nicht erfüllt wurde oder nicht erreicht werden kann.

- **Haftung und Gewährleistung**

Haftungsklauseln stellen oft einen kritischen Teil des Lizenzvertrags dar, weil sie hohe finanzielle Risiken bergen können. Der Lizenzgeber wird naturgemäß bestrebt sein, die Haftung zu begrenzen. Eine Hochschule als Lizenzgeberin wird typischerweise keine Gewähr dafür übernehmen, dass die Erfindung praktisch umsetzbar ist, dass ein Patent für die Erfindung erteilt wird oder dass durch die Nutzung der Schutzrechte keine Rechte Dritter verletzt werden.

Auf der anderen Seite hat der Lizenznehmer ein berechtigtes Interesse daran, dass dem Lizenzgeber die Rechte an der lizenzierten Technologie nachweislich gehören. Als Lizenzgeberin muss eine Hochschule daher sicherstellen, dass der Rechteübergang von den Erfinder*innen auf die Hochschule rechtlich einwandfrei und nachvollziehbar dokumentiert ist (was aufgrund der unterschiedlichen Arbeitsverhältnisse an Hochschulen nicht immer einfach ist). Darüber hinaus ist zu überprüfen und soweit möglich auszuschließen, dass keine Rechte Dritter auf der Erfindung bzw. den IP-

Rechten lasten. Hierbei kann es sich beispielsweise um eine Forschungslizenz anderer Firmen im Rahmen eines Kooperationsprojekts handeln.

- **Gerichtsstand**

In Lizenzverträgen findet sich üblicherweise eine Klausel, in der festgelegt wird, welches Recht im Falle von Streitigkeiten angewendet werden soll und welches Gericht zuständig ist. Die Rechtssysteme in verschiedenen Ländern unterscheiden sich zum Teil gravierend. Während etwa in Deutschland die meisten Regelungen in Gesetzen festgelegt sind, stützt sich das Common-Law-Rechtssystem in den USA sehr stark auf richterliche Urteile, sogenannte Präzedenzfälle. Mit der Wahl eines vertrauten Rechtssystems kann das nicht unerhebliche Kostenrisiko bei einem Rechtsstreit deutlich vermindert werden. Für Hochschulen ist es daher von großer Wichtigkeit, das hiesige Rechtssystem und einen lokalen Gerichtsstand zu vereinbaren.

- **Laufzeit**

In der Regel endet ein Lizenzvertrag mit dem Auslaufen des letzten Schutzrechts. Allerdings kann, zum Beispiel bei einer Forschungslizenz, eine begrenzte Laufzeit vereinbart werden (Zeitlizenz).

11.4.3 Finanzielle Konditionen

Herzstück des Lizenzvertrags bilden die *financial terms*, welche häufig vor den rechtlichen Details verhandelt und separat in einem Termsheet festgehalten werden (▶ Abschn. 11.4.4).

- **Abschlagszahlung** *(upfront payment)*

Eine Abschlagszahlung erfolgt als Einmalzahlung, zum Beispiel bei Vertragsunterzeichnung. Sie kann aber auch nach einem bestimmten Zeitplan (zum Beispiel über ein bis zwei Jahre) aufgeteilt werden. Die Höhe der Zahlung orientiert sich am Wert der Technologie zum Zeitpunkt, an dem sie für den Lizenznehmer nutzbar wird. Dementsprechend variiert die Summe je nach Technologie, Entwicklungsstand und anderen Faktoren. Insbesondere bei einer Lizenzierung an Spin-off-Firmen kann es sinnvoll sein, Teile der Zahlung angepasst an die Finanzsituation, beispielsweise geknüpft an die Verfügbarkeit von Venture Capital, in die Zukunft zu verlagern. Eine andere Variante besteht darin, dass die Hochschule Anteile an dem Spin-off (*equity*) erwirbt (siehe unten).

Generell eignet sich die Abschlagszahlung nur bedingt, die bereits entstandenen Kosten für die Patentierung oder die bis-

> Patentkosten sind *sunk costs*.

herige Entwicklung auszugleichen. Erfahrungsgemäß sind die sogenannten *sunk costs* gegenüber einem Lizenznehmer ein eher schwaches Verhandlungsargument. Dessen Bereitschaft zu Zahlungen orientiert sich eher an den Gewinnaussichten sowie den noch erwarteten Investitionskosten; die bereits investierten Kosten spielen bei der Bewertung der Technologie zumindest für den Lizenznehmer kaum eine Rolle.

- **Meilensteinzahlungen** *(milestone payment)*

Meilensteine bei der Markteinführung und der Patenterteilung

Weitere Zahlungen im Lizenzvertrag können an das Erreichen bestimmter festgelegter Ziele geknüpft sein. Hierbei unterscheidet man a) Meilensteine, die an die Entwicklung der Technologie bis zum Markteintritt gekoppelt sind, b) Meilensteine, die mit dem Erreichen kommerzieller Ziele, z. B. des Verkaufsumsatzes oder dem Einwerben von Kapital bei Start-ups verbunden sind, oder c) Meilensteine, die bei Patenterteilung oder anderen wichtigen Ereignissen fällig werden. Bei der klinischen Testung eines Wirkstoffs zum Beispiel bieten sich Meilensteinzahlungen beim Start der einzelnen klinischen Phasen und/oder bei Zulassung des Wirkstoffs in Europa und/oder den USA an. Auch bei einer Geräteentwicklung können Zahlungen bei erfolgreicher Prototypentwicklung und/oder bei Markteintritt vereinbart werden. Eine weitere Variante bilden Meilensteinzahlungen bei der Erteilung von Patenten in wichtigen Märkten, wobei zwischen der Erteilung durch das Patentamt und der rechtskräftigen Erteilung nach Ablauf der Einspruchsfrist unterschieden werden kann (▶ Abschn. 8.3.1).

Bei der Lizenzierung an Spin-off-Unternehmen können festgelegte Zahlungen an Finanzierungsrunden, an einen Firmenzusammenschluss beziehungsweise eine Firmenübernahme oder auch ein öffentliches Aktienangebot (*public stock offering*) gekoppelt werden.

- **Mindestlizenzgebühr (jährlich)**

Keine Sperrpatente!

Es liegt im Interesse der Hochschule, dass ein Lizenznehmer die lizenzierte Technologie zügig bis zum Markteintritt führt. Die Nutzung als sogenannte Sperrpatente, die lediglich der Abwehr möglicher Wettbewerber dienen sollen, möchten Hochschulen in der Regel unterbinden. Denn dies ließe sich nicht mit der generellen Zielsetzung und dem gemeinnützigen Zweck von öffentlich geförderten Forschungseinrichtungen vereinbaren, nämlich dass neue Technologien zum Wohl der Gesellschaft gefördert werden sollen.

Eine (jährlich) zu zahlende Mindestlizenzgebühr kann dahingehend unterstützend wirken, dass der Lizenznehmer motiviert und in gewisser Weise finanziell verpflichtet ist, die

Kommerzialisierung der Neuentwicklung voranzutreiben. Mit dem Eintritt eines Produkts oder einer Dienstleistung in den Markt verringert sich in der Regel die Mindestlizenzgebühr, oder sie wird auf die Umsatzbeteiligung angerechnet.

- **Umsatzbeteiligung**

Ein wichtiger Bestandteil eines Lizenzvertrags ist die Gewährung einer Umsatzbeteiligung. Sie erlaubt der Hochschule (und somit den Erfinder*innen), am wirtschaftlichen Erfolg der Erfindung teilzuhaben. Aus Sicht der Hochschule spricht vieles für eine möglichst hohe Umsatzbeteiligung, insbesondere wenn eine bahnbrechende, neue Technologie entwickelt und durch breit aufgestellte Patentrechte gesichert wurde. Der Lizenznehmer hat eher die zu erwartenden Kosten und Risiken bis zum Markteintritt im Blick und wird daher versuchen, niedrigere Beteiligungen durchzusetzen. Um dennoch zu einer Einigung zu gelangen, müssen beide Parteien aufeinander zugehen. Typischerweise wird die Umsatzbeteiligung auf Basis des Nettoumsatzes (*net sales*) berechnet, der durch den Verkauf des lizenzierten Produkts oder der Dienstleistung bestimmt wird. Dabei muss genau definiert werden, was als Nettoumsatz zu verstehen ist, das heißt insbesondere welche Positionen vom „Bruttoumsatz" abzuziehen sind (siehe oben „Definitionen"). Desweiteren ist festzulegen, welcher Lizenzsatz auf den Nettoumsatz angelegt werden soll.

Nettoumsatz und Lizenzrate

Folgende Ansätze können als Orientierung für die Festlegung von Lizenzsätzen dienen.

— *Branchenübliche Lizenzsätze*: Regelmäßig werden, zum Beispiel von Organisationen wie der Licensing Executives Society (LES), Statistiken und Listen zu den Raten von Umsatzbeteiligungen in unterschiedlichen Branchen publiziert (siehe auch ▶ Abschn. 11.4.7). Je nach Branche und Entwicklungsstand der Technologie variieren die Raten zwischen 0,1–25 %.

Einige Beispiele (aus: M. Groß, Aktuelle Lizenzgebühren in Patentlizenz-, Know-how- und Computerprogrammlizenz-Verträgen, BB 1995, 85-91):
— Forschungsreagenzien (Expressionsvektoren, Zellkulturen etc.): 1–5 %
— Diagnostische Produkte (zum Beispiel Biomarker): 5–8 %
— Therapeutische Produkte (zum Beispiel monoklonale Antikörper): 5–10 %

- *Die Fünf-Prozent-Regel*: Aufgrund der großen Schwankungsbreite lässt sich aus den genannten Statistiken nicht entnehmen, welche Lizenzrate im Einzelfall die „richtige" ist. Insgesamt fällt jedoch auf, dass im Mittel über alle Branchen von Medizintechnik bis zur Elektronik- und Lebensmittelindustrie sehr häufig Lizenzraten zwischen 5 und 6% vereinbart werden. Im Zweifelsfall kann man sich an dieser sogenannten Fünf-Prozent-Regel zumindest orientieren.

> Große Schwankungsbreite bei Lizenzsätzen

- *Die 25-Prozent-Regel*: Die unterschiedlichen Lizenzsätze der einzelnen Branchen beruhen unter anderem auf den variierenden Gewinnmargen. Als eine weitere „Pi-mal-Daumen-Regel" gilt, dass die Umsatzbeteiligung in etwa 25% der Nettoeinnahmen (vor Steuern) betragen sollte. In Technologiebereichen mit hohen Gewinnspannen von bis zu 80%, zum Beispiel in der Softwarebranche, können die Lizenzsätze von 20 bis 30% reichen. Sind die erwarteten Gewinne geringer, fallen die verhandelbaren Lizenzraten entsprechend niedriger aus: Bei einer Gewinnmarge von 4% – wie zum Beispiel in der Lebensmittelindustrie anzutreffen – kann für die Umsatzbeteiligung ein Wert zwischen 1 und 1,5% auf die Nettoeinnahmen veranschlagt werden (aus: Zaharoff, Setting Values and Royalty Rates for Medical and Life Science Businesses, MBBP, 2004).
- *Entwicklungsstand*: Wie bereits angesprochen spielt es für die Bewertung einer Technologie (durch den Lizenznehmer) eine große Rolle, welche Investitionen bis zur Marktreife notwendig und welche Risiken damit verbunden sind. Besonders deutlich fällt der Anstieg der Lizenzsätze mit zunehmender Marktnähe bei therapeutischen Wirkstoffen aus. In der präklinischen Entwicklungsphase liegen die Lizenzraten typischerweise zwischen 2 und 3%; im Verlauf der klinischen Phasen werden 3–4% und für ein zugelassenes Medikament 5–10%ige Lizenzsätze erreicht (▶ http://www.cptech.org/ip/health/royalties/).

In manchen Fällen kann es aufgrund besonderer Marktverhältnisse oder der Art des Produkts schwierig sein, die Höhe des Umsatzes zu ermitteln. Hier bietet sich die Möglichkeit an, einen festen Betrag pro verkauftem Produkt zu vereinbaren (Stücklizenz).

■ **Unterlizenzierung**
Bei der Vergabe einer Exklusivlizenz kann dem Lizenznehmer erlaubt werden, Unterlizenzen an einen Dritten (einen Sublizenznehmer) zu vergeben. Um auch bei dieser Form der wirtschaftlichen Verwertung zu partizipieren, sollte für alle Zahlungen aus der Unterlizenzierung (Meilensteine, Umsatz-

beteiligungen und so weiter) die Weitergabe eines Anteils an die Hochschule vereinbart werden.

Wenn eine einfache Lizenz gewährt wurde, muss die Erlaubnis, eine Unterlizenz erteilen zu dürfen, hingegen gut überlegt sein. Denn bei der Weiterlizenzierung könnte der Lizenznehmer in einer direkten Konkurrenzsituation mit der Hochschule stehen.

In manchen Fällen ist die Unterlizenzierung für die Kommerzialisierung einer lizenzierten Technologie unerlässlich, zum Beispiel wenn es sich bei dem Sublizenznehmer um einen Anbieter von Auftragsforschung (Contract Research Organization, CRO) handelt, der Teile der klinischen Testung von Wirkstoffen übernimmt, oder um eine Zulieferfirma, die notwendige Bestandteile für das lizenzierte Produkt beisteuert.

Sublizenzierung erforderlich für Weiterentwicklung.

- **Beteiligung an Spin-offs**

Hochschulen sind in der Regel bestrebt, Ausgründungen von Spin-off-Unternehmen zur Weiterentwicklung einer neuen Technologie angemessen zu unterstützen. Typischerweise verfügen Spin-offs in ihrer Gründungsphase über geringe finanzielle Mittel beziehungsweise setzen die vorhandenen Mittel vorzugsweise zur Weiterentwicklung der neuen Technologie ein. Um diesem Umstand Rechnung zu tragen, kann zwischen Hochschule und dem Spin-off im Lizenzvertrag vereinbart werden, dass die Zahlungen an die Hochschule zu Vertragsbeginn („*upfront*") eher gering gehalten sind oder sogar darauf verzichtet wird, dafür aber die später greifende Umsatzbeteiligung entsprechend höher festgesetzt wird. Ein solches „Spin-off-freundliches" Lizenzmodell bezeichnet man als „back-loaded". Falls das Spin-off eine gewisse Zeit in der Hochschule verankert bleibt, z. B. im Rahmen einer längerfristigen FuE-Kooperation, kann es sinnvoll sein, die Hochschule eine Beteiligung an dem Spin-off erwirbt (*equity*) . Der Bereich der IP-Lizenzierung (Lizenzvertrag) wird in der Regel getrennt von der Beteiligung (Gesellschaftervertrag) behandelt werden. Das heißt, die Beteiligung stellt keine Gegenleistung für günstigere Lizenzkonditionen dar, damit eine (steuerlichen) Bewertung Firmenanteile vermieden wird.

Ob beziehungsweise in welcher Form und Höhe eine solche Beteiligung akzeptiert wird, hängt sehr mit der Politik der Hochschule zusammen. Im optimalen Fall ergibt sich eine Win-win-Situation: Das Spin-off wird in der frühen Phase nicht durch hohe Zahlungen in seiner Entwicklung gebremst, und die Hochschule kann durch die spätere Veräußerung seiner Anteile an einem erfolgreichen Spin-off in der Regel signifikant höhere Zahlungen als durch Meilensteinzahlungen oder Umsatzbeteiligungen erreichen (siehe Beispiel „Google" in ▶ Abschn. 10.1).

Trennung von Lizenz und Beteiligung

Prominente Vertreter aus der deutschen Technologie transfer-Community haben 2016 ein *White Paper* zum Thema „Umgang mit IP bei Gründungen und Beteiligungen aus Wissenschaftseinrichtungen (WE)" verfasst, in dem die verschiedenen Aspekte von Lizenzierung und Beteiligung bei Spin-offs beleuchtet und Handlungsstrategien für Hochschulen diskutiert werden. Das White Paper ist als Download über die Homepage der Transferallianz, dem deutschen Verband für Wissens- und Technologietransfer erhältlich.

▶ https://www.transferallianz.de/fileadmin/user_upload/downloads/TechnologieAllianz_White_Paper_IP-GUB_Nov2016.pdf

Wertvolle Forschungstools

Vivlion – Spin-off der Goethe-Universität Frankfurt am Main
Nicht nur die Wirtschaft, auch die Forschung steht im Wettkampf um die besten Methoden und Produkte. Neue Forschungstools, die sich zur Entwicklung neuer Technologien eignen, können daher selbst einen beachtlichen kommerziellen Wert darstellen. Das gilt für die Genschere „CRISPR/Cas", mit der hochpräzise und vergleichsweise einfach Gene geschnitten und modifiziert werden können. Die ab 2012 von akademischen Forscher*innen entwickelte Technologie ist für nicht-kommerzielle Forschung frei und für kommerzielle Forschung kostenpflichtig lizenzierbar (siehe ▶ Abschn. 3.2.9). Unter einer solchen akademischen CRISPR/Cas-Forschungslizenz haben Forschende der Universität Frankfurt am Main wiederum ein Verfahren entwickelt, mit dem Millionen von Genpositionen gleichzeitig adressiert werden können und mit dem zum Beispiel analysiert werden kann, wie Resistenzen bei Krebsmedikamenten entstehen bzw. verhindert werden können. Das sogenannte 3Cs-Verfahren sowie die damit erzeugten CRISPR/Cas-Bibliotheken wurden von der Goethe-Universität zum Patent angemeldet. Obwohl mehrere Firmen Interesse an der Vermarktung der 3Cs-Technologie anmeldeten, entschieden sich die Forschenden dafür, selbst ein Unternehmen zu gründen: die Vivlion GmbH.

Als Spin-off der Goethe-Universität vereinbarte Vivlion einerseits einen Lizenzvertrag mit der Goethe-Universität zur exklusiven kommerziellen Nutzung der 3Cs-Patentfamilien, und anderseits erwarb die Goethe-Universität Anteile an der GmbH. Außerdem lizenzierte das Unternehmen die erforderlichen CRISPR/Cas-Basispatentrechte. Vivlion vertreibt nun erfolgreich die 3Cs-CRISPR/Cas-Bibliotheken als Produkte und bietet damit durchgeführte Screenings als Dienstleistungen an.

Eine enge und strategische Zusammenarbeit zwischen Vivlion und Goethe-Universität ermöglicht, dass die 3Cs-Technologie in Forschungskonsortien der Goethe-Universität genutzt werden kann, zum Beispiel im 2021 gestarteten Clusters4Future Forschungskonsortium PROXIDRUGS (▶ http://www.proxidrugs.de). Vivlion wiederum profitiert von der Ausstrahlung exzellenter Forschung, wodurch die Anwendbarkeit der CRISPR/Cas-Bibliotheken publik und für kommerzielle Kunden interessant wird.

Mit dem prominenten Wissenschaftler Prof. Dr. Ivan Đikić als CEO, dem Haupterfinder Dr. Manuel Kaulich als CSO und Dr. Kerstin Koch, als COO, gelang es dem Gründungsteam inzwischen, Seed-Kapital einzuwerben und strategische Partner zu gewinnen.

Quelle: ▶ https://www.vivlion.com/

Forschungslizenz für Akademia

- **Beteiligung an Patentkosten**

Insbesondere wenn ein über viele Länder reichender Patentschutz angestrebt wird, erwachsen die Patentkosten für die Hochschule als Rechteinhaberin zu einem großen Kostenblock. Bei einer exklusiven Lizenzvergabe wird daher häufig vereinbart, dass der Lizenznehmer die Patentkosten teilweise oder vollständig selbst trägt. Im Gegenzug erhält der Lizenznehmer in der Regel ein Mitspracherecht oder übernimmt die Federführung bei der Durchführung der Patentverfahren. Das heißt, der Lizenznehmer darf zum Beispiel den Patentanwalt bestimmen oder bei der Beschränkung von Patentansprüchen mitreden.

Gibt es mehrere Lizenznehmer, können die Patentkosten anteilsmäßig umgelegt werden.

11.4.4 Termsheet

Die Verhandlung eines Lizenzvertrags kann je nach Konstellation einige Monate bis mehrere Jahre dauern. Daher versuchen die Parteien, sich im ersten Schritt auf die grundlegenden Bedingungen zu einigen, und verschriftlichen diese in einem sogenannten Termsheet. Die Zusage einer Exklusivlizenz auf einem Termsheet genügt einem Spin-off in der Regel bereits, um sich auf die Suche nach Förder- und Risikokapital begeben zu können.

Das Besondere einer solchen Vereinbarung, die selbstverständlich von den Vertragspartnern unterzeichnet werden muss, ist die Form. Alle Regelungen werden stichpunktartig, zum Beispiel in einer Tabelle, festgelegt (◘ Tab. 11.1).

Termsheet enthält wesentliche Lizenzvertragskonditionen.

Tab. 11.1 Beispiel für den Aufbau eines Termsheets

Gegenstand	Konditionen
Lizenzgeber (*licensor*)	Universität XY
Lizenznehmer (*licensee*)	Firma Z
Vertragsgegenstand (*object of license*)	Patentanmeldung „…" vom … und daraus hervorgehende Schutzrechte (Vertragsschutzrechte)
Art der Lizenz	Exklusiv (nichtexklusiv) mit dem Recht zur Sublizenzierung
Geografischer Umfang der Lizenz	Weltweit (Gültigkeitsbereich der Schutzrechte)
Anwendungsfelder	Forschungslizenz/kommerzielle Nutzungslizenz für den Vertragsgegenstand
Vertragsdauer	Bis zum Ablauf der Vertragsschutzrechte
Kündigungsgründe	– Nichtzahlung der vereinbarten Vergütung – Nichtbenutzung etc.
Vergütung	– Abschlagszahlung – Milestones – Umsatzbeteiligung (jährlich) – Sublizenzgebühr – Mindestlizenzgebühr – Bei Spin-offs: Beteiligung der Hochschule (*equity*)
Aufrechterhaltung der Vertragsschutzrechte	Wer ist zuständig, und wer trägt die Kosten für Patentverfahren, -durchsetzung und -verteidigung?
Haftung/Gewährleistung	– Universität haftet nur für Rechteinhaberschaft – Lizenznehmer ist zuständig für Produktentwicklung, Markteinführung und Werbung
Rückbehalt von Rechten	Universität behält einfache Lizenz für Forschung und Lehre
Anzuwendendes Recht und Gerichtsstand	Deutsches Recht, Gerichtsstand Frankfurt am Main

Wie unschwer zu erkennen, enthält das Termsheet bereits Regelungen zu fast allen in den vorherigen beiden Abschnitten beschriebenen Teilen eines Lizenzvertrags. In der Praxis kann sich daher auch die Verhandlung eines Termsheet mehrere Monate hinziehen.

11.4.5 Optionsvertrag

In manchen Fällen möchten interessierte Firmen die Erfindung beziehungsweise die neue Technologie vor der Lizenzierung erst einmal testen. Eventuell sollen eigene Validierungsstudien, Untersuchungen zur Reproduzierbarkeit der Ergebnisse etc. durchgeführt werden. Oder es besteht der Wunsch, die geschützte Technologie in einer gemeinsamen Kooperation einen Schritt weiterzuentwickeln, zum Beispiel indem bestimmte Untersuchungen in einem Tiermodell gemacht werden. Oder der potenzielle Lizenznehmer möchte weitere Ergebnisse der Erfinder*innen (zum Beispiel die Konstruktion und Testung eines Prototyps) abwarten.

Mit einem Optionsvertrag kann sich ein potenzieller Lizenznehmer für eine begrenzte Zeit den Zugriff auf die Rechte an der Erfindung sichern. Bis zum Ablauf einer festgelegten Optionsfrist (üblicherweise sechs Monate bis zwei Jahre) muss der Optionsberechtigte, also der potenzielle Lizenznehmer, entscheiden, ob er die Option ausüben und eine Lizenz erwerben möchte – oder nicht. Die Konditionen im Fall der Lizenzierung werden in der Regel zuvor ausgehandelt und dem Optionsvertrag in Form eines Termsheets im Anhang angefügt. Ob der Lizenzvertrag wirksam wird, entscheidet aber einseitig der potenzielle Lizenznehmer.

Mit einem Optionsvertrag kann ein potenzieller Lizenznehmer also sein Risiko vermindern und zunächst prüfen, ob die Technologie für den gewünschten Zweck geeignet ist. Als Ausgleich erhält der Rechteinhaber in der Regel eine Optionsgebühr, denn er muss für die Zeit der Option die Schutzrechte aufrechterhalten und verzichtet auf eine anderweitige Verwertung der Schutzrechte. Wenn beispielsweise eine Option auf eine Exklusivlizenz vereinbart wurde, kann für den Optionszeitraum keine Lizenz vergeben werden, und der Rechteinhaber muss abwarten, ob der Optionsberechtigte seine Option ausübt. Bei der Höhe der Optionsgebühr spielt also unter anderem eine Rolle, welche Patentkosten für die Zeit der Option zu erwarten sind.

Optionsgebühr fürs Warten

11.4.6 Lizenz ohne Patent

Nicht immer ist es möglich oder zweckmäßig, Patentschutz für eine neue Technologie zu erlangen. Wenn bereits im Vorfeld davon auszugehen ist, dass die voraussichtlichen Patentkosten die maximal zu erwartenden Einnahmen übersteigen, macht die Durchführung von Patentverfahren wenig Sinn. Auch in diesen Fällen kann unter Umständen eine Nutzungsgebühr für Dritte erhoben werden, zum Beispiel wenn die Technologie geheim gehalten werden kann oder ihre Realisierung für den Nutzer mit einem hohen Aufwand verbunden ist. Nachfolgend finden sich einige häufig an Hochschulen anzutreffende Beispiele.

- **Biologische Materialien**

Nutzungsgebühr für Antikörper und Knock-out-Mäuse

Biologische Materialien, wie Antikörper, Mikroorganismen-Stämme oder Knock-out-Mausmodelle, können unter Umständen auch dann kommerziell verwertet werden, wenn sie nicht durch ein Patent geschützt sind. Bei der Vermarktung, beispielsweise von Antikörpern als Forschungstools, sind in der Regel keine ausreichend hohen Gewinnspannen zu erwarten, um die Patentkosten refinanzieren zu können. Herstellung und Charakterisierung dieser Materialien gestalten sich aber in der Regel recht aufwendig, sodass Interessenten bereit sind, für die Nutzung ein Entgelt zu bezahlen. Die Lizenzierung, zum Beispiel an einen Anbieter von Chemikalien, erfolgt analog zu den Regelungen eines MTAs (▶ Abschn. 11.3). Somit kann die Herausgabe dieser Materialien kontrolliert und der Transfer an andere Parteien verboten werden. Zusätzlich wird eine Nutzungs-/Lizenzgebühr erhoben. Die Einnahmen fließen typischerweise zurück an das Forschungsinstitut. Ob und in welcher Höhe die Entwickler*innen des Materials privat an den Verwertungseinnahmen teilhaben, hängt von den Richtlinien der betreffenden Hochschule ab. Als *best practice* gilt, dass nach Abzug des Herstellungsaufwands sowohl die Entwickler*innen als auch deren Institut von den Einnahmen profitieren.

- **Know-how**

Als Know-how bezeichnet man im Allgemeinen technisches Erfahrungswissen oder Daten, Rezepte, Arbeitsvorschriften etc., die nicht durch Schutzrechte gesichert sind. Vielfach ist hier die Erfindungshöhe für eine Patenterteilung nicht ausreichend, oder die Informationen sollen geheim gehalten werden (Patentanmeldungen werden nach 18 Monaten publiziert). Reine Know-how-Lizenzverträge findet man bei Hochschulen eher selten. Allerdings werden Patentlizenzverträge mitunter um das mit den Schutzrechten verbundene Know-how (*related know-how*) erweitert. Voraussetzung für die kommerzielle Verwertung von Know-how ist jedoch dessen Geheimhaltung durch die Wissenschaftler*innen.

- **Computerprogramm**

Software wenn möglich geheim halten.

Wie in ▶ Abschn. 7.3 ausgeführt, kann Software in Europa nur bedingt patentiert werden. Auch wenn die Möglichkeit einer Patentierung besteht, muss aufgrund der kurzen Produktlebensdauer in der IT-Branche sorgfältig abgewogen werden, ob eine Patentierung (im Hinblick auf die hohen Kosten) überhaupt sinnvoll und notwendig ist. Grundsätzlich unterliegt Software dem Urheberrecht, sodass eine Lizenzierung ohne Patentschutz erfolgen kann. Falls möglich, empfiehlt sich, die sensiblen Informationen geheim zu halten. Beratung zu Softwarelizenzverträgen bieten in der Regel die Technologietransferstellen oder Rechtsabteilungen der Hochschulen.

11.4.7 Literatur zum Thema Patentlizenzverträge

- Bartenbach, Patentlizenz- und Know-how-Vertrag, Verlag Dr. Otto Schmidt, 7. Auflage 2013.
- Groß/Rohrer, Lizenzgebühren, Fachmedien Recht und Wirtschaft, 2012.
- Groß, Der Lizenzvertrag, Verlag Recht und Wirtschaft, 2011.
- Hellebrand/Himmelmann, Lizenzsätze für technische Erfindungen, Carl Heymanns Verlag, 2011.

11.5 Verwertungsformen für Software

Tilmann Lahann, LL.M. eur. integr., Müller, Altmeyer & Partner, Rechtsanwälte, PartGmbB (Saarbrücken)

11.5.1 Einleitung

Software spielt in der Praxis des Technologietransfers eine zunehmend wichtige Rolle. Während einige Hochschulen und TT-Agenturen bereits seit Jahren einen Schwerpunkt im Bereich der Software-Verwertung haben, gewinnt Software als Verwertungsgut auch deshalb an Bedeutung, da es immer häufiger vorkommt, dass Software als Ergänzung zu „klassischen" Verwertungsgütern mitverwertet wird, sei es in Form von Auswertungssoftware, Software zur Steuerung technischer Anlagen, als Datenbanksoftware oder auch als programmierte Internetseite mit digitalen Grafiken. In der Konsequenz kommt Software bei fast jedem Verwertungsvorgang gewisse Bedeutung zu, wobei der Anteil am wirtschaftlichen Erfolg je nach Vorgang wiederum sehr unterschiedlich sein kann.

Problematisch ist vor diesem Hintergrund, dass die rechtliche Einordnung von Software nicht immer einfach ist, da Software unterschiedliche Rechte darstellen kann, die auch unterschiedlichen Rechtsregimen unterliegen und demnach unterschiedlich zu behandeln sind. Die Schwierigkeit des Umgangs mit Software-Verwertung liegt also in der Vielzahl der Möglichkeiten, mit anderen Worten: in der Komplexität der Verwertungssituation.

11.5.2 „Übertragung" von Know-How und Geschäftsgeheimnissen

Geheime Nutzung von Geheimnissen

Know-How und Geschäftsgeheimnisse werden grundsätzlich nicht übertragen, sondern es wird einem Vertragspartner eine Information mitgeteilt und diesem gleichzeitig erlaubt, diese Information zu verwenden, gegebenenfalls verbunden mit der Verpflichtung des ursprünglichen Inhabers, selbst diese Information zukünftig zwar geheim zu halten, aber nicht zu verwenden, was der Einräumung eines ausschließlichen Nutzungsrechts gleichkommen würde. In letzterem Fall sollte aber darauf geachtet werden, dass der ursprüngliche Inhaber sich dazu verpflichtet, die Information auch zukünftig durch angemessene Geheimhaltungsmaßnahmen zu schützen.

Durch die vertragliche Rechteeinräumung erlangt der Informationsempfänger rechtmäßige Kontrolle über das Geschäftsgeheimnis und wird dadurch zum Inhaber im Sinne des § 2 Nr. 2 GeschGehG. Nach § 6 GeschGehG stehen dem Inhaber des Geschäftsgeheimnisses gegen einen Rechtsverletzer Ansprüche auf Beseitigung und Unterlassung zu. Dieses Recht steht dann somit auch dem Empfänger zu. Soll der Empfänger dieses Recht nicht haben, ist dies vertraglich auszuschließen.

- **„Übertragung" von urheberrechtlich geschützten Computerprogrammen**

Nutzung von Urheberrechten genau definieren

Die Urheberstellung kann grundsätzlich durch „Übertragung" des Computerprogramms nicht aufgegeben werden, § 29 UrhG. Sie ist aber zu trennen von der Ausübung der vermögensrechtlichen Befugnisse an dem Computerprogramm. Dieses steht außer in den Fällen des § 69a UrhG dem Urheber bzw. bei mehreren Urhebern den Miturhebern zur Gesamthand zu. Die insoweit Berechtigten können aber einem Dritten Nutzungsrechte an dem Computerprogramm einräumen. Dieses Nutzungsrecht wird in der Regel sowohl in der jeweiligen örtlichen, inhaltlichen und zeitlichen Ausgestaltung als auch im Hinblick auf die jeweilige Nutzungsart ausdifferenziert.

Üblicherweise regelt man die folgenden Aspekte:
- Örtlich: Weltweit oder örtlich begrenzt?
- Zeitlich: Befristet oder unbefristet?
- Inhaltlich:

11.5 · Verwertungsformen für Software

- Bestimmter Anwendungsbereich?
- Einfache (nicht-ausschließlich/nicht-exklusiv) oder ausschließliche Lizenz (exklusiv)
- Unterlizenzierbar?
- Nutzungsart?
  - Nutzung?
  - Vervielfältigung?
  - Verbreitung?
  - Öffentliche Wiedergabe, einschließlich der öffentlichen Zugänglichkeitsmachung?
  - Veränderung?

Der Urheber hat nach § 32 UrhG Anspruch auf eine angemessene Vergütung, ein Anspruch, der nicht vertraglich abbedungen werden darf. Ein Abstellen auf gemeinsame Vergütungsregeln im Sinne von § 36 UrhG, wie bei anderen urheberrechtlich geschützten Werken üblich, kommt wegen § 69a Abs. 5 UrhG allerdings nicht in Frage. Nach § 32a UrhG steht dem Urheber sogar ein Anspruch auf eine weitere Vergütung zu, wenn sich die erhaltene Vergütung im Hinblick auf die Erträge und Vorteile aus der Nutzung des Werkes als unverhältnismäßig niedrig darstellt. Ein Verzicht auf Vergütung ist bei Veröffentlichung als Open Source Software nach § 32 Abs. 3 Satz 3 und § 32a Abs. 3 Satz 3 UrhG aber möglich.

Kennen sollte man auch § 41 UrhG, der dem Urheber, der ein ausschließliches Nutzungsrecht an einer Software eingeräumt hat, ein gesetzliches Rückrufrecht einräumt und zwar insbesondere im Falle der Nichtausübung der Nutzung, sofern hierdurch berechtigte Interessen des Urhebers erheblich verletzt werden.

- **Übertragung von Erfindungen, Patentanmeldungen und Patenten**

Wiederum keine Besonderheiten gibt es im Hinblick auf die Möglichkeit der Übertragung von Erfindungen, Patentanmeldungen und Patenten. Insofern wird auf ▶ Abschn. 11.4 verwiesen.

11.5.3 Open Source Licensing

Die Veröffentlichung von Software kann neben den klassischen Wegen der Veröffentlichung in Fachzeitschriften auch über die Bereitstellung des Quellcodes der Software erfolgen. In diesen Fällen wird die Software häufig online unter Mitteilung der Lizenzbedingungen zum Download angeboten. Hinsichtlich der Lizenzbedingungen macht es häufig Sinn, sich an Standard-Lizenzmodellen zu orientieren, um die recht-

Verpflichtungen bei Open Source-Nutzung beachten!

liche Unsicherheit im Hinblick auf die Verwendung der Software beim Nutzer und den Verwaltungs- und Prüfaufwand möglichst gering zu halten. Es gibt eine Reihe von Standard-Open Source (OSS)-Lizenzmodellen, die sich ganz grundsätzlich in zwei Gruppen einteilen lassen: Solche, die bei Verwendung die Offenlegung des Quellcodes der Software verlangen, die auf die OSS-Software-Komponente zurückgreift und solche, die dies nicht verlangen. Eine generelle Empfehlung, welche Variante man bei der Veröffentlichung von Software wählen sollte, gibt es nicht. Es hängt von der konkreten Software und ihren potenziellen Anwendungsfeldern ab. So ist beispielsweise die Verwendung von LGPL v3-Lizenzen[1] für die Nutzung von OSS-Bibliotheken in proprietärer Software rechtlich in der Regel unproblematisch.

Ganz grundsätzlich besteht auch die Möglichkeit eines sogenannten Dual Licensing. Man erlaubt also die nichtkommerzielle Verwertung der Software unter einer OSS-Lizenz, verlangt aber Gebühren für die kommerzielle Verwertung.

11.5.4 Digitale Geschäftsmodelle

Vielfalt digitaler Nutzung

So vielfältig wie die Anwendungsmöglichkeiten von Software sind auch die dahinterliegenden Geschäftsmodelle. Von klassischen Kaufmodellen, Mietmodelle zur Software-as-a-Service. Auch die Vertriebswege sind sehr unterschiedlich, von dem hardwareintegrierten Produkt bis hin zum Softwaredownload für mobile Endgeräte via App-Store.

Mieten oder kaufen?

Erfahrungsgemäß ist die Entscheidung für das richtige Geschäftsmodell etwas, was Zeit, etwas Experimentierfreude und auch konkreter Testläufe am Markt bedarf. Deshalb ist es auch schwierig allgemeine Empfehlungen für das erfolgreiche Geschäftsmodelle zu geben. Man kann aber sagen, dass es in den letzten Jahren ein klarer Trend zu Geschäftsmodellen gab, die versuchen laufende Einnahmen zu generieren, was durch den Verkauf von Software nur dann erfolgt, wenn neben der Rechteeinräumung noch Einnahmen über Wartungs- und Supportverträge generiert werden können oder die Software einer derartig starken Weiterentwicklung unterliegt, dass es sich zwar rechtlich gesehen um den Kauf einer Einzelsoftware handelt, dies wirtschaftlich aber einem Abo-Modell für den regelmäßigen Erwerb von Software ähnelt.

Die Veräußerung von Software im Gebiet des EWR führt zur Erschöpfung der Rechte des Veräußerers nach § 69c Abs. 3 S. 2

---

1 GNU Lesser General Public License, Version 3 vom 29.06.2007.

UrhG, mit der Folge, dass auch der Weiterverkauf der Software sich nur noch sehr eingeschränkt kontrollieren lässt. Rechtsgeschäftliche Beschränkungen der Erschöpfungswirkung sind nach überwiegender Auffassung nicht möglich. Der Veräußerer gewährleistet grundsätzlich die Freiheit der Software von Sach- und Rechtsmängeln. Sollte es also nachträglich zu Rechtsmängeln kommen, sind diese auf Kosten des Verkäufers zu beheben. Die Möglichkeit des Rücktritts des Veräußerers vom Kaufvertrag in solchen Fällen, in denen dies mit unverhältnismäßigen Kosten verbunden ist, ausdrücklich zu vereinbaren.

Die Vermietung von Software beinhaltet neben der Überlassung von Software auf Zeit auch die grundsätzliche Pflicht des Vermieters, die Software in einem betriebsfähigen Zustand zu halten, was Geschäftsmodelle, die auf den zusätzlichen Abschluss eines Wartungs- und Support-Vertrages abzielen, einschränkt.

Haftungsrechtlich sind Software-as-a-Service-Modelle (SaaS) attraktiv. Hier wird dem Nutzer keine Software überlassen, sondern die eigentliche Nutzungsmöglichkeit der Software, meist über die Erlaubnis des Zugriffs auf eine internetbasierte Homepage (Plattform). Die Haftung beschränkt sich auf die Bereitstellung der Funktionalitäten der Software, was insbesondere das Risiko der Verletzung von Rechten Dritter reduziert, da es dem Anbieter unbenommen ist, wie er die versprochene Funktionalität umsetzt. Außerdem sind SaaS-Verträge zeitlich beschränkt und eine Erschöpfungswirkung wird vermieden. Geschuldet ist aber in der Regel eine hohe Verfügbarkeit der Anwendung, was Stabilität der Serverinfrastruktur voraussetzt, heute in der Regel nicht mehr das Problem.

11.5.5 Bewertung von Software bei Beteiligungen von Investoren

Die Bewertung von Software ist kompliziert. Sie erfordert meist eine fachlich tief gehende Auseinandersetzung mit dem Software-Code, was Investoren, die sich an einem Start-up mit einem softwarebasierten Geschäftsmodell beteiligen wollen, oft im Rahmen einer sogenannten Tech-Due-Diligence, vollziehen. In diesem Zusammenhang wird dann nicht nur die grundsätzliche Funktionalität und die Wahrscheinlichkeit der Verletzung von Rechten Dritter, sondern insbesondere auch die Qualität der Programmierung und der Dokumentation geprüft, da diese Voraussetzung für eine effiziente Weiterentwicklung der Software sind. Aus diesem Grund sollte auch schon möglichst frühzeitig auf eine vollständige Übertragung der Urheberrechte aller beteiligten Programmierer sowie eine ausreichende Dokumentation geachtet werden.

Tech-Due-Diligence prüft Qualität und Rechtestatus

Die Bewertung der Software selbst ist dann – wie dies überhaupt bei Start-up-Bewertungen häufig der Fall ist – Verhandlungssache. Wichtige Anhaltspunkte sind aber die Kosten der bislang erfolgten Programmierung der Software als Mindestbewertung sowie die Frage der Kopierbarkeit und des damit verbundenen Aufwandes eines Dritten. Bei Start-ups, die mit einem softwarebasierten Geschäftsmodell eine Wachstumsstrategie fahren, ist die Frage, wie lange ein potenzieller Konkurrent bräuchte, um eine Software mit vergleichbarer Funktionalität zu entwickeln und was ihn diese Entwicklung kosten würde, häufig sogar die entscheidende Frage.

11.5.6 Faktoren bei Lizenzverhandlungen über Software

Der Wert einer Software hängt von einer Reihe von Faktoren ab, die sich zum Teil nicht unwesentlich von den wertbildenden Faktoren einer Erfindung und/oder eines Schutzrechts unterscheiden. Insoweit ähnelt Software bei der Verwertung eher Know-How.

- **Innovationskraft der Algorithmen**

Wert = Arbeitszeit?

Ein wichtiger wertbildender Faktor ist die Innovationskraft der der Software zugrunde liegenden Algorithmen, da dadurch die Möglichkeit, die Software zu kopieren eingeschränkt wird. Dies wiederum sichert den mittel- und langfristigen Erfolg eines Geschäftsmodells ab, da immer damit zu rechnen ist, dass erfolgreiche Geschäftsmodelle nachgeahmt werden. Rechtlich am effektivsten schützt ein Ausschließlichkeitsrecht, wie zum Beispiel ein Patent. Fehlt es an den Voraussetzungen bleibt der Urheberschutz. Da urheberrechtlich gerade nicht die Funktionsweise, sondern „nur" die konkrete Ausprägung der Software geschützt ist, ist es urheberrechtlich nicht verboten, eine Software mit identischen Funktionalitäten nachzubilden, solange nicht der Code der urheberrechtlichen Software hierfür verwendet wird. Der eigentliche Wert liegt also in der (Arbeits-)Zeit, die aufgebracht werden muss, um eine Software mit der gewünschten Funktionalität zu entwickeln bzw. nachzubilden.

- **Wahrscheinlichkeit der ständigen Überarbeitung**

Sinkende Lizenzgebühr bei fortlaufender Überarbeitung

Urheberrechtsschutz genießt an einer Software grundsätzlich nicht eine bestimmte Funktionalität, sondern der Code der Software, wie er durch den Schöpfer geschaffen wurde. Dies bedeutet aber im Umkehrschluss auch, dass in dem Fall, in dem Lizenznehmer ein Quellcode offengelegt und die Veränderung, sprich eine Weiterentwicklung, gestattet wird, sich der Anteil des ursprünglich von dem Schöpfer geschaffene Quellcode an der Software im Laufe der Zeit reduziert und gleichzeitig der durch den Lizenznehmer neu geschaffene Anteil der Software zunimmt. Die Frage der Geschwindigkeit dieser Neuschöpfung und die Wahrscheinlichkeit, dass dies auch wesentliche Teile der Software betrifft, spielt bei den Verhandlungen über den Wert der Software natürlich eine große Rolle. Manchmal lohnt es sich in solchen Fällen, nicht nur über eine zeitlich befristete, sondern auch über eine abschmelzende Lizenzgebühr nachzudenken.

- **Qualität der Programmierung und Dokumentation**

Der Quellcode einer Software ist in der Regel ein komplexes Werk, dessen Durchdringung einem Dritten, der über die erforderlichen Fachkenntnisse verfügt, zwar gelingt, aber oftmals einen nicht unrelevanten Aufwand darstellt. Wichtig für die effiziente Weiternutzung des Quellcodes ist insoweit die Qualität der Programmierung und eine ausreichende (in-Code-)Dokumentation. Da gerade die Erstellung einer nachträglichen Dokumentation ebenfalls aufwändig ist, sollte man dies von Anfang an bei der Programmierung beachten.

Gute Dokumentation von Anfang an

- **Wahrscheinlichkeit der Verletzung Rechte Dritter**

Eine wesentliche Gefahr des Lizenznehmers besteht darin, dass er eine Software erwirbt und durch dessen Nutzung gegen Rechte Dritter verstößt. Als Rechte Dritter kommen neben Patentrechten insbesondere auch Urheberrechte in Betracht. Diese sind schwierig zu ermitteln, da zumindest in Deutschland nicht registrierungspflichtig. Im Falle einer im wissenschaftlichen Umfeld entwickelten Software ist es stets fraglich, ob die Universitäten bereit sind, entsprechende Zusicherung hinsichtlich der Freiheit von Rechten Dritter zu übernehmen. Aber selbst wenn eine entsprechende Zusicherung und somit Haftung (oder gar Freistellungsverpflichtung) vertraglich vorgesehen wird, verbleibt bei dem Lizenznehmer das Risiko einer Inanspruchnahme durch einen Dritten.

Risiko Urheberrechte

- **Relevanz für das zugrunde liegende Geschäftsmodell**

Häufig wird in unserer Praxis Software als Annex zu der eigentlichen Haupttechnologie überlassen. Der Wert dieser Software ist meist gering, da auch die Relevanz für das eigentliche Geschäftsmodell gering ist.

11.6 Bewertung einer Technologie

11.6.1 Faktoren für die Bewertung

Jede Erfindung ist einzigartig, und ihr Wert wird bestimmt von einer Vielzahl von Faktoren. Bei der Verhandlung der Konditionen eines Lizenzvertrags spielen nicht zuletzt das Geschick, die Strategie und das Bauchgefühl der verhandelnden Personen eine wichtige Rolle. Um letzteres argumentativ zu unterstützen, können z. B. folgende Aspekte herangezogen werden:

- **Bedeutung der Technologie**
- Handelt es sich um eine bahnbrechende, hochinnovative Technologie (*disruptive technology*) oder eher um eine Verbesserung bestehender Lösungen (*incremental improvement*)?
- Handelt es sich um eine sogenannte Plattformtechnologie mit Anwendungsfeldern in verschiedenen Branchen oder um eine spezielle Anwendung in einem begrenzten Bereich? Ist es ein Stoffpatent oder ein Anwendungspatent (zum Beispiel für eine spezielle Indikation)?
- Welchen Stellenwert hat die Technologie für den Lizenznehmer (*must have* versus *nice to have*)?

Bahnbrechende Technologie?

Lockdown & Hochbetrieb

Corona-Pandemie als Technologie-Treiber: Durchbruch für neue und alte Medikamente
Während der Lockdown-Phasen der Corona-Pandemie in den Jahren 2020/21 waren die meisten Forschungslabore geschlossen. In Laboren, in denen „Corona-Forschung" stattfand, herrschte hingegen Hochbetrieb. Technologietransfer-Beschäftigte und Patentanwälte waren im Dauerstress, damit potenzielle Impfstoffe, Therapien oder Diagnostika zum Patent angemeldet werden, bevor die umgehend und ohne *Peer Review* online gestellten Forschungsergebnisse veröffentlicht wurden.
 Tatsächlich ermöglichte die Pandemie den fulminanten Durchbruch einer Technologie, die lange Zeit ein Schattendasein fristete: mRNA- oder Oligonukleotid-Wirkstoffe hatten es bis dato in klinischen Studien unwahrscheinlich schwer, da mögliche Risiken für langfristige Nebenwirkungen kaum auszuschließen und die Hürden für klinischen Studien so hoch waren, dass herkömmliche Wirkstoffentwicklungen stets im Vorteil blieben.

11.6 · Bewertung einer Technologie

Im Angesicht der Pandemie gewann das „Lightspeed"-Projekt der Firma BioNTech, einer Ausgründung der Universität Mainz, im Dezember 2020 das Rennen um den ersten zugelassen mRNA-Impfstoff (Tozinameran, Comirnaty®), nicht zuletzt durch die Unterstützung eines starken Partners, des US-Pharmariesen Pfizer.

Unter einer bislang nicht gekannten Beobachtung durch mediale Berichterstattung und begleitende Studien, werden sich hoffentlich die bisherigen positiven Erfahrungen mit den mRNA-Impfstoffen bestätigen und den zahlreichen, in der Entwicklungs-Pipeline stehenden Kandidaten für Krebs- und Immuntherapien den Weg ebnen. Bereits jetzt ist spürbar, wie Investitionen in Oligonukleotid-Therapien ansteigen und Entwicklungsprojekte in die Klinik gebracht werden.

Mit Blick auf die überfüllten Corona-Intensivstationen lief parallel zur Impfstoffentwicklung die fieberhafte Suche nach Medikamenten zur Behandlung der Virusinfektion sowie zur Eindämmung u. a. der kardiovaskulären und immunologischen Krankheitssymptome. Besonders die Therapieansätze zum *Drug Repurposing* standen hoch im Kurs, da eine bereits für andere Indikation erfolgte Zulassung eine zügige Neuzulassung in Aussicht stellte. Es ist daher kaum verwunderlich, dass nach dem Screening von Substanzbibliotheken ganze Listen von potenziellen Anti-Corona-Wirkstoffen zum Patent angemeldet wurden. Auch hier spielte die Geschwindigkeit eine große Rolle, die wiederum nicht unwesentlich von den verfügbaren finanziellen Mitteln abhängig war.

Ein vielversprechender Therapieansatz zur Behandlung von SARS-VoV-2-Infektionen kam – wie einst die Ausgründung BioNTech – aus der Universitätsmedizin Mainz. Ein Forscherteam um Prof. Dr. Wolfram Ruf hatte bereits in der frühen Pandemie-Phase vermutet, dass das bereits im Zusammenhang mit anderen Virusinfektionen bekannte Protein rNAPc2 das Potenzial besitzt, Gerinnungsstörungen und damit einhergehende Entzündungen bei Corona-Patienten mit schwerem Krankheitsverlauf zu lindern.

In enger Zusammenarbeit mit der US-Firma ARCA biopharma, die rNAPc2 für andere Indikationen in der Entwicklung-Pipline bearbeitete, wurde frühzeitig in 2020 ein Patent angemeldet und eine klinische Phase-2b-Studie gestartet. Dabei zeigten sich nicht nur Hinweise auf eine bessere Verhinderung von Thrombosen, sondern auch auf eine Unterdrückung der mit der Gerinnungsaktivierung einhergehenden Entzündung. Anfang Juli 2021 vereinbarte die Universitätsmedizin Mainz schließlich mit ARCA biopharma eine Patent-

Geschwindigkeit entscheidend.

Nutzungsrechte für bekannten Wirkstoff

übertragung. Der Vertrag enthielt Upfront- und Meilensteinverpflichtungen für ARCA biopharma in Höhe von 1,6 Millionen Euro sowie Lizenzgebühren an die Universitätsmedizin Mainz. *

Das Beispiel zeigt, dass auch Patente für medizinische Indikationen durchaus wertvoll sein und erfolgreich verwertet werden können. Allerdings ist in diesen Fällen die Zahl der potenziellen Verwertungspartner auf die Firmen begrenzt, welche bereits die betreffenden Patentrechte besitzen und/oder Entwicklungsprojekte für andere Indikationen betreiben. Die Nutzungsrechte werden als Exklusivlizenz oder – wie im beschriebenen Beispiel – als Patentübertragung gewährt. Besonders vorteilhaft erweist sich, wenn der Partner das Produkt aufgrund der schon vorliegenden klinischen Erfahrungswerte vergleichsweise schnell zur Zulassung und Vermarktung bringen kann.

*Quelle: ▶ https://www.unimedizin-mainz.de/presse/pressemitteilungen/aktuellemitteilungen/newsdetail/article/wissenschaftler-der-universitaetsmedizin-mainz-entdecken-neuen-therapieansatz-fuer-covid-19.html

Starker Patentschutz?

- **Monopolposition**
- Ist der Schutz durch Patente oder andere Schutzrechte ausreichend stark und rechtsbeständig? Wie breit ist der Schutzumfang? Wie effektiv können die Schutzrechte durchgesetzt werden? Gibt es Umgehungsmöglichkeiten?
- Besteht eine Abhängigkeit von Rechten Dritter (*freedom to operate*)?
- Werden die Benutzungsrechte als Exklusiv- oder Einfachlizenz gewährt? In welchem Territorium (weltweit oder einzelne Länder) und für welchen Zeitraum soll die Lizenz erteilt werden?

- **Entwicklungsstadium**
- Kann die neue Technologie sofort vermarktet werden, oder sind umfangreiche Investitionen zur Weiterentwicklung notwendig?

Wie bereits im Zusammenhang mit der Festlegung der Lizenzsätze beschrieben, steigt mit dem Entwicklungsstand der Wert der Technologie.

- **Marktsituation**
  - Für welche Anwendungsfelder (Anzahl und Breite) kann die Technologie verwertet werden?
  - Kann mit der Technologie ein großer Wettbewerbsvorteil und/oder Marktanteil erzielt werden?
  - Wie ist die Konkurrenzsituation gegenüber alternativen oder ähnlichen Produkten? Wie entwickelt sich der betreffende Markt (wachsend, statisch, abnehmend)?
  - Wie lang sind die Produktlebenszyklen in der betreffenden Branche?

Gute Vermarktungschancen?

- **Entwicklungsrisiko**
  - Wie sicher ist, dass die Erfindung als Produkt funktioniert und vermarktet werden kann?
  - Wie lange dauert es, bis das Produkt vermarktet werden kann.

- **Erwarteter Gewinn**
  - Werden bei der Vermarktung hohe Gewinnmargen erwartet?
  - Welche Kosten, zum Beispiel für Produktion, Infrastruktur und Vermarktung, müssen berücksichtigt werden?
  - Welchen Anteil hat die Technologie am Endprodukt?

- **Verhandlungspartner**
  - Wie viele Interessenten gibt es?
  - Ist der Lizenznehmer ein Großunternehmen, ein Mittelständisches Unternehmen oder ein Start-up?
  - Sollen bei einem Spin-off „freundliche" Konditionen vereinbart werden?

Viele Interessenten?

11.6.2 Quantitative Bewertung

Eine quantitative, also monetäre Bewertung von Patenten erfolgt typischerweise bei Unternehmensbewertungen oder Due-Diligence-Prüfungen. Häufig fließt der geschätzte Wert eines Schutzrechts in die Verhandlungen zu den Konditionen eines Lizenzvertrags ein, wobei Lizenzgeber und Lizenznehmer typischerweise ganz unterschiedliche Werte ins Feld führen. Primär werden die folgenden drei Methoden zur Bewertung von Schutzrechten verwendet:

Monetäre Bewertung für Due Diligence

1. *Kostenmethode („Der Blick zurück")*: Die Kostenmethode nimmt die bisher für die Entwicklung und Patentierung einer Erfindung entstandenen Kosten als Basis für die Wertbestimmung eines Patents. Alternativ verwendet man eine Abschätzung darüber, welche Kosten für die Entwicklung einer ähnlichen Technologie aufgewendet werden

müssten. Bei Lizenzvertragsverhandlungen wird dieser Ansatz naturgemäß vor allem vom Rechteinhaber/Lizenzgeber ins Feld geführt. Für einen Lizenznehmer spielen die bisherigen Kosten (*sunk costs*) eine untergeordnete Rolle, denn sein Blick ist in die Zukunft gerichtet.

2. *Ertragsmethode („Der Blick nach vorn")*: Ertragsbasierte Methoden basieren auf der Schätzung, welche Einnahmen mit dem patentgeschützten Produkt erzielt werden können. Von diesen Einnahmen werden die voraussichtlichen Kosten abgezogen, die aufgewendet werden müssen, um die Einnahmen zu generieren.

3. *Marktmethode („Der Blick zum Nachbarn")*: Dieser Bewertungsansatz beruht auf dem Vergleich mit Transaktionen zu ähnlichen Technologien, das heißt, welcher Preis in der letzten Zeit beim Verkauf oder der Lizenzierung ähnlicher Schutzrechte erzielt wurde. Bei dieser Methode muss ermittelt werden:

Blick nach vorn, zurück und zur Seite

- Welche Transaktion ist vergleichbar (Branche, Art und Bedeutung der Technologie, Schutzrechtsposition)?
- Gibt es verlässliche Angaben zu den Konditionen der Lizenzierung oder des Verkaufs?

- **Kostenlose Patentbewertung beim EPA: IPScore**

Weitere Informationen zum Thema Technologiebewertung gibt es unter ▶ https://www.epo.org/searching-for-patents/business/ipscore_de.html .

Eine Patentbewertung mit IPscore erfolgt in fünf Bereichen: Rechtsstand, Technologie, Marktbedingungen, Finanzen und Strategie. Sie wird erleichtert durch vorgegebene Bewertungsskalen, nach denen maximal fünf Punkte vergeben werden können. Die Gesamtheit der rund 40 Wertindikatoren vermittelt ein umfassendes Bild des Patentes, dessen Chancen und Risiken eingeschlossen.

Gründung eines Spin-offs

Inhaltsverzeichnis

12.1 Wichtige Aspekte bei der Gründung von Spin-offs – 356
12.1.1 Entscheidung für die Gründung eines Spin-offs – 356
12.1.2 Das Potenzial der Technologie – 362
12.1.3 Das Managementteam – 363
12.1.4 Lizenz von der Hochschule – 363

12.2 Butalco als Spin-off der Goethe-Universität Frankfurt – 364
12.2.1 Bedeutung von akademischen Spin-offs – 364
12.2.2 Realisierung von Gründungsideen – 365
12.2.3 Wichtige Schritte beim Geschäftsaufbau – 367
12.2.4 Erfahrungen und Empfehlungen – 368

12.3 Förderung und Finanzierung von akademischen Spin-offs – 369
12.3.1 Unternehmensphasen und ihre Finanzierung – 369
12.3.2 Öffentliche Förderung in der Gründungsphase – 371
12.3.3 Businessplan- und Gründerwettbewerbe – 373
12.3.4 Frühphasenförderung („Seed-Kapital") – 374
12.3.5 Best Practice: Gründungsförderung an der ETH Zürich – 377

12.4 Weitere Informationen zum Thema Firmengründung – 380

Ergänzende Information Die elektronische Version dieses Kapitels enthält Zusatzmaterial, auf das über folgenden Link zugegriffen werden kann https://doi.org/10.1007/978-3-662-64400-3_12. Die Videos lassen sich durch Anklicken des DOI Links in der Legende einer entsprechenden Abbildung abspielen, oder indem Sie diesen Link mit der SN More Media App scannen.

© Springer-Verlag GmbH Deutschland, ein Teil von Springer Nature 2022
K. Schilling, *Forschen – Patentieren – Lizenzieren*, https://doi.org/10.1007/978-3-662-64400-3_12

> Erfolg hat nur, wer etwas tut, während er auf den Erfolg wartet.

Thomas Alva Edison (1847–1931), Erfinder der Glühbirne.

12.1 Wichtige Aspekte bei der Gründung von Spin-offs

12.1.1 Entscheidung für die Gründung eines Spin-offs

Eine Firma, die aus einer Universität oder Hochschule heraus gegründet wird, bezeichnet man als akademisches Spin-off. Im Gegensatz zum „Startup", das als eine allgemeinere Bezeichnung für ein neu gegründetes Unternehmen verwendet wird, basieren Spin-offs meist auf Technologien, die an der Hochschule entwickelt wurden und nun durch das Spin-off kommerzialisiert werden sollen. Bei Hochtechnologiegründungen spielen Patente eine außerordentlich wichtige Rolle, sei es für das Einwerben von Beteiligungskapital oder für das Bestehen der Firma gegen die etablierte Konkurrenz. Häufig haben Firmengründer*innen als Angehörige der Hochschule die patentgeschützte, neue Technologie selbst entwickelt und möchten sich nun auch um die Weiterentwicklung und Vermarktung kümmern.

Spin-off für Plattformtechnologien

Ein Grund für die Entscheidung, ein Spin-off zu gründen, kann sein, dass sich kein geeigneter Verwertungspartner finden ließ. Die Firma Google wurde z. B. erst gegründet, nachdem die Konditionen für die Auslizenzierung der Basistechnologie an bestehende Unternehmen nicht die Erwartungen der Rechteinhaberin, der Stanford University, und der Erfinder erfüllte (▶ Abschn. 10.1). Die Gründung eines Spin-offs bietet sich auch dann an, wenn eine sogenannte Plattformtechnologie entwickelt wurde, auf deren Basis mehrere Produkte, Dienstleistungen oder Anwendungsfelder möglich sind.

> **Lizenzierung versus Spin-off**
> Bislang gibt es wohl kein zuverlässiges System, mit dem für neue Technologien die jeweils beste Form der Vermarktung vorhersagbar ist. (Bestenfalls ist man im Nachhinein schlauer.) Für die Entscheidung, ob eine Lizenzierung an ein bestehendes Unternehmen oder ein eigens gegründetes Spin-off größere Erfolgschancen verspricht, bieten die nachfolgenden, allgemeinen Kriterien einige Anhaltspunkte.

Die Auslizenzierung an ein etabliertes Unternehmen gilt als ein geeigneter Weg für die Kommerzialisierung einer Technologie, wenn
- die Technologie bereits nah am Markt ist,
- ein bestehendes Unternehmen mit Interesse und Ressourcen das betreffende Produkt zur Marktreife bringen kann,
- die Hochschulwissenschaftler*innen keine Ressourcen zur Weiterentwicklung besitzen.

Beispielsweise verlangt eine Entwicklung eines Wirkstoffkandidaten zum zugelassenen Medikament hohe Investitionen für klinische Studien und Zulassungsregularien, die zumindest in der letzten Phase III der Zulassung nur von größeren pharmazeutischen Firmen aufgebracht werden können.

Ein Spin-off könnte sich hingegen dann als bessere Verwertungsform erweisen, wenn eine Weiterentwicklung der Technologie erforderlich ist, die von den Hochschulwissenschaftler*innen erbracht werden kann und/oder wenn es sich um eine sogenannte Plattformtechnologie handelt. In diesem Fall können mehrere Produkte entwickelt werden, oder die Technologie besitzt viele mögliche Anwendungsfelder. Befindet sich die Technologie in einem sehr frühen Entwicklungsstadium oder gibt es schlicht noch keine etablierten Unternehmen in dem betreffenden Bereich, so mag die Gründung eines Spin-offs die einzige Möglichkeit zu Kommerzialisierung darstellen.

Spin-off im Risiko

■ **Phasen einer Firmengründung**

Ein Unternehmen zu gründen, ist eine anstrengende Angelegenheit. Wenn Wissenschaftler*innen eine Firma gründen möchten, werden sie weniger Zeit für die Forschung haben und müssen sich auf einmal mit betriebswirtschaftlichem Denken und Managementaufgaben auseinandersetzen. Unbedingt empfehlenswert ist es daher, Unterstützung zu suchen. Erster Anlaufpunkt für Gründungswillige sind die an der Hochschule ansässigen Gründungszentren und Inkubatoren.

Für Firmengründer*innen finden sich zahlreiche Ratgeber und Internetseiten zu Themen wie dem Aufstellen eines Businessplans oder der Finanzplanung. Typischerweise unterscheidet man verschiedene Phasen der Unternehmensgründung: von der Orientierungsphase (Interesse) über die Planungsphase (Definition) bis zur Entwicklungs- bis zur Umsetzungsphase (◘ Abb. 12.1).

Wissenschaftler als Firmengründer

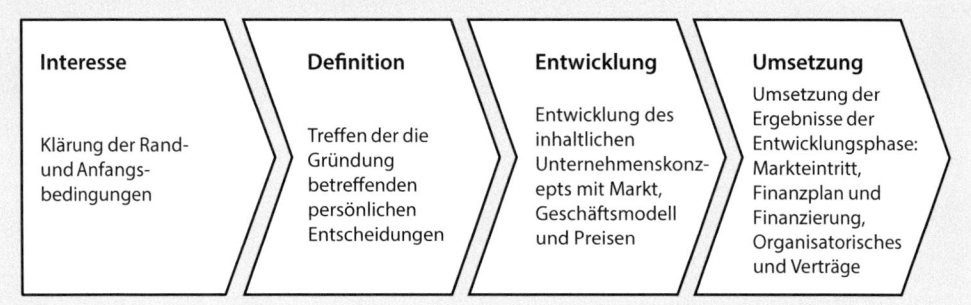

● Abb. 12.1 Hauptphasen der Gründungsplanung. (Nach: „Planungshilfe für technologieorientierte Unternehmensgründungen" von Günter Hirth und Rainer Przywara, Springer-Verlag, 2007)

Zusätzlich zu den generellen Fragen, die sich bei jeder technologiebasierten Firmengründung stellen (und die nicht Gegenstand dieses Buchs sein sollen), gibt es für Gründer*innen eines akademischen Spin-offs einige Besonderheiten, auf die nachfolgend etwas genauer eingegangen wird.

> **Gründungszentrum – Treffpunkt für Unternehmungswillige**
>
> *Andrés Felipe Macias, Leiter des Goethe-Unibators, des Gründungszentrums der Goethe-Universität Frankfurt am Main, Deutschland*
>
> In Deutschland gibt es eine Vielzahl an Anlaufstellen für angehende Gründer*innen. Insbesondere im universitären Umfeld spielen Gründungszentren eine wesentliche Rolle, wenn ihre Studierenden, Absolvent*innen, Wissenschaftler*innen oder Mitarbeiter*innen den Schritt wagen, ein Startup auf Basis ihres Wissens oder ihrer Erfindung zu gründen ● Abb. 12.2.
>
> Gründungzentren an Universitäten bieten in den meisten Fällen eine passgenaue Beratung und Unterstützung für ihre angehenden Gründer*innen an. Dort stehen den Teams erfahrene Gründungsberater zur Seite, die bei der strategischen Weiterentwicklung der Geschäftsidee unterstützen. Außerdem können sie auch von Netzwerkveranstaltungen, Workshops und zahlreichen Vorträgen profitieren. In vielen Gründungszentren können die Gründungsteams auch Büroräume, Labore, Konferenzräume oder Co-Working-Räume zu gründerfreundlichen Konditionen nutzen.
>
> Das Ziel eines Gründungszentrums ist es, die Gründungswilligen über mehrere Stufen mithilfe geeigneter Methoden

Gründungszentren begleiten in allen Phasen des Gründungsvorhabens

12.1 · Wichtige Aspekte bei der Gründung von Spin-offs

◘ Abb. 12.2 Goethe-Unibator – Unterstützung für angehende Gründer*innen, Interview mit Andrés Felipe Macias, Leiter des Goethe-Unibators, dem Gründungszentrum der Goethe-Universität Frankfurt am Main (▶ https://doi.org/10.1007/000-3wh)

und Techniken bei der Ausarbeitung ihrer Geschäftsideen zu unterstützen und sie mit dem erforderlichen Wissen, Kontakten und einer Infrastruktur zur Umsetzung der eigenen Idee auszustatten.

Goethe-Unibator: Das Gründungszentrum der Goethe-Universität Frankfurt am Main

Angehende Gründer*innen an der Goethe-Universität Frankfurt werden von der Innovectis GmbH, der Transfergesellschaft der Goethe-Universität Frankfurt, und dem von ihr geleiteten Gründungszentrum, dem Goethe-Unibator, unterstützt. Der Goethe-Unibator fördert Studierende, wissenschaftliche Mitarbeiter*innen sowie Alumni aller Fachbereiche bei der Umsetzung wissenschaftlicher Erkenntnisse und der daraus entstehenden Geschäftsideen. Es begleitet angehende Gründer*innen in jeder Phase ihres Gründungsvorhabens, und zwar von der Idee bis zu einem erfolgreichen Markteintritt und dient als Brücke zwischen Wissenschaft und Wirtschaft.

Angehende Gründer*innen, die sich in einer frühen Phase der Ausarbeitung der Geschäftsidee befinden, werden von Gründungsberatern in einer Gründersprechstunde intensiv bei der Weiterentwicklung von Geschäftsmodellen, der Marktanalyse, der Vorbereitung von Pitch-Präsentationen, sowie bei der Vermittlung von Kontakten in der regionalen

Training in vielen Formaten

Gründerszene unterstützt. Eine Auseinandersetzung mit der Geschäftsidee hilft dabei, potenzielle Schwachstellen sowie Lücken im Businessplan zu identifizieren und sie frühzeitig zu korrigieren. Darüber hinaus wird in Zusammenarbeit mit den Kolleg*innen der Innovectis GmbH zu den Themen Intellectual Property und Patentschutz der Ideen und Erfindungen beraten.

Der Goethe-Unibator vermittelt also in verschiedenen Formaten Wissen rund um die Themen Ideenentwicklung, Geschäftsmodelle, Verwertung von Forschungsergebnissen, Finanzierung und Förderung sowie Innovationsmethoden. Das breite Angebot an Lehr- und Trainings-Veranstaltungen des Goethe-Unibators beinhaltet unter anderem Seminare, Ringvorlesungen und eine Goethe Startup School. Diese Formate bieten den angehenden Gründer*innen die Möglichkeit, ihre Fähigkeiten stets zu verbessern, Fragen zu den für sie relevanten Themen zu stellen und von der Erfahrung und dem Austausch mit erfolgreichen Gründer*innen und Expert*innen zu profitieren.

Auf dem Programm der Goethe Startup School stehen beispielsweise Keynotes (Role Models & Experteninsights) und Workshops sowie ein Location-Hopping in der Frankfurter Gründerszene.

Vom Gründer zum CEO

Der Goethe-Unibator verfügt wie auch andere Gründungszentren über ein Inkubation-Programm, welches hauptsächlich aus Coaching, Mentoring und einer Vielzahl an Workshops besteht. Zudem werden den Gründer*innen Büroräume, Konferenzräume, ein Co-Working Space und technische Infrastruktur zur Verfügung gestellt. Neben dem qualifizierten Team des Goethe-Unibators stehen den Gründer*innen auch Mentor*innen und Unibator-Alumni über den gesamten Förderungszeitraum zur Seite. Die Mentor*innen sind Professor*innen der Goethe-Universität Frankfurt am Main und Expert*innen aus der Wirtschaft und Gründerszene. Am Ende des Programms sollen die Gründer*innen aus dem Goethe-Unibator nicht nur einen fertigen Businessplan und eine Idee für ihre nächsten Schritte mitnehmen, sondern auch in der Lage sein, ein junges, aber bereits funktionierendes Unternehmen zu führen.

Timing der Gründung hängt an der Finanzierung.

Unterstützung erhalten die Gründer*innen im Goethe-Unibator ebenfalls bei der Beantragung von Fördermitteln, wie zum Beispiel dem EXIST-Gründerstipendium oder dem Hessen Ideen Stipendium, sowie bei der Teilnahme an Wettbewerben, wie zum Beispiel Science4Life oder dem Hessen

Ideen Wettbewerb. Hierbei ist eine der wichtigsten Voraussetzung bei der Beantragung von Gründerstipendien, dass sich das Gründungsvorhaben in der Vor-Gründungsphase befindet. Das heißt die Gründung einer Kapitalgesellschaft, im Zusammenhang mit der in der Bewerbung beschriebenen Idee, darf noch nicht erfolgt sein. Aus diesem Grund sollte man so früh wie möglich mit der Antragstellung anfangen.

Begleitung eines Startups im Goethe-Unibator

Das Unibator-Startup FrameOne bietet maßgefertigte und individuelle Fahrräder an. Durch Automatisierung und Vereinfachung des Fahrradrahmenbaus lässt sich ein Fahrrad individuell anpassen und als Einzelstück produzieren. Dieses Alleinstellungsmerkmal wird durch einen innovativ konstruierten partiell 3D-gedruckten Fahrradrahmen und eine digitale Prozessoptimierung (Industrie 4.0) ermöglicht.

Um die Produktentwicklung abzuschließen und das Produkt auf dem Markt bringen zu können, benötigte das Team mehr Vorlaufzeit als andere Gründungsprojekte. Daher wurde das Team durch den Goethe-Unibator über verschiedene Phasen hinweg und bei der Beantragung von Fördermitteln unterstützt. Hier ist eine chronologische Übersicht mit ausgewählten Meilensteinen, welche das Team bis dato erreicht hat:

- 2017: Das FrameOne-Team gewann den 1. Preis des Gründungswettbewerbs Hessen-Ideen.
- 2018: Das FrameOne-Team wurde durch das 6-monatige Hessen-Ideen Stipendium gefördert. In diesem Zeitraum sind Machbarkeitsstudien, Marktrecherchen, ein Netzwerk in der Industrie und Kontakte zu potenziellen Partnern, Umfragen, ein Geschäftsmodell und der grobe Investitionsbedarf entstanden.
- 2019: EXIST-Antragstellung
- 2020-21: Das FrameOne-Team erhielt das EXIST-Gründerstipendium. In dieser Zeit konnte ein Prototyp entwickelt werden, der alle relevanten DIN-Tests bestehen konnte. Das Team wurde wissenschaftlich von Jun.-Prof. habil. Dr. med. Dr. rer. nat. Michael Behringer begleitet.
- 2020-22: Das FrameOne-Team gründete die FrameOne Bespoke Mobility UG (haftungsbeschränkt).
- 2021: Das FrameOne-Team erhielt eine positive Zusage des ESA-BIC Stipendiums. Dadurch steht ihm ein Entwicklungsbudget von 50.000 Euro ab Mitte 2021 in Aussicht.

12.1.2 Das Potenzial der Technologie

Am Anfang steht die Frage, ob eine neue Technologie das Potenzial hat, eine Firma zu tragen. Im Vorfeld einer Firmengründung empfiehlt es sich für die Gründer*innen, folgende Aspekte zu bedenken:

- **Besitzt die Technologie ein Alleinstellungsmerkmal?**

Ein Alleinstellungsmerkmal ist notwendig, um sich klar vom Wettbewerb differenzieren und am Markt behaupten zu können. Dieses ergibt sich zum Beispiel aus einer starken Patentposition heraus. Das Spin-off sollte die notwendigen IP-Rechte entweder besitzen oder zumindest eine Exklusivlizenz halten.

- **Welcher Nutzen ergibt sich aus der Technologie?**

Klarer Kundennutzen erforderlich

Um sich gegen die Konkurrenz durchsetzen zu können, sollte die neue Technologie klare Vorteile bieten. Firmengründer*innen sollten genau wissen, welche Nachteile die derzeit am Markt befindlichen Technologien aufweisen und welche Vorteile demgegenüber ihre Technologie besitzt. Zudem stellt sich die Frage, wie lange der Wettbewerbsvorsprung aufrechterhalten werden kann.

- **Was soll die Firma verkaufen?**

Womit die Firma ihr Geld verdienen soll, ist *die* existenzielle Frage schlechthin.
  – Welche Produkte oder Dienstleistungen sollen angeboten und verkauft werden?
  – Wie können diese hergestellt bzw. realisiert werden?
  – Wer soll die Produkte/Dienstleistungen verkaufen und wie?
  – Gibt es verschiedene Anwendungsfelder?

- **Wer sind die Kunden?**

Was soll verkauft werden und an wen?

  – Sind bereits potenzielle Kunden bekannt?
  – Auf welchem Weg können die Kunden erreicht werden?
  – Gibt es einen ausreichend großen Markt?

- **Wie hoch ist das Entwicklungsrisiko?**

  – Wie lange dauert es bis zum Markteintritt?
  – Welche Meilensteine müssen noch erreicht werden?
  – Können die Kosten für die Entwicklung durch die erwarteten Einnahmen refinanziert werden (wichtig auch für Investoren)?

12.1.3 Das Managementteam

Ein besonderer Vorteil bei Neugründungen besteht in der hohen Motivation und dem starken persönlichen Einsatz der Wissenschaftler*innen (sowie der Manager und Investoren). Viele neue Aufgaben sind zu bewältigen – auch weniger spannende, wie Buchhaltung und die Regelung von Versicherungs-, Steuer- und Haftungsfragen. Vor der Gründung sollten sich die Beteiligten daher überlegen, ob sie wirklich die Fähigkeit, Lust und Disziplin haben, als Unternehmer tätig zu werden.

Unternehmungsgeist gesucht

Im nächsten Schritt ist zu klären, welche Rolle die einzelnen beteiligten Erfinder*innen bzw. Wissenschaftler*innen übernehmen möchten. Fehlende Kenntnisse und Expertise sollten identifiziert und möglicherweise extern eingeholt werden. Außerdem empfiehlt sich, eine Führungsperson zu bestimmen, die den Gründungsprozess und anschließend gegebenenfalls das Unternehmen leitet. Dies kann ein Forscher, ein Investor oder eine angestellte Managerin/Geschäftsführerin sein.

Interessenskonflikt bei Hochschulbeschäftigung beachten!

Möchten sich Beschäftigte an einer Hochschule parallel zu Hochschultätigkeit bei einem Spin-off engagieren, benötigen sie hierfür eine Genehmigung ihres Arbeitgebers . Es gilt, einen Interessenskonflikt mit der Tätigkeit für die Hochschule zu vermeiden. Zum Beispiel können Hochschulprofessor*innen in der Regel keine ausführenden (*executive*) Aufgaben in einem Spin-off übernehmen, sondern üben eine Funktion als wissenschaftliche Beratende (z. B im *advisory board*) aus.

12.1.4 Lizenz von der Hochschule

Häufig haben die Gründer*innen eines Spin-offs die neue Technologie als Hochschulangehörige entwickelt, und die Hochschule besitzt die zugehörigen Patentrechte (▶ Abschn. 3.1). Wenn das Spin-off-Unternehmen die Patente der Hochschule nutzen möchte, muss es eine Lizenz von der Hochschule erwerben oder die Schutzrechte kaufen. Ein exklusiver Zugang zu der Technologie stellt meist eine wichtige Voraussetzung für die Einwerbung von Beteiligungskapital dar. Häufig wird von Kapitalgebern zumindest ein unterschriebenes Termsheet verlangt (▶ Abschn. 11.4.4). Für die Verhandlungen und die Einigung mit der Hochschule sollten die Gründer*innen einige Zeit einplanen.

Verhandlungszeit einplanen

Freundliche Lizenzbedingungen

Da viele Hochschulen ein Interesse daran haben, Ausgründungen zu unterstützen, erhalten Spin-offs häufig „freundlichere Lizenzbedingungen". Beispielsweise können eine vergleichsweise geringe Abschlagszahlung oder anstelle der Abschlagszahlung eine Beteiligung der Hochschule am Unternehmen (*equity*) vereinbart werden. Durch spätere Meilensteinzahlungen und höhere Umsatzbeteiligungen ist es möglich, Zahlungen in die Zukunft zu verschieben. Auf diese Weise werden die meist knappen finanziellen Mittel des jungen Unternehmens in der Anfangsphase geschont und können für die Weiterentwicklung der Technologie verwendet werden. Die Hochschule partizipiert später am wirtschaftlichen Erfolg des Unternehmens durch Lizenzzahlungen beim Verkauf der lizenzierten Produkte sowie gegebenenfalls beim Verkauf der Unternehmensanteile der Hochschule.

12.2 Butalco als Spin-off der Goethe-Universität Frankfurt

Prof. Dr. Eckhard Boles, Institut für Molekulare Biowissenschaften, Goethe-Universität Frankfurt
Dr. Gunter Festel, Martin Würmseher, Butalco GmbH

12.2.1 Bedeutung von akademischen Spin-offs

Die Herausforderung bei neuen Technologien besteht darin, vielversprechende Forschungsergebnisse aus Universitäten und Forschungseinrichtungen, die meist noch zu weit von einer industriellen Umsetzung entfernt sind, zu marktreifen Produkten zu entwickeln und in den Markt einzuführen. Dabei müssen vor einer Umsetzung in der Industrie die Vorteile der neuen Technologien klar gezeigt werden. Zahlreiche Untersuchungen beschreiben die zentrale Rolle akademischer Spin-offs, d. h. von Ausgründungen aus Universitäten und Forschungseinrichtungen, bei Innovationsprozessen und der Verbesserung des Transfers von akademischen Forschungsergebnissen in eine industrielle Umsetzung (◘ Abb. 12.3) (Egeln et al. 2003; Meyer 2006; Festel, Heck, Maas 2011; Schicker et al. 2011; Festel 2013). Spin-off-Gründungen sind damit ein Katalysator für den kommerziellen Erfolg neuer Technologien.

Frühzeitige Gründung von Vorteil

An vielen Universitäten wie etwa der Johann Wolfgang Goethe-Universität Frankfurt werden Spin-offs mittlerweile als wichtiges Mittel des Technologietransfers gefördert. Im

12.2 · Butalco als Spin-off der Goethe-Universität Frankfurt

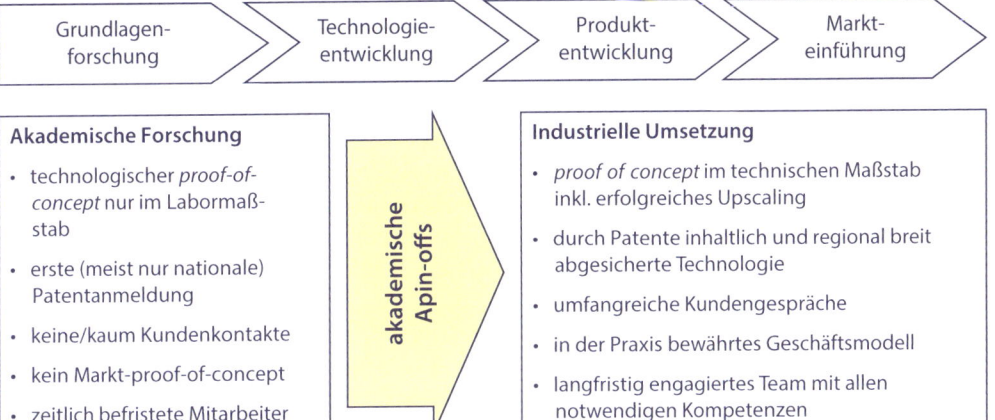

Abb. 12.3 Akademische Spin-offs als Mittel des Technologietransfers zur Überwindung der Lücke zwischen akademischer Forschung und industrieller Umsetzung

Sommer 2007 wurde die Butalco GmbH gegründet, die Technologien zur gentechnischen Modifikation von Hefen für die Herstellung von Biokraftstoffen und anderen biobasierten Produkten entwickelt. Mit diesen Technologien können Abfallstoffe aus Lignozellulose insbesondere für die Herstellung von Biokraftstoffen der zweiten Generation (Bioethanol, Biobutanol) zugänglich gemacht werden, sodass in Zukunft keine Nahrungsmittel mehr zu Biokraftstoffen verarbeitet werden müssen.

Gründer des Unternehmens sind der Biologe Eckhard Boles, Professor an der Johann Wolfgang Goethe-Universität Frankfurt, und der Chemiker Gunter Festel. Eckhard Boles hat die wissenschaftlichen Grundlagen zur Herstellung von Biokraftstoffen der zweiten Generation auf Basis von Lignozellulose gelegt. Gunter Festel hat umfangreiche Erfahrungen bei kommerziellen Fragestellungen wie Unternehmensgründungen, Lizenzgeschäft und Finanzierungsfragen. In der Praxis zeigt sich auch, dass eine frühzeitige Gründung vorteilhaft ist, da die eigene Identität eines Start-ups eine klarere Kommunikation gegenüber potenziellen Geschäftspartnern ermöglicht und nach außen hin den Umsetzungswillen der Gründer deutlich macht.

12.2.2 Realisierung von Gründungsideen

Die Gründung sollte allerdings nicht unterschätzt werden. Damit ist nicht der Gründungsvorgang an sich gemeint, da

Die richtigen Entscheidungen am Anfang

hier Steuerberater und andere Dienstleister unterstützen können. Entscheidend für das zukünftige Unternehmen und damit eine Herausforderung für die Gründer ist, dass einige wichtige Weichenstellungen notwendig sind, die später nicht oder nur mit sehr großem Aufwand korrigiert werden können:
— Welche Rechtsform soll gewählt werden und wie soll die Anteilseignerstruktur aussehen?
— Wo soll das Unternehmen angesiedelt werden, und welche Bedeutung bei der Standortwahl haben operative und steuerliche Aspekte?

Founding Angel unterstützt operativ und finanziell.

Ohne umfangreiche Erfahrungen in diesem Bereich verliert man schnell den Überblick und trifft falsche Entscheidungen. Da Steuerberater und andere Dienstleister nie das Gesamtbild mit den Augen der Gründer sehen, sind sie als Berater bei diesen grundlegenden Fragen kaum geeignet und können nur bei Detailfragen helfen.

Idealerweise helfen hier erfahrene Gründer, die sich schon mehrfach mit diesen Fragen auseinandergesetzt haben und die notwendige Erfahrung besitzen. Founding Angels wie Gunter Festel unterstützen interessante Geschäftskonzepte von der Geschäftsidee über den erfolgreichen Geschäftsaufbau bis zum Exit, das heißt dem Verkauf des Spin-offs (◘ Abb. 12.4) (Festel, Boutellier 2008; Festel 2011; Festel, de Cleyn 2013). Während Business Angels in der Regel bei bereits gegründeten Unternehmen einsteigen, engagieren sich Founding Angels schon wesentlich früher. Das Engagement der Founding

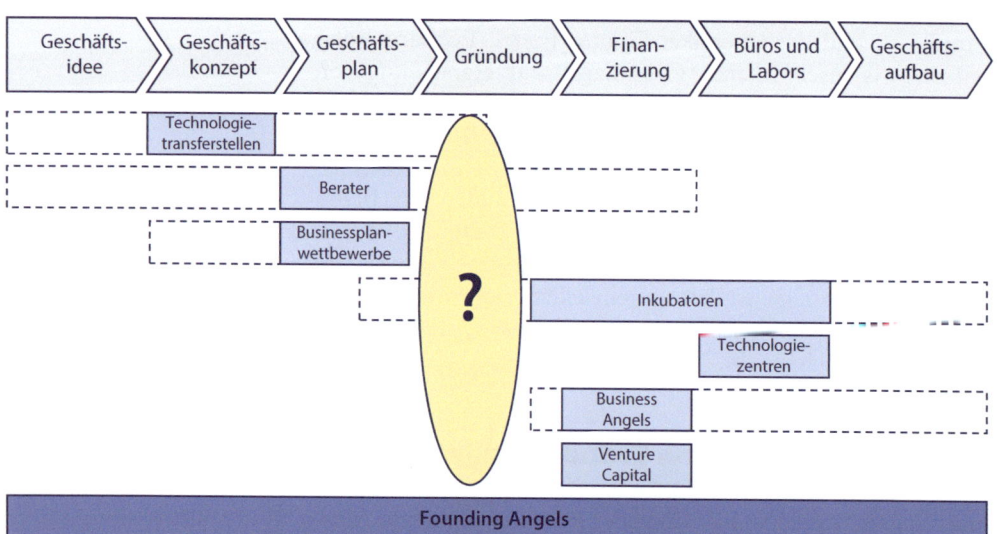

◘ Abb. 12.4 Founding Angels als Gründungspartner von der Diskussion erster Geschäftsideen bis zum Geschäftsaufbau

12.2 · Butalco als Spin-off der Goethe-Universität Frankfurt

Angels erfolgt grundsätzlich ohne jegliche Bezahlung gegen eine Beteiligung am Eigenkapital des neuen Unternehmens. Der Founding Angel ist dabei ein wesentlicher Teil des Gründungsteams und nimmt eine wichtige operative Rolle ein. Weitere Informationen zum Thema Founding Angels sind unter ▶ www.founding-angels.com zu finden.

12.2.3 Wichtige Schritte beim Geschäftsaufbau

Wie wichtig das Zusammenspiel zwischen Forschern und erfahrenen Wirtschaftsexperten ist, zeigt das Beispiel Butalco. Eckhard Boles hatte schon mehrere Jahre versucht, Finanzierungsmöglichkeiten für die Ausgründung eines Startups zu finden, um seine Forschungsergebnisse industriell umsetzen zu können. Jedoch fehlte ihm dazu letztlich die notwendige Expertise. Das änderte sich, als er Gunter Festel kennen lernte. Dieser erkannte das industrielle Potenzial der wissenschaftlichen Arbeiten von Eckhard Boles und initiierte gemeinsam mit ihm die rasche Gründung einer GmbH. Das Startkapital für die ersten Schritte bei Butalco kam von den beiden Gründern. Daraufhin wurden Forschungsaufträge mit der Universität Frankfurt geschlossen, da noch kein ausreichendes Geld für den Aufbau von eigenen Forschungslaboren vorhanden war. Außerdem konnte so direkt das wissenschaftliche Know-how der Arbeitsgruppe von Eckhard Boles genutzt werden.

Wissenschaftliche und wirtschaftliche Expertise erforderlich.

Nachdem die Forschungsarbeiten gestartet und erste Ergebnisse inklusive zweier Patentanmeldungen erzielt wurden, gelang es Anfang 2008 den ersten Investor zu finden. Dabei halfen Pressemitteilungen der Universität Frankfurt, in denen die Erfindungen von Eckhard Boles der Öffentlichkeit bekannt gemacht wurden. Bei dem ersten Investor handelte es sich um einen strategischen Investor aus dem Bereich erneuerbare Energien, den das Gesamtkonzept der Butalco überzeugt hatte. Die zusätzlichen Geldmittel erlaubten es nun, mit mehr Ressourcen Forschung zu betreiben. Bei der Forschung wurde sehr stark mit Partnern wie etwa der Johann Wolfgang Goethe-Universität Frankfurt im Rahmen der Vergabe von Forschungsaufträgen zusammengearbeitet. Dieses Vorgehen hat zahlreiche Vorteile, da der Investitionsbedarf sehr niedrig gehalten und die Forschungsarbeiten flexibel an die finanziellen Gegebenheiten angepasst werden können. Mit der Technologietransferfirma der Goethe-Universität, Innovectis, wurde die Übernahme der Patente der Universität verhandelt, und darauf aufbauend wurden weitere Forschungsarbeiten an der Universität finanziert.

Alle Ressourcen in die Forschung

Grundsätzlich ist es wichtig, die Fixkosten eines Start-ups so gering wie möglich zu halten, um in schwierigen Zeiten handlungsfähig zu bleiben. Daher erhalten die Gründer keinerlei Vergütung, die Administration wird möglichst kostengünstig organisiert, und auch bei Patentanmeldungen lassen sich durch eine geeignete Strategie Kosten sparen. Das Ziel ist es, nach Weiterentwicklung der Technologien durch den Verkauf von Technologien oder Lizenzvergabe Einnahmen zu erzielen. Ein erster Erfolg für Butalco war dabei der Verkauf einer Technologie an den französischen Hefeproduzenten Lesaffre im Frühjahr 2012.

12.2.4 Erfahrungen und Empfehlungen

Gründungsfreundliches Klima schaffen!

Ein Spin-off kann in vielen Fällen eine geeignete Möglichkeit sein, um Ergebnisse aus akademischen Forschungsaktivitäten zu kommerzialisieren. Um die Entwicklung der deutschen Spin-off-Szene zu fördern, muss das universitäre Umfeld trotz der Bemühungen in der Vergangenheit noch ausgründungsfreundlicher gestaltet werden. Die Universitäten müssen eine klare strategische Entscheidung für Spin-offs als Möglichkeit des Technologietransfers treffen, da reine Lizenzvergabe an etablierte Unternehmen in der Regel kurzfristig mehr Geld bringt. An vielen Universitäten in Deutschland ist diese Entscheidung zugunsten der Spin-offs zwar formal gefallen, doch fehlt oft das konsequente Bekenntnis zu den Spin-offs. Die Universitäten müssen z. B. ausreichende Ressourcen schaffen, welche gründungswillige Forschende zielgerichtet unterstützen. Forschungseinrichtungen wie die Fraunhofer- und die Max-Planck-Gesellschaft sind in diesem Zusammenhang schon weiter.

Neben einem umfangreichen Beratungsangebot ist der Zugang zu erfahrenen Gründern und Kapital wichtig, zum Beispiel indem man intensiver mit Founding Angels zusammenarbeitet. Das Beispiel Butalco zeigt sehr schön, dass die Universitäten von diesen Gründungsaktivitäten direkt profitieren, da ein Teil der Forschung in den Spin-offs im Rahmen von Drittmittelprojekten an den Universitäten durchgeführt wird und die Universitäten auch verstärkt in Förderprojekte eingebunden werden. Zudem werden vorhandene Patente durch die Spin-offs verwertet, und die Universität partizipiert, z. B. durch Lizenzeinnahmen, am wirtschaftlichen Erfolg. Es hat sich nämlich gezeigt, dass bei vielen Technologien eine direkte Lizenzvergabe an etablierte Unternehmen nicht möglich ist und damit die Universitäten auf den Patentierungskosten sitzenbleiben.

12.3 Förderung und Finanzierung von akademischen Spin-offs

12.3.1 Unternehmensphasen und ihre Finanzierung

Technologieorientierte Unternehmen besitzen in der Regel einen hohen Kapitalbedarf, der nicht mit eigenen Mitteln der Gründer*innen abgedeckt werden kann. Je nach Unternehmensphase beziehungsweise dem nächsten zu erreichenden Meilenstein bei der Technologieentwicklung variieren die Höhe der benötigten finanziellen Mittel und das Geschäftsrisiko.

- **Gründungsphase**

In der Gründungsphase eines Unternehmens helfen öffentliche Fördermittel und Stipendien, die den Gründer*innen den Lebensunterhalt sichern (▶ Abschn. 12.3.2). Die meisten Gründer*innen waren bislang als Wissenschaftler*innen tätig. Sie kennen sich zwar sehr gut mit *ihrer* Technologie aus, besitzen aber nur wenige Kenntnisse und Erfahrungen in Business- und Managementfragen. Daher sind in diesen Förderprogrammen neben der finanziellen Unterstützung auch Angebote zur Weiterbildung und zum Coaching eingeschlossen. Unter Coaching versteht man im Zusammenhang mit Unternehmensgründungen die Beratung und/oder Begleitung durch eine betriebswirtschaftlich sachkundige und erfahrene Person, den „Coach". Viele der nachfolgend genannten Förder- und Kapitalgeber fordern sogar die Begleitung durch einen *akkreditierten* Business-Coach. Für seine Dienstleistung erwartet ein Berater oder Coach eine Bezahlung, die entweder über das Förderprogramm oder von den Gründern getragen werden muss.

Coach, Angel & Co.

Gegenüber einem Coach besitzen Business oder Founding Angel den Vorteil, dass sie zusätzliches Geld in die Firma einbringen. Als Business oder Founding Angel bezeichnet man eine vermögende Privatperson und/oder einen erfahrenen Unternehmer, der sich an einem Start-up mit aktiver Unterstützung (Know-how, Geschäftskontakte) und/oder mit Kapital beteiligt. Typischerweise erfolgt ein Investment in Höhe von 30.000 bis 100.000 €. Als Gegenleistung erhält der Angel Anteile an dem Unternehmen. Ein Beispiel für die Unterstützung einer Firmengründung durch einen Founding-Angel findet sich in ▶ Abschn. 12.2.

Eine gute Plattform, um Gründerberater, Founding und Business Angels persönlich kennen zu lernen, bieten zum Beispiel Veranstaltungen im Zusammenhang mit Businessplan-Wettbewerben (▶ Abschn. 12.3.3). Auch über entsprechende Netzwerke im Internet kann Kontakt aufgenommen werden (▶ Abschn. 12.3.5).

- **Seed-Phase**

Viele technologieorientierte Spin-offs benötigen am Anfang viel Geld, um ein fertiges Produkt oder eine Dienstleistung zu entwickeln. In dieser sogenannten Seed-Phase fließen die finanziellen Mittel fast ausschließlich in die Forschungsaktivitäten und die Produktentwicklung. Ziel ist beispielsweise der Aufbau eines funktionsfähigen Prototyps. Bei einer Wirkstoffentwicklung endet die Seed-Phase etwa mit Abschluss der präklinischen Testungen.

Seed-Phase: Prototypentwicklung und präklinische Testung

Da das angehende Produkt noch keinen Kontakt zum Markt hat, ist der kommerzielle Erfolg schwer abschätzbar. Für Kapitalgeber besteht ein hohes Risiko, und sie sind entsprechend dünn gesät.

Einige Möglichkeiten zur Finanzierung dieser Unternehmensphase sind in ▶ Abschn. 12.3.2 und ▶ Abschn. 12.3.4 zusammengestellt.

- **Early-Stage-Phase**

In der Early-Stage-Phase ist das Produkt fast fertig. Es wird Kapital für Tests (zum Beispiel klinische Studien), den Aufbau der Organisation und von Produktionskapazitäten sowie für Kundengewinnung und Marketing benötigt. Alle Aktivitäten zielen auf die erfolgreiche Markteinführung. Das Risiko für den Kapitalgeber ist niedriger als bei der Seed-Finanzierung, da die Funktionsfähigkeit der Technologie schon demonstrierbar ist. Der kommerzielle Erfolg ist jedoch auch in dieser Phase schwer schätzbar. Als mögliche Geldgeber kommen neben den Venture-Capital-Gesellschaften auch institutionelle und öffentliche Beteiligungsgesellschaften infrage. Ab dem Markteintritt, wenn das Unternehmen Aufträge und Kunden gewinnen konnte, finden sich zunehmend leichter Finanzierungsmöglichkeiten über konventionelle Bankkredite und andere Finanzprodukte.

- **Later-Stage- oder Wachstumsphase**

Exit und Start

Gelingt es dem Unternehmen, Umsätze aus dem Verkauf von Produkten und/oder Dienstleistungen zu erzielen, dann kann es wachsen. Es wird nun weiteres Kapital für den Ausbau von Produktion und Vertrieb benötigt, das aufgrund des geringeren Risikos einfacher zu beschaffen ist. Bei technologieorientierten Unternehmen ist je nach Strategie der Zeitpunkt gekommen, dass die Gründer und Anteilseigner das Unternehmen oder ihre Anteile daran meistbietend verkaufen (Exit). Das Unternehmen kann an der Börse (Initial Public Offering, IPO) oder an ein anderes Unternehmen verkauft werden. Mit dem erzielten Erlös können Gründer und Kapitalgeber anschließend neue Projekte angehen und den Kreislauf von „Gründung – Investition – Exit" in Schwung halten.

12.3.2 Öffentliche Förderung in der Gründungsphase

Spezielle staatlich geförderte Programme unterstützen in Deutschland Unternehmensgründungen aus Hochschule (für Förderprogramme in Österreich und der Schweiz (siehe ▶ Abschn. 3.3.2, ▶ Abschn. 3.4.2 und ▶ Abschn. 12.3.5)). Bei den nachgenannten Programmen handelt es sich um Zuschüsse, die nicht zurückgezahlt werden müssen und insofern die Unternehmensanteile der Eigentümer nicht „verwässern".

100 % Förderung vor Gründung

- **EXIST-Gründerstipendium (▶ www.exist.de)**

Dieses Programm fördert in der Vorgründungsphase individuelle Gründungsvorhaben von Studierenden, Absolvent*innen (bis zu fünf Jahre nach Studienabschluss) und Wissenschaftler*innen. Dies erfolgt durch Gewährung eines Stipendiums für maximal ein Jahr – zur Sicherung des persönlichen Lebensunterhalts – plus Sachmittel und Coaching, um einen Businessplan auszuarbeiten und sich mit Unterstützung der begleitenden Hochschule oder Forschungseinrichtung die Unternehmensgründung vorzubereiten.

- **EXIST-Forschungstransfer (▶ www.exist.de)**

Es werden sowohl notwendige Entwicklungsarbeiten zum Nachweis der technischen Machbarkeit forschungsbasierter Gründungsideen als auch notwendige Vorbereitungen für den Unternehmensstart gefördert. Es handelt sich um ein zweistufiges Förderprogramm für anspruchsvolle forschungsbasierte Gründungsideen bestehend aus:
– *Phase I (Vorgründungsphase):* Förderung von Arbeitsgruppen zur Vorbereitung hochrisikoreicher forschungsbasierter Unternehmensgründungen.
– *Phase II (Gründungsphase):* Förderung der Entwicklungsarbeiten, Maßnahmen zur Aufnahme der Geschäftstätigkeit im gegründeten Unternehmen sowie Schaffung der Voraussetzungen für eine externe Unternehmensfinanzierung.

GO-Bio Programm speziell für Life Science Gründungen

- **GO-Bio (► http://www.go-bio.de)**
Mit dem Programm GO-Bio fördert das BMBF gründungsbereite Forscherteams aus Hochschulen oder Forschungseinrichtungen in den Lebenswissenschaften (Biotechnologie, Medizin etc.).

Die Förderung erfolgt in zwei Phasen. In der ersten Förderphase über etwa drei Jahre werden Personal und Sachmittel der Arbeitsgruppe mit bis zu 100 % gefördert. Die Wissenschaftler sollen ein *proof of concept* erarbeiten und begleitend konkrete Kommerzialisierungsstrategien für die weitere Umsetzung der Ergebnisse entwickeln. Dieses betrifft insbesondere die Ausarbeitung und Fortschreibung eines Businessplanes sowie die Aufbringung des Eigenanteils für eine mögliche zweite Förderphase.

In der zweiten Förderphase, über die nach einer Zwischenevaluation entschieden wird und die über weitere drei Jahre läuft, kann das inzwischen gegründete Unternehmen weitergefördert werden. Es sollen der *proof of technology* gezeigt sowie Strategien für die Markteinführung entworfen werden. Für die zweite Förderphase muss eine privatwirtschaftliche Mitfinanzierung eingeworben werden.

- **GO-Bio initial (► https://www.go-bio.de/de/go-bio-initial-1702.html)**
Im Vergleich zum „GO-Bio"-Programm setzt „GO-Bio initial" früher an und fördert „lebenswissenschaftliche Forschungsansätze mit erkennbarem Innovationspotential". Voraussetzung ist eine Verwertungsidee, d. h. das Gründungsteam soll eine gute Idee für ein Produkt oder eine Dienstleistung haben. Hierbei kann es sich um Therapeutika, Diagnostika, Plattformtechnologien oder und Forschungstools handeln. Eine Patentanmeldung muss noch nicht vorhanden sein.

In einer ersten 12-monatigen Sondierungsphase soll ein Verwertungskonzept und eine Umsetzungsstrategie ausgearbeitet werden, welche in einem Antrag für die zweite Phase, die Machbarkeitsphase, zusammengestellt werden. Im Rahmen der anschließenden 24-monatigen Machbarkeitsphase sollen Entwicklungsarbeiten bis zum „Proof-of-Principle" durchgeführt werden.

- **VIP+ (► https://www.validierungsfoerderung.de/)**
Die BMBF-Förderlinie „Validierung des technologischen und gesellschaftlichen Innovationspotenzials wissenschaftlicher Forschung – VIP+" ist thematisch breiter angelegt. Unter-

stützt die Weiterentwicklung und Validierung von Forschungsergebnissen aus Lebens-, Natur-Sozial- und Gesellschaftswissenschaften. Besonderer Schwerpunkt liegt darauf, neue Anwendungsbereiche zu entwickeln und zu erschließen.

- **Regionale Förderprogramme**

Über die genannten bundesweiten Förderprogramme hinaus gibt es verschiedene regionale Programme zur Gründungsförderung. Beispiele sind:
- das bayerische „Flügge"-Programm, das speziell Gründungen aus Hochschulen in Bayern unterstützt,
- das Programm „Junge Innovatoren" des Bundeslands Baden-Württemberg,
- das „Hessen Ideen"-Programm für Gründungsprojekte aus hessischen Hochschulen.
- Eine generelle Übersicht zu öffentlichen Förderprogrammen gibt die Förderdatenbank des BMWi: ▶ http://www.foerderdatenbank.de/.

12.3.3 Businessplan- und Gründerwettbewerbe

Businessplanwettbewerbe bieten eine gute Gelegenheit, Kontakte zu knüpfen, Investoren kennenzulernen und sich mit anderen Unternehmern auszutauschen.

Ein Businessplan beschreibt, was eine Start-up-Firma „unternimmt" und auf welche Weise Einnahmen erzielt werden sollen. Er dient im ersten Schritt der Planung der Gründer*innen, sozusagen als Controlling-Instrument. Insbesondere bei akademischen Spin-offs, deren Technologie sich in einem frühen Entwicklungsstand befindet, bleibt ein Businessplan nur selten so bestehen, wie er ursprünglich vom Gründungsteam aufgestellt wurde. Stattdessen wird der Plan stetig weiterentwickelt, indem er an neue Fakten und Ideen angepasst wird. Zudem wird ein Businessplan für die Präsentation des Unternehmens und zur Werbung um Kapitalgeber und Fördermittel verwendet.

◘ Tab. 12.1 zeigt Businessplanwettbewerbe für Gründungsteams und Startup-Unternehmen, die national oder international ausgerichtet sind. Darüber hinaus gibt es zahlreiche regionale Wettbewerbe, zum Beispiel „Senkrechtstarter" in Nordrhein-Westfalen oder den Hessischen Gründerpreis. Eine Übersicht mit Terminplaner findet sich auch unter: ▶ https://www.gruender.de/events/gruenderwettbewerbe/

Preisgeld für Gründer

◘ Tab. 12.1 Businessplanwettbewerbe

Wettbewerb	Ausrichtung	Kontakt
Best of Biotech (BOB)	Internationaler Life Science Businessplan-Wettbewerb veranstaltet von Live Science Austria (LISA) für Biotechnologie, Medizintechnik und Bioinformatik	▶ www.bestofbiotech.at
STEP Award	Preis für bereits bestehende, wachstumsstarke Unternehmen im Bereich Pharma, Chemie, Life Sciences, Bio- und Nanotechnologie, Medizintechnik und Greentech aus Deutschland, Österreich oder der Schweiz	▶ www.step-award.de
Science4Life	Größter deutscher Businessplanwettbewerb im Bereich Agro, Biotechnologie, Chemie, erneuerbare Energien, Gesundheitswesen, Materialwissenschaften, Medizintechnik, Nanotechnologie, Pharma, Umwelttechnologie	▶ www.science4life.de
Start2grow	Deutscher Gründerwettbewerb mit Fokus auf Informationstechnologien, Logistik, Mikro-, Nano- und Biotechnologie	▶ www.start2grow.de
KfW Award Gründen	Auszeichnung der KfW-Bankengruppe für die innovativste und nachhaltigste Geschäftsidee eines Start-ups in jedem deutschen Bundesland für alle Branchen	▶ www.degut.de
Startbahn MedEcon Ruhr	Deutscher Businessplanwettbewerb speziell für die Medizinwirtschaft	▶ www.startbahn-ruhr.de

12.3.4 Frühphasenförderung („Seed-Kapital")

Bei den zuvor genannten Förderprogrammen und -wettbewerben handelt es sich um Zuschüsse für Gründer in der Planungs- und Gründungsphase, die nicht zurückgezahlt werden müssen. Mit Ausnahme der GO-Bio-Initiative liegen die zur Verfügung gestellten Beträge im vier- bis fünfstelligen Bereich. Viele technologieorientierte Spin-offs, zum Beispiel im Bereich Wirkstoff- oder Medizingeräteentwicklung, haben jedoch aufgrund mehrjähriger Produktentwicklung einen höheren Kapitalbedarf – in der Größenordnung von durchschnittlich 500.000 €. Hier unterstützen Kapitalbeteiligungsgesellschaften (Venture-Capital-Gesellschaften) mit Angeboten zur Frühphasenbeteiligung, auch „Seed-Finanzierung" genannt. Dabei wird jedoch ein Rückfluss der investierten Mittel erwartet. In der Regel erhält der Kapitalgeber für seine Investition eine Beteiligung an dem Unternehmen, die bei einem Verkauf wieder eingelöst werden kann. Neben privaten Beteiligungsgesellschaften gibt es einige attraktive öffentliche geförderte Kapitalbeteiligungsangebote. Ebenso wie bei den privaten Pendants durchlaufen die Unternehmenskonzepte einen umfassenden Prüfprozess (Due Diligence) und unterliegen einem starken Selektionsprozess.

- **High-Tech Gründerfonds**

Der High-Tech Gründerfonds investiert in junge, technologieorientierte Unternehmen, unter anderem im Bereich IT, Life Sciences und Medizintechnik. Mithilfe einer Seed-Finanzierung sollen die Start-ups ihr Forschungs- und Entwicklungsvorhaben bis zur Bereitstellung eines Prototypen bzw. eines *proof of concept* oder zur Markteinführung führen. Neben dem Startkapital wird durch Coaching-Maßnahmen eine Betreuung und Unterstützung des Managements vermittelt. Die Gründer*innen müssen eine prozentuale Eigenbeteiligung mitbringen (▶ http://www.high-tech-gruenderfonds.de/).

- **ERP-Startfonds**

Der EPR-Startfonds der KfW-Förderbank (KFW = Kreditanstalt für Wiederaufbau) stellt kleinen und jungen Technologieunternehmen in Deutschland Beteiligungskapital zur Verfügung. Voraussetzung ist, dass bereits ein Beteiligungsgeber, ein „Leadinvestor", gewonnen wurde. Bei einer solchen Mitfinanzierung sparen sich die Geldgeber die aufwendigen Evaluierungs- und Kontrollmaßnahmen, die von dem Leadinvestor durchgeführt werden (▶ www.kfw.de).

- **Weitere Seed-Finanzierer**

Das Prinzip der Co-Finanzierung findet sich auch bei regional orientierten Venture-Capital-Gebern, die von öffentlicher Hand gespeist sind. Die Bayern Kapital GmbH unterstützt zum Beispiel, Unternehmensgründungen aus bayerischen Hochschulen in der Seed- bis zur Wachstumsphase (▶ www.bayernkapital.de).

Darüber hinaus gibt es private Venture-Capital-Firmen, die sich mit gezielten Programmen an Hochschulgründer*innen richten. Eine Übersicht über Kapitalgesellschaften in Deutschland und Recherchemöglichkeiten, die für spezielle Unternehmensphasen oder Transaktionsvolumina infrage kommen, findet sich auf der Internetseite des Bundesverbands der Kapitalbeteiligungsgesellschaften (▶ www.bvkap.de/).

Beispiel für ein erfolgreich gefördertes Spin-off: CorImmun GmbH

Im Jahr 2012 kaufte der US-Pharmakonzern Johnson & Johnson die CorImmun GmbH, ein Spin-off aus den Universitäten Würzburg und Tübingen. Nach unbestätigten Informationen des Technologieportals transkript.de zahlte Johnson & Johnson beziehungsweise dessen Tochterunternehmen Janssen Cilag GmbH einen Kaufpreis von rund 100 Mio. US$ als Abschlag (upfront payment). Hinzu kommt möglicherweise eine Meilensteinzahlung in ähnlicher Höhe.

Das Hauptprojekt von CorImmun, COR-1, betraf ein kleines Cyclopeptid, das zur Behandlung der Herzinsuffizienz eingesetzt werden soll. Es handelt sich dabei um ein modifiziertes β-Rezeptor-Fragment, das von Wissenschaftlern der Universität Würzburg erfunden und entwickelt wurde, um Autoimmunantikörper gegen den ß-Rezeptor abzufangen.

Den Erfindern gelang es, mit ihrem Konzept ein GO-Bio-Projekt zu gewinnen. Im Zusammenschluss mit einem weiteren GO-Bio-Projekt aus der Universität Tübingen wurde im Jahr 2006 die Firma CorImmun gegründet. Die Rechte an dem neuen Wirkstoff lagen ursprünglich bei der Uni Würzburg und wurden im Rahmen des GO-Bio-Projekts an CorImmun auslizenziert. Mit der Gesamtfördersumme von rund 3 Mio. € erhielt CorImmun ausreichende Mittel, um erste Schritte in Richtung der Medikamentenentwicklung gehen zu können.

Für die Seed-Finanzierung konnten der High-Tech Gründerfonds, der Landesinvestor Bayern Kapital sowie Bio^M AG, der Finanzierungsarm der bayerischen Biotechnologieagentur Bio^M, gewonnen werden. Der High-Tech Gründerfonds stellte im Tausch gegen Unternehmensanteile einen sechsstelligen Betrag zur Verfügung, wobei als Voraussetzung auch die Gründer eigene Mittel einbringen mussten. Darüber hinaus beteiligten sich Bayern Kapital und Bio^M AG mit jeweils fünfstelligen Beträgen, sodass eine Gesamtsumme von rund 700.000 € resultierte.

Es folgten zwei weitere Finanzierungsrunden in den Jahren 2008 (Serie A) und 2010 (Serie B). Als Leadinvestor zahlte die Beteiligungsgesellschaft MIG-Fonds den größten Anteil von rund 4 Mio. € und erhielt dafür mit 27 % den größten Anteil der Firma. Daneben beteiligten sich die KfW-Bankengruppe, Bayern Kapital GmbH und Munich Biotech Development als Co-Investoren. Zusätzlich erhielt CorImmun eine Sonderförderung als „Leuchtturmprojekt" im Münchner Spitzencluster-Programm m4, das durch Mittel des Bundesforschungsministeriums (BMBF) gespeist ist.

Zusammengenommen erhielt CorImmun seit Gründung etwa 4 Mio. € staatliche Fördermittel sowie rund 7 Mio. € aus teilstaatlichen Investmenteinrichtungen, weitere rund 4 Mio. € kamen aus der Privatwirtschaft. Der kolportierte dreistellige Millionenbetrag für den Verkauf von CorImmun legt nahe, dass sich die investierte Summe für die Anteilseigner ausgezahlt hat.

(Quellen: Pressemitteilung des Hightech-Gründerfonds vom 26.07.2012, BioM Newsletter vom 06.07.2012, Online-Artikel in transkript.de „100 Mio. US-$ für CorImmun" vom 02.07.2012)

12.3.5 Best Practice: Gründungsförderung an der ETH Zürich

Dr. Silvio Bonaccio, Head of ETH transfer, Eidgenössische Technische Hochschule, Zürich

Resultate, Technologien und Erfindungen aus der Grundlagenforschung befinden sich oft in einem sehr frühen Entwicklungsstadium, in dem sie für die Industrie typischerweise zwar sehr interessant, aber für eine Übernahme und Weiterentwicklung im eigenen Haus mit zu viel Risiko behaftet sind. Für die Hochschulen selbst gehören aber Weiterentwicklungen nicht zu den Kernaufgaben, weil der Forschungsanteil weniger wird und in den einschlägigen Journalen nicht mehr veröffentlichungswürdig ist. Eine weitere Möglichkeit ist dann die Verwertung über eine Ausgründung (Start-ups, Spin-offs), die z. B. über Risikokapitalfinanzierung (Venture Capital) ein Projekt bis zum Produkt auf dem Markt vorwärtstreibt. Bisweilen werden solche Ausgründungen dann auch vor der Markteinführung eines Produkts von einem größeren Unternehmen aufgekauft (Trade-Sale).

An den Schweizer Hochschulen hat sich in den letzten zehn Jahren ein zum Teil sehr ausgefeiltes System zur Ausgründung etabliert. Dies sei anhand der ETH Zürich kurz aufgezeigt:

Unternehmerisch denkende Studierende (typischerweise auf Stufe Master, Doktorat oder Postdoc) mit einer spannenden Technologie, die sie während ihrer Forschungsarbeit entwickelt haben, und einer darauf basierenden pfiffigen Geschäftsidee, können sich zweimal im Jahr um eine sogenannte Pioneer Fellowship bewerben. Dazu müssen sie ihren Geschäftsfall vor einem hochkarätigen Gremium von Personen aus Hochschule, Industrie und Finanzwirtschaft vortragen. Wird der Fall als vielversprechend bewertet, erhält die Person

Spin-off-Gründung zur Weiterentwicklung früher Technologien

Stipendium und Infrastruktur für Gründer

eine finanzielle Unterstützung von 150.000 CHF und 18 Monate Zeit, um an der Institution das Projekt voranzutreiben.

Dabei wird dem neuen Pioneer Fellow auch ein Coach zur Seite gestellt. Die Coaches sind erfahrene Industrieleute oder Serial Entrepreneurs, nicht selten Alumni der ETH Zürich und Gründer früherer Spin-offs. Die Pioneer Fellows können dann einen Platz in den Innovations- und Entrepreneurship Labs (ieLab) beanspruchen. Diese Großraumbüros und -labors werden von der ETH Zürich zur Verfügung gestellt und unterhalten und dienen auch als Begegnungs- und Austauschort unter Gleichgesinnten. In der Zwischenzeit sind daraus wahre Innovationsschmelztiegel geworden, wo auch die Industrie und privat Interessierte gerne vorbeigehen. Der Zugang wird allerdings restriktiv gehandhabt und findet aus offensichtlichen Gründen nur in Begleitung statt.

Um ein Spin-off der ETH Zürich (geschütztes Qualitätslabel) zu werden, müssen grundsätzlich zwei Kriterien erfüllt sein:

Qualitätslabel „ETH Spin-off"

- Die Grundlage der Neugründung muss eine Technologie oder ein Konzept aus der Institution sein.
- Mindestens einer der Gründer muss ein Alumni der ETH Zürich sein.

Brutstätte für Spin-offs

Dann werden vom TTO ETH transfer die Technologie, die Geschäftsidee, der darauf basierende Businessplan und die involvierten Leute beurteilt. Pioneer Fellows haben dabei natürlich schon einen entsprechenden Vorsprung. Als anerkannter ETH Spin-off kann dann die neue Firma während zweier Jahre (in begründeten Fällen um ein Jahr verlängerbar) gegen Entgelt an der Institution domiziliert werden, die Infrastruktur nutzen und auf das umfangreiche Netzwerk zugreifen.

Die Hochschulen machen aber nicht alles selbst, sondern profitieren von einer großen Zahl von staatlich oder privat initiierten und unterhaltenen Programmen zur Stimulation (z. B. Venture Idea), Ausbildung (z. B. CTI Entrepreneurship, Venturelab, Venture Leaders) und Unterstützung (KTI-Startup Coaching, diverse Inkubatoren wie der Technopark Zürich) von jungen Leuten, die eine eigene Firma gründen wollen. Außerdem hat sich auch die Schweizer Risikokapitalszene für Start-ups in den vergangenen Jahren recht gut organisiert (z. B. CTI-Invest, diverse Business Angel Clubs, Venture Kick etc.) und bietet diverse Möglichkeiten zur Finanzierung an. Zum Teil arbeiten die Institutionen sehr eng in diesen Programmen und Strukturen mit. So führt die ETH Zürich alle zwei Jahre mit drei weiteren Partnern und finanziell unterstützt von der Schweizer Wirtschaft den national größten

12.3 · Förderung und Finanzierung von akademischen Spin-offs

Businessplanwettbewerb Venture durch oder ist selbst Teil eines Venture Capital Funds (Venture Incubator).

Auf diese Weise entstehen heute aus den Schweizer Hochschulen jedes Jahr bis zu 60 und mehr Start-ups, über 20 davon alleine aus der ETH Zürich. Sie sind damit zu einem sehr wichtigen Kanal für die Verwertung von Wissen und Technologie aus den Institutionen geworden.

GlycArt Biotechnology AG – eine Erfolgsstory

Im Jahr 2000 wurde das Biotechunternehmen GlycArt Biotechnology AG als Spin-off der ETH Zürich gegründet. Die Firma wollte monoklonale Antikörper mit Zuckerresten versehen (glykolisieren), um damit eine stärkere Wirkung beim Einsatz solcher Antikörper als Medikamente gegen Krebs zu erzielen. Zum Zeitpunkt der Gründung des Unternehmens funktionierte die Technologie einigermaßen und in vitro konnte zumindest ein sehr interessanter Effekt nachgewiesen werden. Von diversen Kreisen wurden das Konzept und die Technologie aber sehr kritisch beurteilt. Dennoch gelang es GlycArt, Risikokapitalfinanzierung zu finden und eine strategische Zusammenarbeit mit dem Pharmagiganten Roche aufzubauen.

Anfang 2005 wurde GlycArt mit einem Übernahmeangebot einer anderen Firma überrascht. Es folgte ein Bieterwettbewerb verschiedener Unternehmen, aus dem Roche dann als Siegerin hervorging und GlycArt für 234 Mio. CHF übernahm. Das ehemalige Start-up-Unternehmen besteht heute noch als eigenständige Firma mit Sitz in Zürich und hat rund 100 hoch qualifizierte Arbeitsplätze generiert. Auch die Technologie hat sich bewährt: Im November 2013 gab Roche bekannt, dass die FDA (U.S. Food and Drug Administration) ein neues Medikament gegen chronische lymphozytische Leukämie zugelassen hat. Gazyva (Obinutuzumab) wurde mit der GlycArt-Technologie entwickelt und wurde von der FDA als erstes Medikament überhaupt mit der Benennung „Breakthrough Therapy" ausgezeichnet.

Einer der Gründer hat unterdessen einen Venture Capital Fund gegründet und steht als Serial Entrepreneur mit großer Erfahrung und internationalem Netzwerk als Coach im Life Science ieLab der ETH Zürich nun anderen zukünftigen Gründern zur Seite. GlycArt gilt als eines der wichtigsten Beispiele (*role model*) dieser Hochschule als Wegweiser für die Verwertung über eine Ausgründung. Durch die bekannt gewordene Übernahme kam auch die ETH Zürich als Geburtsstätte von spannenden Start-ups in den Blickpunkt diverser internationaler Risikokapitalinvestoren, die nun häufig in die

> Schweiz und nach Zürich kommen, um die hiesigen Spin-offs anzuschauen und zu finanzieren. Letztlich ist GlycArt aber auch einfach ein sehr schönes Beispiel dafür, dass es auch in Kontinentaleuropa möglich ist, großartige Unternehmen auf der Basis von Hochschultechnologien aufzubauen.

12.4 Weitere Informationen zum Thema Firmengründung

An vielen Hochschulen gibt es Beratungsstellen für Existenzgründer mit Unterstützung und Informationen zu Themen wie der Erstellung eines Businessplans oder Fördermöglichkeiten. Es empfiehlt sich daher, zuerst an der eigenen Universität oder Hochschule nach Unterstützung zu suchen. Sehr wahrscheinlich kann die zuständige Technologietransferstelle weiterhelfen und beraten.

Gründer*innen gesucht und unterstützt

- **Internetportale und Informationsquellen für Gründer**
  - ▶ http://www.existenzgruender.de/: Das Existenzgründungsportal des BMWi gibt unter anderem Veranstaltungshinweise, ein Online-Training zu verschiedenen Themen rund um die Gründung einer Firma sowie die sehr hilfreichen Merkblätter der Reihe „GründerZeiten" als PDF zum Herunterladen.
  - ▶ www.kfw-mittelstandsbank.de: Auf der Internetseite der KfW-Mittelstandsbank finden sich umfangreiche Informationen und Planungshilfen für Existenzgründer*innen.
  - ▶ https://www.businessinsider.de/gruenderszene/: Viele Artikel des Online-Magazins für Start-ups mit Beiträgen zum Thema Finanzierung und Fördermöglichkeiten richten sich speziell an Gründer im IT-Bereich.
  - ▶ http://vc-magazin.de/: Das Venture-Capital-Magazin für Gründer und Investoren informiert in Beiträgen und aktuellen Übersichtslisten zu Businessplanwettbewerben, Fördermöglichkeiten und Venture-Capital-Gesellschaften.
  - ▶ http://www.foerderdatenbank.de/: Die Datenbank eignet sich zur Recherche nach Förderprogrammen von Bund und Ländern in Deutschland und von der EU.
  - ▶ http://www.bvkap.de: Der Bundesverband Deutscher Kapitalbeteiligungsgesellschaften bietet eine Online-Datenbank zur Suche nach Beteiligungskapital und Tipps zur Erstellung eines Businessplans.

12.4 · Weitere Informationen zum Thema Firmengründung

- ▶ http://www.business-angels.de: Der Business Angels Netzwerk Deutschland e. V. (BAND) informiert über die Finanzierung durch Business Angels und einer Übersicht und Kontaktadressen zu den bundesweiten Business-Angel-Netzwerken.
- ▶ www.exist.de/: Die Internetseite informiert über die verschiedenen Exist-Förderprogramme und gibt Veranstaltungshinweise.
- ▶ https://www.fuer-gruender.de/: Die Passion4Business GmbH betreibt das Portal „Für-Gründer.de" mit zahlreichen Informationen zum Thema AbbGründung von der Business-Idee über den Gründungsprozess bis zur Wachstumsphase des Unternehmens. Die Seite bietet zudem zahlreiche nützliche Tools, z. B. zur Erstellung eines Business- oder eines Finanzplans, welche allerdings nach kurzer Testphase kostenpflichtig werden.

■ **Persönliche Beratung**
- Industrie- und Handelskammern unterhalten ein flächendeckendes Netz von Gründungsberatern, recherchierbar unter ▶ www.dihk.de.
- Technologie- und Gründerzentren sind auf technologiebasierte Ausgründungen spezialisiert. Standorte sind recherchierbar unter ▶ www.adt-online.de.

■ **Bücher zum Thema Firmengründung und Finanzierung**
- Günter Hirth, Rainer Przywara „Planungshilfe für technologieorientierte Unternehmensgründungen", Springer Verlag 2007
- Jürgen Arnold „Existenzgründung – Fakten & Grundsätzliches", Uvis Verlag, 3. Aufl. 2010
- „Handbuch Businessplan" des Gründungswettbewerbs start2grow, kostenloser Download unter ▶ www.start2grow.de
- Wolfgang Weitnauer „Handbuch Venture Capital: Von der Innovation zum Börsengang", C. H. Beck, 4. Aufl. 2011

Serviceteil

Stichwortverzeichnis – 385

Stichwortverzeichnis

A

Abschlagszahlung 333
Abstract 28. *Siehe auch* Patentieren und publizieren
Abtretungserklärung 54, 92
Akteneinsicht 178. *Siehe auch* Rechtsstandabfrage
Algorithmus 194
Anmeldetag 146, 236, 238
Antikörper 218
ArbnErfG 49, 51
– Hochschulparagraf 42 75
Arzneimittel 208, 210
Aufgabenerfindung 63
Ausführbarkeit der Erfindung 188
Ausführungsbeispiel 148
Ausführungsbeispiele 188
Auswahlerfindung 187, 212

B

Bachelorarbeit 32
Background IP 118. *Siehe auch* IP-Rechte in Kooperationsverträgen
Basiserfindung 131
Basispatent 210
Bayh-Dole Act 265
Begutachtung 29. *Siehe auch* Patentieren und publizieren
Beschwerdeverfahren 255
Bestsellerregelung 122
biologisches Material 216, 220
Biomarker 208, 216, 303
Bruchteilsgemeinschaft 49, 54
Business Angel 91, 366, 369
Businessplanwettbewerb 373

C

CDA 322. *Siehe auch* Geheimhaltungsvereinbarung
chirurgische Verfahren 204
Coaching 369
computerimplementierte Erfindung 199. *Siehe auch* Computerprogramm
Computerprogramm 60, 61, 196, 199, 286, 344
– Lizenz 342
CPC 169. *Siehe auch* Patentklassifikation

D

Datenbanksoftware 343
Daten, bibliographische 146, 172
DEPATISnet 177
Design 193. *Siehe auch* Geschmacksmuster
Deutsches Patent- und Markenamt 103. *Siehe auch* Patentamt
deutsches Patentverfahren 246
diagnostische Verfahren 208. *Siehe auch* Diagnostizierverfahren
Diagnostizierverfahren 205, 206, 208
Diensterfindung 51, 53, 62, 101
– in Österreich 86
Digitale Geschäftsmodelle 346
Diplomand als Erfinder 53
Disclaimer 157
Disputation 32
Doktorand als Erfinder 56
Doktorarbeit 28, 32
Doppelerfindung 261
DPMA 103. *Siehe auch* Patentamt

E

Early-Stage-Finanzierung 370
EESR 240. *Siehe auch* Erweiterter Europäischer Recherchenbericht
Einheitliches Patentgericht 260
Einheitlichkeit 239
Einspruchsverfahren 255
E-Mail 33
Entdeckung 18, 191, 215–217
EPA 247. *Siehe auch* Europäisches Patentamt
EPC 6. *Siehe auch* Europäisches Patentübereinkommen
EPÜ 6. *Siehe auch* Europäisches Patentübereinkommen
equity 95. *Siehe auch* Unternehmensbeteiligung
Erfahrungserfindung 64
Erfinder
– Aufgaben 12
– mehrere 45
– Mitwirkungspflicht 73, 74
– Privatadresse 45
– Status 44, 267
Erfinderanteil 46, 66
Erfinderbenennung 44, 263, 267
Erfinderberatung 35, 107, 108
erfinderische Tätigkeit 185–187, 216, 218, 241
Erfindermesse 108
Erfinderpersönlichkeitsrecht 43, 263
Erfindervergütung 47, 78
– in Auftragsforschungsprojekten 121
– in der Schweiz 93
– in Kooperationsprojekten 120
– in Österreich 88

Erfindung 18, 23, 88, 191
- Anbietungspflicht 101
- Arten 20
- Aufgabe 67
- Beispiele 19
- Bewertung 8, 36, 96, 350
- Fertigstellung 24
- freie 44, 53, 99–102
- gebundene 43
- Inanspruchnahme 70
- mehrere Rechteinhaber 49
- Mitteilungspflicht 51, 101
- Nebentätigkeit 58
- Ort 63
- Recht 66
- Recht an 43, 48, 85, 92
- Zeitpunkt 62
Erfindungsmeldung 8, 65
- Beanstandung 70
- Eingangsbestätigung 69
- Formular 65
- Freigabe der Erfindung 70
- Mindesterfordernisse 65
- in Österreich 87
Erweiterter Europäischer Recherchenbericht 240, 247
Erzeugnispatent 135, 152
Espacenet 168, 171, 172
EU-Beihilferahmen 113
EU-Richtlinie 98/44/EG 219
europäisches Einheitspatent 249
europäisches Patent 247
Europäisches Patentübereinkommen 6, 247
europäisches Patentverfahren
- Validierung 248
Exit 371
Exklusivlizenz 328. *Siehe auch* Lizenzierung

F

„Fachmann" 185
Factsheets 97. *Siehe auch* Technologieangebot
Finanzierungslücke 307, 316
First-to-File-Prinzip 236, 269
First-to-Invent-Prinzip 265
Förderprogramme 371
Foreground IP 118. *Siehe auch* IP-Rechte in Kooperationsverträgen
Forschungskooperation 96, 110, 314, 316
- Auftragsforschung 111, 114
- F&E-Kooperation 111, 115
Forschungslizenz 119, 121, 137, 330, 331, 333
Forschungsprivileg 136, 272
Forschungstransfer 34. *Siehe auch* Technologietransferstelle
Founding Angel 366, 369
freedom to operate 139, 259

Frühphasenbeteiligung 374. *Siehe auch* Seed-Finanzierung

G

Gastwissenschaftler als Erfinder 57
Gebrauchsmuster 33, 72, 276, 277
Geheimhaltungsvereinbarung 102, 321, 323
- in Kooperationsverträgen 117
- vor Patentanmeldung 28, 31
geistiges Eigentum 4
Gensequenz 215
G-Entscheidung 257
Geschäftsgeheimnis 196, 344
Geschäftsgeheimnisgesetz 197
Geschäftsgeheimnissen 60
Geschäftsmethoden 193
Geschmacksmuster 190, 193
Gesetz über Arbeitnehmerfindungen 49. *Siehe auch* ArbnErfG
gewerbliche Anwendbarkeit 186
Google Patents 168, 169, 176
Große Beschwerdekammer *257*

H

Hardware 198. *Siehe auch* Computerprogramm
Heilverfahren 202. *Siehe auch* medizinische Verfahren
Hinterlegungsstelle 149, 218, 220
Hochschullehrerprivileg 35, 55, 83, 85

I

Inanspruchnahme 51, 70. *Siehe auch* Erfindung, Inanspruchnahme
Indikation, medizinische 153, 277
Innovation 18
Institutsseminar 30
intellectual property
- IP 4 (*Siehe auch* geistiges Eigentum)
Inter-Institutional Agreements 50
internationale Patentanmeldung 74. *Siehe auch* PCT-Patentverfahren
Internationaler Recherchenbericht 250
IPC 169. *Siehe auch* Patentklassifikation
IP-Rechte
- in Forschungskooperationen 119
- in Kooperationsverträgen 118
ISR 250. *Siehe auch* Internationaler Recherchenbericht

K

Kapitalbeteiligungsgesellschaft 374. *Siehe auch* Venture-Capital-Gesellschaft

Klarheit der Patentansprüche 150
klinische Studien 315
Know-How 60, 342, 344, 348
Kooperationsforschung 113
– F&E-Kooperation 114
Kooperationsvertrag 117
– Vertragsmuster 124
kosmetische Verfahren 205
Krebsmaus 221
Kreuzlizenzierung 134, 140

L

Later-Stage-Finanzierung 370
Lizenzeinnahmen 10
Lizenzgebühren 330
Lizenzierung 9, 89, 294, 320, 328
– an Spin-off 363
Lizenzoption 341
Lizenzsatz 335. *Siehe auch* Umsatzbeteiligung
Lizenzvertrag 320, 328, 350

M

Machbarkeitsstudien 313
Markenschutz 283
Marktanalyse 107
Markush-Formel 211, 212
Masterarbeit 32
Materialaustauschvereinbarung 325
Material, biologisches 149, 342
Materialtransfervereinbarung (MTA) 32
medizinische Indikation 213, 217
medizinische Verfahren 202
Medizinprodukte 208
Meilensteinzahlung 334
menschlicher Körper 224, 226, 230
Messverfahren 207
mikrobiologische Verfahren 220
Milestone payment 334. *Siehe auch* Meilensteinzahlung
Mindestlizenzgebühr 332, 334
MTA 32. *Siehe auch* Materialtransfervereinbarung

N

Naturstoffe 215
NDA 322. *Siehe auch* Geheimhaltungsvereinbarung
Nebentätigkeit 58, 363
Net sales 330
Nettoverkaufspreis 330
Neuheit 26, 28, 183, 184, 212, 241
Neuheitsrecherche 103
Neuheitsschonfrist 33, 269, 278
Nichtigkeitsverfahren 258
non-provisional patent application 268

O

Offenbarung 146
– neuheitsschädliche 28
Offenbarung der Erfindung 188, 212
Offenlegung der Patentakte 178, 240
Offenlegungsschrift 141
Open Source 345
Operator zur Patentrecherche 172
Optionsvertrag 341

P

Pariser Verbandsübereinkunft 237
Partnering 305, 317
Patent 4
– abhängiges 133
– Durchsetzbarkeit 39, 135
– Einheitspatent 6
– europäisches 6
– internationales 6
– Recht auf 43
– Umgehung 39
– Verwertungspotenzial 38
Patentamt 5, 178
– DPMA 103, 246
Patentanmeldung 105, 141, 145, 235
– Einheitlichkeit 153
– fallenlassen 73, 100
– Nachanmeldung 9, 237
– nach Inanspruchnahme 72
– prioritätsbegründende 9, 236, 238
Patentanspruch 149
– Durchgriffsanspruch 156
– Hauptanspruch 151, 243
– Product-by-Process-Anspruch 155
– Unteranspruch 154, 243
Patentanwalt 106, 158
Patentdatenbank 167, 171
Patenterteilung 242
Patentgesetz 5, 86
Patentieren und publizieren 26, 27
Patentinformationszentrum 103
Patentklassifikation 169
Patentkosten 245, 253
Patentrecherche 103. *Siehe auch* Neuheitsrecherche
Patentregister 178
Patentschrift 142
Patent-Troll 296
Patentverbot 190
Patentverfahren 5, 134, 238, 241
Patentverkauf 90, 295, 320
Patentverletzung 137, 258, 259
Patentverwertungsagentur 7, 55. *Siehe auch* Technologietransferstelle
PCT-Patentverfahren 6, 250
– Eintritt in die nationale/regionale Phase 74, 252

Peer-Review 27. *Siehe auch* Patentieren und publizieren
Perpetuum mobile 187
Pflanzensorten 221
Postdoc als Erfinder 56
Poster 28. *Siehe auch* Patentieren und publizieren
power of attorney 73
Prioritätsdatum 236–238, 279
Privatdienstverhältnis 58
Professor als Erfinder 55
Proteinsequenz 215
Prototypentwicklung 313, 370
provisional patent application 268
Prüfbescheid 178, 240, 241, 243
Prüfverfahren 241. *Siehe auch* Patentverfahren
Public Private Partnership 315
Publikation
– eigene 26, 33, 69
– im Internet 30
– verschweigen 29
Publikationsfreiheit 76, 124
– in Kooperationsprojekten 118
PVÜ 237. *Siehe auch* Pariser Verbandsübereinkunft

Q

Quellcode 196, 345, 346

R

Recherchenbericht 178, 240
Rechtsstandabfrage 142, 176, 178
Referenz-Hunting 168
reproduktives Klonen 230
Reproduzierbarkeit 189

S

Schiedsstelle für Arbeitnehmererfindungen 80
Schutzzertifikat 138, 210
Schweinepatent 256
Seed-Finanzierung 91, 370, 374
see.ip 177
Sequenzprotokoll 149, 216
Software 196, 198, 343. *Siehe auch* Computerprogramm
Softwareerfindung 61
SPC 210. *Siehe auch* Schutzzertifikat
Sperrpatent 139, 332
Spin-off 90, 297, 356
– Beteiligung 337
– Förderung 90
Sprache der Patentanmeldung 235
Stammzellen 225, 228
Stand der Technik 26, 27, 165, 183, 184, 269, 278
Start-up 91, 297. *Siehe auch* Spin-off

Stipendiat als Erfinder 56
Stoffpatent 135, 152, 210, 211, 215
Stücklizenz 336
Student als Erfinder 53, 92
Sublizenzierung 336. *Siehe auch* Unterlizenzierung
Swissreg 177
Swiss Technology Transfer Association 98
swiTT 98. *Siehe auch* Swiss Technology Transfer Association

T

Technische Beschwerdekammer 257
technischer Assistent als Erfinder 57
technische Verbesserungsvorschläge 59
Technizität 19, 182, 190, 193, 271
Technologieallianz 22, 301
Technologieangebot 13, 97, 300, 301
Technologiebewertung 350, 353, 362
Technologietransferstelle 7, 34, 95, 160
Teilanmeldung 154
T-Entscheidung 257
Termsheet 339
therapeutisches Klonen 228, 230
therapeutische Verfahren 205, 213
Tierrassen 221
Trade-Sale 377
Trunkierung 172

U

Umsatzbeteiligung 335
unethische Erfindungen 195
Unternehmensbeteiligung 95, 337
unzulässige Erweiterung 189
Urheber 61
Urhebergesetz 196
Urheberrecht 183, 193, 194, 198, 199, 286, 347
US-Patentgesetz 264
US-Patentverfahren 270
USPTO 178
US-Verletzungsverfahren 273

V

Venture-Capital-Gesellschaft 370, 374
Verbietungsrecht 133, 139
Verfahrenspatent 135, 152
Vergütung 51. *Siehe auch* Erfindervergütung
Verletzungsverfahren 258
Veröffentlichungsnummer 141, 146
Verwendungspatent 135, 152
Vindikation 262. *Siehe auch* widerrechtliche Entnahme
Vollkostenpreis 115
Vorbenutzungsrecht 137, 264

Vorrichtungspatent 135, 152
Vortrag 28. *Siehe auch* Patentieren und publizieren

W

Werkvertrag 111
widerrechtliche Entnahme 70, 258, 261, 269
Wildcard 172. *Siehe auch* Trunkierung

WIPANO 35
wissenschaftliche Theorien 192

Z

Zeichnungen in der Patentanmeldung 148
Züchtungsverfahren 222
Zwangslizenz 140

If you have any concerns about our products,
you can contact us on
ProductSafety@springernature.com

In case Publisher is established outside the EU,
the EU authorized representative is:
**Springer Nature Customer Service Center GmbH
Europaplatz 3, 69115 Heidelberg, Germany**

Printed by Libri Plureos GmbH
in Hamburg, Germany